Understanding of Human and Computer

인간과 컴퓨터
이해

오창환 지음

KSi 한국학술정보(주)

머리말

미래 지식교육은 오늘날과 같이 각각의 전공과정이 서로 독립적으로 유지되면서 지속적으로 발전하는 것이 아니라 그 세대에 맞게 다양한 변화와 함께 서로 융합하여 새로운 학문으로 발전할 것이다. 따라서 미래 사회에 능동적으로 대처하기 위해서는 인문사회과학과 자연과학의 경계를 서로 뛰어넘어서 새로운 학문지식을 습득할 필요가 있다.

원시시대부터 인간의 본성은 크게 변하지 않았으나 역사문화 발전과 함께 인간의 정신 능력은 크게 변화해 오고 있으며 특히 인간들이 살고 있는 사회가 복잡해짐에 따라 인간의 사고방식에 커다란 변화가 일어나고 있다. 한편 불과 60여 년 전에 탄생한 컴퓨터는 반도체와 통신 기술의 발달로 인하여 기하급수적인 성능 향상이 이루어져 오고 있으며 인터넷의 발달과 함께 세계를 하나의 지구촌으로 연결하여 어느 곳의 사람들과도 멀티미디어 정보를 교환할 수 있게 되었다.

이제 컴퓨터 기술 분야에서는 새로운 발전방향을 모색하고자 인간의 정보처리체계를 모델로 하여 고성능의 지적 컴퓨터를 개발하려 심혈을 기울이고 있다. 또한 인간의 육체와 정신기능을 연구하기 위해서 컴퓨터 기술을 도입함으로써 보다 용이하게 인간의 여러 기능을 분석할 수 있는 기술 개발에 박차를 가하고 있다.

지금까지는 인간의 해부학과 심리학을 별도로 공부하고 컴퓨터학을 공학계통에서 공부해 왔으나 미래 융합학문 시대에 대비하기 위해서는 인간학과 컴퓨터학을 통합하여 새로운 학문(본 책에서는 人機學이라고 명명함)을 습득해야 한다. 이러한 人機學은 대학 교양과정에서 다루어져야 할 것이며 이를 통해 대학 지식인으로서 인간학은 물론 컴퓨터학을 아우르는 새로운 융합학문 분야의 선구자 양성에 일익을 담당할 것으로 본다.

이 책의 특징은 대학교에서 한 학기 강의 동안 마칠 수 있는 분량으로 적절히 조정되어 있으며 크게 5단계, 즉 인간과 컴퓨터 모델, 인간과 컴퓨터의 체계별 및 기능별 비교 분석, 인간의 활동적 기능과 컴퓨터의 활동적 기능 사이의 비교분석, 인간 삶의 컴퓨터 활용, 미래 인간과 컴퓨터 등을 다루었다. 인간과 컴퓨터 모델에 근간하여 교양 강좌 내용의 인간학과 컴퓨터학에 대한 이해력을 증진시킬 수 있도록 구성되어 있다. 특히 서술적 표현뿐만 아니라 표와 그림을 활용함으로써 인간학 혹은 컴퓨터학 전공자가 아닌 일반 독자들도 이해가 용이하도록 구성하였다.

이 책의 구성은 다음과 같다.

제1장에서는 인간과 컴퓨터를 비교 분석하기 위해 인간과 컴퓨터의 차이점과 공통점을 서술한다. 또한 인간과 컴퓨터를 비교 분석함에 있어 각 계층별로 구분하여 서술하기 위해 인간과 컴퓨터의 모델을 정립한다.

제2장에서는 인간과 컴퓨터의 모델 중에서 인간의 인체계와 컴퓨

터의 시스템계를 서술한다. 인간의 인체계는 아래 계층에서부터 생체계, 신체부위계, 기관계 등으로 구성되고 컴퓨터의 시스템계는 아래 계층에서부터 재료계, 부품계, 기능블록계 등으로 구성되는데 이들의 구조와 기능 등을 설명한다.

제3장에서는 인간의 뇌기능계와 컴퓨터의 OS계를 서술한다. 인간의 뇌기능은 인간의 정신을 관할하고 제어하는 것에 관여하며 컴퓨터의 OS는 컴퓨터의 여러 가지 응용소프트웨어의 동작을 제어하는 시스템소프트웨어이므로 이들 두 사이에 관한 비교분석을 설명한다.

제4장에서는 인간과 컴퓨터의 시각 기능을 서술한다. 시각은 감각기관으로서 이미지나 비디오 데이터를 인식하는 기능을 갖는다. 인간의 시각 기능 중에서 주로 눈에 관하여 서술하고 컴퓨터의 시각 기능에는 시각인식 기능도 포함한다.

제5장에서는 인간과 컴퓨터의 청각 기능을 설명한다. 인간의 청각 기능에서는 주로 귀의 기능에 관하여 서술하고 컴퓨터의 청각 기능에 관해서는 음성인식 기능까지 포함하였다. 또한 인간이 감지하는 청각뇌에 관해서도 설명한다.

제6장에서는 인간과 컴퓨터의 인지 기능에 관하여 설명한다. 컴퓨터의 인지 기능은 순차적으로 진행되는 프로그램에 의존하지만 인간의 인지 기능은 아직도 정확하게 밝혀진 내용이 없다. 이러한 분야를 연구하는 인지심리학과 인지과학에 관하여 서술한다.

제7장에서는 인간과 컴퓨터의 정서 기능을 설명한다. 인간과 컴퓨터의 정서 만남을 서술하고 정서의 개념, 정서의 생리학을 설명하며 컴퓨터로 인간의 정서를 개발하기 위한 인공정서에 관하여 서술한다.

제8장에서는 인간과 컴퓨터의 행동 기능에 관하여 서술한다. 인간의 행동을 서술함에 있어 인간의 무의식 동기, 의식 동기, 내재적 동기와 외재적 동기에 관하여 설명한다. 인간의 동기유발의 주체인 생리적 욕구, 심리적 욕구, 사회적 욕구 등에 관하여 설명한다. 또한 컴퓨터와 로봇의 행동에 관하여 설명한다.

제9장에서는 인간 삶의 컴퓨터 활용 중에서 게임에 관하여 설명한다. 컴퓨터 게임에 관한 서술 내용은 게임의 정의, 게임의 역사, 게임의 장르, 게임 제작 과정, 게임의 영향 등을 포함한다. 또한 가정 및 사회적으로 영향을 끼치고 있는 게임을 건강하게 이용하는 습관에 관해서도 설명한다.

제10장에서는 인간 삶의 컴퓨터 활용 중에서 유비쿼터스에 관하여 서술한다. 유비쿼터스의 개념을 시작으로 하여 유비쿼터스 사회의 배경, 유비쿼터스 네트워크 사회의 기대, 유비쿼터스 기술, 유비쿼터스의 사회 효과 등을 포함한다. 또한 미래 다양한 컴퓨터 서비스로 등장하게 될 유비쿼터스 서비스에 관하여 설명한다.

제11장에서는 인간 삶의 컴퓨터 활용 중에서 심리치료에 관하여 설명한다. 심리치료 설명을 위하여 우선 이상행동을 정의하고 이상행동을 분류 설명한다. 상담치료, 도구치료, 컴퓨터치료 등으로 구분하여 심리치료를 설명한다.

제12장에서는 인간과 컴퓨터의 생로병사 및 미래 인간에 관하여 설명한다. 인간과 컴퓨터는 모두 생로병사를 경험하게 된다. 이러한 생로병사에 관하여 인간과 컴퓨터를 비교 분석한다. 또한 미래 유전공학과 생명공학의 발달로 인하여 인간의 생로병사가 어떻게 다루어

질 것인지에 관하여 설명한다.

제13장에서는 미래 컴퓨터인 생체 컴퓨터에 관하여 설명한다. 생체 컴퓨터 설명에 앞서서 디지털 컴퓨터의 역사에 관하여 서술하고 인공지능 컴퓨터에 관하여 설명한다. 인공지능 컴퓨터의 실패의 결과로 등장한 신경 컴퓨터에 관하여 설명하고 단백질을 근간으로 구성되는 생체 컴퓨터에 관하여 설명한다.

이 책을 통해서 많은 독자들이 인간과 컴퓨터에 대해 보다 폭넓고 보다 알기 쉽게 이해하여 교양학습과 함께 각자의 전공학습에도 커다란 보탬이 되기 바란다. 이 책의 내용 중에서 인간과 컴퓨터의 인지기능, 인간과 컴퓨터의 정서기능, 인간과 컴퓨터의 생로병사 등의 작성에 도움을 주신 서울사이버대학교 상담심리학과 채정민 교수님께 감사드린다. 인간과 컴퓨터의 행동기능, 인간 삶의 컴퓨터 활용-심리치료 등의 작성에 도움을 주신 서울사이버대학교 상담심리학과 김현아 교수님께 감사드린다. 또한 인간과 컴퓨터의 시각 기능, 인간 삶의 컴퓨터활용-게임 등의 작성에 도움을 주신 서울사이버대학교 멀티미디어디자인학과 차경희 교수님께도 감사드린다. 이 책에 부족한 점이 많아 독자의 기대에 못 미칠 우려도 있다고 생각하며 앞으로 많은 조언과 충고를 받아들여 그야말로 훌륭한 인간학과 컴퓨터학의 융합학문인 인기학(人機學)의 관련 서적으로 오래도록 활용되기를 바란다.

2011. 1.

오창환

차례

1. 인간과 컴퓨터 모델

1.1. 컴퓨터의 개요

1.1.1. 컴퓨터의 정의

컴퓨터라고 하면 IT 전문기술인들만이 다룰 수 있는 전자장치라고 여겨졌던 시절이 있었는데 이제는 어린아이부터 노인에 이르기까지 컴퓨터라는 용어에 익숙한 생활을 하고 있다. 컴퓨터는 개인 소유물에서 언제 어느 곳에서나 공유할 수 있는 제2정보혁명의 산물로 인식되기 시작하였다.

컴퓨터의 명칭은 '계산을 수행하는 장치'라는 의미를 가지고 있는데 이는 초기의 컴퓨터가 단순히 수치 계산을 목적으로 만들어졌기 때문이다. 원시시대의 인간은 계산을 할 때에 손가락을 사용하다가 복잡한 계산 수행을 위해 계산 도구를 사용하기 시작하였다. 기원전 3000년경에 메소포타미아어서는 진흙으로 만든 판 위에 숫자 자리를 나타내는 골을 만들어 그 골에 조그만 돌을 두고 옮기면서 계산을 하는 계산판을 사용하였는데 이것이 주판의 원조라고 말할 수 있다. 주판은 기원전 1000년경에 중국에서 발명되었는데 조그만 봉을 사용하여 10의 자리와 5의 자리를 나타내었다.

계산 도구의 기능을 향상시키기 위한 인간의 노력은 1642년에 프랑스의 파스칼이 톱니바퀴를 이용한 가감산 계산기를 발명하기에 이르렀다. 그리고 라이프니츠는 더하기와 빼기는 물론 곱하기와 나누기를 포함한 4측 연산을 수행할 수 있는 계산 기계를 발명하였다. 근대적 전자식 컴퓨터는 국방부의 지원으로 1944년에 펜실베이니아 대학교에서 개발한 ENIAC(Electronic Numerical Integrator And Calculator)인데 이 컴퓨터가 바로 인류 최초의 컴퓨터라고 불린다. ENIAC 컴퓨터는 전자부품으로서 진공관을 사용하였기 때문에 그 부피가 오늘날의 교실 크기였다고 한다. 그러나 컴퓨터 성능은 요즘 시대의 PC와 비교할 수 없을 정도로 느렸던 것이다.

단순히 신속하고 정확한 계산 수행을 목적으로 개발되었던 컴퓨터가 기술의 발달로 인하여 계산뿐만 아니라 판단 기능이 첨가되기 시작하면서부터 컴퓨터는 인간의 모든 생활 주변에 늘 존재함으로써 인간 삶의 질을 향상시켜 주고 있다. 메모리 기술의 발달로 수많은 데이터를 저장할 수 있게 되었고 그에 따라 검색기능이 추가되었으며 네트워크 기술의 발달로 세계 어느 곳에서나 사용자끼리 모든 정보를 손쉽게 교환할 수 있게 되었다.

컴퓨터는 내장되어 있는 프로그램 제어에 의해 산술연산 및 논리연산을 대량으로 신속하게 수행할 수 있는 전자장치라고 정의된다. 여기서 산술연산은 우리들 삶 속에서 수행하는 가감승제 계산을 의미하고, 논리연산은 AND, OR, NOR, XOR, NOT 기능 등을 나타낸다. 논리연산의 예로서 1 OR 0＝1이 있는데 이는 OR의 말 뜻대로 OR를 중심으로 앞뒤에 1이 하나라도 있으면 결과값이 1이 되는 원리이다. 프로그램은 컴퓨터가 동작하는 일종의 순서적 절차로서 0과 1로 구성된 기계어 형태로 메모리에 저장된다.

기계어는 컴퓨터가 이해하는 언어라는 의미이다. 기계어는 'ON'과 'OFF'로 이루어진 여러 개의 스위치에 해당하는데 예를 들어서 스위치가 2개이면 'ON, ON', 'ON, OFF', 'OFF, ON', 'OFF, OFF' 등과 같이 4가지의 경우의 수로 분류된다. 결국 컴퓨터의 행동은 기리 정해져 있는 이들 4가지 중에 하나로 동작되는 것이다. 즉 스위치 2개가 'ON, ON'이면 빨간불과 파란불이 켜지게 하고 스위치가 'ON, OFF'이면 빨간불은 켜지고 파란불이 꺼지게 동작하는 방식이다.

오늘날의 컴퓨터는 맨 처음 목적인 수치 계산뿐만 아니라 데이터를 입력받아서 기억하고 이를 분류 처리한다. 또한 제어 기능을 가지고서 사용자가 원하는 정보를 출력해 주는 기능도 가지고 있다. 데이터 입력은 카드 리더기나 키보드, 마우스, 스캐너 형태에서 통신 데이터와 센싱 데이터 등이 포함되고, 데이터 출력은 컴퓨터 화면이나 프린터뿐만 아니라 음성 출력, 통신 데이터 출력 등과 함께 여러 가지 장치 제어 기능으로 발전되고 있다.

미래 유비쿼터스 시대에는 사물, 동물, 사람 등에 컴퓨터 칩을 장착시켜서 언제, 어디서, 누구라도, 어떤 서비스라도 제공받을 수 있게 될 것이다. 오늘날의 정보화 시대에는 사람떤 서비스를 사용하기 위해 서비스에 가까던 접근해야 하지만 미래 유비쿼터스 시대에는 모든 장소에 컴퓨터가 장착되기 스에 가컴퓨터가 인간에게 접근되어 있는 형태를 취하게 된다.

반도체 기술의 발달에 힘입어 초소형 컴퓨터, 착용형 컴퓨터, 지능형 정보단말기 등이 개발되고 있고 광기술의 발달로 광컴퓨터 개발에도 박차를 가하고 있다. 특히 생물학과 컴퓨터학의 융합으로 생체 컴퓨터(Bio Computer)가 연구되고 있는데 이는 컴퓨터의 물질이 반도체가 아닌 단백질로 구성됨을 의미한다.

1.1.2. 컴퓨터의 기능

컴퓨터는 외부로부터 데이터를 입력받아 이를 해석하고 수행하며 결과를 출력하는 전자장치이다. 컴퓨터가 이러한 기능을 수행하기 위해서는 중앙처리장치, 기억장치, 입출력장치를 구비하고 프로그램이 내장되어 있어야 한다.

컴퓨터는 기억장치로서 메모리를 사용하는데 그 저장용량은 바이트로 나타내며 1바이트는 8비트를 의미한다. 예를 들어서 1바이트의 데이터는 00110110 등과 같이 8비트를 의미하고 1MB라고 하면 8비트짜리 데이터가 백만 개 저장될 수 있음을 나타낸다. '컴퓨터는 0과 1로만 구성되기 때문에 아주 단순하다'라는 말이 있다. 1비트로 구성된다면 그 비트가 0 혹은 1로 2가지뿐이지만 비트 수가 늘어날수록 2의 비트 수 승으로 증가되기 때문에 복잡한 '경우의 수'도 컴퓨터 비트로 표시할 수 있게 되는 것이다. 8비트의 경우에는 $2^8 = 256$가지의 경우의 수를 표기할 수 있다.

컴퓨터의 중앙처리장치는 CPU(Central Process Unit)라고 하며 보통 마이크로프로세서라고 말한다. 마이크로컴퓨터는 시스템을 말하고 마이크로프로세서는 컴퓨터 시스템 내부에 장착된 CPU 칩을 의미하며 이러한 CPU 칩에는 인텔과 모토롤라가 유명하다.

컴퓨터의 기억장치는 크게 주기억장치와 보조기억장치로 나누어지는데 주기억장치는 컴퓨터 본체에 장착되는 메모리를 말하고 보조기억장치는 하드디스크나 CD-ROM 등을 의미한다. 컴퓨터 메모리에는 ROM(Read Only Memory)과 RAM(Random Access Memory) 등의 2종류가 있으며 ROM은 전원이 꺼져도 메모리 내용이 사라지지 않고 RAM은 전원이 꺼지면 그 내용이 지워져 버린다.

컴퓨터의 전원을 켤 때에 처음으로 진행되는 프로그램은 ROM으로 이루어져 있기 때문에 전원이 꺼져 있는 상태에도 항상 동일한 명령어들이 존재하지만 워드 작업이나 게임 혹은 기타 응용 프로그램들은 전원이 꺼지는 순간 프로그램 명령어들이 지워져 버리는 것이다. 컴퓨터가 여러 기능들을 수행하지만 실제로는 프로그램 명령어들을 기계적으로 해석하여 수행하는 것이므로 컴퓨터는 여러 개의 톱니바퀴가 연결 구동되어 있는 무생물 기계시스템이라고 말할 수 있다.

이러한 컴퓨터의 기본 기능을 요약하면 아래와 같다.

(1) 입력 기능

컴퓨터의 입력 데이터에는 각종 프로그램, 사용자의 입력 명령어, 통신 네트워크로부터 전달되는 각종 정보 데이터 등이 있다. 컴퓨터 입력 기능은 이러한 입력 데이터를 읽어 들여서 기억장치로 전달해 주거나 혹은 해당 프로그램에게 전달해 주는 기능을 말한다. 대표적인 입력 기능 장치로는 키보드가 있다.

(2) 기억 기능

프로그램, 사용자의 입력 데이터, 프로그램에서 처리된 결과 데이터 등을 기억장치에 저장시키는 기능이다. 대표적인 기억 기능 소자로는 ROM과 RAM이 있다.

(3) 연산 기능

기억장치에 기억된 프로그램의 절차에 따라 산술연산과 논리연산을 수행하는 기능으로서 컴퓨터의 중앙처리장치에서 수행된다.

(4) 제어 기능

기억장치에 저장된 프로그램들의 명령을 하나씩 읽어 들여서 해석한 후에 각종 컴퓨터 주변 회로를 제어하며 이에 따라 컴퓨터가 유기적으로 동작하게 된다. 컴퓨터의 모든 동작은 저장된 프로그램의 흐름에 따라 진행된다. 공장에서 동일한 하드웨어로 제작되었어도 컴퓨터마다 서로 다르게 동작하는 것은 바로 서로 다른 프로그램이 각 컴퓨터마다 장착되기 때문이다.

(5) 출력 기능

컴퓨터 기억장치에 저장된 프로그램, 사용자의 저장 데이터, 프로그램 결과 데이터 등을 문자, 소리, 비디오 등의 형태로 외부에 나타내 주거나 혹은 통신 네트워크를 통해 외부로 송신해 주는 기능이다. 대표적인 출력 기능 장치로서 모니터와 프린터 등이 있다.

상기의 컴퓨터 기능을 인간의 능력과 비교하면 <그림 1-1>과 같이 나타낼 수 있다.

기 능	인 간	컴퓨터	
입력 기능(외부 자료 입력)	감각 기관	입력 장치	
기억 기능(정보 기억)	두뇌	주기억 장치	
연산 기능(계산, 분류, 정렬 등의 기능)	두뇌	연산 장치	중앙 처리 장치
제어 기능(동작의 지시 제어)	두뇌	제어 장치	
출력 기능(정보 출력)	반응 기관(입, 손, 발)	출력 장치	
보조 기억 기능(대량의 정보 기억)	노트	보조기억 장치	

〈그림 1-1〉 인간과 컴퓨터의 기능 비교(참고문헌: 컴퓨터개론, 김대수 저, 생능출판사)

1.1.3. 컴퓨터의 기본 구조

　컴퓨터는 각종 부품 및 장치 등을 가리키는 하드웨어(Hardware)와 컴퓨터를 실제로 동작하게 하는 소프트웨어(Software)로 나눌 수 있다. 인간과 비교할 때에 하드웨어는 인간의 육체에 해당하고 소프트웨어는 인간의 의식적 활동에 해당한다고 말할 수 있다. 컴퓨터의 하드웨어는 중앙처리장치, 입력장치, 기억장치, 출력장치 등으로 구성되며 컴퓨터의 소프트웨어는 시스템소프트웨어(System Software)와 응용소프트웨어(Application Software)로 이루어진다. <그림 1-2>는 컴퓨터의 구성을 나타내고 있다.

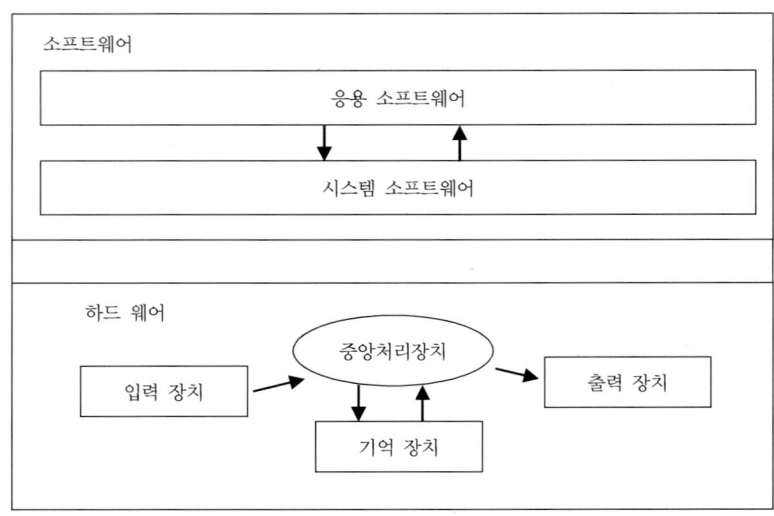

〈그림 1-2〉 컴퓨터의 구성

시스템소프트웨어에는 운영체제, 로더, 어셈블러, 컴파일러 등이 있다. 운영체제는 프로세스를 만들어 내거나 제거하고 프로세스의 진행 과정을 제어하며 특별한 사항들을 처리하고 자원들을 할당한다. 또한 정보를 보호하고 컴퓨터 외부와의 통신 기능을 제공한다. 여기서 프로세스라 함은 인간생활에서 일에 해당하는 것으로 컴퓨터가 처리해야 할 업무를 의미한다. PC상에 인터넷 검색창을 띄워 놓고 워드 작업창을 띄워 놓으면 최소한 프로세스는 2개 이상이 동작되고 있는 것이다. 로더는 보조기억장치에 저장된 기계어 프로그램을 기억장치로 읽어 들이는 시스템 프로그램이다. 어셈블러와 컴파일러는 각기 다른 고급 프로그램 언어로 작성된 프로그램을 받아서 그것을 기계어로 번역해 주는 프로그램이다.

응용소프트웨어는 패키지 프로그램과 유틸리티 프로그램으로 구분되며 패키지 프로그램은 사용자의 편의를 위해 컴퓨터 제조회사나 소프트웨어 전문업체에서 개발한 것으로서 워드 프로세서, 데이터베이스, 스프레드 쉬트 등이 여기에 속한다. 유틸리티 프로그램은 사용자들의 프로그램 개발 편의를 도모해 주기 위해 전문적인 프로그래머들에 의해 개발된 프로그램이다. 또한 응용소프트웨어에는 일반 사용자들에게 제공하는 각종 프로그램으로 예를 들어 게임 프로그램이 여기에 속한다.

1.1.4. 컴퓨터의 특성

컴퓨터는 다음과 같은 특성을 가지고 있다.

- 신속성: 프로그램은 일련의 명령어들로 이루어지며 하나의 명령을 처리하는 데에 $1\mu s(10^{-6}$초$)$ 정도 걸리고 슈퍼컴퓨터는 $1ns(10^{-9}$초$)$보다 더 적게 걸린다.
- 정확성: 컴퓨터에 정확한 프로그램과 함께 정확한 자료가 입력된다면 정확하게 계산하고 정확하게 판단할 수 있다.
- 자동성: 컴퓨터는 프로그램을 수행하는 기계로서 프로그램된 대로 자동적으로 처리한다. 컴퓨터는 인간이 조정하는 대로 움직이는 단순한 기계에 불과하다.
- 대량성: 여러 가지 기억장치들과 보조기억장치들을 가지고 있으므로 대량의 데이터를 저장할 수 있다. 컴퓨터 하드웨어 기술 발달과 함께 대량성은 지속적으로 증가될 전망이다.
- 다양화: 모양, 크기, 성능, 기능 측면에서 여러 가지 컴퓨터들이 등장한다.

- 개방성: 내부 구조가 다르다고 해도 동일한 프로그램이 동작되면 외부 입력에 대한 출력이 동일하며 또한 서로 다른 컴퓨터들끼리 통신이 가능하다. 이와 같이 하나의 컴퓨터는 폐쇄된 사용자 기능이 아니라 다양한 사용자 기능을 개방적으로 보유하고 있다.

1.1.5. 컴퓨터의 발달

제1세대 컴퓨터는 1945~1957년의 컴퓨터로서 데이터 처리 장치에 진공관을 사용하였다. 1946년도에 개발된 ENIAC(Electronic Numerical Integrator And Calculator)은 제1세대에 해당하는 세계 최초의 컴퓨터이다.

ENIAC 컴퓨터는 진공관을 사용하였기 때문에 <그림 1-3>에서 보는 바와 같이 교실 전체를 가득 메울 정도로 그 규모가 매우 크다.

〈그림 1-3〉 ENIAC 컴퓨터

1958~1963년의 컴퓨터를 제2세대 컴퓨터라고 부르며 진공관 대신에 트랜지스터를 사용하였다. 주기억장치로 자기드럼 대신에 자기코어를 사용하였다.

제3세대 컴퓨터(1964~1970)는 IC(Integrated Circuit)를 사용함으로써 중앙처리장치가 소형화되었다. 기억용량이 대용량화되었으므로 다양한 소프트웨어 도입으로 관리 프로그램, 처리 프로그램, 사용자 프로그래밍, 실시간 처리 시스템, 시분할 시스템 등의 운영 시스템이 실현되었다.

1971년부터 오늘날까지의 컴퓨터가 제4세대 컴퓨터에 해당한다. 제4세대 컴퓨터에서는 LSI(Large Scale Integrated circuit: 대규모 집적회로)를 사용하여 마이크로프로세서 칩을 개발하였다. 1980년대에 이르러서는 퍼스널 컴퓨터가 등장하여 개인도 컴퓨터를 가지는 시대에 돌입하게 되었다. 더욱이 반도체 기술의 발달에 힘입어 컴퓨터의 크기는 점점 작아지고 있고 손톱만 한 크기에서 눈에 안 보이는 나노 컴퓨터 시대를 앞두고 있다.

1.2. 인간과 컴퓨터의 차이점

정보기술과 생명공학은 전혀 성격을 달리하는 첨단기술이다. 정보기술은 컴퓨터를 사용하여 사무자동화, 각종 프로그램, 각종 제어장치 등을 제공하고 또한 컴퓨터네트워크인 인터넷을 통하여 이들 컴퓨터 사이의 정보를 서로 교환하게 함으로써 인간의 삶의 질을 향상시켜 주고 있다.

정보기술에서 컴퓨터를 기차에 비유한다면 인터넷은 철도에 해당한다. 기차가 발명되었을 적에는 기차의 효용가치가 높지 않았었는데 철도가 개발되고서부터 기차의 편리성이 극대화되었다. 이와 마찬가지로 인터넷은 컴퓨터의 철도에 해당하며 이러한 전송수단이 발달되고서부터 컴퓨터 기술은 기하급수적으로 증가할 수 있게 되었다. 인터넷 발달로 인하여 컴퓨터는 전화기에 이어 또 다른 통신수단으로 사용되기 시작하였다. 세계 사람들과의 정보교환이 태동되었고 더군다나 세계 어느 곳에 저장되어 있는 정보라도 인터넷이 설치되어 있다면 그곳의 데이터를 액세스할 수 있게 되었다. 또한 인터넷을 통하여 데이터 교환뿐만 아니라 음성 및 화상 교환이 가능해짐에 따라 그야말로 멀티미디어 통신이 가능해졌으며 이를 계기로 다양한 서비스가 창출되기 시작하였다.

　생명공학은 유전공학과 세포공학을 기반으로 하여 인류의 생명에 대한 고정관념을 뒤흔들어 놓고 있다. 유전자 조작을 통해 다양한 식물은 물론 동물까지 새로운 형태의 생명을 탄생시키며 또한 유전자 이상의 병이라든지 혹은 생후에 가지게 되는 각종 질병을 생명공학 기술을 통해 치료할 수 있는 길이 열리고 있다. 생명공학은 인간을 일종의 정보처리 체계로 간주하고 있고, 정보기술은 인간의 정보처리 능력을 모방한 컴퓨터 개발을 목표로 두고 있다. 정보기술 개발체계를 활용함으로써 인간의 각종 기능 분석이 용이해졌고 이러한 인간의 기능들을 정보기술에 활용하여 인간을 닮은 컴퓨터 개발 목표를 설정하게 된 것이다.

　컴퓨터는 인간의 두뇌 기능, 즉 기억 기능, 연산 기능, 제어 기능 등에서 인간과 비슷한 기능을 수행한다고 말할 수 있지만 실제로 이 둘 사이의 차이점은 무척 크다. 인간과 컴퓨터의 가장 근본적인 차이점은 생명력의 유무이다. 인간은 생명력이 있는 생물학적 개체이지만 컴퓨터는 생명력이 없는 물질학적 개체이다.

인간과 컴퓨터는 탄생하는 방식이 서로 다른데 인간은 한 개의 수정란이 세포분열을 거듭함으로써 인간의 육체가 형성되지만 컴퓨터는 미리부터 만들어진 부품들의 조합으로 시스템이 완성된다. 인체의 발생은 1개의 난자와 1개의 정자가 합쳐져서 수정란이라고 하는 1개의 세포로부터 형성되며 이 과정을 수정(fertilization)이라고 한다. 태아는 수정 후 1주일이면 주머니배의 초기상태가 되며, 자궁 안에 도달하여 착상을 개시하고 제2주에 착상이 완료된다. <그림 1-4>는 인간의 발생 초기 단계를 보여 주고 있다.

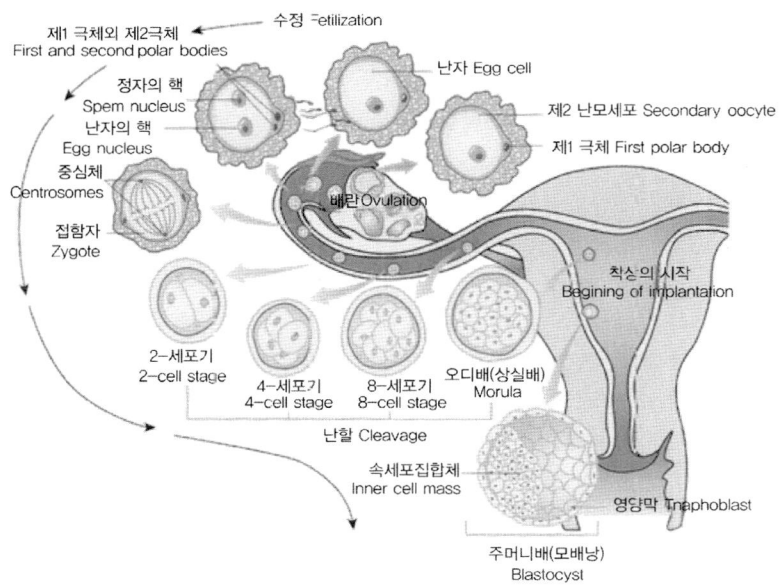

〈그림 1-4〉 인간의 발생 초기 단계
(참고문헌: 최신 인체해부생리학, 이한기 외, 수문사)

제4주에는 세포분열이 활발히 진행되어 각종 기관의 원기를 형성하고 태아의 외형을 점차 갖추게 되며 태아의 몸길이는 3~4㎜에 달한다. 수정 후 6주에는 몸길이가 13~15㎜가 되는데 여기까지를 배아(embryo)라고 부르며 이후에는 태아(fetus)라고 한다.

태반은 모체의 자궁벽에 붙어 있으며 탯줄을 통해 태아에게 영양분과 에너지원을 제공하고 노폐물을 배출시키며 또한 태아의 호흡작용을 위한 산소와 이산화탄소의 교환이 일어나고 태아의 간이 발달할 때까지 그 역할을 대신하며 발육을 위한 호르몬을 분비한다. 3개월 말에는 남녀 구별이 쉬워지고 4개월 말에 코와 입이 열리며 5개월째에 모체는 태아의 움직임을 느끼게 된다. 7개월에는 머리카락이 나고 8개월부터는 특별한 보육장치가 없어도 모체 밖에서 발육이 가능하고 10개월 말에는 몸길이가 50㎝, 몸무게가 약 3kg에 이른다.

태아가 태어난 후에는 태반을 거치는 모체의 직접적인 영향과 보호에서 벗어나서 독자적으로 입, 코, 피부를 거쳐 호흡, 영양섭취, 배설, 체온조절, 감각 등의 여러 기능을 수행할 수 있게 된다. 태생 후의 인간 발달 단계는 <표 1-1>과 같다.

〈표 1-1〉 출생 후의 인간 발달 단계

단 계	기 간	주요변화
신생아기 Neonatal period	출생~생후 4주 말	신생아의 호흡시작, 영양분 섭취, 영양분 소화, 배설물 배출, 체온조절, 순환기계의 적응
유아기 Infancy	생후 4주 말~ 생후 1년	빠른 성장, 치아가 나기 시작, 신경계가 성숙되어 협동행동이 가능, 의사전달 시작
소아기 Childhood	생후 1년~사춘기	빠른 성장, 유치가 나고 영구치로 대체, 근육조절능력 증대, 방광과 소화관의 조절능력 확립, 지적능력 성숙

단 계	기 간	주요변화
청년기 Adolescence	사춘기~장년기	생식기관의 기능적 성숙, 감정적 성숙, 골격계통과 근육계통의 급격한 성장, 숙련된 운동반응, 지적능력 증대
장년기 Adulthood	장년기~노년기	구조적 기능적인 변화는 별로 없음, 퇴행성 변화(Degenerative change)가 나타나기 시작
노년기 Senescence	노년기~죽음	지속적인 퇴행성변화, 주위 환경변화에 적절히 대응하지 못함, 심혈관계의 물리적장애 또는 신체 주요 장기에 영향을 미치는 질병에 의한 사망

인간은 유전법칙을 통해 부모의 형질(character)이 자식에게 전달되며 대대손손 이어지지만 컴퓨터에서는 세대적 의미가 전혀 없다. 즉 컴퓨터는 공장에서 생산되는 순간에 이미 하드웨어적인 형질이 고정적이며 약간의 업그레이드는 가능할 수 있지만 그 컴퓨터가 고장이 발생하거나 파손되어 사용되지 못하면 폐기처분 되는 것이다.

인간은 생명현상의 생물학적 요소, 세포 속에서 발생하는 화학적 요소, 효소들 사이를 이동하는 전자 현상의 물리학적 요소 등이 있으나, 컴퓨터는 단지 전위차로 회로가 동작하는 물리학적 요소만 갖추고 있다. 인간은 복제방식을 통해 동일한 사람을 여럿 만들 수 없지만 컴퓨터는 동일한 시스텐 여러 대를 공장에서 제조할 수 있다.

인간은 태어난 이후에 육체적인 면이나 정신적인 면을 능동 혹은 수동적으로 수정하거나 업그레이드가 어렵지만 컴퓨터는 제조 이후에도 하드웨어와 소프트웨어를 수정하거나 수동적으로 쉽게 업그레이드시킬 수 있다. 인간은 오감, 즉 시각, 청각, 후각, 미각, 촉각 등이 발달되어 있으나 컴퓨터는 후각, 미각, 촉각 등은 아직 개발되어 있지 않고 시각 기능과 청각 기능만이 어느 정도 구현된 상태이다.

인간은 스스로 학습능력이 있으나 컴퓨터는 프로그램으로 동작되므로 외부에서 지식 데이터를 넣어 주어야 한다. 인간은 동일한 사건에 대한 경험이 없어도 그 사건에 대처할 수 있으나 컴퓨터는 주어진 프로그램에 의해서만 동작되므로 다양한 사건에 대한 대처 능력이 없다. 인간은 학습능력을 가지고 있지만 학습기간이 컴퓨터에 비해 오래 걸린다. 컴퓨터는 새로운 데이터를 저장함으로써 데이터 학습이 완료되지만 인간은 어떠한 데이터를 암기하기 위해 부단한 노력을 해야만 한다. 컴퓨터의 기억은 메모리나 하드디스크의 고장이 없으면 거의 영원히 보존될 수 있지만 인간의 기억은 시간이 흐름에 따라 점점 잊히기 마련이다.

인간은 개개 요소의 자율적인 기능에 의하여 전체적으로 조화를 이루는 자기조직화(self-organization) 기능이 있다. 자기조직화의 예로서 세포분열 도중에 인간의 눈으로 분화해 가는 세포를 제거하면 다른 조직으로 분화되어야 하는 세포가 눈으로 만드는 세포로 바뀐다. 그러나 컴퓨터는 개개의 요소가 자율적이지 못하며 하드웨어와 소프트웨어 동작으로 하나의 동작을 수행한다. 인간은 면역기능을 가짐으로써 스스로를 치료할 수 있는 능력이 있으나 컴퓨터는 스스로를 치료하지 못하고 외부로부터 수리 동작이 요구된다.

인간의 식생활은 컴퓨터의 충전에 해당한다고 말할 수 있다. 인간은 즐거운 마음으로 음식을 먹게 되고 식사 후에는 풍족감을 느끼지만 컴퓨터의 충전은 단순한 기계적 활동에 불과하다. 인간은 하루 활동 후에 8시간 정도의 수면이 요구되지만 컴퓨터는 어떠한 활동 후에도 휴식이 반드시 필요하지는 않는다. 인간이 두뇌를 활발하게 사용하면 열이 발생하고 컴퓨터도 CPU 주변에는 열이 많이 발생하게 된다. 인간은 열을 식히기 위해 따로 필요한 장치가 없지만 컴퓨터에서는 공기팬을 부착하여 주변 온도 상승을 억제하고 있다.

인간의 뇌에서는 정보가 아날로그(analog) 형태로 처리되지만 컴퓨터에서는 디지털(digital) 방식으로 처리된다. 인간은 시간이 지남에 따라 기억이 없어질 수 있지만 컴퓨터는 저장장치를 통해 오랫동안 기억시킬 수 있다. 인간은 스스로 데이터를 입력시켜 기억해야 하지만 컴퓨터는 외부로부터 강제적으로 데이터를 입력시킬 수 있음에 따라 지식 데이터 축적이 용이하고 업그레이드뿐만 아니라 새로운 기능을 추가할 수 있다. 인간은 동일한 동작을 반복할 경우에 지루한 감정을 가지면서 거부 의사가 표현되지만 컴퓨터는 동일한 반복 동작에도 이를 기억하지 못하고 오랫동안 반복을 계속할 수 있다. 개체 발전 측면에서 보면 인간은 미래에도 현재와 비슷한 모습과 특성을 가질 것이지만 컴퓨터는 인간에 가깝게 발전하여 인간과 구별하기 어려울 정도의 로봇이 등장할 것이다. 인간 자체는 미래에도 비슷한 형태의 개체이겠지만 정보기술과 함께 생명공학의 발전으로 인간의 수명이 100년을 쉽게 넘길 수 있을 날이 머지않아 보인다. <표 1-2>는 인간과 컴퓨터의 차이점을 요약으로 보여 주고 있다.

〈표 1-2〉 인간과 컴퓨터의 차이점

항 목	인 간	컴퓨터
생명력 유무	생명체	무생명체
탄생 방식	수정란의 세포분열	공장제조
동일성	유일무이 개체	다수의 동일 개체
수정 및 보완	능동적이며 어려움	수동적이며 쉬움
감각 기능	오감 능력	시각과 청각 능력
반응 기능	복잡하고 성능 우수	단순하고 성능 열세
두뇌 기능	인지, 정서, 행동	인지 및 행동
개체 발전 가능성	희박함	인간에 가깝게 발전

1.3. 인간과 컴퓨터의 공통점

인간과 컴퓨터는 정보처리 기능을 수행함에 있어서 공통점이 있다. 정보처리 시스템은 외부로부터 입력 정보를 센싱하여 정보처리를 수행하고 정보를 저장하며 정보처리 결과를 외부로 출력 행동한다. 인간은 태어나면서부터 축적되어 온 경험과 지적 학습을 바탕으로 정보처리를 수행하며 컴퓨터는 인간이 장착한 프로그램에 의해 정보처리를 수행한다. 따라서 우수한 정보처리 능력을 위해서 인간은 다양한 경험과 함께 지식 학습을 증진해야 할 것이며 컴퓨터는 하드웨어 성능 향상은 물론 다양한 소프트웨어 프로그램으로 업데이트시켜야 한다. <그림 1-5>는 인간과 컴퓨터의 정보처리 시스템을 보여 주고 있다.

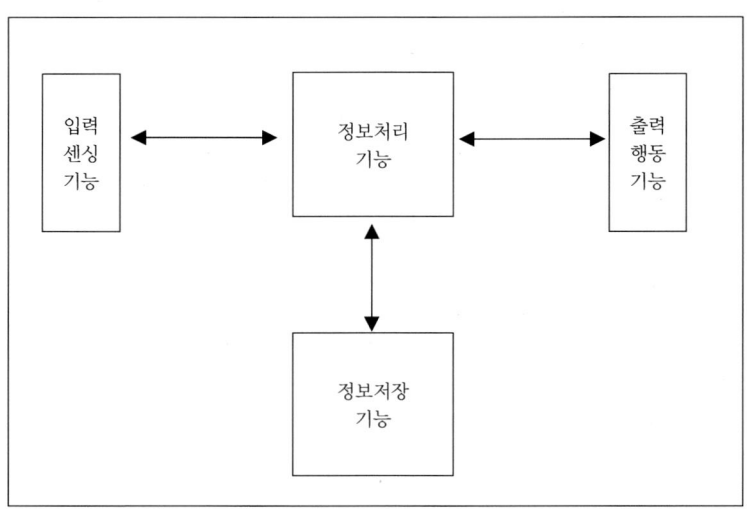

〈그림 1-5〉 인간과 컴퓨터의 정보처리 시스템

인간과 컴퓨터는 수리적 계산과 논리적 계산을 수행할 수 있으며 여러 가지 상황에 대한 판단 능력을 가지고 있다. 수리적 계산은 가감승제와 함께 수학적 사고방식을 포함하며 논리적 계산은 판단의 기준이 되는 수단으로서 언어를 이해하고 주변 환경 상황을 파악하며 매 순간마다 어떻게 행동해야 할까를 결정하는 단계에서 요구된다.

인간의 뇌는 컴퓨터의 마이크로프로세서와 같이 각각의 신체 부위로부터 전위차에 따른 회로강의 신호전달로 데이터를 전달받아서 제어 기능을 수행하는 정보처리 기능을 가지고 있다. 컴퓨터도 프로그램을 사용하여 인간과 같이 인지와 행동 기능의 능력을 소지할 수 있다. 인간의 뇌에 있는 뉴런 기능을 활용하여 컴퓨터에도 학습능력을 소지한 뉴런 컴퓨터 개발을 추진해 오고 있다. 인공지능 기술을 활용하여 지식전문가의 지식을 컴퓨터에 도입하려는 기술이 개발되고 있다.

인간과 컴퓨터의 공통점이 존재하므로 인간을 연구할 때에 컴퓨터의 정보처리 기술을 활용하고 있으며, 사람의 정보처리 능력을 모방하여 미래의 컴퓨터를 개발하려는 노력이 세계 선진국들에서 진행되고 있다. 미래에는 실리콘 재료 대신에 단백질을 이용하는 생체 컴퓨터를 개발함으로써 인간과 컴퓨터의 경계가 더욱 가까워질 수 있을 것으로 예상한다.

인간과 컴퓨터의 공통점을 요약하면 아래와 같다.

- 정보처리 시스템
- 입력 센싱 기능
- 출력 행동 기능
- 기억, 계산, 판단 기능
- 전위차에 따른 신호전달

생명공학은 인간을 일종의 정보처리 체계로 간주하고, 정보기술은 인간의 정보처리 능력을 모방한 컴퓨터의 개발에 최종 목표를 두고 있다. 생명공학의 발달로 인간은 병 치료를 수월하게 하게 되었으며 정보기술의 발달로 고성능의 컴퓨터 시스템을 개발할 수 있게 되었다. 이제 생명공학과 정보기술을 융합하여 생체 컴퓨터 개발 목표를 앞두고 있다.

1.4. 인간과 컴퓨터의 모델

1.4.1. 인간과 컴퓨터 모델의 필요성

인간과 컴퓨터의 상호 보완적 학습에 도움이 될 수 있도록 인간과 컴퓨터 시스템을 top-down 방식으로 계층화시킨 후에 양측 계층 사이를 서로 매칭(matching)시킬 필요가 있다. 컴퓨터를 소프트웨어와 하드웨어로 나눌 때에 인간은 뇌기능과 육체로 구분할 수 있으며 이 때에 인간의 마음이 어디에 해당하는지에 대해서는 구체화되어 있지 않다. 인간의 과학기술이 발달되기 전까지는 인간의 마음이 가슴에 있다고 생각되었으나 최근에는 인간의 마음은 곧 뇌의 기능으로부터 발생한다는 것이 정설이다.

컴퓨터의 하드웨어 시스템은 기능블록들로 구성되고 각각의 기능블록들은 몇 개의 부품들로 이루어지며 각각의 부품은 여러 가지 재료들로 구성된다. 한편 인간의 인체는 여러 기관계로 구성되어 있으며 하나의 기관계는 몇 개의 신체부위들로 이루어지고 각각의 신체부위는 생체계인 세포들로 구성되어 있다.

인간과 컴퓨터를 피어 투 피어(peer to peer), 즉 계층별로 비교함이 다소 무리라고 생각될 수도 있겠으나 인간학과 컴퓨터학의 융합적 학습을 위해서 모델의 필요성이 대두된다. 인간학과 컴퓨터학의 융합 학문을 인기학(人機學)이라고 부르고 영어로는 hucomalogy라고 임시적으로 부른다. 컴퓨터 모델은 각 모듈 단위로 독립성을 서로 유지하면서 개발하기 위해 사용되어 왔으나 인간의 모델은 생명체의 본질을 정확히 나타내기 어려우므로 추후 계속적인 연구가 필요할 것이다.

인체의 기본적인 구성단위는 세포(cell)이며 다세포 동물은 기본적으로 수정란이 분열, 증가하여서 생긴 수많은 세포로 구성된다. 세포는 분열을 거듭하면서 분화하여 일정한 형태나 배열형태를 나타내며, 일정한 기능을 나타내는 집단을 형성하여 조직(tissue)을 만드는데 이러한 인체의 조직은 상피조직, 결합조직, 근육조직, 신경조직 등의 4가지로 크게 나눈다. 한 종류 또는 몇 가지 종류의 조직이 일정한 규칙에 따라 모여서 일정한 형태와 기능을 나타내는 기관(crgan)을 만드는데 이러한 기관의 예로는 심장, 간, 작은창자, 큰창자, 의 등이 있다.

몇 개의 기관이 어떤 목적의 기능을 이루기 위하여 인체 내에서 서로 연락을 유지하며 일정한 배치를 나타내는데 이것을 기관계(organ system)라고 부른다. 인체는 여러 개의 기관계가 균형을 이루면서 배치되고 전체적으로 매우 잘 통제된 생활기능을 영위한다. <그림 1-6>은 인체의 구조적 단계를 보여 주고 있다.

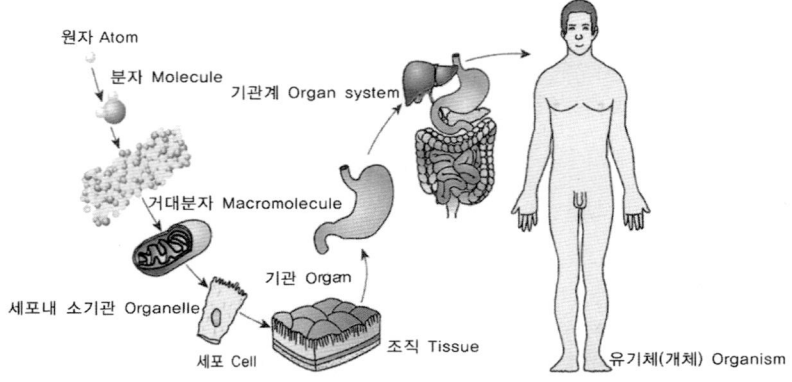

원자 Atom
분자 Molecule
기관계 Organ system
거대분자 Macromolecule
기관 Organ
세포내 소기관 Organelle
세포 Cell
조직 Tissue
유기체(개체) Organism

〈그림 1-6〉 인체의 구조적 단계
(참고문헌: 최신 인체해부생리학. 이한기 외. 수문사)

1.4.2. 인간과 컴퓨터 모델 구조

생물과 기계의 과정 제어(process control) 이론을 정립한 학자들 중에서 가장 뛰어난 업적을 남긴 사람은 폰 노이만(John von Neumann)과 위너(Norbert Wiener)이다. 1948년에 위너는 그어 저서 '사이버네틱스(Cybernetics)'를 출간했는데 여기에서 그는 동물과 기계, 즉 생물과 무생물에는 동일한 이론에 의하여 탐구될 수 있는 수준이 있으며, 그 수준은 제어 및 통신의 과정에 정확히 관련된다고 주장하였다. 사이버네틱스의 아이디어는 항상성(homostasis)과 되먹임(feedback)의 개념과 관련된다. 생물체는 거꾸로 되먹임 제어에 의하여 환경에 적응하는 자동조절(self regulating)을 통한 항상성을 유지한다. 사실 제어에는 피드백이 포함되기 마련이다. 시스템에서 어떠한 제어 명령을 내린 후에 그 결과치를 센싱하여 목적값에 이르지 못하면 결과값을 근거로 새로운 제어명령을 내리게 되는데 이러한 방식을 피드백이라고 부른다.

기계의 제어 역시 되먹임 개념과 관련이 있다. 위너는 생물과 기계에서 모두 확인되는 항상성과 거꾸로 되먹임의 개념을 묶어서 사이버네틱스 이론을 정립하였다. 위너의 사이버네틱스 이론 발표로 인하여 생명을 오로지 세포의 화학적 현상으로 설명하는 대신에 외부로부터 정보를 받아 처리하는 하나의 시스템으로 보는 접근방법에 대한 관심이 고조되었다.

인간과 컴퓨터를 하나의 시스템으로 보아서 이들을 분석하는 방법에는 top−down 방식과 bottom−up 방식이 있다. top−down 방식은 전체 시스템을 상위계층에서부터 하위계층까지 더듬어 내려가는 방식을 말하고 bottom−up 방식은 모든 구성요소들을 하나의 행동자(behavior) 자체로 보아서 이들 행동자 사이의 상호 작용을 명백히 규정함으로써 시스템을 분석하는 방식이다.

인간과 컴퓨터 모델을 위해서 본 책에서는 top−down 방식을 채택한다. 인간은 크게 육체와 정신으로 구분하는데 본 책에서는 육체와 뇌기능으로 분류하였다. 인간의 뇌기능과 육체는 컴퓨터에서 소프트웨어와 하드웨어에 대응된다. 우선 컴퓨터의 구조에 관해 설명해 보면 컴퓨터는 눈에 보이는 각종 부품들의 집합체인 하드웨어와 이들 하드웨어를 제어하고 또한 하드웨어 환경을 바탕으로 동작되고 있는 각종 프로그램들이 있는데 이러한 프로그램들을 소프트웨어라고 부른다. 인간과 컴퓨터를 동일한 계층 구조로 맵핑(mapping)시키는 것은 다소 무리라고 생각되지만 본 책에서 인간과 컴퓨터를 비교하기 위한 방법으로 제안하였다는 점에 유념하여 주기 바란다. 예를 들어서

인간의 최하위계층인 생체계는 세포인데 하나의 세포는 작은 의미의
시스템일 수도 있기 때문에 인간의 생체계와 컴퓨터의 재료계 사이
에는 맵핑될 수 없는 갭(gap)이 있기 마련이다. <그림 1-7>은 인간
과 컴퓨터 모델을 보여 주고 있다.

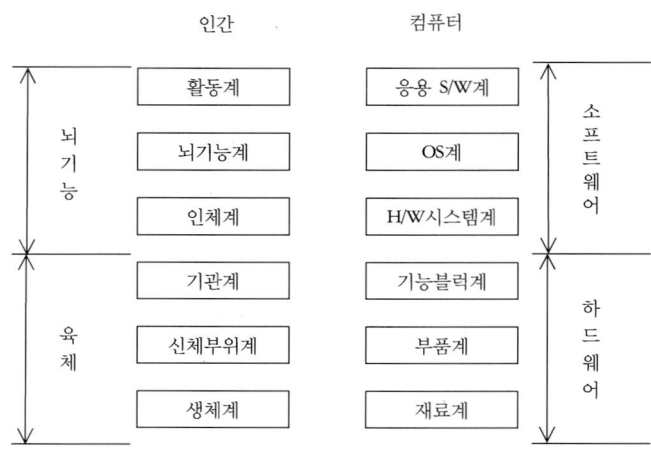

〈그림 1-7〉 인간과 컴퓨터 모델

(1) 생체계와 재료계

인간은 하나의 수정란에서 세포분열을 통하여 성장하므로 인간 모
델의 맨 아래층인 생체계는 세포(cell)가 되며 이러한 세포 안에는 염
색체가 있다. 염색체 안에는 유전정보가 있는 DNA(deoxyribonucleic
acid)가 있으며 RNA(ribonucleic acid)가 유전정보를 전달하여 최종적으
로 단백질을 구성한다. 인간의 세포는 골지체, 미토콘드리아, 세포막,
핵막, 핵 등으로 구성되는데 염색체는 핵 속에 위치하며 세포 내에서
염색체가 분리되어 2개의 딸세포(daughter cell)가 생성되는 과정을 세

포분열(cell division)이라고 한다. 한 번의 세포분열에는 반드시 한 번의 DNA 복제가 필요하며 인간은 태어날 때부터 세포가 약 3조 개이지만 성인이 되면 60조 개가 되므로 수정란의 DNA가 60조 배로 증대되는 것이다. 인간은 고유한 염색체의 수를 가지고 있는데 그 기본이 되는 염색체의 완전한 한 벌(set)을 게놈(genome)이라고 하며 인체 유전자의 30억 개에 달하는 화학구조(염기쌍)를 규명함으로써 유전자 지도(genetic map)가 완성되는 것이다.

인간의 염색체 배열을 조사 분석함으로써 태어날 아이의 신체 구조, 걸리기 쉬운 병 종류, 능력, 성격 등을 미리 알 수 있을 뿐만 아니라 염기배열을 조정함으로써 원하는 아이를 가질 수 있게 된다. 그러나 모든 염기배열을 선택할 수 있는 것이 아니기 때문에 부모가 원하는 모든 장점을 가지는 아이를 가질 수는 없게 되어 있다고 한다. 미래에는 염색체 배열 조작으로 태어난 인간과 자연적으로 태어난 인간 사이에 이미 경쟁의 차이를 가지게 될 것이다. 요사이는 돈 많은 집안의 아이가 고액과외를 통해 학습능력을 키우고 있는데 미래에는 돈 많은 집안의 아이는 태어나기 전부터 이미 다양한 능력을 소지하게 되어 빈부의 차이에 따른 사회적 및 윤리적 문제가 발생할 수도 있을 것이다.

컴퓨터의 재료계는 컴퓨터 부품을 이루기 위한 물질을 의미하며 각종 IC의 재료가 되는 실리콘과 게르마늄 등이 여기에 속한다. 각 부품과 부품을 잇기 위한 전기 통로로서 구리 재료를 이용하며 저항을 만들 때에 탄소가 이용된다. 컴퓨터 부품의 일종인 콘덴서에는 알루미늄 콘덴서, 세라믹 콘덴서, 폴리에스테르 필름 콘덴서 등이 있는데 콘덴서의 재료인 알루미늄, 세라믹, 폴리에스테르 등이 컴퓨터의 재료계에 해당한다. 전자컴퓨터는 전자를 흐르게 하기 위해 구리선을 사용하지만 광컴퓨터는 빛을 통과시키기 위해 광섬유를 사용하는데 각 부품과 인쇄회로 기판 위에 광섬유를 구현하는 방안이 여전히 연구과제로 남아 있다. 오늘날에는 컴퓨터의 재료계가 실리콘과 게르마늄이지만 미래에는 이들 대신에 단백질 위에 회로 기능을 구현하는 생체 컴퓨터가 개발될 것으로 전망하고 있다.

(2) 신체부위계와 부품계

인체의 기본적인 구성단위는 세포인데 세포가 분열을 거듭하면서 분화하여 일정한 형태나 배열형태를 나타내며, 일정한 기능을 나타내는 집단을 형성하여 조직(tissue)이 구성된다. 여기서 세포분화(cell differentiation)는 세포가 각자의 역할을 자각하여 그 역할에 합당한 구조를 갖도록 변화해 가는 것을 말한다. 한 종류 또는 몇 가지 종류의 조직이 일정한 규칙에 따라 모여서 일정한 형태와 기능을 나타내는 기관(organ)을 만들게 되고 이러한 기관들이 몇 개 모여서 어떤 목적의 기능을 이루기 위해서 인체 내에서 서로 연락을 유지하고 일정한 배치를 나타내는데 이를 기관계(organ system)라고 부른다. 본 책에서는 기관(organ)에 해당하는 계층을 신체부위계라고 부르며 이러한 신체부위계에는 심장, 간, 작은창자, 큰창자, 위 등이 있다. 인간의 신체부위는 독립적으로 동작하는 것이 아니라 모두 뇌의 지시를 받아서 동작하는 것이며 예를 들어서 눈의 경우에 망막의 수용기 세포들이 광선 에너지를 신경 흥분으로 바꿔서 뇌와 연결된 시신경에 전달하는 것이다. 신체부위계는 각 부위별로 병렬로 그 기능을 발휘하는데 예를 들어서 각종 소화기관은 눈, 코, 귀, 혀, 피부 등과 상관없이 동시에 작동하는 것이다.

컴퓨터의 부품계에는 라디오나 오디오에서도 눈에 띄는 저항, 코일,

콘덴서, 트랜지스터 등이 있으며, 실리콘이나 게르마늄 등으로 전자회로를 구현한 각종 IC들이 여기에 해당한다. 컴퓨터의 뇌라고 말할 수 있는 마이크로프로세서 칩도 부품계에 속하며 기억장치인 RAM(Random Access Memory)과 ROM(Read Only Memory)도 여기에 속한다. 마이크로프로세서는 그 안에 형식코드를 번역하여 그 코드에 맞게 동작할 수 있는 명령어들을 갖추고 있으며 이는 마치 태엽 시계가 동작하는 것과 유사하다고 말할 수 있다. 즉 비록 복잡한 마이크로프로세서라고 해도 하나의 명령어를 수행하는 데에는 각각의 기계 동작들의 연결이 필요하므로 마이크로프로세서나 컴퓨터는 하나의 기계에 불과하다.

마이크로프로세서는 제조하는 회사마다 서로 다른 구조를 가지며 형식 코드의 종류와 기능이 각각 서로 다르기 때문에 서로 다른 벤더 제품 사이에 호환성이 없다. 인간에 비유하면 서로 다른 나라에서 태어난 사람들끼리 언어 문제로 소통할 수 없는 것과 마찬가지로 서로 다른 벤더에서 생산되는 컴퓨터 칩은 기계어가 다르기 때문에 호환될 수 없는 것이다. 컴퓨터에는 CPU(Central Processor Unit), 메모리, I/O 인터페이스 부품들이 시스템버스로 연결 구성되어 있다.

(3) 기관계와 기능블록계

본 계층은 인간의 신체부위들끼리 혹은 컴퓨터의 부품들끼리 연결 구성된 독립된 기능블록을 의미한다. 예를 들어서 인간의 소화기계에는 섭취된 음식물을 더 작은 분자로 분해한 후에 혈액 내로 들어오게 하는 기능을 수행하는데 이들 과정은 입에서 시작하여 항문에 이르는 긴 관(길이: 약 9m), 즉 소화관 안에서 일어난다. 소화기관 밖에 있으면서 소화흡수 과정에 필요한 물질을 생산하여 소화관에 공급하고 있는 것을 소화선이라고 하며 침샘, 간, 췌장 등이 여기에 속한다.
인체 기관계의 주요 기관 및 주요 기능은 <표 1-3>과 같다.

〈표 1-3〉 인체의 기관계

기관계	주요기관	주요기능
외피계	피부(Skin), 털(Hair), 손발톱(Nail), 땀샘(한선, Sweat gland), 기름샘(피지선, Sebaceous gland)	조직보호, 체온조절, 감각 수용체지지
골격계	뼈(Bone), 인대(Ligament), 연골(Cartilage)	기본구조물질 제공, 부드러운 조직보호, 근육의 접착부위제공, 혈액세포생산, 무기염류 저장
근육계	근육(Muscle)	운동, 자세유지, 체열 생성
신경계	뇌(Brain), 척수(Spinal cord), 신경(Neve), 감각기관(Sense organ)	변화 감지, 감각정보의 수용과 해석, 근육과 분비샘 자극
내분비계	호르몬 분비샘(뇌하수체, 갑상샘, 부갑상샘, 부신, 이자(췌장), 난소, 고환, 송과샘, 가슴샘(흉선))	대사활동 조절
심혈관계	심장, 정맥, 모세혈관(Capillary), 동맥	혈관을 통한 혈액이동과 체내의 물질 운송
림프계	림프관(Lymphatic vessel), 림프절(Lymp node), 가슴샘(흉선, Thymus), 지라(비장, Spleen)	혈액으로의 조직액 회수, 흡수된 음식물 운송, 신체방어
소화기계	입, 혀, 치아, 침샘, 인두, 식도, 위, 간, 쓸개, 이자, 소장, 대장	음식물의 섭취, 분쇄, 흡수: 흡수되지 않은 음식물 제거
호흡기계	비강, 인두, 후두, 기관, 기관지, 허파(폐)	기체호흡, 가스교환
비뇨기계	콩팥(Kidney), 요관(Ureter), 방광(Urinary bladder), 요도(Urethra)	혈액으로부터 노폐물 제거, 수분과 전해질의 평형유지, 소변의 저장과 운송
생식기계	남성: 음낭, 전립샘, 요도망울샘(요도구선), 요도, 음경 여성: 난소, 자궁관, 자궁, 질, 음핵, 외음부	정자세포의 생성과 유지, 정자를 여성생식관으로 운송, 난자의 생성과 유지, 정자수용, 태아의 성장 및 출생과정에 관여

컴퓨터에서 키보드로 문자를 치면 입력 기능블록, 저장 기능블록, 출력 기능블록 등이 동작된다. 컴퓨터의 프로그램들 중에서 입력 프로그램이 실행됨에 따라 키보드에서 입력된 문자를 읽어 들이는 입력 기능블록이 동작하게 되고 이를 메모리에 저장하는 저장 기능블록이

동작하며 또한 해당 문자를 컴퓨터 모니터에 출력하기 위한 출력 기능블록이 동작함으로써 모니터상에 문자가 나타나게 되는 것이다.

인간의 기관계는 외형만으로도 구별이 가능하지만 컴퓨터의 기능블록계는 대부분이 반도체 칩으로 구성되기 때문에 외형으로는 구별이 용이하지 않다. 인간의 기관계가 뇌로부터 명령을 받아서 동작한다고 하지만 대부분의 동작은 자율적으로 수행되는 데 반해 컴퓨터의 기능블록계는 해당 블록계의 소프트웨어 없이는 아무런 기능을 발휘할 수 없다. 이와 같이 컴퓨터의 기능은 하드웨어와 소프트웨어의 조합으로 구현된다.

(4) 인체계와 H/W시스템계

본 계층은 인간 혹은 컴퓨터의 물리적 구조를 나타내는 계층을 의미한다. 인체계는 여러 기관계들, 즉 생식기계, 외피계, 골격계, 근육계, 신경계, 내분비계, 심혈관계, 림프계, 소화기계, 호흡기계, 비뇨기계 등으로 구성되어 있다. 이들 중에서 신경계는 외부의 자극이 감각기관의 세포에 의해 탐지되고 이것을 감각신경으로 보내면 감각신경은 이 자극정보를 뇌 또는 척수 등의 중추신경으로 전달하여 이를 처리하게 되는데 인간의 기관계들 중에서 컴퓨터 기능과 제일 유사하다.

인체는 크게 다음과 같이 구분하는 경우도 있다.

- 머리(두부)
- 목(경부): 뒷면은 항부(목덜미)
- 몸(체간부): 가슴(흉부) - 뒷면은 등(배부)
  - : 배(복부)
  - : 골반부: 뒷면은 둔부

- 체지부(사지): 팔(상지)
  : 다리(하지)

컴퓨터 H/W시스템계는 본체 보드 내에 위치하고 있는 전원장치 기능블록계, 입력장치 기능블록계, 출력장치 기능블록계, 마이크로프로세서 기능블록계, 메모리 기능블록계 등과 함께 컴퓨터 본체 외부에 위치하는 키보드 기능블록계, 컴퓨터 모니터 기능블록계, 프린터 기능블록계, 보조기억장치 기능블록계 등이 있다. 또한 컴퓨터 H/W 시스템계에는 LAN 혹은 가입자 회선을 통하여 인터넷 액세스를 위한 통신접속장치 기능블록계가 있어서 세계 어느 나라 사람과도 컴퓨터 통신이 가능해졌다. 컴퓨터 H/W시스템계는 디지털 기술의 발달로 인하여 각종 컴퓨터 부품이 소형화되고 고성능으로 발전하게 됨에 따라 데스크톱이나 노트북 형태뿐만 아니라 사물, 장소, 동물, 사람 등에게도 장착 가능한 유비쿼터스 컴퓨팅 기술로 발전할 것이다. 컴퓨터 H/W시스템의 통신용 인터페이스 기능도 외부에 각종 센서 장치를 두어서 무선으로 센서 정보를 액세스하는 컴퓨터 시스템들의 등장으로 인간 삶의 질이 급격하게 향상될 것으로 예상한다.

(5) 뇌기능계와 OS계

인간의 뇌는 파충류 및 포유류의 뇌, 대뇌피질, 작은골, 시상, 시상 하부, 뇌간 등으로 이루어져 있고 파충류 및 포유류의 뇌에는 사람의 본능이 들어 있으며 기억, 학습, 사고 기능 등을 맡고 있는 부분은 대뇌피질이다. 인간의 뇌에는 약 100억 개 정도의 뉴론이 서로 연결되어 복잡한 회로망(circuit)을 형성하고 있으며 뇌가 정보를 처리하는 방식은 뉴론에 전달되는 전기 신호에 중점을 두는 신경망 모델과 시냅스에 전달되는 화학신호에 중점을 두는 전달물질 모델 등이 있다. 인간의 뇌는 대뇌피질이 90%를 차지하고 있으며 원시적인 뇌를 뒤덮고 있는 상태에서 원시적인 뇌를 통제하고 있다. 동물적 본능을 지배하는 원시적인 뇌는 인간적 이성을 지배하는 대뇌피질과 끊임없이 경쟁을 벌이기 때문에 사람은 동시에 이중의 성격을 갖게 된다고 한다.

OS는 사용자 인터페이스(user interface)와 자원관리(resource management) 등의 기능이 있으며, 사용자 인터페이스는 말 그대로 컴퓨터를 사용하기 위한 각종 명령어들을 의미하고 자원관리는 여러 개의 응용소프트웨어 프로그램들이 동시에 실행될 때에 자원 사용의 효율성을 증진시키기 위한 기능이다. OS는 개발자가 여러 가지 응용소프트웨어를 개발할 때에 컴퓨터 시스템의 하드웨어 동작을 잘 몰라도 쉽게 개발할 수 있도록 플랫폼 기능을 제공한다. OS는 크게 커널(kernel)과 유틸리티 프로그램(utility program)의 두 부분으로 이루어지며 커널은 컴퓨터 동작 시에 주기억장치에 남아 있으므로 상주 프로그램이라고 부르고 유틸리티 프로그램은 특정기능이 호출될 때에만 주기억장치로 읽혀서 동작되므로 비상주 프로그램이라고 부른다. 컴퓨터 OS는 인간의 뇌 동작을 모방하여 신경회로 컴퓨터 개발에 노력해 오고 있으며 또한 인간의 뇌 동작과는 관계없이 오로지 프로그램만으로 전문가의 지식을 흉내 내기 위한 인공지능 분야 등이 있다.

(6) 활동계와 응용소프트웨어계

인간의 활동계는 최상위 계층으로서 인간이 육체와 뇌를 사용하여 가정, 직장, 사회 등지에서 인지, 정서, 행동 기능들을 발휘하는 계층을 말한다. 인간은 자기 기억 속의 의식과 무의식을 통하여 자기 자신, 사물, 동물, 사람 등과의 관계 속에서 시간과 공간적 상황에 따라 적응적으로 활동한다. 결국 인간의 활동계의 중심은 뇌에 있으며 이러한 뇌 기능을 통해 육체를 사용하여 내부 혹은 외부의 상황 변화에 대처하면서 인간의 모든 활동을 수행하는 것이다.

컴퓨터의 응용소프트웨어계는 OS를 근간으로 하여 데이터베이스 시스템 프로그램, 워드프로세서 프로그램, 인터넷 브라우저 프로그램, 각종 게임 프로그램들을 의미한다. 인간의 활동계와 마찬가지로 외부로부터 정보를 추출하여 이를 저장 및 가공하여 외부 환경에 맞는 출력을 제공할 수 있는 프로그램들을 개발함으로써 컴퓨터 엔지니어들은 인간 뇌의 정보처리와 유사한 컴퓨터 시스템을 만들고자 부단히 노력하고 있다.

반도체 기술 발전에 힘입어 마이크로프로세서의 성능이 증진되고 또한 메모리 용량이 증대됨에 따라 다양한 응용소프트웨어가 개발되어 부가가치가 높은 산업으로 계속 발전할 것이다. 특히 컴퓨터와 통신의 융합으로 인해 언제 어느 곳에서나 컴퓨터 통신이 가능한 유비쿼터스 시대를 맞이하여 제2의 정보혁명 시대가 올 것이다. 통신이나 문자 전송 기능을 주로 사용해 왔던 핸드폰은 이제 위치정보뿐만 아니라 현실증강 서비스 추가로 다양한 어플리케이션 서비스가 등장하고 있다. 손안의 컴퓨터가 인간의 개인비서로 활용될 수 있는 날이 머지않았음을 스마트폰 등장으로 짐작할 수 있게 되었다.

우리나라는 아직도 하드웨어 제품과 비교하여 소프트웨어 제품의 가격을 제대로 책정받지 못하고 각종 복사본 소프트웨어들로 인하여 중소기업 중심의 소프트웨어 산업이 침체 위기에 빠져 있다고 말할 수 있다. 국내의 소프트웨어 산업 발전을 위해서 정품 소프트웨어만을 사용해야 한다는 국민의식이 널리 퍼져 있어야 한다.

2. 인간의 인체계와 컴퓨터의 시스템계

2.1. 인간의 인체계와 컴퓨터의 H/W시스템계

2.1.1. 인간의 인체계

인체는 정밀한 기계와 비슷하다는 말이 있지만 사실은 어떠한 정밀기계와도 비교가 안 될 정도로 매우 복잡하고 다양한 구조와 기능을 가진다. 인체는 여러 기관계들로 구성되는데 본 책에서는 11개의 기관계, 즉 골격계, 근육계, 신경계, 내분비계, 심혈관계, 림프계, 소화기계, 호흡기계, 비뇨기계, 생식기계, 외피계 등으로 구분한다.

인체는 기관계들이 상호 작용을 통한 항상성(homeostasis)을 유지하는데 항상성이란 외부 환경이 변하더라도 인체의 내부 환경은 변하지 않는다는 것을 의미한다. 대표적인 항상성의 예로서 체온조절을 들 수 있는데 외부온도가 낮아지면 땀구멍을 닫음으로써 체온을 보호하고 외부온도가 높아지면 땀구멍을 열어서 체온을 정상 수준으로 유지한다. 혈당량의 경우에는 인슐린(혈당을 감소시키는 호르몬)과 글루카곤(혈당을 증가시키는 호르몬)에 의해 정상치를 유지하는데 탄수화물이 많은 쌀밥을 먹으면 혈당량이 올라가고 췌장에서 분비되는 인슐린에 의해 증가된 당분은 간으로 운반된다. 반대로 격렬한 운동을 하면 그 부분의 근육은 에너지원을 얻기 위해 혈액 속의 포도당을

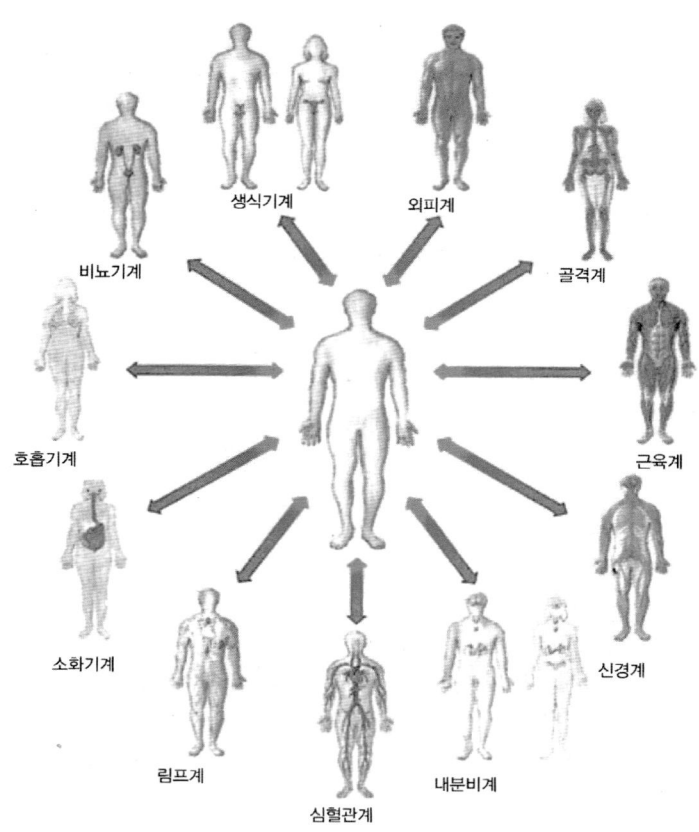

〈그림 2-1〉 인체의 기관계(참고문헌: 최신 인체해부생리학, 이한기 외, 수문사)

사용하는데 이때에 혈당량이 떨어지게 되며 글루카곤은 간에 저장되어 있는 당분을 끌어다가 부족한 혈당량을 채워 줌으로써 생리균형을 바로잡아 준다. 항상성은 체온이나 혈당량뿐만 아니라 산소 및 이산화탄소의 농도, 혈류량에 의한 혈압조절, 산과 알칼리의 균형 등에도 관련이 있다. <그림 2-1>은 인체의 기관계를 보여 주고 있다.

인간의 인체계는 컴퓨터 H/W시스템계와 비교하여 매우 복잡하고 다양한 구조와 기능을 가지며 특히 인간은 생명체이기 때문에 인체계의 대부분의 기능은 생명력 유지 기능에 할당되어 있다. 컴퓨터가 아니라 로봇이라고 하면 인체의 기관계들 중에서 골격계, 근육계, 외피계, 신경계 등이 로봇의 H/W시스템계와 비슷할 것이다.

인간의 인체계는 아날로그 방식이고 컴퓨터 H/W시스템계는 디지털 방식이다. 아날로그 방식이라 함은 어떠한 현상이 연속적으로 변화함을 의미한다. 디지털 방식은 변화하는 현상을 '0'과 '1'의 두 단계로 표기하기 위해 임계치를 사용한다. 디지털 방식에서는 예를 들어서 어느 값이 0.5 이상이면 '1'로 간주하고 0.5 이하이면 '0'으로 표기하는 것이다. 디지털 방식에서 사용되는 반도체 회로에서도 어떠한 값이 순간적으로 바뀌는 것은 아니지만 아날로그보다는 급작스럽게 바뀐다고 말할 수 있다.

컴퓨터는 모든 제어동작이 컴퓨터 프로그램에 의존한다. 예를 들어서 로봇의 경우에 어떠한 시급한 상황이 발생해도 그에 대한 프로그램이 존재하지 않으면 적절한 행동도 취할 수 없고 또한 아무리 시급한 상황이라고 해도 컴퓨터 프로그램의 진행에 따라 행동할 수 있다. 그러나 인간은 마음가짐, 즉 뇌의 명령으로 본능을 억제하기가 힘들어진다. 예를 들어서 인간은 화장실이 급할 때에 그 누구도 급하게 화장실을 가지 않으면 안 되지만 로봇의 경우에는 커다란 무리 없이 일정 시간 정도는 견뎌 낼 수 있다. 즉 인간의 경우에는 배변의 통증이 아날로그적으로 나타나고 또한 화장실을 가지 않을 방법이 없지만, 만일 로봇의 프로그램 방식이라면 경우에 따라 제어가 가능할 수도 있다는 의미이다. 예를 들어서 로봇의 경우에는 주변에 화장실이 있을 때에만 배변의 통증이 오게 할 수도 있을 것이다.

2.1.2. 컴퓨터의 H/W시스템계

컴퓨터의 H/W시스템은 본체와 여러 가지 주변장치들로 구성된다. 본체는 케이스와 그 내부에 여러 기능블록계들로 이루어지고 주변장치로는 입력장치, 출력장치, 통신장치 등이 있다. 본체 내의 기능블록계로는 전원장치 기능블록, 입력장치 기능블록, 출력장치 기능블록, 마이크로프로세서 기능블록, 주기억 기능블록, 보조기억기능블록 등이 있다. 컴퓨터 케이스는 본체가 작아짐에 따라 점점 소형으로 바뀌고 있으며 컴퓨터 부품에서 발생하는 열을 식히기 위해 케이스 팬이 달려 있다. 마이크로프로세서 칩에서도 열이 발생하기 때문에 방열판과 더불어 팬을 부착할 수도 있다. 방열판은 반도체 칩의 열 발산을 위해 인쇄회로 기판과 칩 사이에 장착되는 금속판을 의미한다. 반도체 칩의 열이 열전도 현상에 따라 방열판으로 옮겨짐에 따라 반도체 칩의 온도 상승을 억제할 수 있게 된다. 본체는 메인보드(Main board) 위에 중앙처리장치(CPU) 칩, ROM BIOS(Basic Input Output System) 칩, 직렬포트 칩, 병렬포트 칩, 제어장치 칩 등이 장착되어 있으며 또한 트랜지스터, 저항, 콘덴서 등의 부품들이 PCB(Printed Circuit Board) 기판 위에서 기능별로 연결 구성되어 있다.

메인보드로부터 기능을 확장하기 위해 여러 개의 커넥터(connector)
들이 메인보드 위에 장착되어 있는데 그중에는 PCI(Peripheral Component
Interconnected) 버스, PS/2 마우스 포트, PS/2 키보드 포트, USB(Universal
Serial Bus), AGP(Accelerated Graphic Port) 등이 있다. <그림 2-2>는
개인용 컴퓨터의 H/W시스템 내부구조를 보여 주고 있다.

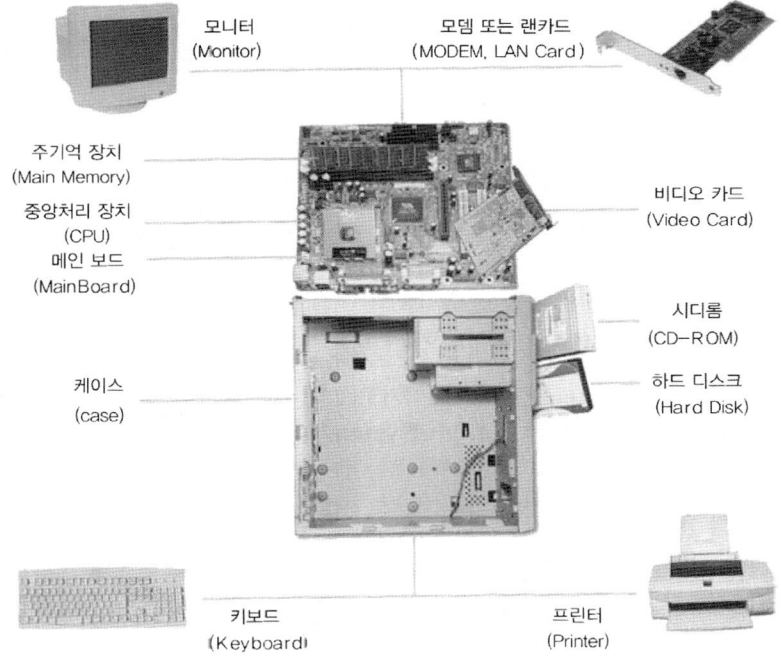

〈그림 2-2〉 개인용 컴퓨터의 H/W시스템
(참고문헌: 컴퓨터개론, 김대수 저, 생능출판사)

2.2. 인간의 기관계와 컴퓨터의 기능블록계

2.2.1. 인간의 기관계

인체의 전체적인 안정을 유지하기 위해서 각 기관은 인체 기능의 특수한 기능을 분담하여 다른 기관들과 서로 유기적으로 작용해야 한다. 공통적인 목적을 달성하기 위한 협동적인 기능으로서의 기관들을 인체의 기관계(system)라고 부른다. 컴퓨터는 bottom-up 방식으로 시스템이 구성됨에 따라 각 기능블록을 설계하여 각각의 블록에 요구되는 부품을 장착시키지만 인간은 top-down 방식으로 구성된다고 보기 때문에 인체의 분석을 용이하게 하기 위해 부분별로 나누어 설명하는 것이다. 본 책에서는 인체의 11개 기관계를 서술하고자 한다.

(1) 골격계

일반적으로 동물의 골격에는 내골격과 외골격이 있다. 외골격은 풍뎅이나 가재와 같은 절족동물의 골격을 말하며 신체의 외부에 생명이 없는 구조이기 때문에 이들 동물은 성장을 계속하려면 이들의 골격 구조를 버리고 새로운 것을 형성해야 한다. 그러나 인체의 내골격은 신체 구조물의 성장과 함께 성장한다. 인체의 지지 장치인 뼈대는 약 206개의 뼈와 연골로 이루어져 있다. <그림 2-3>은 인체의 뼈대를 보여 주고 있다.

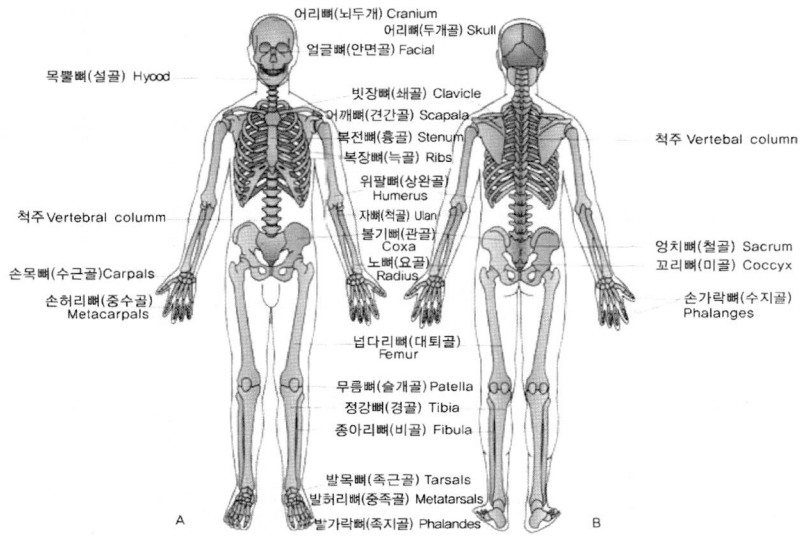

〈그림 2-3〉 인체의 뼈대

뼈대는 다음과 같은 작용을 한다.

- 지지 작용: 신체의 견고한 지주 역할을 하며 인체 근육의 대부분이 이들 골격에 부착점을 갖는다.
- 보호 작용: 체강(동물의 내장과 체벽 사이의 빈 공간으로 체액이 차 있음)의 기초를 만들고 뼈대 내의 신체부위를 보호한다. 두개골 안에는 뇌(brain)가 코호되고 척주는 척수를 보호한다. 흉곽은 폐와 심장뿐만 아니라 복강 장기의 일부인 간, 비장 등도 보호한다. 골반은 방광, 직장 및 내부 생식기를 보호한다.
- 지렛대 역할: 부착되어 있는 근육이 수축하면 지렛대 역할을 하여 운동을 일으킨다.

- 조혈 기능: 골 내부의 적색골수는 적혈구, 혈소판, 백혈구 등을 생산한다.
- 무기질의 저장: 무기질 중 칼슘과 인(P)을 저장한다.
- 공기 공간: 머리뼈의 일부에는 공기가 차 있어서 뼈의 무게를 가볍게 해 주고 소리를 공명시키는 역할도 한다.

인체의 뼈대는 머리뼈, 척주, 가슴우리, 팔다리뼈대 등으로 구성되고 뼈와 뼈 사이를 관절이 이어 주는데 관절에는 섬유성 관절, 연골성 관절, 윤활 관절 등이 있다. 관절로 연결되어 있는 뼈의 말단 부분이 둘로 나뉘는데, 한쪽은 관절두(關節頭)라 하여 볼록한 형태로 되어 있고, 다른 한쪽은 관절와(關節窩)라 하여 오목한 형태로 된 것이 많다. 관절을 연결하는 뼈와 뼈 사이에는 작은 공간(강, 腔)이 있고, 그 속에는 윤활유의 역할을 하는 활액이 들어 있다. 관절의 외부는 두 층으로 되어 있는 각 관절에 따라 운동의 성질이나 운동이 가능한 범위가 다양하며 이는 관절을 이루는 뼈의 형태나 관절낭·인대의 부착 방법에 의해 정해진다. 관절의 안쪽, 인대의 내부, 관절면의 접촉 부분에는 위치각이나 운동각을 감지하는 수용기가 존재한다. 이 수용기는 관절각이라 하여 자율적이거나 타율적인 운동에 관계없이 관절의 운동을 지각하는 역할을 한다.

(2) 근육계

근육조직은 전 체중의 거의 반을 차지한다. 인체의 많은 형태를 이루는 것은 근육이 골격에 붙어 있고 이것을 피부가 감싸 주는 것이다. 근육세포가 인체 내의 다른 세포와 다른 점은 수축성이라는 특수성이 있다는 것이다. 근육계는 약 650여 개의 근육들로 이루어지며 3가지 형태의 근육, 즉 골격근, 평활근, 심근 등으로 나누어진다.

골격근은 인체 골격의 대부분에 부착되기 때문에 골격근이라고 하며, 줄무늬가 뚜렷하고 골격근의 수축은 골격에 힘을 미쳐서 이들을 움직이게 한다. 평활근은 골격근에 비해 줄무늬가 뚜렷하지 않아서 민무늬근육이라고도 불린다. 평활근은 위, 장, 혈관과 같은 관으로 된 기관의 벽에서 볼 수 있기 때문에 내장근이라고 한다. 심근은 심장벽을 구성하는 특수한 근육으로 평활근처럼 불수의근이면서 골격근과 같이 횡문근이다.

골격근은 몸신경이 흥분에 도달할 때에만 수축하고, 평활근과 심근은 자율신경의 지배를 받고 있지만 이 신경의 흥분이 없어도 자율적으로 수축과 이완을 되풀이하는 자동능을 가지며 자율신경은 자동능의 주기 및 수축강도를 조절할 따름이다. 심근은 이 자동능이 활발하지만 평활근은 이보다 느리고 약하다. 골격근 세포는 근육세포에 직접 자극을 가했을 때도 수축할 수 있으나, 정상적인 체내에서는 중추신경으로부터 운동신경을 따라 명령이 전달되었을 때에 수축이 일어난다. 골격근은 신경과 마찬가지로 흥분할 때에 활동전위가 발생하는데 이를 오실로스코프로 측정한 것을 근전도(ENG: electromyogram)라고 한다.

인체에는 약 450개의 골격근이 있어서 신체 각부에서 수축과 이완을 함으로써 여러 가지 운동을 일으킨다. 골격근에는 머리 근육, 목부분 근육, 가슴 근육, 배 근육, 등 근육, 팔 근육, 다리 근육 등 7개 근육군이 있다. <그림 2-4>는 인체의 주요 근육을 보여 주고 있다.

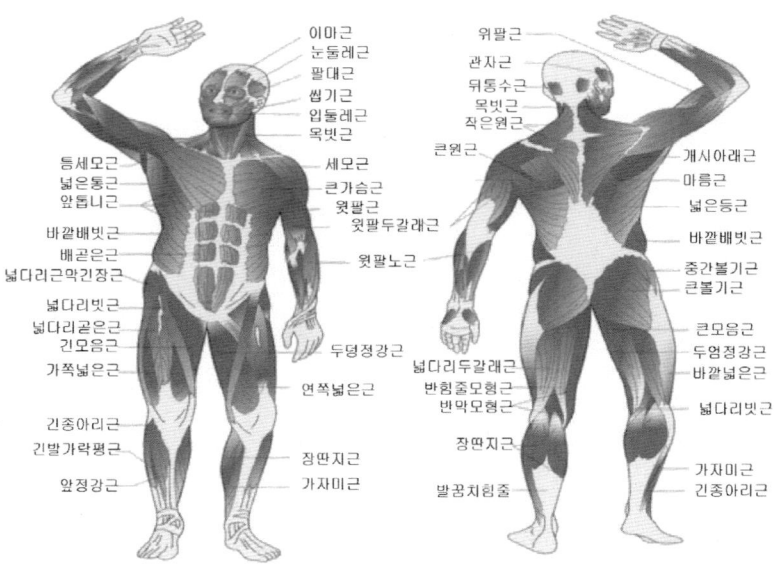

〈그림 2-4〉 인체의 주요 근육(참고문헌: 최신 인체해부생리학, 이한기 외, 수문사)

(3) 호흡기계

호흡기계는 조직에 산소를 공급하고 이산화탄소를 제거하는데 이러한 호흡(respiration)은 아래와 같이 4과정을 거친다.

- 허파환기: 공기가 허파로 드나듦에 따라 허파꽈리 속 공기가 끊임없이 교환되고 새로워지며 이러한 과정을 숨쉬기(breathing)라고 한다.
- 외호흡: 허파혈관과 허파꽈리 사이에서 산소와 이산화탄소의 교환이 이루어진다.
- 호흡가스 수송: 산소와 이산화탄소가 혈액 내에서 혈액의 흐름에 따라 허파와 조직세포를 드나든다.
- 내호흡: 모세혈관 내 혈액과 조직세포 사이에서 공기가 서로 교환된다.

호흡기계는 코와 인두(목구멍)를 중심으로 하는 상기도(upper air way), 후두(목소리 상자로서 공기를 기관으로, 음식물은 식도로 보내는 기능)를 중심으로 하는 하기도(lower air way), 기관(후두 아래에서 오른쪽과 왼쪽 기관지로 나누어지는 기관 갈림까지), 기관지, 허파 등으로 이루어진다. <그림 2-5>는 호흡기계를 보여 주고 있다.

호흡의 주된 목적은 산소를 얻기 위함이 아니라 이산화탄소를 우리 몸에서 빨리 제거하기 위해서이다. 특히 격렬한 운동이나 스트레스를 받으면 호흡이 빨라지는데 이는 호흡의 조절중추인 연수가 자극을 받아 교감신경이 촉진되어 숨을 할딱할딱 쉬는 호흡항진이 일어나서 호흡속도가 빨라지기 때문이다. 여기에는 신속하게 이산화탄소를 혈액 내에서 제거하려는 목적이 있다.

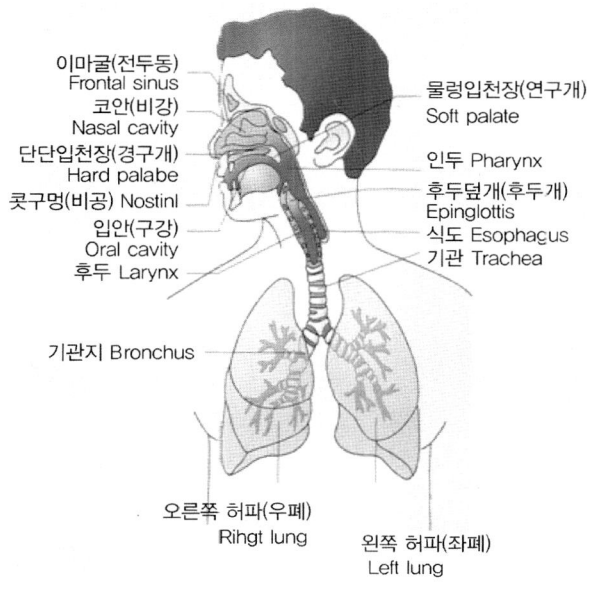

이마굴(전두동) Frontal sinus
코안(비강) Nasal cavity
단단입천장(경구개) Hard palabe
콧구멍(비공) Nostinl
입안(구강) Oral cavity
후두 Larynx
물렁입천장(연구개) Soft palate
인두 Pharynx
후두덮개(후두개) Epinglottis
식도 Esophagus
기관 Trachea
기관지 Bronchus
오른쪽 허파(우폐) Rihgt lung
왼쪽 허파(좌폐) Left lung

〈그림 2-5〉 호흡기계

딸꾹질이란 횡격막이 무의식적으로 수축하여 생기는 것으로 원인은 음식을 너무 빨리 먹거나 그 밖의 다른 이유로 횡격막을 제어하는 신경이 자극을 받았기 때문이다. 횡격막이 수축하면 공기가 들어오고 목구멍 뒤쪽에 있는 성대 사이의 간격이 갑자기 닫히면서 독특한 딸꾹질 소리를 내게 된다. 그러면 딸꾹질을 멈추게 하려면 잠시 숨을 쉬지 않고 일시적으로 호흡을 멈추면 된다. 왜냐하면 외부에서 산소가 들어오지 않고 밖으로 이산화탄소를 내보내지 않으면 혈액 내 이산화탄소의 농도가 높아지므로 이를 제거하기 위해서 호흡의 속도가 빨라지게 되므로 딸꾹질이 멈추게 된다.

(4) 심혈관계

혈액의 양은 남녀에 따라 차이가 있지만 거의 체중에 비례하며 남성은 평균 $5l \sim 6l$, 여성은 $4l \sim 5l$이다. 혈액은 다음과 같은 기능을 가진다.

- 호흡가스 수송: 폐로부터 인체의 모든 세포로 산소를 운반해 주고, 세포로부터 폐로 이산화탄소를 운반한다.
- 영양물질 수송: 소화관에서 흡수된 영양분을 인체의 여러 세포로 운반한다.
- 노폐물 수송: 인체의 세포들로부터 노폐물을 신장으로 운반한다.
- 세포 생산물 수송: 호르몬과 같은 세포 생산물을 인체의 다른 세포로 운반한다.
- 항상성 유지: 인체조직의 pH 조절로 항상성을 유지한다.
- 생체보호작용: 독성물질 또는 감염물질로부터 탐식세포나 혈액에서 생산되는 항체의 작용 등 생체보호 작용을 한다.
- 체액의 다량 손실 방지: 혈액응고 기전에 의해 이루어진다.

심장은 근육으로 된 이중 펌프로서 정맥혈을 허파로 보내고, 허파로부터 받은 동맥혈을 신체의 각 부분으로 보내는 순환작용을 일으킨다. 심장은 4개의 방으로 구획되어 있고 위치는 2/3가 정중선보다 왼쪽에 치우쳐 있다. 심장의 순환작용은 정맥혈 → 오른심방 → 오른심실 → 허파동맥 → 허파 → 허파정맥 → 왼심방 → 왼심실 → 대동맥 순으로 이루어진다. 혈관계는 심장의 대동맥에서 출발하여 심장으로 다시 연결되어 있는 폐쇄된 관으로 혈액은 대동맥 → 소동맥 → 모세혈관 → 소정맥 → 대정맥 → 심장의 오른심방 순으로 한 방향으로만 흐른다.

심장에는 자율신경, 즉 고감신경과 부교감신경이 있으며 이들 심장 신경의 중추는 숨뇌(연수)에 있는데 교감신경은 박동 수의 증가, 심장 수축의 증가 등을 맡고 있고 부교감신경은 박동 수의 감소, 심장수축력의 저하 등을 담당하는데 이를 제어하는 숨뇌는 체내의 각 부분에서 오는 정보에 의해 판단한다. 심장에서 박출된 혈액의 흐름에 의해서 혈관 내에 압력이 생기는데 이를 혈압(BP: Blood Pressure)이라고 하며 정상혈압은 최고혈압이 120mmHg이고 최저혈압이 80mmHg이다. 손목에 있는 요골동맥의 리듬이 심장의 박동과 동일한데 이를 맥박이라고 한다. <그림 2-6>은 인체의 심장을 보여 주고 있다.

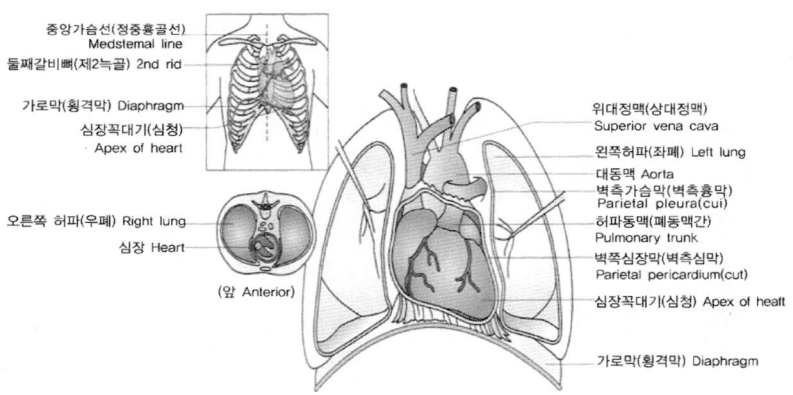

중앙가슴선(정중흉골선) Medstemal line
둘째갈비뼈(제2늑골) 2nd rid
가로막(횡격막) Diaphragm
심장꼭대기(심첨) Apex of heart
오른쪽 허파(우폐) Right lung
심장 Heart
(앞 Anterior)

위대정맥(상대정맥) Superior vena cava
왼쪽허파(좌폐) Left lung
대동맥 Aorta
벽측가슴막(벽측흉막) Parietal pleura(cui)
허파동맥(폐동맥간) Pulmonary trunk
벽쪽심장막(벽측심막) Parietal pericardium(cut)
심장꼭대기(심첨) Apex of healt
가로막(횡격막) Diaphragm

〈그림 2-6〉 인체의 심장(참고문헌: 최신 인체해부생리학, 이한기 외, 수문사)

(5) 림프계

림프계는 체액의 순환을 도와주는 것으로 림프관 그물들로 구성되어 심혈관계와 밀접한 관계를 가지고 있다. 림프관들은 조직의 세포와 세포 사이의 공간에 있는 여분의 체액을 혈관으로 운반하는 역할을 담당한다. 림프계의 역할은 다음과 같다.

• 혈액으로부터 유출된 액체를 되돌리는 작용
• 림프절을 비롯한 림프기관들의 림프구 생산에 의한 신체방어 작용
• 창자에서 흡수한 지장 성분의 운반 통로
• 단백질 회수 통로

림프계의 순서는 모세림프관 → 림프관 → 림프절 → 림프관 → 림프본관 → 집합관 → 쇄골밑 정맥이다. 림프관은 크게 흉관과 우림프관으로 구분하며, 인체의 모든 림프는 이 두 경로를 통해 혈관계로 유입된다. 림프절의 기능은 다음과 같다.

- 여과 및 포식 작용
- 림프구의 생산
- 항체의 형성

　지라는 비장이라고도 하는데 기능으로는 림프구를 생성하고 낡은 적혈구나 이물질 등에 대한 탐식작용을 하며 지라에서 파괴된 적혈구는 운반되어 쓸개즙색소로 변한다. 인체의 면역체계를 담당하는 세포로 T세포와 B세포가 있는데 이들 모두는 골수에서 생성되고 T세포는 가슴샘에서 성숙 분화하여 다른 림프조직으로 이동해 간다. 편도는 림프조직으로 된 구조로서 소화기와 호흡기계의 입구를 박테리아 침범으로부터 지켜 준다. 즉 입, 인두, 후두, 기관, 허파 등을 보호하는 관문의 역할을 하며, 이들은 항체를 만드는 역할을 담당한다. 편도에는 목구멍 편도(소위 편도선이라고 말함), 인두 편도, 혀 편도 등이 있다.

　림프는 림프계 전반에 걸쳐 흐르고 있는 알칼리성을 띤 황색 액체로서 림프액이라고도 한다. 또한 과거에는 이를 한자어의 음을 빌려서 읽는 임파(淋巴)라는 단어로 주로 부르기도 했다. 림프계는 림프절, 림프관, 림프조직 등의 림프 기관의 복합체를 말하며 혈관과 직접 연결되어, 혈액순환의 일부를 담당하고 있다.

　림프는 원래 모세혈관에서 나온 혈장이 변화하여 세포 사이에 흐르는 조직액이 된 것이다. 혈장은 압력에 의해 모세혈관에서 밀려 나와 조직액과 섞인다. 대부분의 조직액은 삼투압에 의해 혈관 내로 돌아가지만 일부는 세포 사이에 남기 때문에 결과적으로 조직액의 양이 점점 증가하게 된다. 이렇게 늘어난 조직액은 림프관 속으로 확산되어 다시 순환계로 돌아오게 된다.

(6) 소화기계

복잡하고 형태가 큰 음식물 성분 분자를 구조가 단순하고 크기가 작은 분자로 분해하는 과정을 소화(digestion), 분해된 산물을 혈액 내로 이동시키는 과정을 흡수(absorption)라고 하는데 소화기계의 기능은 물리적 및 화학적 과정을 포함한다. 이들 과정은 입에서 시작하여 항문에 이르는 긴 관(길이: 약 9m) 안에서 일어나는데 이것을 소화관이라고 하며 소화기관 밖에 있으면서 소화흡수과정에 필요한 물질을 생산하여 소화관에 공급하고 있는 것을 소화선이라고 한다.

소화관은 입안, 인두, 식도, 위, 작은창자, 큰창자 등으로 구분되고 소화선에는 침샘, 간, 이자(췌장) 등이 있다. 소화관의 운동기능은 혼합기능(소화관의 작은 분절이 주기적으로 수축하여 일어남)과 연동운동(소화관을 따라 내용물을 이동시키는 파동 운동을 말함)이 있다. 소화관에 퍼져 있는 자율신경계의 부교감신경은 소화계의 활성을 증가시키고 교감신경은 소화작용을 억제시킨다. 작은창자에서는 창자샘과 샘창자샘으로부터 창자액이 분비되고 또한 이자로부터 이자액이, 간으로부터 쓸개즙이 분비되어 작은창자로 운반되어 음식물을 흡수 가능한 작은 분자의 물질로 분해한다.

소화기계는 인체가 음식물로부터 에너지를 공급받는 기관계이다. 컴퓨터에서는 100V 혹은 220V의 교류전압을 직류전압으로 변환하여 사용하지만 에너지원은 동일한 전기이다. 그러나 인간은 음식물로부터 소화 및 흡수 과정을 통해 최종적인 에너지원을 얻기 때문에 컴퓨터보다 훨씬 복잡한 에너지 충족 프로세스를 갖는다. <그림 2-7>은 소화기계를 보여 주고 있다.

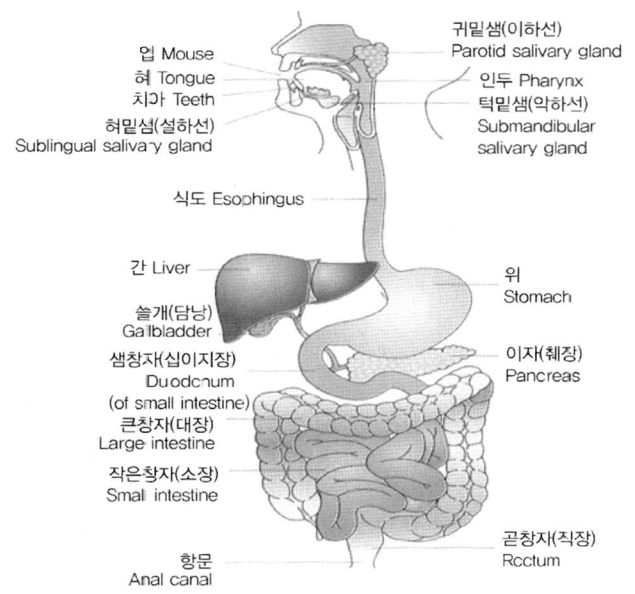

입 Mouse
혀 Tongue
치아 Teeth
혀밑샘(설하선)
Sublingual salivary gland

귀밑샘(이하선)
Parotid salivary gland

인두 Pharynx
턱밑샘(악하선)
Submandibular
salivary gland

식도 Esophingus

간 Liver

쓸개(담낭)
Gallbladder
샘창자(십이지장)
Duodcnum
(of small intestine)
큰창자(대장)
Large intestine
작은창자(소장)
Small intestine

위
Stomach

이자(췌장)
Pancreas

항문
Anal canal

곧창자(직장)
Rcctum

〈그림 2-7〉 소화기계(참고문헌: 최신 인체해부생리학, 이한기 외, 수문사)

(7) 비뇨기계

비뇨기계는 오줌의 생성 및 배출에 관여하는 기관들로서 콩팥, 요관, 방광, 요도 등이 여기에 속한다. 콩팥은 오줌을 만들고 이것을 배설하는 기관인데 체액의 항상성(homeostasis)을 유지하는 기능도 함께 가지고 있으므로 대단히 중요한 기관이다. 콩팥은 여러 가지 대사산물과 해독된 산물 등 생체에 불필요한 물질을 배설할 뿐간 아니라 수분, 염류, 포도당(glucose), 아미노산, 비타민, 호르몬 등과 같이 생체에 필요한 물질이라도 이것이 생체에 과잉하게 존재할 때에는 오줌 등으로 이것들을 배설한다. 사람의 콩팥은 길이 10cm, 너비 5cm, 두께 3cm 정도의 강낭콩의 모양으로 횡격막 아래에 등 쪽으로 좌우에 1개씩

자리 잡고 있으며, 무게는 양쪽 신장을 합해서 약 200g이다. 통계적으로 볼 때 왼쪽 신장이 오른쪽보다 약간 작다고 알려져 있다.

오줌은 콩팥의 각 네프론에서 토리 여과, 세관 재흡수, 세관 분비 등의 3가지 과정을 거쳐서 생성되는데 오줌의 성분은 대략 pH 5.0~7.0이며 육식을 주로 하면 산성이 되고 야채를 많이 섭취하면 알칼리성이 된다. 척수에 있는 배뇨반사 중추는 뇌에 있는 고위중추로부터 지배를 받고 있으므로 배뇨반사는 의식적으로 정지시킬 수도 있고 유발시킬 수도 있다. 유아에서는 뇌의 이 기능이 미완성이기 때문에 척수에 있는 중추만의 작용으로 방광의 내압이 높아지면 자연히 배뇨를 일으키는 현상, 즉 요실금이 일어난다. 섭취되는 수분 양이

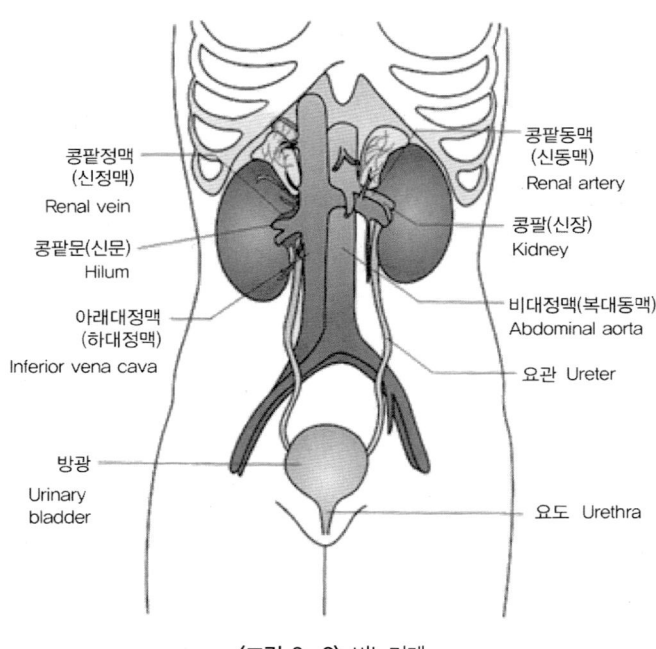

콩팥정맥
(신정맥)
Renal vein

콩팥문(신문)
Hilum

아래대정맥
(하대정맥)
Inferior vena cava

방광
Urinary
bladder

콩팥동맥
(신동맥)
Renal artery

콩팥(신장)
Kidney

비대정맥(복대동맥)
Abdominal aorta

요관 Ureter

요도 Urethra

〈그림 2-8〉 비뇨기계

많으면 체액이 희석되어 삼투압이 저하되겠지만, 이때에는 오줌의 양을 증가시켜 삼투압을 일정하게 유지하고 반대로 수분의 섭취가 부족할 때에는 오줌의 양을 감소시켜서 이에 대처하게 된다. <그림 2-8>은 비뇨기계를 보여 주고 있다.

(8) 외피계

피부의 기능은 신체의 보호, 체온 조절, 수분 및 지방질 등 기타 물질의 배설, 촉감, 온열감 및 통각의 감수, 약물 등의 흡수, 비타민 D의 저장 등이다. 외피계는 표피, 진피, 피부밑조직(피하조직), 피부의 신경종말장치, 피부의 혈관 등으로 구성된다.

- 표피: 피부의 가장 외층을 이루는 중층편평상피층으로 손과 발바닥은 두께가 0.8~1.4㎜ 정도가 되지만 다른 신체 부위는 0.07~0.12㎜ 정도로 비교적 얇다.
- 진피: 표피 아래층의 결합조직층으로서 탄력섬유와 혈관, 신경 등이 풍부하게 분포되어 있고 두께가 약 0.3~3㎜ 정도이다.
- 피부밑조직(피하조직): 피부를 그 밑에 있는 근막 등과 결합하기 위한 느슨한 결합조직으로서 혈관이나 림프관이 그물모양으로 발달되어 있고 지방세포가 많이 있어서 피하지방층이라고도 부른다.
- 피부의 신경종말장치: 대부분의 종말장치는 진피와 피부밑조직 내에 있다.
- 피부의 혈관: 피부의 혈관계는 피부에 영양물질을 공급하며, 체온조절에 관여한다.

피부 부속기관에는 피부샘(땀샘, 기름샘, 젖샘), 털(모발) 및 털주머니(모낭), 손톱 및 발톱 등이 포함되며 이들 모두 진피에서 발생하고 각각 신체의 항상성을 유지시켜 준다.

피부는 의학적 측면뿐만 아니라 미적 측면에서도 중요시 여겨지고 있다. 보다 젊고 예쁜 피부를 갖기 위해 여러 가지 피부관리 방법뿐만 아니라 화장품도 많이 출시되고 있다. 인간의 피부는 수분과 유분을 함께 지니고 있으며, 적당량의 기름 성분은 피부를 통한 수분증발을 억제하는 순기능을 한다. 따라서 지나치게 유분이 많아서 번들거리면 닦아 내야겠지만, 모두 닦아 낼 필요는 없다. 피부 표피에 있는 지질층도 유분과 함께 피부의 수분 손실을 막는 역할을 하고 있다. 이 지질층의 주성분은 세라마이드(ceramide)이다. 세라마이드의 화학구조식을 보면, 친수성기와 친유성기를 함께 가지고 있어서 피부에 있는 수분이 증발하는 것을 막아 준다.

수분이 부족한 피부는 세포 재생 능력이 떨어져 노화된다. 피부의 보습작용이 중요한 이유는 이를 제대로 유지하지 못하면, 세포의 재생능력이 저하되면서 탄력이 줄어들고 주름이 생기면서 피부가 노화되기 때문이다. 따라서 주변 대기가 건조한 경우, 건강한 피부를 유지하기 위해서는 각질층에 존재하는 천연보습인자(NMF: Natural Moisturizing Factor)가 가진 수분 보유 능력과 지질층의 수분 증발 억제 능력을 보완해 주어야 한다. 이런 이유 때문에 기초 화장품에는 모두 보습 기능을 지닌 성분이 들어 있는 것이다.

<그림 2-9>는 피부의 단면을 나타내고 있다.

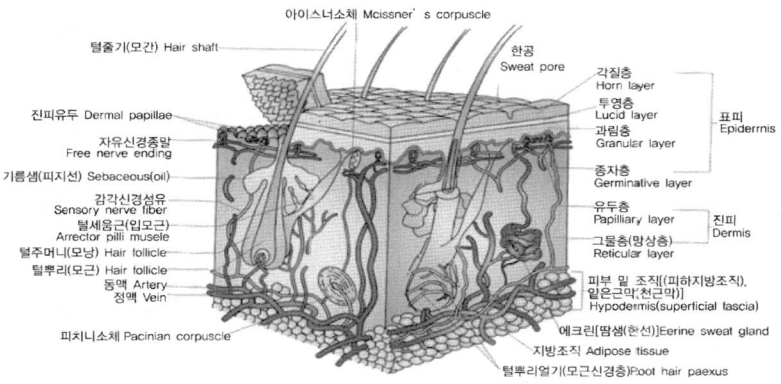

아이스너소체 Mcissner's corpuscle

털줄기(모간) Hair shaft

한공
Sweat pore

각질층
Horn layer

진피유두 Dermal papillae

투명층
Lucid layer

표피
Epiderrnis

자유신경종말
Free nerve ending

과립층
Granular layer

기름샘(피지선) Sebaceous(oil)

종자층
Germinative layer

감각신경섬유
Sensory nerve fiber

유두층
Papilliary layer

진피
Dermis

털세움근(입모근)
Arrector pilli musele

그물층(망상층)
Reticular layer

털주머니(모낭) Hair follicle

피부 밑 조직((피하지방조직),
얕은근막(천근막))
Hypodermis(superficial fascia)

털뿌리(모근) Hair follicle

동맥 Artery

정맥 Vein

에크린[땀샘(한선)]Eerine sweat gland

피치니소체 Pacinian corpuscle

지방조직 Adipose tissue

털뿌리얼기(모근신경층)Poot hair paexus

〈그림 2-9〉 피부의 단면

(9) 생식기계

인간을 포함한 고등동물들은 성(sex)을 통해 생식이 이루어진다. 남성과 여성이 각기 다른 성세포를 생산하여 새로운 개체를 형성하고 보존하기 위해서는 2개의 성세포가 반드시 결합해야 한다. 성숙한 개체에 있어서 남녀 생식기계는 현저한 차이를 나타내며 다음과 같은 생식기관을 남녀 모두 가지고 있다.

- 성선: 성세포(정자와 난자)와 성호르몬을 생산한다.
- 생식관: 성세포를 생산한 곳에서 수정 부위까지 운반한다.
- 부속선: 외분비선으로 생식세포의 생활환경에 필요한 물질과 성교접에 필요한 분비물을 생산한다.
- 외생식기: 회음부 기관으로 성교접에 직·간접으로 개입된다.

난자는 난소(ovary)에서 만들어지고 정자는 고환(testis)에서 만들어진다. 인간은 출생 후 12~15세까지는 남자나 여자나 모두 생식기의 기능이 확실하지 않지만 뇌하수체에서 성선자극 호르몬이 분비되기 시작하면 생식기의 성숙이 시작되고 생식기능을 갖게 되는데 이를 사춘기(puberty)라고 한다. 사춘기는 남자보다 여자가 일찍 시작하고 기온이 높은 곳이 낮은 곳보다 일찍 오는 것이 일반적이다. 여자는 45~55세가 되면 난소가 점차로 성샘자극 호르몬에 반응을 하지 않게 되며 끝내는 성주기가 없어지는데 이를 갱년기라고 한다. 남자에게도 갱년기가 있을 수 있으나 여자보다 천천히 진행되기 때문에 여자만큼 확실하지 않다.

(10) 내분비계

인체 내의 조직이나 기관의 기능은 신경계통에 의한 유기적 연락에 의해 통제되고 조절된다. 또한 인체 내에서 만들어진 물질의 화학작용에 의해서도 조절되는데 이러한 물질은 특정의 세포나 기관에서 만들어지고 혈액순환에 의해 전신에 퍼진다. 이 물질은 만들어진 곳과는 멀리 있는 특정한 조직이나 기관에 전달되어 그 기능이나 구조에 영향을 주는데 이러한 물질을 호르몬(hormone)이라고 하며 대상 기관을 표적기관(target organ)이라고 하고 호르몬을 생성하는 기관을 내분비기관(endocrine organ)이라고 한다.

내분비기관은 일종의 샘조직을 구성하고 있으므로 내분비샘(endocrine gland)이라고 하며 거기서 일어나는 호르몬의 분비를 내분비(internal secretion)라고 한다.

주요 내분비기관은 다음과 같다.

• 뇌하수체: 머리뼈 공간 바닥의 나비뼈 안장 속에 있는 콩알 크기의 작은 내분비 기관이다.

- 갑상샘자극 호르몬 분비: 갑상샘의 발육을 촉진하고 갑상샘 호르몬의 분비를 촉진한다.
- 부신겉질 자극 호르몬, 생식샘 자극 호르몬, 성장 호르몬(growth hormone), 젖샘 자극 호르몬, 항이뇨 호르몬, 옥시토신(자궁의 민무늬 근육을 수축시켜서 분만을 촉진함) 호르몬 등을 분비한다.

- 갑상샘(갑상선): 갑상샘 호르몬을 분비하는데 갑상샘 호르몬은 조직의 기초대사 우지에 특히 필요하다.
- 부갑상샘: 혈액 중의 칼슘 농도를 높이는 작용을 하는 parachormone(PTH) 호르몬을 분비한다.
- 이자(췌장): 외쿤비(소화선)와 내분비(호르몬) 기능을 함께 가지고 있으며 인슐린(insulin)과 글루카곤(glucagon) 호르몬을 분비한다.
- 부신: 부신속질 호르몬과 부신겉질 호르몬을 분비한다.
- 고환: 생식세포인 정자(sperm)를 만들고 남성 호르몬을 분비하는 생식샘이다.
- 난소: 난자를 생산하고 난소 호르몬(여성 호르몬)을 분비한다.
- 태반: 모체와 쾌아 사이의 물질교환 장소인 동시에 각종 호르몬을 분비한다.
- 소화관 호르몬: 소화관의 활동을 촉진하거나 억제하는 호르몬이 소화관 점막의 특수한 세포에서 분비된다.

(11) 신경계

모든 생명현상을 조절하고 통제하는 기구에는 내분비계와 신경계의 2가지가 있는데 내분비계는 식물에도 있으나 신경계는 동물계에게만 존재한다. 신경계는 감각, 운동, 정신작용 등을 수행할 수 있는 동물 특유의 기관계로, 체내 및 체외의 여러 가지 자극을 수용하여 이것을 구심적으로 중추에 보내고 중추에서는 이를 통합분석(integration)하여 적절한 흥분을 일으키고, 반사적으로 이 흥분을 원심적으로 뼈대근육, 민무늬근육, 심장근육, 선조직 등의 효과기에 보내 신체가 외부 환경변화에 적응(adaptation)할 수 있도록 해 주고, 내부로는 각 기관의 일사불란한 연락, 조절, 통제를 수행하여 균형 있는 신체활동이 이루어지도록 한다.

신경계는 구조적으로 중추신경계(CNS: Central Nervous System)와 말초신경계(PNS: Peripheral Nervous System)로 나뉜다.

- 중추신경계: 신경계의 통합과 조절중추로서 뇌와 척수로 이루어지며 말초신경에서 들어오는 감각을 받고 이것에 대해 반응을 일으킨다.
- 말초신경계: 중추신경 밖에 있는 모든 신경구조로 이루어지며 들부(구심성부)와 날부(원심성부)로 구성된다.
  - 들부: 피부, 근막, 관절 주위에 있는 수용기로부터 중추신경계로 흥분 충동을 전달하는 체성감각신경세포, 인체의 내장으로부터 중추신경계로 흥분 충동을 전달하는 내장감각신경세포가 포함된다.
  - 날부: 중추신경계로부터 뼈대근육으로 흥분 충동을 보내는 체성신경계와, 교감신경부와 부교감신경부의 자율신경계로 구성된다.

<그림 2-10>은 신경계의 구분을 나타내고 있다.

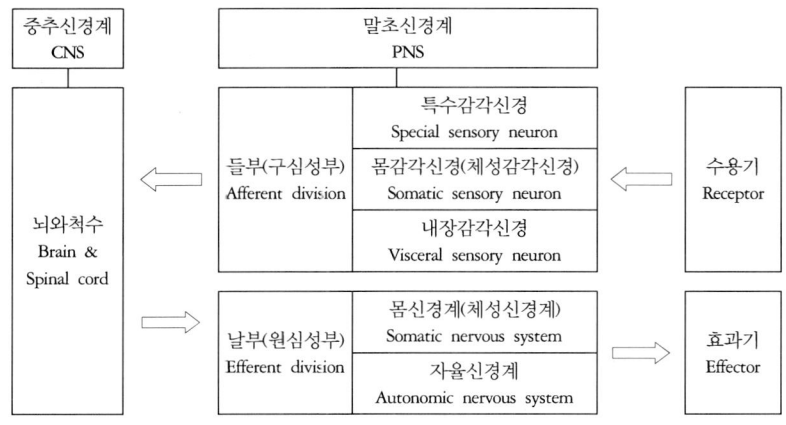

〈그림 2-10〉 신경계의 구분

<그림 2-11>은 신경계의 기초적 구조를 보여 준다.

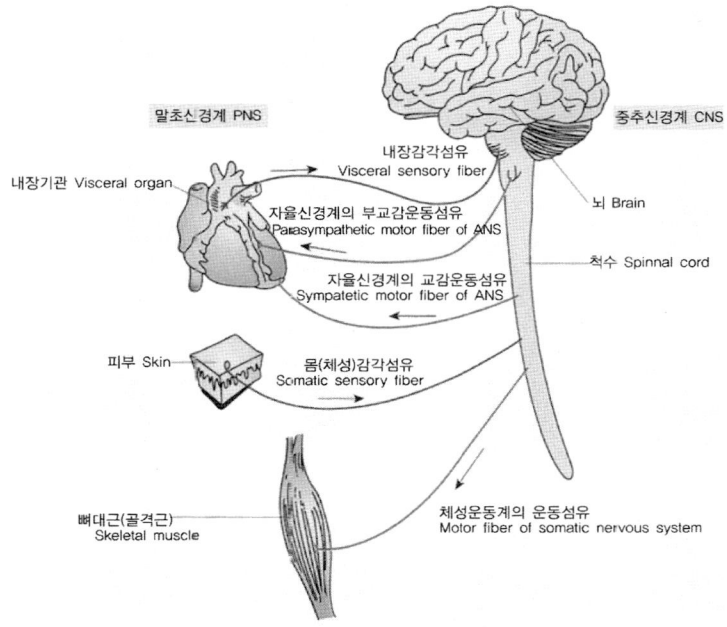

〈그림 2-11〉 신경계의 기초적 구조

인간의 정보처리체계를 위한 기관계로서 신경계는 아날로그 방식이므로 컴퓨터 시스템의 디지털 방식과는 많은 차이점이 있다. 인간의 정신과정과 행동을 자동적으로 통제하고 통합하는 수단은 크게 신경과 호르몬의 2가지 신호로 나눌 수 있다. 신경신호는 신경계의 단위인 뉴론에 의해 생성되어 뉴론 사이에 전달되는 전기화학적 현상인 반면에, 호르몬 신호는 내분비기관에서 혈액 속으로 분비되는 생화학적 복합물질이다.

뉴론에는 감각뉴론(sensory neuron), 운동뉴론(motor neuron), 중간뉴론(interneuron)의 3종류가 있는데 감각뉴론은 감각기관에 있는 특수세포, 즉 수용기가 탐지한 정보를 뇌로 전달한다. 운동뉴론은 운동기관을 통제하는 근육으로 뇌의 메시지를 전달하고 중간뉴론은 감각뉴론과 운동뉴론의 중간에 위치한다. 감각뉴론은 정보의 수용, 중간뉴론은 전달, 운동뉴론은 표현의 역할을 각기 수행한다.

인간의 뇌에는 100억 개의 뉴론이 있으며 인간의 뇌는 기능에 따라 위치가 서로 나뉘어 있지만 컴퓨터의 판단 및 기억장치는 고정적으로 그 위치가 정해져 있지 않다. 다시 말하면 컴퓨터에서는 기억장치가 컴퓨터 외부에 둘 수도 있는 것이다.

신경세포는 인체의 조직세포 중에서 가장 분화된 것으로 세포몸통(세포체)과 이로부터 돌출하는 돌기가 있는데 세포체와 돌기를 합쳐서 뉴런(neuron)이라고 부른다. 보통 신경세포 몸통에서는 2종류의 돌기, 즉 축삭돌기와 가지돌기가 나오는데 축삭돌기는 세포의 흥분을 원심성으로 말초에 전도하고 가지돌기는 한 개 또는 여러 개가 있으며 흥분을 구심성으로 세포몸통(세포체)에 이르게 한다.

뉴런은 구조에 따라 민극신경세포, 뭇극신경세포, 두극신경세포,

홑극신경세포 등으로 구분된다. <그림 2-12>는 구조에 따른 신경
세포 분류를 나타내고 있다.

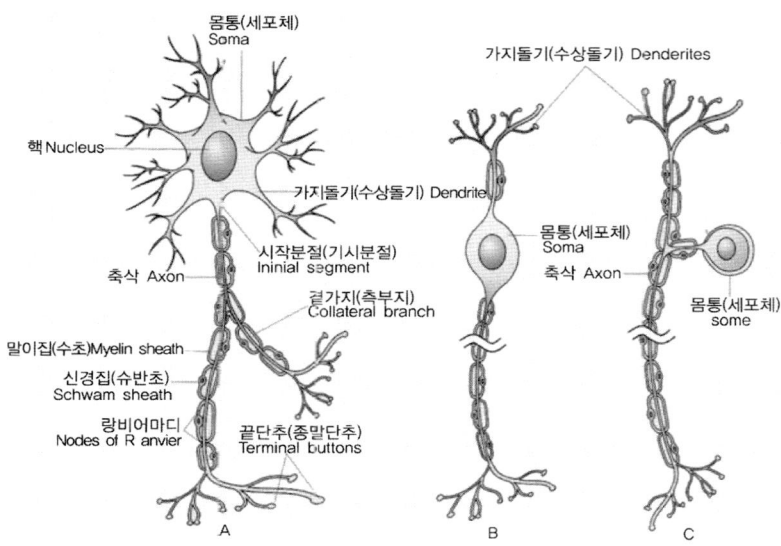

〈그림 2-12〉 구조에 따른 신경세포 분류
(참고문헌: 최신 인체해부생리학, 이한기 외, 수문사)

뉴런은 기능에 따라 들신경원(감각신경원), 날신경원(운동신경원),
중간신경원(연합신경원) 등으로 구분된다. <그림 2-13>은 기능에
따른 신경세포 분류를 나타내고 있다.

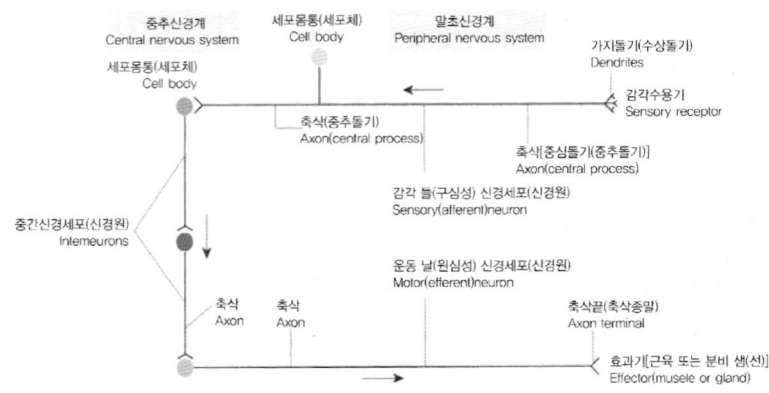

〈그림 2-13〉 기능에 따른 신경세포 분류

　　연접(synapse, 시냅스)은 신경세포와 신경세포의 접합부를 말하며
전달방식에 따라 전기적 연접과 화학적 연접으로 구분된다. 전기적
연접은 심장근육이나 일부의 민무늬 근육에서 관찰되며 활동전압에
의해 생긴 국소 전류가 직접 다음 세포로 전달되는 방식이다. 화학적
연접은 신경전달물질이라는 화학적 전령에 의해 신호가 전달되는 연
결구조를 가지고 있다. 한편 연접부분에서 어느 임계치 이상의 전위
차가 발생하면 화학물질을 자극하여 다음 신경세포로 전달되고 전달
된 후에 다시 전위차가 발생되는 방식으로 신경정보가 전달된다는
이론도 제시되고 있다. <그림 2-14>는 연접(시냅스)의 형태를 보여
주고 있다.

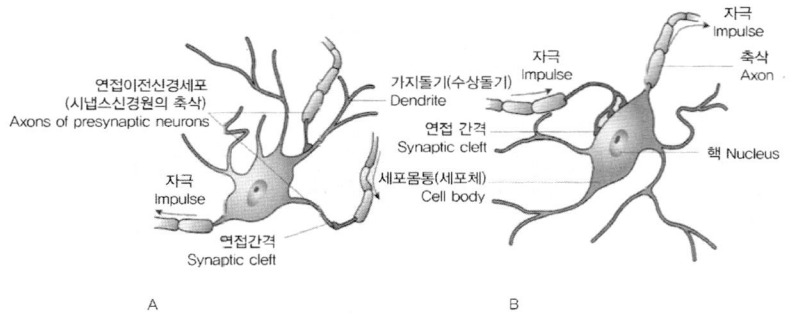

축삭-가지돌기 연접   축삭-세포폼통 연접

〈그림 2-14〉 연접 (시냅스)의 형태

2.2.2. 컴퓨터의 기능블록계

정보처리시스템을 개발할 때에 top-down 방식을 활용한다. 시스템 전체의 기능을 될 수 있는 대로 서로 독립적인 기능으로 분류하여 각각의 기능을 구현하는데 이러한 독립적인 기능을 모듈(module)이라고 부른다. 논리적 의미의 모듈을 실체적인 단위로 바꾸어 부를 때에 기능블록이라고 한다. 즉 기능블록은 하나의 독립적인 기능을 갖는 모듈의 실체를 의미한다.

(1) 전원장치 기능블록

전원장치는 상용 AC(Alternating Current, 교류)를 컴퓨터에 필요한 여러 가지 DC(Direct Current, 직류)로 변환시키는 장치로서 주요 기능은 정류, 변압, 감지, 보호, 시스템 냉각 등이다. 컴퓨터의 전원장치는 인간의 무슨 기능에 해당하는 것일까? 컴퓨터의 에너지를 공급하는 기능이 전원장치임을 감안한다면 인간의 에너지를 공급하는 기능은 바로 대사기능일 것이다. 외부로부터 공급받는 인간의 대사기능은 소화와 호흡이므로 컴퓨터의 전원장치는 인간의 소화기계와 호흡기계에 해당할 것 같다.

PC 전원장치 출력전압의 종류는 아래와 같다.

- +3.3V: 프로세서 및 메모리용 전압
- +5V: 각종 반도체에 공급하는 표준전압
- +12V: HDD, FDD, CD−Rom Drive 등의 드라이브 모터(motor), 프로세서 냉각팬 및 케이스 환기팬의 구동전압
- −5V 및 −12V: 구형시스템과의 호환성을 위해 존재한다.
- oV: Ground로서 기준전압으로 사용된다.

컴퓨터 전원장치의 보호기능에는 아래와 같은 것들이 있다.

- 무부하 무동작 기능: 부하(load)가 없으면 전원이 동작하지 않는 기능
- Surge 방지 기능: 상용 AC 전압이 순간적으로 일정 전압 이상 들어오는 것을 방지하는 기능
- 과전류(Over Current) 방지 기능
- 과전압(Over Voltage) 방지 기능
- 과부하(Over Load) 방지 기능

(2) 입력장치 기능블록

입력장치는 사용자가 원하는 문자나 그림 등의 데이터를 컴퓨터 내부로 전달하는 기능을 담당하며 대표적인 입력장치로서 키보드, 마

우스, 스캐너, 디지타이저, 조이스틱, 디지털카메라, 광학마크 판독기, 광학문자 판독기, 자기잉크문자판독기, 바코드 판독기, 통신 포트, 센서 등이 있다.

입력장치에는 다음과 같은 종류가 있다.

- 키보드: 글자판의 글쇠를 직접 눌러서 데이터를 입력한다.
- 마우스: 마우스 포인터를 움직여서 메뉴나 아이콘을 쉽게 선택하거나 실행하는 입력장치이다.
- 스캐너: 텍스트, 그림, 사진 등의 영상 자료를 컴퓨터로 읽어 들이는 입력장치이다.
- 디지타이저(Digitizer): 그림, 설계도면, 필기체 문자 등의 아날로그 정보를 디지털 정보로 변환하여 입력하는 장치이다.
- 조이스틱: 막대를 상하좌우로 움직여서 스크린 내의 커서(cursor)의 위치를 조정하는 입력장치로서 주로 게임용으로 많이 사용된다.
- 디지털 카메라: 사진을 현상하고 난 후 스캐너를 통해 입력하는 과정 없이 영상을 그래픽 파일 형태로 직접 컴퓨터에 입력시킬 수 있는 장치이다.
- 광학 마크 판독기(OMR: Optical Mark Reader): 광학 마크를 읽어 들이는 장치로서 시험답안지에 많이 사용된다.
- 광학 문자 판독기(OCR: Optical Character Reader): 손으로 쓴 글씨나 인쇄된 문자에 빛을 쏘아서 반사되는 정도를 가지고 문자를 판독하는 장치로서 각종 공공요금 청구서나 지로 용지 등에 사용된다.
- 자기잉크문자판독기(MICR: Magnetic Ink Character Reader): 자성을 띤 특수 잉크로 쓰인 문자를 판독하는 장치로서 은행에서 수표

나 어음을 읽을 때 사용된다.

- 바코드 판독기: 빛을 쏘아서 상품에 인쇄된 바코드를 인식하는 장치이다.
- 통신 포트: 인터넷을 위한 LAN카드 인터페이스이다.
- 센서: 온도, 압력, 습도 등 여러 종류의 물리량을 계측하는 기능을 갖는 소자이다.

입력장치 기능블록은 컴퓨터 내부에 장착되어 컴퓨터중앙처리장치와 외부의 입력장치 사이에 인터페이스(interface) 기능을 제공하며 각 기능블록에는 버퍼(buffer)가 있는데 이러한 버퍼는 컴퓨터 내부 속도와 컴퓨터 외부 속도의 차이를 완충시키기 위해 필요하다. 버퍼는 일종의 메모리로서 외부의 입력장치로부터 입력되는 데이터를 저장해 두면 CPU가 이 데이터를 읽어 가는 방식을 갖는다. 버퍼에 데이터가 저장되어 있을 때에 이를 알리는 방법으로 인터럽트(interrupt)가 사용되는데 또 다른 방식으로는 주기적으로 버퍼 내의 데이터 유무를 체크하는 폴링(polling) 방식이 있다. 인간의 입력장치는 인터럽트 방식일까 아니면 폴링방식일까? 인간의 입력장치는 신경계에 해당하는데 신경계에서는 뉴론의 동작으로 신호가 전달되므로 인터럽트 방식에 해당한다고 말할 수 있겠다. 입력장치 기능블록과 외부 입력장치 사이에는 버스(bus)로 연결되는데 버스에는 직렬버스 형태와 병렬버스 형태가 있으며 그 종류로는 아래와 같은 것들이 있다.

- 키보드: RS-232C, USB(Universal Serial Bus)
- 마우스: USB, P/S 2
- 인터넷: LAN

(3) 출력장치 기능블록

출력장치는 컴퓨터 내부의 데이터를 문자 및 그림 형태로 컴퓨터 밖으로 정보를 출력하는 장치를 말하며 그래픽 카드, 표시장치, 인쇄장치, 음성 출력장치, 통신장치 등이 있다. 출력장치의 종류로는 아래와 같은 것들이 있다.

- 그래픽 카드(Graphic Card): 컴퓨터가 처리한 자료를 인간이 볼 수 있도록 변환하여 모니터에 뿌려 주는 장치로서 선택기준은 해상도, 비디오 메모리의 크기, 비디오 메모리의 종류, 화면표시 속도, 범용성과 호환성, 색상, 3D 그래픽 처리 능력 등이 있다.
- 표시장치: 입력장치로 입력된 내용이나 컴퓨터에서 처리된 그림 데이터를 화면을 통해 표시하는 장치로서 음극선관(CRT), 액정 디스플레이(LCD), 플라즈마 디스플레이 판넬(PDP) 등이 있다.
- 인쇄장치: 도트 매트릭스 프린터, 잉크젯 프린터, 레이저 프린터, 플로터(Plotter), 마이크로필름 출력장치 등이 있다.
- 음성 출력장치: 사운드 카드와 스피커 시스템이 있다.
- 통신 포트: LAN 카드를 통하여 인터넷과 연결된다.

출력장치 기능블록은 컴퓨터 내부에 장착되어 컴퓨터중앙처리장치와 외부의 출력장치 사이에 인터페이스(interface) 기능을 제공하며 버퍼(buffer)를 두고 있는데 이는 중앙처리장치 속도와 외부 출력장치 사이의 속도 차이를 완충시켜 주기 위해 필요하다. 즉 중앙처리장치 속도는 빠르고 외부 출력장치의 속도는 느리므로 중앙처리장치에서 출력하는 데이터는 버퍼에서 기다리다가 출력장치 속도에 맞추어 출력하게 된다. 출력장치 기능블록과 외부 출력장치 사이에는 버스(bus)

로 연결되는데 버스에는 직렬버스 형태와 병렬버스 형태가 있다. 외부 출력장치와 출력장치 기능블록 사이에는 아래와 같이 표준화된 버스가 사용된다.

- 프린터: 병렬버스, USB
- 스피커: 오디오 인터페이스
- 인터넷: LAN

(4) 마이크로프로세서 기능블록

마이크로프로세서 기능블록은 중앙처리장치를 한 개의 칩으로 구현한 것으로서 아래와 같이 제어장치, 레지스터, 연산장치 등으로 구성되어 있다.

- 제어장치: 제어장치(control unit)는 프로그램에 의해 주어지는 연산의 순서를 차례대로 실행해 나가기 위하여 기억장치, 연산장치, 입출력장치에 제어 신호를 보내고 또한 이들 장치로부터 신호를 받아서 다음에 처리해야 할 작업들을 제어하는 역할을 담당한다. 제어장치는 페치 단계(fetch cycle)와 실행 단계(execution cycle)의 두 단계를 반복 수행한다. 페치 단계에서는 명령어를 읽고 해석하며 실행 단계에서는 명령어에 따라 회로 동작이 수행된다.
- 레지스터(register): 제어장치가 지시한 작업을 완수하는 연산장치(ALU)가 사용하는 소형 데이터 저장장치이다.
- 연산장치: 연산장치(ALU: Arithmetic Logic Unit)는 산술연산과 논리연산을 수행하는데 산술연산은 덧셈, 뺄셈, 곱셈, 나눗셈 등을 말하고 논리연산은 논리합(OR), 논리곱(AND), 논리부정(NOT) 등을 의미한다.

16비트, 32비트, 64비트 마이크로프로세서는 한 번에 처리할 수 있는 비트 수를 의미하며 비트 수가 클수록 성능이 우수하다. 2.5GHz CPU, 3.0GHz CPU, 3.3GHz CPU 등은 CPU의 클럭 속도를 의미하는데 이는 CPU 제어장치가 명령어를 수행하는 기준 속도를 나타내며 CPU 속도가 빠를수록 CPU 성능이 우수하다. 1946년에 길이 24m, 높이 2.5m, 수 미터의 폭을 가진 최초의 컴퓨터인 에니악의 중앙처리장치가 1971년에는 에니악보다 10배 성능이 크면서 크기가 3㎜ × 4㎜의 인텔 4004 마이크로프로세서가 등장하였다.

컴퓨터의 정보처리 기능은 마이크로프로세서의 기계어(machine language)가 실행되는데 기계어 개수는 각 회사의 마이크로프로세서마다 고정적이므로 결국 컴퓨터의 정보처리 기능은 인간의 뇌와는 달리 단순한 기계어 수행을 반복함으로써 정보처리기능을 수행하는 것이다.

컴퓨터의 H/W 각 기능블록들을 서로 연결하는 버스는 제어 신호, 어드레스 신호, 데이터 신호 등으로 이루어져 있는데 예를 들어서 중앙처리장치가 주기억장치로부터 데이터를 읽어 들이고자 할 때에는 제어 신호로 읽기 신호를, 어드레스 신호로는 읽고자 하는 주기억장치의 주소값을 띄우면 주기억장치의 해당 번지로부터 데이터를 읽어 들일 수 있는 것이다. 컴퓨터에서는 기억장치의 데이터를 읽고 쓸 때에 그 데이터에 대한 주소값이 필요하게 된다. 메모리는 보통 방으로 비유되는데 여러 개의 방이 모여 있는 장치가 바로 메모리인 것이다. 데이터를 액세스하고자 할 때에 어느 방인지를 우선 지정해야 하는데 문제는 방 주소를 모르면 데이터 찾기가 힘들어진다는 것이다. 컴퓨터는 기계적인 동작으로 동작되기 때문에 이와 같이 주소값인 어드레스가 항상 필요로 하게 되지만 인간의 기억장치는 주소값이 필요하지 않다. 인간은 어떤 데이터를 저장할 때에 어느 곳에 저장되어 있는지를 알지 못한다. 컴퓨터는 어드레스로 데이터를 관리하지만 인간은 각각의 데이터에 대한 유추현상으로 데이터를 관리하기 때문에 컴퓨터에 비해 훨씬 정확하지는 못하지만 데이터 검색 횟수를 상대적으로 줄일 수 있게 되어 있다.

하드디스크의 데이터를 읽어 들이거나 새로운 데이터를 쓰고자 할 때에도 제어 신호로서 읽기 신호 혹은 쓰기 신호를 띄우고, 액세스하고자 하는 하드디스크의 주소, 즉 트랙 주소 및 섹터 주소값을 제시함으로써 액세스가 이루어지게 된다.

(5) 주기억기능블록

기억장치는 컴퓨터에서 사용하는 모든 프로그램이나 데이터를 기억시켜 두고 필요할 때마다 이용할 수 있도록 해 주는 장치로서 처리 속도, 사용용도, 기억용량의 크기 등에 따라 주기억장치, 보조기억장치, 레지스터, 캐시 등으로 나누어진다. 기억장치의 계층 구조는 기억장치를 효율적으로 배치하여 중앙처리장치의 처리 속도와 I/O 속도와의 차이를 해소하기 위한 전략이다. 속도가 빠른 기억장치일수록 가격이 비싸기 때문에 기억장치를 적절하게 배치하는 것은 시스템 전반의 성능향상에 도움을 준다. <그림 2-15>는 기억장치의 계층 구조를 보여 주고 있다.

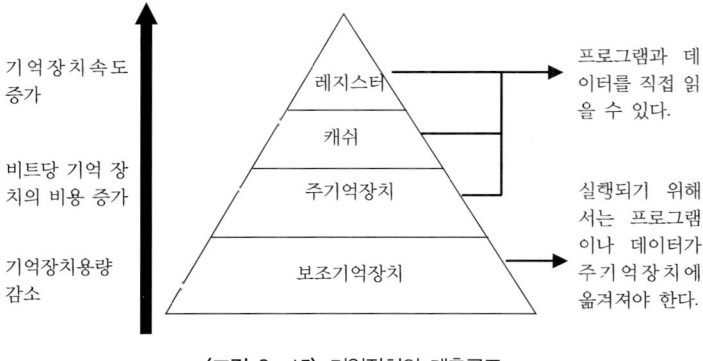

〈그림 2-15〉 기억장치의 계층구조

주기억기능블록은 중앙처리장치와 직접 자료를 교환할 수 있는 기억장치로서 프로그램에 필요한 기본적인 명령어와 데이터를 저장한다. 주기억장치의 종류와 특성은 아래와 같다.

- ROM(Read Only Memory): 기억된 내용을 자유롭게 읽을 수 있지만 데이터를 임의로 기억시킬 수 없는 읽기 전용의 비휘발성 기억장치이며 PROM(Programmable ROM)과 EPROM(Erasable Programming ROM)이 있다. 여기서 비휘발성이라 함은 전원이 꺼져도 저장된 데이터가 사라지지 않는다는 의미이다.

- RAM(Random Access Memory): 사용자가 작성한 문장이나 프로그램이 기억되는 장소로서 임의의 메모리 주소에 기억되어 있는 데이터를 주소 지정에 의해 즉시 판독할 수 있고 또한 임의의 주소에 다시 저장할 수 있는 기억장치로서 정적 RAM(Static RAM, SRAM)과 동적 RAM(Dynamic RAM, DRAM), VRAM(Video RAM) 등이 있다. DRAM은 기억된 자료를 유지하기 위해 리프레시 펄스(refresh pulse)를 공급해 줘야 하며 SRAM은 이러한 리프레시 펄스

가 필요 없으나 DRAM보다 고가이고 집적도가 낮다.

(6) 보조기억기능블록

보조기억장치는 주기억장치의 제한된 용량을 지원하는 장치로서 중·대형 컴퓨터에서는 자기디스크(Magnetic Disk), 자기테이프(Magnetic Tape) 등이 사용되고, PC에서는 플로피디스크(Floppy Disk), 하드디스크(Hard Disk), CD-ROM, DVD 등이 사용된다. 몇 년 전부터는 PC에도 플로피디스크를 사용하지 않아서 이제 플로피디스크는 우리 주변에서 사라지고 있다. 보조기억장치의 종류는 아래와 같다.

- 자기테이프 장치: 플라스틱 테이프 표면에 자성 재료인 산화철의 분말을 바른 것으로서 전원의 변화와 전자석의 작용에 의해 자석 분말에 자장을 만들어서 반영구적인 상태로 기억시킨다.
- 자기디스크 장치: 레코드판과 같은 금속 원판을 여러 장으로 동일 축에 고정시키고 디스크에는 원주를 따라 동심원 트랙(track)이 있고 각각의 트랙은 섹터(sector)로 나누어진다.
- 자기드럼 장치: 원통형 표면에 자성 자료를 바른 기억장치로서 트랙들은 각각 자신의 헤더를 가지고 있다.
- 플로피디스크: 통상 디스켓(diskette)이라고 부른다.
- 하드디스크: 자성체를 입힌 원판형 알루미늄 기판을 회전시키면서 자료를 저장하고 읽어 내는 보조기억장치이다.
- CD-ROM: 읽기 전용이므로 자료를 기억하거나 삭제할 수 없다.
- CD-RW: 쓰기와 읽기 기능을 동시에 수행할 수 있다.
- DVD-RAM: 음악파일, 데이터, 멀티미디어 소프트웨어, 인터넷 다운로드 등 고용량의 파일을 저장할 수 있는 매체이다.

보조기억기능블록은 컴퓨터 내부에 장착되어 컴퓨터중앙처리장치와 내부/외부의 보조기억장치 사이에 인터페이스(interface) 기능을 제공하며 기능블록에는 버퍼(buffer)가 있다. 보조기억기능블록과 내부/외부 보조기억장치는 버스(bus)로 연결되는데 버스에는 직렬버스 형태와 병렬버스 형태가 있다. 직렬버스는 데이터 비트가 하나의 선으로 연달아 전달되는 방식을 말하고 병렬버스는 각각의 선에 한 비트씩 전달하는 선들이 여러 개 있어서 동시에 전달할 수 있는 버스를 말한다. 직렬버스는 먼 거리 전송에 유리하고 병렬버스는 가까운 거리 전송에 유리하다.

보조기억장치와 보조기억기능블록 사이에는 아래와 같은 표준화된 버스가 사용된다.

- EIDE(Enhanced Integrated Drive Electronics): 내장형 하드디스크와 CD-ROM을 연결하기 위한 40핀의 병렬버스이다.
- SATA(Serial AT Attachment): IDE의 40핀을 6개로 줄이고 1.5Gbps 속도로 1m까지 연장 가능하다.
- SCSI(Small Computer System Interface): MT나 하드디스크를 연결하기 위한 병렬버스이다.
- IEEE 1394: 속도가 빠르다는 의미로 fire wire라는 이름을 가지며 컴퓨터 주변장치들뿐만 아니라 가전제품의 인터페이스에도 사용된다.

인간의 보조기억장치는 메모장이 대표적이다. 인간은 뇌의 용량이 모자라서 메모장을 보조기억장치로 사용하는 것이 아니라 필요한 데이터를 잊어버릴까 봐 사용한다. 인간의 메모장은 컴퓨터의 보조기억장치와는 다르다. 컴퓨터의 보조기억장치는 컴퓨터 내부의 신호에 따라 동작하지만 인간의 메모장은 인간의 기억장치와는 별개로 동작한다. 인간의 보조기억장치는 뇌 속에 메모리칩을 장착시키는 형태로 발전될 것이다. 미래에는 인간의 뇌와 인터페이스가 가능한 다양한 기능의 칩이 개발됨으로써 인간의 기억의 한계를 극복시켜 줄 수 있을 것이다.

2.3. 인간의 신체부위계와 컴퓨터의 부품계

2.3.1. 인간의 신체부위계

인간의 인체계는 11개의 기관계로 구성되는데 이들 기관계는 다시 여러 개의 기관들로 구성되며 본 책에서는 이러한 기관들을 신체부위라고 명명하였다. 인간의 신체부위계는 기관계의 각 기관으로서 각 기관은 독립적으로 동작하면서도 기관계 내의 다른 기관들과 연계성이 있고 또한 다른 기관계와 상호 의존성이 존재한다.

인체의 골격계는 몸통뼈대와 팔다리뼈대로 구분된다. 몸통뼈대는 척추뼈 신체부위계의 26개, 갈비뼈 신체부위계의 24개, 복장뼈 신체부위계의 1개, 머리뼈 신체부위계의 22개, 목뿔뼈 신체부위계의 1개, 귀속뼈 신체부위계의 6개 등 총 80개 뼈로 구성되어 있고, 팔다리뼈는 팔 신체부위계의 64개와 다리 신체부위계의 62개 뼈 등 총 126개로 구성되어 인체의 전체 뼈 개수는 206개이다.

인체의 근육계는 뼈대근육과 민무늬근육(내장근육)으로 나뉘며 약

450개의 뼈대근육이 있어서 신체 각부에서 수축과 이완을 함으로써 여러 가지 운동을 일으키고 뼈대근육의 부위는 머리 근육, 목 부분 근육, 가슴 근육, 배 근육, 등 근육, 팔 근육, 다리 근육 등 7개 근육군의 신체부위계로 구성된다.

호흡기계는 상기도(upper air way), 하기도(lower air way), 기관, 기관지, 허파 등의 신체부위계로 구성되는데 상기도에는 코, 코안, 코곁동굴, 인두 등이 속하고 하기드에는 후두가 있는데 음식물이 목 안으로 들어갈 때에 후두덮개가 후두 입구를 막음으로써 음식물이 기도로 들어가지 못하게 한다. 인체의 후두덮개는 컴퓨터에서 버퍼제어와 유사하다고 말할 수 있다. 즉 하나의 버스가 두 개의 버스로 나뉠 때에 이들 중에서 어느 쪽 버스로 데이터가 연결될지를 결정하는 것이 바로 버퍼제어인 것을 감안하면 후두덮개도 마치 버퍼제어 기능과 유사함을 알 수 있다.

심혈관계는 심장과 혈관 등의 신체부위계로 구성되며 혈압이 올라가는 인자에는 심장의 박출량 증가, 혈관벽의 탄력성 감소(동맥경화), 말초혈관의 직경이 좁아짐, 혈액의 점성이 증가, 순환 혈액량의 증가 등이 있다. 림프계는 림프관, 림프절, 지라, 가슴샘, 편도 등의 신체부위계로 구성되어 있다. 소화기계의 신체부위계에는 입안, 인두, 식도, 위, 작은창자, 큰창자, 간, 쓸개, 이자(췌장), 복막 등이 있다. 비뇨기계의 신체부위계에는 콩팥, 요관, 방광, 요도 등으로 이루어져 있다.

피부계의 신체부위계에는 표피, 진피, 피부밑조직, 피부의 신경종말장치, 피부의 혈관 등이 있으며 또한 피부 부속 신체부위계로 털, 기름샘, 손톱, 발톱, 땀샘, 젖샘 등이 있다. 생식기계의 남성 신체부위계에는 고환, 정로, 부속생식샘, 외음부 등이 있고 여성 신체부위계에는 난소, 난관, 자궁, 질, 외음부, 젖샘 등이 있다. 내분비계의 신체부위계에는 뇌하수체, 갑상샘, 부갑상샘, 이자(췌장), 부신, 고환 등이 있다. 신경계의 신체부위계에는 대뇌반구, 사이뇌, 뇌간, 소뇌, 척수, 뇌신경, 척수신경, 교감신경, 부교감신경 등이 있으며 또한 시각기관으로 안구, 안구부속기 등이 있고 평형청각기관으로 바깥귀, 가운데귀, 속귀 등이 있으며 미각기관으로 혀가 있고 후각기관으로 코가 있다.

인간의 신체부위계는 컴퓨터와 다르게 하나의 부품으로 독립적일 수 없게 되어 있다. 컴퓨터는 사람이 제작하는 하나의 시스템이므로 전체 시스템 기능을 top-down 방식으로 가능하면 서로 독립적인 기능블록으로 나누어서 개발하기 때문에 부품별로 확연하게 구분되지만 인체는 하나의 세포가 분화 및 분열을 통해 인체로 성장되기 때문에 원래부터 부품 개념으로 정립될 수 없음이 사실이다. 인체를 여러 신체부위계로 구분 짓는 것은 인간의 시스템을 이해하기 위한 하나의 방편임을 인지하기 바란다.

2.3.2. 컴퓨터의 부품계

컴퓨터의 부품계는 크게 디지털회로와 아날로그회로로 구분되는데 대부분의 컴퓨터 부품은 디지털회로에 해당한다. 디지털회로는 논리회로로서 0과 1의 디지털데이터를 입력으로 하며 출력도 0과 1의 디지털데이터를 출력한다. 여기서 0과 1이라고 함은 전압 레벨이 정해진 높이 이상일 경우에는 1을 의미하고 그 이하의 전압 레벨은 0이라고 정의하는 것인데 각각의 논리회로마다 0과 1을 나타내는 전압 레벨이 약간 다를 수 있다. 예를 들어서 AND 게이트 논리회로의 경우에는 두 입력 데이터 중 어느 한쪽이라도 0일 경우에는 출력이 0이고 오로지 두 입력이 모두 1일 경우에만 출력이 1이 된다. OR 게이트 논리회로인 경우에는 두 입력 데이터 중에서 하나만 1이면 출력이 1이 된다.

전원장치 기능블록계의 부품계에는 코일, 스위칭 전원 IC, 저항, 콘덴서, 전원 라인 등이 있으며 냉각 기능을 위한 냉각판이 장착되어 있다.

입력장치 기능블록에는 RS−232C 인터페이스 칩, USB 인터페이스 칩, 저항, 콘덴서, 주변회로(AND 게이트 및 OR 게이트) 등으로 구성되어 있는데 CPU, 메모리, I/O 인터페이스 칩 등을 서로 연결하는 시스템 버스는 병렬 데이터 형식이고 인터페이스 칩과 입력장치 사이는 직렬 데이터 형식이므로 직렬 데이터를 병렬 데이터로 바꾸어 주는 기능이 인터페이스 칩 내부에 포함되어 있다. 출력장치 기능블록은 입력장치와 비슷한 구조를 가지며 병렬 데이터 형식을 직렬 데이터 형식으로 바꾸어 주는 기능을 가지고 있다. 마이크로프로세서 기능블록의 부품계에는 CPU 칩, 캐시메모리, 시스템버스 컨트롤러 등이 있으며 캐시메모리는 메모리 속도가 CPU 속도보다 늦기 때문에 속도를 맞추기 위한 중간 메모리이고 시스템버스 컨트롤러는 버스의 데이터 흐름의 방향을 제어하는 기능을 수행한다.

주기억기능블록의 부품계에는 ROM 및 RAM 등의 메모리와 함께 어드레스 지정을 위한 디코더(decoder)가 필요하다. 디코더는 예를 들어서 1G바이트의 메모리가 4개 사용될 때에 4개 메모리들 중에서 어느 메모리를 지정하느냐를 결정하기 위해 2×4 디코더를 사용하는 것이다. 여기서 2×4라 함은 2비트를 가지고 4종류, 즉 00, 01, 10, 11을 지정하는 디코더라는 의미이다.

보조기억기능블록의 부품계에는 각종 버스 인터페이스 칩들이 포함되는데 각각의 인터페이스 칩은 컴퓨터의 내부 시스템버스와 보조기억장치 인터페이스(예를 들어서 EIDE, SATA, SCSI, IEEE 1394) 사이의 변환기능을 담당한다. 인터페이스 칩의 기능으로는 직렬/병렬 변환 이외에 각종 제어 기능도 포함된다. 컴퓨터의 모든 인터페이스 칩은 초기화, 제어 기능, 데이터 전송, 데이터 수신 동작 등을 위해 각각의 칩을 제어하기 위한 소프트웨어가 필요한데 이를 드라이버 프로그램이라고 부른다.

2.4. 인간의 생체계와 컴퓨터의 재료계

2.4.1. 인간의 생체계

인간의 생체계는 세포로 구성되어 있는데 세포는 인체의 구조와 기능의 기본 단위이다. 세포의 화학적 구성은 다음과 같다.

- 물: 원형질의 주요 구성 성분은 무기물 분자이며 이들은 물에 분산 또는 용해되어 있고 물은 세포 화학반응의 매개체이다.
- 염류: 염화나트륨과 같은 무기물 분자를 말하며 산, 염기의 평형 유지와 세포 내 삼투압 조절 기능에 활용된다.
- 단백질: 세포의 화학반응 촉매제로서 혹은 세포 구성 물질로서 중요하다.
- 탄수화물: 세포 내에서 가장 풍부하고 유용한 에너지원이다.

- 지방: 세포 내 에너지 저장물질이며 세포막과 여러 호르몬 구성 물질로서 중요하다.
- 핵산: DNA 및 RNA와 같은 유기물 분자로서 세포의 유전물질을 구성한다.

인체의 생체계인 세포는 생명체이지만 컴퓨터의 재료계는 무생명체이다. 세포 내에는 물분자를 비롯하여 지질, 단백질, 탄수화물, 나트륨, 칼륨, 마그네슘, 염소 등의 여러 원소들로 구성되지만 컴퓨터의 재료계에 포함되는 원소는 인체의 세포와는 다르게 많은 종류의 원소가 포함되어 있지 않다.

인간의 세포는 크게 세포질과 핵으로 구성되어 있으며 주요 구성요소는 다음과 같다.

- 세포막(원형질막): 세포의 표면은 얇은 세포막으로 덮어져 있으며 기능은 아래와 같다.
  - 구조물과 그의 외부 환경 사이에 구획을 이루고 있다.
  - 대사와 성장에 필요한 물질이 이 막을 거쳐서 들어오고 또한 대사산물이 이 막을 거쳐서 외부로 나간다.
  - 호르몬의 작용이나 신경의 흥분과 같은 세포 밖으로부터의 정보를 받아들인다.
  - 세포에 접촉하는 다른 세포가 같은 종류의 것인가 아닌가를 식별한다.
  - 여러 가지 효소가 작용을 나타낼 수 있는 장소를 제공한다.
- 세포질: 세포막과 핵 사이에 있는 세포의 기질, 즉 원형질을 말하며 생체기능의 기본 특성이 모두 여기서 나타나고 그 안에 미토

콘드리아, 용해소체, 골지복합체, 세포질그물, 세포중심, 리보솜 등의 세포소기관을 가지고 있다.

- 핵: 보통 세포에서 1개가 존재하지만 2개 혹은 다수의 핵을 갖는 세포도 있다. 핵의 모양은 구형, 타원형, 난원형, 장타원형 등 세포에 따라 다르며 핵의 주 기능은 세포의 성장, 분화, 분비, 생식, 재생에 대한 조절중심체가 되는 것이고 이를 수행하는 곳은 세포원형질과 소기관들이다. 핵은 핵막, 핵형질, 핵소체, 핵산 등으로 구성되고 핵 속에 있는 핵산은 DNA(DeoxyriboNucleic Acid)이고 세포질 속에 있는 핵산은 RNA(RiboNucleic Acid)이다.

<그림 2-16>은 세포 모형을 보여 주고 있다.

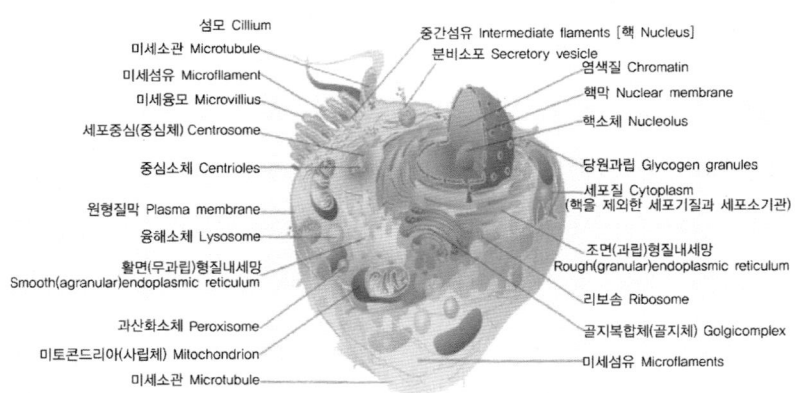

〈그림 2-16〉 세포 모형(참고문헌: 최신 인체해부생리학, 이한기 외, 수문사)

인체 생체계에서 세포 내에 있는 DNA와 RNA의 다른 점은 다음과 같다.

- DNA의 오탄당은 모두 데옥시리보오스이고, RNA에서는 모두 리보오스이다.
- DNA의 유기염기는 아데닌(A: Adenine), 구아닌(G: Guanine), 시토신(C: Cytocine), 티민(T: Thymine)의 4종류이지만, RNA에서는 티민 대신에 우라실(U: Uracil)이 들어가서 A, G, C, U의 4종류이다.
- DNA의 분자구조는 2중 나선구조이지만 RNA는 단일 사슬로 이루어져 있다.

<그림 2-17>은 DNA와 RNA의 구조를 보여 주고 있다.

(a) DNA   (b) RNA

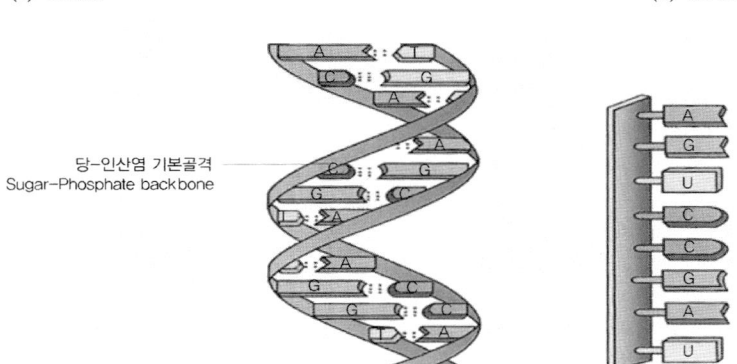

당-인산염 기본골격
Sugar-Phosphate backbone

〈그림 2-17〉 DNA와 RNA의 구조

인간 생체계의 살아 있는 세포에서는 여러 가지 물질이 끊임없이 세포막을 통해 세포 밖으로부터 안으로 또한 세포 안으로부터 밖으로 이동하는데 그 과정은 확산, 삼투, 여과, 능동 수송 등으로 이루어진다. 확산(diffusion)은 물질이 능도가 높은 곳에서 낮은 곳으로 이동하는

것을 의미하는데 예를 들어서 허파로부터 산소가 혈액 속으로 들어
가는 것은 허파꽈리 내의 산소 농도가 혈액보다 높기 때문이다. 삼투
(osmosis)는 반투과성 막인 세포막에서 일어나는 현상인데 어떤 물질
은 자유롭게 통과(예: 물)하지만 또 다른 물질(예: 식염)은 잘 통과하
지 못하는 물리적 성질을 말한다.

여과(filtration)는 물과 용질이 액체 압력(수압)에 따라 막이나 모세
혈관 벽을 강제로 통과하는 과정을 의미하며 용질은 압력이 높은 곳
에서 압력이 낮은 곳으로 이동한다. 체내에서는 콩팥소체에 있는 소
동맥의 벽이 여과지와 같은 역할을 하며, 혈액이 이곳에 도달하면 혈
장 속의 물이나 작은 분자는 콩팥의 세뇨관 쪽으로 빠져나가지만 단
백질과 같은 큰 분자는 나가지 못한다. 능동 수송(active transport)은 확
산, 여과, 삼투 등과 같은 물리적인 이동이 아니라 에너지를 사용하여
적극적으로 필요한 물질을 세포 내로 끌어 들이거나, 불필요한 물질
을 세포 외로 배출시키는 기능을 말한다.

2.4.2. 컴퓨터의 재료계

컴퓨터의 재료계는 컴퓨터의 부품을 구성하는 물질들을 의미하며
IC의 재료가 되는 실리콘과 게르마늄, 부품과 부품 사이를 연결하기
위한 구리, 저항의 재료가 되는 탄소 등이 재료계에 포함된다. 반도체
의 재료인 실리콘과 게르마늄은 4족 원소로서 전자와 양성자가 4개
인 안정적 구조이지만 여기에 불순물을 첨가하여 전자가 하나 모자
라든지 혹은 전자가 하나 남는 경우에는 전류가 흐를 때도 있고 흐르
지 않을 때도 있는 반도체 재료가 되는 것이다. 반도체에는 P형 반도

체와 N형 반도체가 있는데 이들을 접합하여 P−N−P 혹은 N−P−N 형태의 트랜지스터를 제조한다. 이와 같은 트랜지스터는 어느 전압 범위 이내에는 증폭기로 동작하고 어느 전압 이상에서는 논리회로로 동작된다. 증폭기로 동작하는 경우에는 라디오나 혹은 오디오의 앰프에 사용된다.

이 세상의 물질은 전류가 잘 통하는 도체와 전류가 통하지 않는 절연체가 있으며 도체라고 해도 아무런 저항 없이 모든 전류를 통과시키지 못하는데 이와 같은 전류의 흐름을 억제하는 것을 저항이라고 한다. 저항은 전류를 억제하지만 저항의 양측 사이에 전압의 차이를 둠으로써 다양한 전압 소스 역할을 담당할 수 있게 된다. 예를 들어서 5V의 전원 소스에서 2V의 새로운 전원을 만들기 위해서는 (전압 = 전류 × 저항) 공식을 이용하여 해당하는 저항값을 선택하면 된다. 저항은 크게 고정저항과 가변저항으로 구분되며 고정저항의 재료에는 탄소피막과 금속피막 등이 있는데 금속피막 저항은 정밀도가 상대적으로 높다.

콘덴서는 마주 토는 전극관 사이에 유전체를 넣어서 양 전극 간 직류 전압을 가하면 전하가 축적되는 기능을 가지며 유전체로는 기체, 액체, 고체를 사용할 수 있다. 배터리는 일종의 콘덴서로서 충전과 방전을 반복하는 것인데 배터리 용량보다 큰 전압이 연결되어 있으면 충전하고 반대로 배터리의 현재 용량보다 작은 전원과 연결되어 있으면 방전하게 된다.

전선과 같은 도체를 봉주 위에 둘둘 말아서 스프링처럼 만들면 코일이 되는데 이를 인덕터(inductor)라고 부른다. 콘덴서가 전압 저장 장치라고 하면 인덕터는 전류 저장 장치가 되며 이들은 모두 시간에 따라 각각 전압과 전류의 세기가 변화한다. 변압기는 1차 코일과 2차 코일의 권회수의 비로 입력전압의 크기를 원하는 출력전압의 크기로 바꾸는 장치이다.

컴퓨터는 PC의 범위를 넘어서 휴대용 전자장치에도 널리 사용되고 있으며 언제, 어느 곳에서나 컴퓨터가 퍼져 있는 유비쿼터스 시대를 맞이하고 있다. 컴퓨터가 휴대용이나 혹은 센서 통신용으로 사용되기 시작하면서부터 전지의 중요성이 대두되었다. 크기는 작으면서 오랜 기간 동안 지속될 수 있는 전지 개발이 휴대용 컴퓨터의 중요한 기술로 부각된 것이다.

전지의 재료로 각광받고 있는 재료가 원소기호가 Li인 리튬(lithium)이다. 리튬 이온 전지는 이차 전지의 일종으로서, 방전 과정에서 리튬 이온이 음극에서 양극으로 이동하는 전지이다. 충전 시에는 리튬 이온이 양극에서 음극으로 다시 이동하여 제자리를 찾게 된다. 리튬 이온 전지는 충전 및 재사용이 불가능한 일차 전지인 리튬 전지와는 다르며, 전해질로서 고체 폴리머를 이용하는 리튬 이온 폴리머 전지와도 다르다.

리튬 이온 전지는 에너지 밀도가 높고 기억 효과가 없으며, 사용하지 않을 때에도 자연방전이 일어나는 정도가 작기 때문에 시중의 휴대용 전자 기기들에 많이 사용되고 있다. 이 외에도 에너지 밀도가 높은 특성을 이용하여 방위산업이나 자동화시스템 그리고 항공산업 분야에서도 점점 그 사용 빈도가 증가하는 추세이다. 그러나 일반적인 리튬 이온 전지는 잘못 사용하게 되면 폭발할 염려가 있으므로 주의해야 한다.

3. 인간의 뇌기능계와 컴퓨터의 OS계

3.1. 인간의 뇌기능계

3.1.1. 인간의 뇌구조

태아의 뇌 발생 초기에 배아의 배측벽 정중부에 있는 외배엽이 세로로 비후하여 상디조직성 신경판을 형성하고, 이어서 판상의 양 언저리가 솟아올라 신경주름을 이루는데, 가운데의 도랑을 신경구라고 부른다. 발생의 진행에 따라 신경주름은 서로 붙어서 신경관이 형성되고 이 신경관은 나중에 더리 쪽은 뇌가 되고, 꼬리 쪽은 척수로 분화하며 중심부의 공간은 뇌실과 척수의 중심관이 된다.

발생 4주경에 신경관의 앞부분에 3곳의 팽대부가 나타나는데, 이를 1차 뇌포라고 하며, 각각 전뇌, 중뇌, 능뇌로 구분한다. 발생 5주경에 이르면 전뇌는 다시 종뇌와 간뇌로, 능뇌는 후뇌와 수뇌로 분화하지만 중뇌는 큰 변화 없이 진행되어 총 5곳의 팽대부가 형성되는데,

이를 2차 뇌포라고 부른다. 이들 중에서 후뇌는 다시 뒤쪽의 소뇌와 앞쪽의 교로 발달하고, 수뇌는 연수가 되며, 종뇌는 현저하게 발달되어 대뇌반구를 이루게 된다. 이러한 구조물들이 인간의 생명 유지와 감각, 즉 오감(시각, 청각, 후각, 미각, 촉각)과 인지, 정서, 행동 등을 위한 기본적인 기능을 의미한다고 말할 수 있다. <표 3-1>은 인간의 뇌 구조를 나타낸다.

〈표 3-1〉 인간의 뇌 구조

주요부위	하위부위	주요구조물
전뇌	종뇌	대뇌피질
		기저핵
		변연계
	간뇌	시상 시상하부
중뇌	중뇌	중뇌개 중뇌피개
능뇌	후뇌	소뇌 교
	수뇌	연수

신생아의 뇌 무게는 370~400g이지만 생후 6개월에 약 2배로 증가하고, 7~8세에 성인의 90%에 도달하며, 20세를 전후하여 완전히 성장한다. 그러나 50세 이후부터는 서서히 감소하여 90세에 이르면 최고 성장 시보다 10% 정도가 위축된다. <그림 3-1>은 뇌의 위치를 보여 주고 있다.

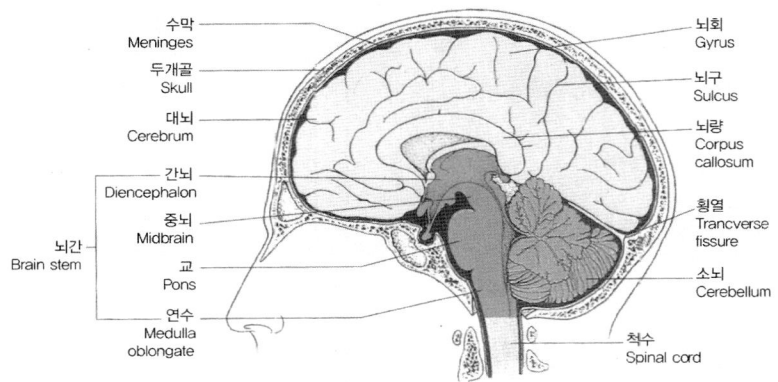

<그림 3-1> 뇌의 위치(참고문헌: 인체해부학, 노민희 외, 정담미디어)

다음 절부터 종뇌, 간뇌, 중뇌, 후뇌, 수뇌에 관하여 설명하고자 한다.

3.1.2. 종뇌

(1) 대뇌의 회, 열, 구, 엽

종뇌는 뇌 중에서 가장 뚜렷한 부분으로 대뇌종렬이라는 깊은 골에 의해 좌우 대뇌반구로 구분되고, 이들 사이는 교련 섬유에 의해 서로가 연결된다. 각 반구는 전두극, 측두극, 후두극 등과 외측면, 내측면, 하면 등이 있다. 깊은 골을 열이라고 부르고 얕은 골을 구라고 하며 뇌열과 뇌구는 각 반구를 엽으로 나누는 경계선으로 삼아서 전두엽, 두정엽, 측두엽, 후두엽 등으로 나눈다. 구와 구 사이의 올라온 부분을 회라 하고 대부분의 열, 구, 회라고 부르는 것은 단지 해부학적 경계 표시이며 사람에 따라 차이가 많다. <그림 3-2>는 대뇌의 구조를 보여 주고 있다.

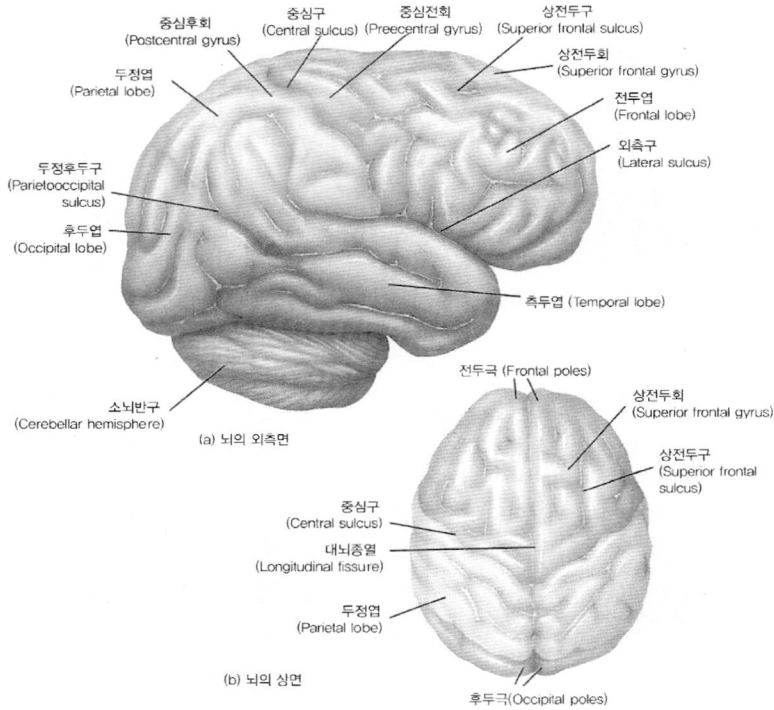

중심후회
(Postcentral gyrus)

중심구
(Central sulcus)

중심전회
(Preecentral gyrus)

상전두구
(Superior frontal sulcus)

상전두회
(Superior frontal gyrus)

두정엽
(Parietal lobe)

전두엽
(Frontal lobe)

외측구
(Lateral sulcus)

두정후두구
(Parietooccipital
sulcus)

후두엽
(Occipital lobe)

측두엽 (Temporal lobe)

전두극 (Frontal poles)

상전두회
(Superior frontal gyrus)

소뇌반구
(Cerebellar hemisphere)

(a) 뇌의 외측면

상전두구
(Superior frontal
sulcus)

중심구
(Central sulcus)

내뇌종열
(Longitudinal fissure)

두정엽
(Parietal lobe)

(b) 뇌의 상면

후두극(Occipital poles)

〈그림 3-2〉 대뇌의 구조(참고문헌: 인체해부학, 신문균 외, 현문사)

중심구는 반구의 중앙을 거의 수직으로 내려가며 전두엽과 두정엽의 경계선이 된다. 중요한 감각 영역인 중심후회는 중심구 바로 뒤에 위치한다. 외측구는 반구의 외측면을 대각선으로 내려와 전두엽과 두정엽으로부터 측두엽을 갈라놓은 경계선이다. 두정후두구는 두정엽과 측두엽으로부터 후두엽을 갈라놓은 경계선이 된다.

대뇌반구의 내면에서 가장 중요한 부분은 뇌량인데 이 뇌량은 측뇌실의 상부를 돌아가는 큰 백교련섬유띠이다. 대상구는 뇌량에 평행으로 되어 있는 고랑으로 대상회와 뇌량을 경계 짓는다. 대상회는 변연계 피질 영역의 한 부분이다.

(2) 유수신경섬유

대뇌반구의 바깥쪽의 얇은 층을 피질(cortex)이라고 부르고 그 안쪽을 수질 및 대뇌핵이라고 한다. 대뇌피질은 회백질의 얇은 층이며 대뇌, 뇌구, 뇌열 등은 한정된 대뇌의 용적에 비해 피질의 표면적을 넓혀 주게 된다. 대뇌수질은 피질 밑에 있는 유수섬유 다발로 구성되는 백질이며 아래와 같은 섬유로 분류한다.

- 투사섬유: 대뇌피질에서 하부에 있는 뇌간과 척수 사이를 연결하는 신경섬유로서 대뇌피질로 올라가는 상행성 감각섬유와 대뇌피질에서 말초로 내려가는 하행성 운동섬유로 이루어진다.
- 연합섬유: 같은 쪽 대뇌반구의 피질 사이를 연결하는 섬유이다.
- 교련섬유: 서로 반대쪽 대뇌반구의 피질 사이를 연결하는 뇌량이 여기에 해당한다.

(3) 대뇌피질의 기능적 영역

대뇌피질은 지, 정, 의 등 신경계의 최고 기능의 중추이며 의식도 이곳에서 이루어진다. 피질의 부위에 따라 일정한 기능을 갖는 것을 피질의 기능국재(functional localization of cortes)라고 하는데 Brodmann은 피질을 52개 영역으로 나누었다. <그림 3-3>은 대뇌피질의 기능적 영역을 나타내고 있다.

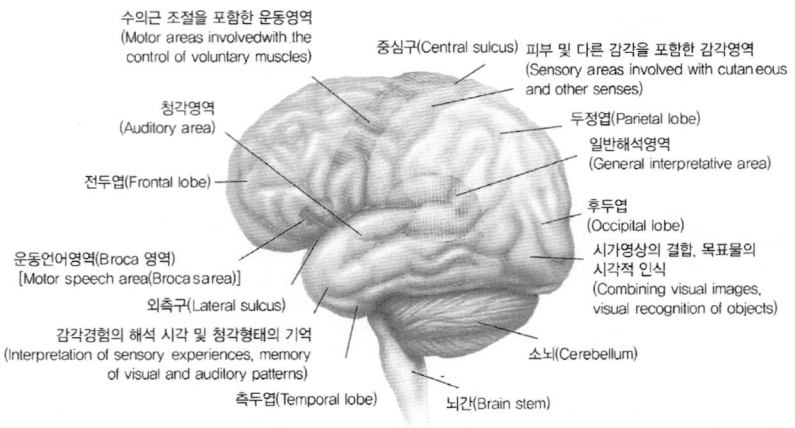

수의근 조절을 포함한 운동영역
(Motor areas involvedwith the
control of voluntary muscles)

청각영역
(Auditory area)

전두엽(Frontal lobe)

운동언어영역(Broca 영역)
[Motor speech area(Broca sa rea)]

외측구(Lateral sulcus)

감각경험의 해석 시각 및 청각형태의 기억
(Interpretation of sensory experiences, memory
of visual and auditory patterns)

측두엽(Temporal lobe)

중심구(Central sulcus) 피부 및 다른 감각을 포함한 감각영역
(Sensory areas involved with cutan eous
and other senses)

두정엽(Parietal lobe)

일반해석영역
(General interpretative area)

후두엽
(Occipital lobe)

시가영상의 결합, 목표물의
시각적 인식
(Combining visual images,
visual recognition of objects)

소뇌(Cerebellum)

뇌간(Brain stem)

〈그림 3-3〉 대뇌피질의 기능적 영역(참고문헌: 인체해부학, 신문균 외, 현문사)

- 1차 체성 운동영역: 중심전회에 있고 운동계의 시발부로서 섬세한 수의운동이 시작되는 곳이다. 중심전회에 신체의 모습이 투사되는데 신체의 부위가 피질 영역에 그 크기에 비례하는 것이 아니라 사용이 많거나 섬세한 움직임에 비례하며 신체의 하부는 피질의 상부에, 신체의 상부는 피질의 하부에 투사된다.
- 전운동영역: 중심전회 앞에 있고 골격근의 반사적 또는 자연상태에서 거의 무의식적인 운동과 긴장에 관여하는 운동이 시작된다.
- 운동성 언어 영역: 중심전회 하, 전방에 있고 여기에서 발성이 시작되며, 오른손잡이는 왼쪽 대뇌반구에, 왼손잡이는 오른쪽 대뇌반구에 있다. 말할 때에 필요한 미묘하고도 종합적인 운동을 지배한다.
- 전전두 영역: 전운동영역의 앞에 있고 인간의 지능이 자리 잡은 곳으로 생각되며, 판단, 통찰, 행동의 선택 등에 관여한다.

- 1차 체성 감각영역: 중심후회에 있고 외성감각 및 고유감각 정보를 받는다. 이들 역시 중심후회에 신체의 모습이 투사되는데 신체의 부위가 ㅍ질 영역에 그 크기에 비례하는 것이 아니고 감각수용기의 수에 비례한다. 예민한 감각일수록 피질 영역을 많이 차지하며 역시 신체의 하부는 피질 상부에, 신체의 상부는 피질 하부에 투사된다.
- 체성 감각 연합영역: 중심후회 바로 뒤의 두정엽에 있고 신체의 의식과 관계가 있으며 고양, 크기, 구성 등을 연관시켜서 어떤 물체인가를 확인하는 능력과도 연관이 있다.
- 1차 청각영역: 측두엽의 상내측부에 있다. 양쪽 귀에서 오는 청각 정보를 받는다. 음의 고저 및 음조 등을 구별한다.
- 청각 연합영역: 1차 청각영역을 싸고 있다. 과거의 경험으로 언어와 소리의 연합에 관계한다.
- 1차 시각영역: 후두엽 꼭대기와 조거구 입구에 있다. 물체의 색, 크기, 모양, 움직임 등을 인지하며 시신경 교차가 있으므로 피질은 동일한 쪽의 망막 외측반부의 자극과 반대 측의 망막 내측반부로부터의 자극이 투사된다.
- 시각 연합영역: 1차 시각영역에 둘러싸여 있으며 과거의 경험으로 시각적 언어(읽기) 및 시각의 연합과 관계가 있다.

1차 운동피질과 1차 체감각피질을 살펴보면 <그림 3-4>와 같다. 운동을 담당하는 영역 중에서는 손의 기능을 담당하는 부위가 상대적으로 넓다. 감각을 담당하는 영역 중에서도 손의 기능을 담당하는

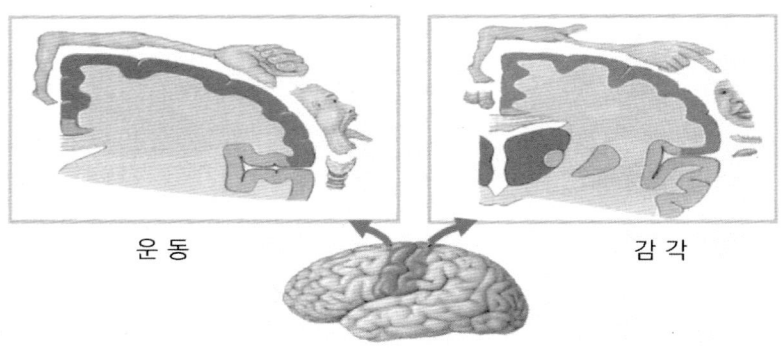

〈그림 3-4〉 1차 운동피질과 1차 체감각피질

부위가 상대적으로 넓다. 운동을 먼저 하기 시작할 때에는 1차 운동
피질 영역이 먼저 활성화되지만, 대체적으로 우리가 감각을 먼저하고
대응 행동을 하게 될 때에는 뇌의 뒤쪽 영역(1차 체감각피질)에서 먼
저 활성화되고, 이를 통해 뇌의 앞쪽 영역(1차 운동피질)에서 활성화
되어 대응 행동을 취하게 된다.

인간의 뇌는 좌뇌와 우뇌, 즉 좌반구와 우반구로 구분된다. 좌반구
는 몸의 오른쪽 부위를 담당하고 논리적인 사고, 언어능력, 쓰기, 과
학과 산수작업 등을 담당한다. 우반구는 몸의 왼쪽 부위를 담당하고,
음악과 예술 능력, 상상력과 공상하기, 공간지각, 신체통제와 각성 등
을 담당한다. 이러한 뇌의 기능을 대뇌반구의 기능적 전문화 혹은 국
재화(localization)라고 부른다. <그림 3-5>는 뇌의 좌반구와 우반구
의 기능을 보여 주고 있다.

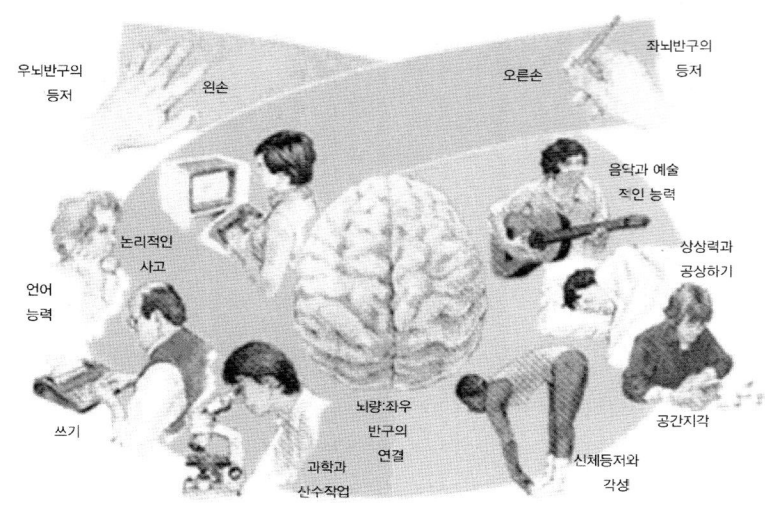

〈그림 3-5〉 뇌의 좌반구와 우반구의 기능

대뇌반구의 기능적 전문화 혹은 국재화를 실험으로 증명한 일이 있었다. 10명의 간질환자 치료를 위해 좌반구와 우반구를 해부학적 구조와 기능을 연결해 주는 뇌량을 절단한 일이 있었는데, 이때에 이러한 실험을 하게 되었다.

Sperry는 뇌량이 절단된 이들의 좌측 눈에 연필을 보여 주고, 우측 눈에 사과를 보여 주면 시각적인 정보와 언어적인 정보를 처리하는데 어려움이 생기고, 행동하는 것에 대해 언어적 표현이 부적절하게 되었다. 최근 연구에 의하면 Sperry의 연구가 조금 과장되었고, 좌우반구는 상호 보완적, 협동적인 면도 많다는 연구가 등장하고 있다. 인간의 뇌는 상호 연결되어 있고 위계적이다. 즉 단순한 정보처리나 특수한 정보처리만 수행하는 것이 아니라 일반적, 통합적인 정보처리를 수행한다. 예를 들면 시지각의 경우에 다양한 정보를 통합해서 처리한다. <그림 3-6>은 대뇌반구의 국재화 실험을 보여 주고 있다.

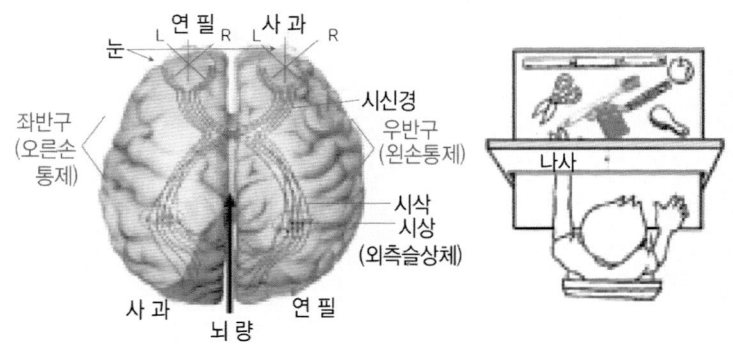

〈그림 3-6〉 대뇌반구의 국재화 실험

(4) 기저핵

각 대뇌반구의 백질 내에 깊숙이 묻혀 있는 4개의 핵으로서 미상핵, 피각, 담창구, 편도체 등이 여기에 해당한다. 편도체는 변연계의 일부로 생각되며 정서, 기억, 후각전도로와 관계가 있는 것 같다.

(5) 후구

전두엽 하면에서 대뇌종열의 양측에 있는 타원형의 구조물이다. 후신경은 비점막의 후상피세포에서 나와 사골의 사판을 통해 두개강에 들어가 후구로 진입한다. 사람의 후구는 후각성 포유류의 후구에 비해 작다. 후구와 후구에서 나오는 원심성 섬유가 연접결합 하는 영역을 후뇌라고 하며, 후구에서 나오는 원심성 섬유는 제2차 후각섬유라고 한다. 발생 과정에서 후구에는 내강이 있지만 성숙하면서 신경교세포가 집적되어 그 속을 메우게 된다.

3.1.3. 간뇌

간뇌는 종뇌의 일부로 분류하기도 하고 뇌간으로 분류하기도 한다. 간뇌는 대뇌반구 사이에 있어서 보이지 않으며 하면에서만 약간 보인다. 간뇌는 시상, 시상하부, 시상상부 등으로 구성되며 5감의 중간중추와 이들 감각에 대한 무의식적 반사운동의 중추이다. 또한 자율신경계의 종합중추 및 체온과 혈당 등의 조절중추가 있다. <그림 3-7>은 뇌의 내측면을 보여 주고 있다.

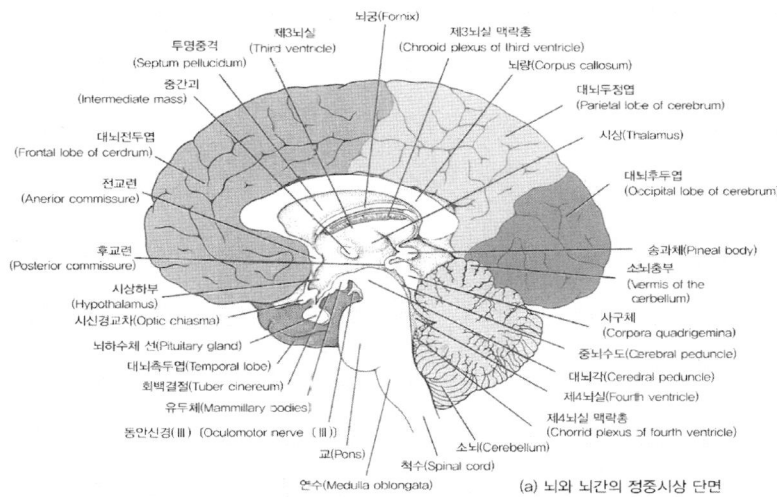

〈그림 3-7〉 뇌의 내측면(참고문헌: 인체해부학, 신문균 외, 훈문사)

(1) 시상

시상은 피부감각, 심부감각, 미각 등에 관여할 뿐만 아니라 소뇌와 선조체에서의 흥분을 대뇌에 전도한다. 또한 감정의 해부학적 통로가 되고 대뇌피질과 광범위하게 연결되고 있다. 시상은 후각을 제외한 모든 감각의 중계센터 기능을 담당한다.

시상은 제3뇌실의 측벽에 상당하며 그 모양은 두꺼운 쪽이 후외방으로 향한 난원형에 가깝다. 외면은 내포후각에 접하고, 내면은 제3뇌실의 측벽이며, 하면은 시상하구로서 직접 시상하부에 계속된다. 상면은 유리면이나 상면의 앞부분은 타원형의 융기이므로 시상전결절이라고 한다. 후부에서 중뇌개 외면을 따라 후방으로 돌출한 부분을 시상침이라고 한다.

(2) 시상하부

시상하부는 간뇌의 일부로 시상하구의 하부에 위치하고 있다. 시상하부는 뇌하수체와 밀접한 관계가 있고, 왕성한 호르몬 합성을 수반하는 현상에 관련이 있는 신경계의 부위이며 또한 내부 환경의 물리적 및 화학적 변화에 관한 정보를 직접 받는 중추신경계의 부위이다. 시상하부의 중요한 기능은 아래와 같다.

- 시상하부 신경원 중에는 신경세포와 내분비 세포로도 작용하는 것이 있다.
- 대뇌변연계에 속하는 여러 종류의 섬유속이 시상하부에 수렴된다.
- 시상하부 신경원 중에는 내부 환경의 물리적(온도, 삼투압) 및 화학적(혈액의 pH, 호르몬 수준) 성질에 직접 반응하는 것도 많다.
- 시상하부는 신경 내분비에 의해 뇌하수체의 원위부를 지배한다.

(3) 시상상부

시상상부는 간뇌의 가장 배측부로 제3뇌실의 얇은 지붕을 이루고 있다. 이 지붕 내면에는 맥락총이 있다.

(4) 변연계

대뇌변연계는 신경계 내에서 감정, 본능적 충동(성욕, 기아, 충만감), 본능 행동의 프로그램 등에 관여하는 요소의 전부를 함유하고 있다. 또한 변연계는 자율신경계의 장기 지배에 대해서도 조절적 영향을 미치고 있다.

변연계에는 피질부와 피질하부로 구분된다. 피질 요소(변연엽)에는 뇌량하회, 대상회, 해마방회, 치상회, 해마, 회백층 등이 포함되어 있다. 대상회는 대뇌피질 밑, 안쪽에 위치하고 있다. 해마는 해마 모양을 띠고 있다.

대뇌피질은 이성행동을 주재하는 데 반하여, 변연계는 본능적 행동과 정서반응을 주재하는 기구로서 행동의 의욕, 학습 및 기억과정에도 깊이 관여하는 곳으로 알려져 있다.

3.1.4. 중뇌

중뇌는 간뇌와 교 사이에 위치한 뇌간의 짧은 부분으로 여기에는 간뇌에 있는 제3뇌실과 교와 연수에 있는 제4뇌실을 연결시키는 좁은 관으로 된 중뇌수도가 있다. 4개의 작은 회백질 덩어리가 중뇌의 천장, 즉 중뇌덮개(중뇌개)를 이루며 시각반사중추인 1쌍의 상구와 청각반사중추인 1쌍의 하구가 있는데 이들을 합해서 사구체라고 한다. 피개(중뇌의 중심부)에는 상행섬유로와 제3, 4뇌신경의 기시핵이 있고 중요한 추체외로운동핵인 적핵과 흑질 역시 피개에 있다.

3.1.5. 후뇌

(1) 소뇌

소뇌는 교의 측벽이 조금 더 커진 것으로 연수와 교의 후상부에 있으며, 타원형의 중앙부에 압축된 충부와 외측으로 팽창된 2개의 소뇌반구로 이루어져 있다. 소뇌는 3쌍의 섬유 속으로 된 소뇌각, 즉 상·중·하 소뇌각에 의해 뇌간과 연결되며 피질, 수질, 소뇌핵으로 구분된다.

소뇌는 평형유지, 근육상태의 조절 및 수의근 운동의 조정과 관계가 있어서 사고나 질병으로 손상되면 평형을 잃고 걸음걸이가 불안정하며 근육상태가 이완되는 등 수의운동이 부정확하게 된다.

(2) 교

중뇌와 연수 사이에 볼록하게 튀어나온 부위로서 표면은 가로로 달리는 많은 신경섬유로 되어 있다. 좌우 양측에는 표면의 신경섬유들 사이에 산재하는 교핵에서 기시하여 소뇌피질로 가는 섬유로 구성된 중소뇌각이 있는데, 이는 근육들의 협력작용에 중요한 구실을 하는 신경전도로이다.

3.1.6. 수뇌 – 연수

뇌간 중에서 가장 아래 부위로 가장 작은 부분이며 원추 모양으로 위로는 교에 연속되고 밑으로는 척수에 이어진다. 연수는 길이 약 3㎝, 무게 6~7g의 작은 신경조직이지만 망상체가 발달되어 있다.

뇌간 망상체는 연수, 교, 중뇌의 피개에 위치해 있다. 망상체는 신경섬유와 신경세포가 함께 들어가서 이루어졌기 때문에 무질서한 모양으로 경계가 불분명하다. 망상체는 비교적 원시적인 핵으로서 여러 가지 운동전도로, 특히 골격근의 긴장 및 평형유지 등에 관계하고 있다. 또한 생명에 필요한 호흡과 심장박동 및 혈압조절중추와 기침, 재채기, 연하, 구토 등의 반사중추가 이곳에 있기 때문에 망상체는 연수의 기본적 구조라고 말할 수 있다.

3.1.7. 뇌실

뇌실은 중추신경계를 보호하고 뇌척수액의 생성화 순환을 담당하는 뇌조직의 내강으로 2개의 측뇌실, 제3뇌실, 제4뇌실 등으로 구성되어 있다. 뇌척수액은 뇌와 척수를 지지하며, 기계적인 충격으로부터 보호해 주는 무색투명한 액체로서 혈액－뇌척수액 장벽을 통하여 혈장성분의 일부가 확산과 능동적 운반으로 이동된 물질이다. 뇌척수액은 측뇌실과 제3. 4뇌실의 맥락총에서 1일 약 500cc 정도가 분비되지만, 뇌실 내에 유지되고 있는 양은 120cc 정도이다. <그림 3－8>은 뇌실을 보여 주고 있다.

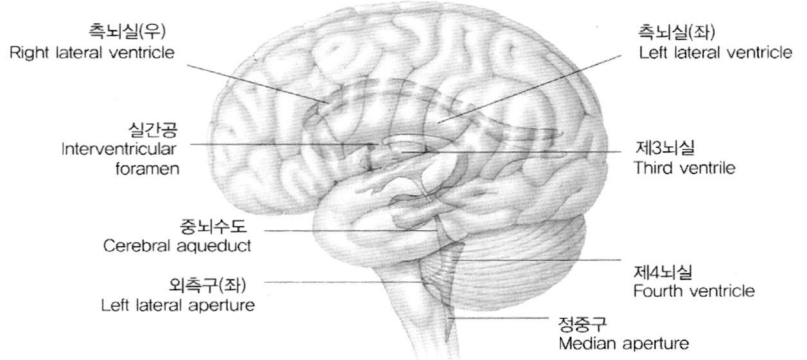

측뇌실(우)
Right lateral ventricle

측뇌실(좌)
Left lateral ventricle

실간공
Interventricular
foramen

제3뇌실
Third ventrile

중뇌수도
Cerebral aqueduct

제4뇌실
Fourth ventricle

외측구(좌)
Left lateral aperture

정중구
Median aperture

〈그림 3-8〉 뇌실(참고문헌: 인체해부학, 노민희 외, 정담미디어)

3.1.8. 뇌 신경세포

인간의 뇌는 수많은 신경세포인 뉴런으로 구성되어 있다. 뉴런은
수상돌기, 세포체, 축색, 수초, 종말단추 등으로 구성된다. 수상돌기는
다른 뉴런으로부터 정보를 받아들이고, 세포체는 뉴런의 생명유지와
신경정보통합을 담당하며, 축색은 다른 뉴런으로 정보를 전달한다.
종말단추는 축색의 끝부분으로서 다른 뉴런과 시냅스를 형성한다.
<그림 3-9>는 뉴런의 구성을 나타내고 있다.

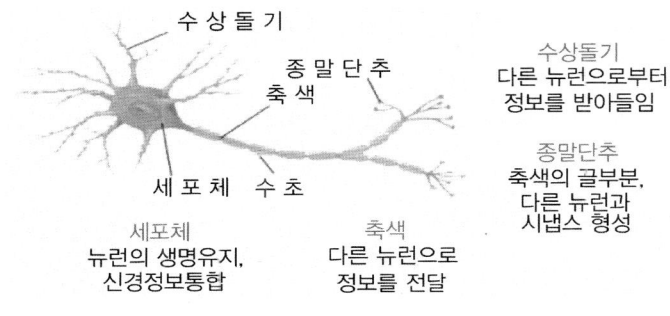

〈그림 3-9〉 뉴런의 구성

　　뉴런은 세포내외의 막을 사이에 두고 안정적인 막전위가 형성되어
있다. 외부에서 자극이 오면 활성전위가 형성되고 다음 세포로 전류를
전달하는 기제에 따라 작동된다. 안정막전위는 −70mV인데 활동전위
는 40mV이다. 활동전위는 일정한 수준이하에서는 40mV까지 발생하
지 않는데 이를 역치하 전위라고 한다. 역치 이상의 전위가 발생해야
활동전위가 되는데 이러한 것을 실무율에 의해 작동되는 것이라고 한
다. <그림 3-10>은 뉴런의 전위를 보여 주고 있다.

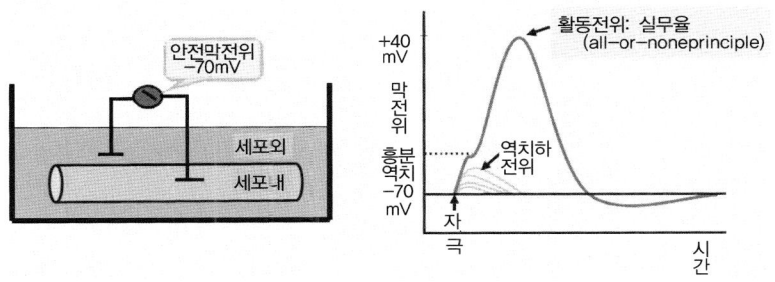

〈그림 3-10〉 뉴런의 전위

축색의 종류에 따라 전도 속도가 다른데, 수초가 없는 무수축색은 일종의 전기 피복이 벗겨진 전선과 같고, 수초가 있는 유수축색은 전기 피복이 온전하게 있는 전선과 같다. 무수축색은 도화선의 원리처럼 천천히 전도되고, 유수축색은 도약전도와 전도속도가 빨라서 에너지 효율이 높다. 뉴런은 이와 같이 뉴런 내에서는 전기적으로 작동된다. <그림 3-11>은 무수축색과 유수축색을 보여 주고 있다.

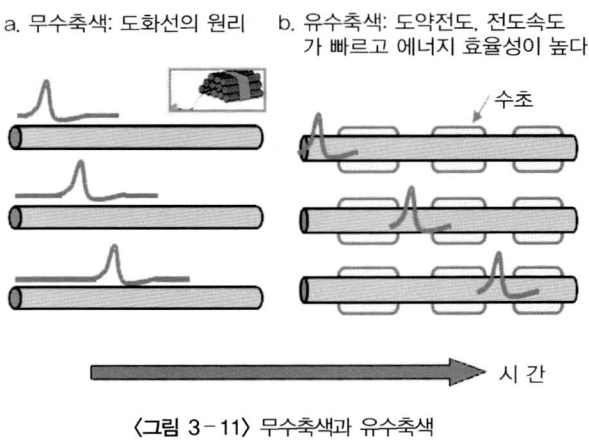

〈그림 3-11〉 무수축색과 유수축색

뉴런 간의 정보전달은 이전의 축색종말과 이후의 수상돌기 사이의 틈에서 발생한다. 이때에 이 틈에서 이전 뉴런의 특정 화학물질이 분비되면, 이후 뉴런에서 그에 해당하는 수용기가 작동되어 정보를 전달받게 되는 것이다. 이상과 같이 뉴런은 뉴런 간에서 화학적으로 작동된다. <그림 3-12>는 뉴런 간의 정보전달을 보여 주고 있다.

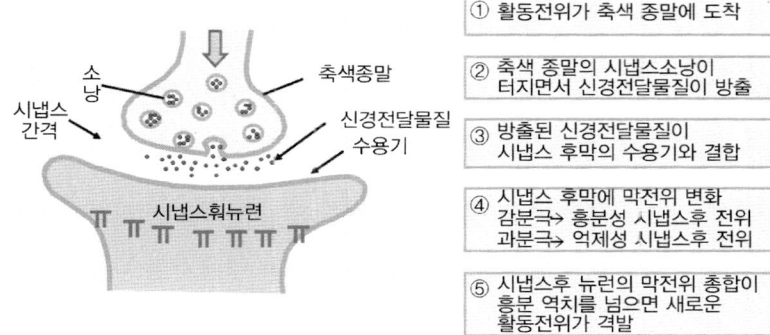

① 활동전위가 축색 종말에 도착

② 축색 종말의 시냅스소낭이
  터지면서 신경전달물질이 방출

③ 방출된 신경전달물질이
  시냅스 후막의 수용기와 결합

④ 시냅스 후막에 막전위 변화
  감분극→ 흥분성 시냅스후 전위
  과분극→ 억제성 시냅스후 전위

⑤ 시냅스후 뉴런의 막전위 총합이
  흥분 역치를 넘으면 새로운
  활동전위가 격발

〈그림 3 - 12〉 뉴런 간의 정보 전달

3.2. 컴퓨터의 OS계

3.2.1. 운영체제의 개념

　운영체제(OS: Operating System)는 컴퓨터의 주기억장치 내에 상주하면서 컴퓨터 시스템의 자원(resource)들인 중앙처리장치, 주기억장치, 보조기억장치, 입출력장치, 네트워크 등을 효율적으로 관리하고 운영하는 기능을 갖는다. 또한 사용자에게 편의성을 제공해 줄 뿐만 아니라, 인간과 컴퓨터 간의 인터페이스 역할을 담당하는 시스템 소프트웨어의 대표적인 프로그램 중 하나이며 이는 어떠한 컴퓨터 시스템에서도 컴퓨터를 작동시키기 위해서 없어서는 안 되는 소프트웨어이다.

　운영체제는 컴퓨터에 전원을 넣을 때에 제일 먼저 동작하는 프로그램으로서 시스템 디스크로부터 메인 메모리(main memory)로 부팅되고, 부팅된 운영체제는 새롭게 설치된 하드웨어는 없는지, 각 하드웨어에 고장은 없는지, 올바른 사용자인지 등을 확인하고 사용자 명령을 기다린다. 운영체제는 주로 프로그램들로 구성되며 운영체제의 입장에서 보면 컴퓨터 사용자의 명령어(마우스의 움직임과 클릭) 또는 사용자 프로그램은 운영체제 프로그램들의 입력데이터로 간주된다. 운영체제는 수많은 프로그램들의 집단이므로 한꺼번에 메인 메모리에 저장될 수 없고 항상 디스크에 상주하며 필요에 따라 필요한 부분만 메인 메모리로 로딩되어 동작되는 것이다. 향후 반도체 기술의 발달로 메인 메모리 용량이 증가하여 운영체제의 모두를 메인 메모리에 상주시킬 수 있으면 부팅 작업이 필요 없이 컴퓨터를 켜자마자 즉시 작업을 수행시킬 수 있을 것이다.

운영체제를 인간의 뇌와 비교하면 인간의 오감(시각, 청각, 후각, 미각, 촉각)과 인지, 정서, 행동 등을 위한 기본적인 기능을 의미한다고 말할 수 있다. <그림 3-13>은 운영체제의 개념도를 보여 주고 있다.

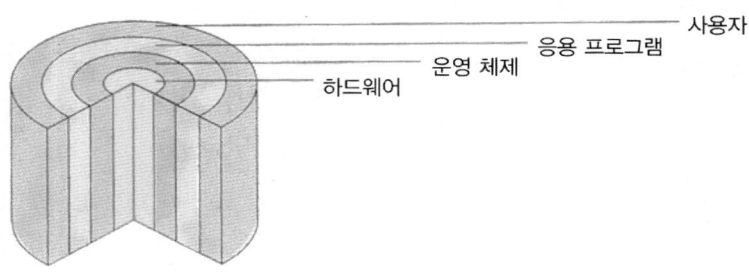

〈그림 3-13〉 운영체제의 개념도(참고문헌: 컴퓨터개론, 김대수 저, 생능출판사)

운영체제의 정의는 아래와 같이 여러 가지가 있다.

- 운영체제는 인간과 기계 사이의 인터페이스로서, 사용자에게 프로그램의 설계, 구현, 오류 수정 및 유지보수 등을 쉽게 하고, 제한된 자원의 효율적인 처리를 위해 할당을 통제하는 프로그램의 집합이다.

- 운영체제는 중앙처리장치, 메인 메모리, 보조 메모리, 입출력장치 및 파일자원들의 통제를 담당하는 컴퓨터 시스템 내부의 프로그램 모듈들의 집합이다.

- 운영체제는 컴퓨터 사용자와 컴퓨터 하드웨어 간의 인터페이스를 제공하는 프로그램이다. 즉 중앙 정부와 비슷한 개념으로서 다른 프로그램이 작업할 수 있도록 환경을 제공해 주며, 자원 할당 및 프로그램의 통제 역할을 수행한다. 운영체제의 주요 목적은 사용자에게 편의성을 제공해 주고 시스템 자체를 효율적으로 운영하는 데 있다.

- 운영체제는 제한된 시스템의 자원들을 효율적으로 관리 및 운영함으로써 사용자에게 편의성을 제공해 주는 인간과 기계 간의 인터페이스 역할을 담당하는 프로그램이다.

운영체제의 역할에는 아래와 같이 2가지가 있다.

- 사용자 인터페이스(user interface): 사용자가 어떤 파일의 내용을 프린터로 출력하고자 할 때에 사용자는 원하는 파일이 디스크의 어느 곳에 저장되어 있는지 몰라도 운영체제가 제공하는 간단한 명령만으로 프린터를 작동시킬 수 있다.

- 자원의 관리: 다수의 사용자들이 동시에 한 컴퓨터를 사용하는

다중 사용자 시스템(multi-user system)이나 여러 프로그램들을 번 갈아 실행시키는 다중 태스킹 시스템(multi-tasking system)에서 특히 중요한 기능이다.

운영체제의 목표는 아래와 같다.
- 컴퓨터 내의 하드웨어와 소프트웨어 자원들을 관리하고 제어하는 일을 담당한다.
- 사용자가 컴퓨터에 쉽게 접근할 수 있도록 편리한 인터페이스를 제공한다.
- 수행 중인 프로그램들의 효율적인 운영을 도와준다.
- 작업처리 과정 중에 데이터를 공유한다.
- 입출력에 보조적인 기능을 수행한다.
- 오류가 발생하면 오류를 원활하게 처리한다.

모든 컴퓨터 시스템들은 나름대로의 운영체제를 가지고 있다. 운영체제가 다르다는 것은 사용자 인터페이스와 자원관리 방법이 다르다는 것이다. 사용자 인터페이스가 다르다는 것은 사용자 입장에서 그 컴퓨터 시스템들의 사용방법이 다르다는 의미인데 결국 컴퓨터가 사용자에게 보여 주는 화면들이 다를 뿐만 아니라 사용자가 컴퓨터에 사용할 사용자 명령어(command)들이 다르다는 것이다. 따라서 운영체제가 달라지면 그 운영체제의 명령어에 익숙할 때까지는 사용자들이 많은 불편을 느끼게 된다. 또한 자원관리 방법이 다르므로 사용자들에게 성능이나 사용환경 측면에서 어느 정도 영향을 미치게 된다.

인간의 뇌는 외부로부터 정보를 받아들이고 그에 따른 적절한 신체반응을 일으키며 인간의 육체를 제어하고 통제하는 기능을 가진 것이 컴퓨터의 운영체제와 비슷한 부분이 있지만 사용자의 편리성을 제공하는 운영체제의 기능은 뇌의 기능과 관련이 없는 듯하다. 인간의 뇌 기능들 중에서 하위 계층에 해당하는 본능적인 기능을 운영체제의 기능과 유사하다고 말할 수도 있을 것이다. 컴퓨터에서는 운영체제와 응용프로그램 사이의 경계가 명확하게 구분되지만 인간의 뇌 기능에서는 따로 구분할 수 있는 요소가 없어 보인다.

3.2.2. 운영체제의 분류

운영체제는 아래와 같이 분류된다.
- 동시 사용자 수에 따른 구분
  - 단일 사용자 시스템(single-user system)
  - 다중 사용자 시스템(multi-user system)
- 작업 처리 방법에 따른 구분
  - 단일 태스킹 시스템(single-tasking system)
  - 다중 태스킹 시스템(multi-tasking system)
- 사용환경에 따른 구분
  - 일괄처리 시스템(batch system)
  - 시분할 시스템(time-sharing system)
  - 분산처리 시스템(distributed processing system)

(1) 단일-사용자 시스템과 다중-사용자 시스템

단일-사용자 시스템은 하나의 컴퓨터 시스템에 대해 한순간에 한 사용자만이 사용할 수 있으므로 보호(protection) 등의 문제는 어렵지 않게 해결될 수 있다. 예를 들어서 메모리 영역을 서로 다른 사용자가 동시에 사용할 경우에 각자의 메모리 영역을 상대편으로부터 침해당하게 되어 각자의 데이터가 보존될 수 없는 경우가 있게 된다. 단일-사용자 운영체제는 다시 단일-작업용과 다중-작업용 운영체제로 나누어 볼 수 있다. 단일-사용자 운영체제는 주로 소형 컴퓨터나 PC에서 많이 사용되고 있다.

다중-사용자 시스템이란 한 컴퓨터 시스템에 대해 동시에 여러 사용자들이 사용할 수 있도록 구성된 시스템을 말한다. 다중-사용자 시스템에서는 여러 사용자들의 파일들이 하나의 시스템에 혼합되어 저장되므로 운영체제는 이러한 각 파일들에 대해 사용자별로 구분할 수 있어야 한다. 다중-사용자 운영체제는 파일 및 각종 정보들에 대해 보호의 문제가 복잡해진다. 다중-사용자 운영체제는 주로 워크스테이션이나 혹은 중형급 이상의 컴퓨터 시스템들에서 사용된다.

(2) 단일-태스킹 시스템과 다중-태스킹 시스템

단일-태스킹 시스템이란 한 번에 한 가지 작업을 수행하는 시스템을 말하며 하나의 작업이 완전히 완료되고 난 후에야 다음 작업을 수행할 수 있는 시스템을 말한다. 현실적으로 단일-태스킹 시스템은 모두 단일-사용자 시스템이라 할 수 있으며 대부분의 경우 주기억장치에 한 프로그램만이 적재될 것이고 중앙처리장치에서도 한 프로그램만이 실행된다. 단일-태스킹 운영체제는 주로 소형 컴퓨터나 개인용 컴퓨터에서 많이 사용되고 있다.

다중-태스킹 시스템은 한 컴퓨터 시스템에서 동시에 여러 프로그램들이 실행될 수 있도록 구성된 시스템으로서 주기억장치 관리, 스케줄링, 입출력 관리 등이 복잡해진다. 단일-사용자 및 단일-태스킹 운영체제의 예로는 MS-DOS가 있으며 단일-사용자 및 다중-태스킹 운영체제로는 MS Windows가 있고 다중-사용자 및 다중-태스킹 운영체제에는 UNIX가 대표적이다.

(3) 사용환경에 따른 구분
(가) 일괄처리 시스템

일괄처리 시스템(batch system)이란 사용자들의 작업 요청을 일정한 분량이 될 때까지 모아 두었다가 한꺼번에 처리하는 방식으로서 초기의 컴퓨터 시스템들은 거의 대부분이 이러한 방식을 사용하였다. CRT 터미널 제작 기술, 운영체제의 시분할 기술, 통신기술 등의 미비로 컴퓨터 본체뿐만 아니라 모든 장비가 한자리에 위치하였다. 최소의 경비로 운영될 수 있다는 장점이 있었으나 최종 사용자(end user)의 번거로움과 생산성의 저하라는 단점이 있었다. 일괄적으로 입력된 프로그램들을 다중작업 처리방식으로 처리했으며 시스템 전체의 작업 처리량(throughput)이나 자원의 활용도(resource utilization)를 높이는 데에만 초점이 맞추어졌다.

여기서 작업 처리량(throughput)과 자원활용도에 대해 살펴보고자 한다. 24시간 동안 100개의 작업이 처리되었다면 이의 작업처리량은 100/24 = 약 4.17jobs/hour이 된다. 10시간 동안 프린터 사용 시간이 2시간이라면 이 프린터의 자원활용도는 2/10 = 0.2가 된다. <그림 3-14>는 일괄처리 시스템 환경을 보여 주고 있다.

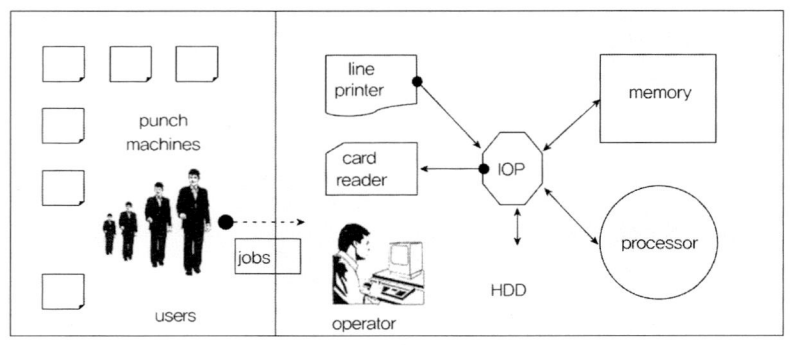

〈그림 3-14〉 일괄처리 시스템 환경

(나) 시분할시스템

시분할 시스템은 통신기술, 운영체제의 시분할 기술, CRT 터미널 기술 등이 발전함으로써 가능해졌다. CRT 터미널들을 통하여 컴퓨터와 직접 대화식으로 프로그램들을 입력하거나 어떤 명령들을 내림으로써 연산을 수행할 수 있게 되며 사용자들은 오랜 시간을 기다리지 않고도 원하는 프로그램의 실행 또는 개발을 마칠 수 있는 환경이 제공된다.

단점으로는 본체와 각 터미널 간을 통신선으로 연결해야 하는 점이 있다. 운영체제에서는 모든 사용자들을 관리해야 하고 각 사용자들이 컴퓨터 시스템을 사용할 권한이 있는지를 검사해야 하며 다른 사용자들의 영역을 침범하지 못하도록 보호할 수 있어야 한다. 따라서 일괄처리 시스템의 운영체제보다 구성이 복잡하다.

(다) 분산 시스템

컴퓨터 시스템 본체와 각 터미널들 간을 통신선으로 연결해야 하는 문제는 통신선을 LAN으로 대체함으로써 해결할 수 있게 되었다.

그러나 단순히 LAN만으로 연결되어 있는 경우에는 사용자들이 각 시스템의 사용법을 미리 공부해야 하고 해당 시스템의 주소나 호스트 이름 등도 알아 두어야 하며 컴퓨터 시스템의 자료 표현법 등도 미리 염두에 두고 있어야 하는 불편함이 있다. 이와 같은 번거로움을 해소하고 모든 사용자들에게 일관되고 통일된 환경을 구축해 주기 위해서 분산 시스템이 등장한 것이다.

(4) 실시간 시스템

입력되는 작업이 제한 시간(deadline)을 갖는 경우가 있는 시스템을 의미한다. 제한시간을 갖고 입력되는 작업의 경우에, 그 제한시간 내에 작업의 수행을 끝마치지 않을 경우 치명적인 결과를 초래하게 된다. 공장제어 컴퓨터, 근사적 목적 컴퓨터, 교환시스템 컴퓨터 등이 여기에 속한다.

3.2.3. 운영체제의 종류

(1) DOS(Disk Operating System)

디스크에서 구동되는 시스템이라는 뜻을 가진 단일 사용자, 단일 태스크(task)의 운영체제를 말하며 마이크로소프트사에서 개발한 MS-DOS, 디지털리서치사(Digital Research)에서 출시한 DR-DOS, MS에서 라이선스를 받아 만든 IBM의 PC-DOS 등이 있다.

1981년 초 16비트 PC를 개발한 IBM에서는 자신들의 PC에 사용될 운영체제 개발을 마이크로소프트사와 공동으로 추진하였고 그 후 마이크로소프트사에서는 IBM PC의 호환기종의 운영체제로 MS-DOS

를 출시하여 가장 많은 시장 점유율을 가졌으며 1994년 DOS 6.22를 마지막으로 개발이 중단되었다. 요즘의 Windows와는 달리 텍스트를 기반으로 명령어를 직접 입력하는 방식을 사용하였기 때문에 사용자가 DOS의 모든 명령어를 암기하고 있어야 했다. DOS가 지원하는 메모리와 디스크의 용량에 한계가 있었는데 그 당시에는 보통 PC의 메모리가 128KB 정도였고 플로피디스크만을 사용하였으므로 문제가 되지 않았었다. UNIX와는 달리 단일 사용자 및 단일 태스크 운영체제였기 때문에 사용상의 불편함을 초래하였다.

(2) Windows 98/ME/XP

마이크로소프트사의 Windows는 1985년에 처음으로 발표되었는데 1990년 Windows 3.0에 이어 1992년에 Windows 3.1을 발표함으로써 Windows의 사용자층을 넓히는 데 성공하였다. 1995년에 출시된 Windows 95는 Windows 중 최초로 DOS를 설치할 필요가 없었고 Windows 95에 Internet Explorer 기능을 포함시켜 Windows 98을 출시하게 되었으며 Windows 98 SE(Second Edition)를 거쳐서 2000년에는 Windows ME(Millennium Edition)로 버전업되었고 2001년에는 Windows XP가 출시되었다.

Windows 98은 탐색기능과 Internet Explorer가 장착되어 편리성을 증진시켰으며 Windows ME는 윈도우가 오동작하거나 윈도우가 손상되었을 때에 자동적으로 복구해 주는 시스템 복원 기능을 추가하였다. Window XP는 기업용/서버용 운영체제인 Windows NT/2000과 기존의 Windows 98/ME를 통합하여 2001년 가을에 출시되었으며 가정용, 기업용, 전문가/기업용의 3가지 버전이 있다.

(3) UNIX

UNIX는 벨연구소(Bell Lab)에서 MULTICS 운영체제를 바탕으로 전문 프로그래머용으로 개발되었으므로 일반 초보자들이 사용하기에는 어려운 경향이 있다. 하드웨어와 밀접한 관련성이 있는 어셈블리 언어 대신에 고급언어인 C로 만들어졌기 때문에 하드웨어의 구조에 영향을 덜 받는다. Windows 계열과는 달리 프로그램 소스를 공개하였으므로 대학이나 연구소에서 많이 사용되었다. 다중 사용자 시스템으로서 하나의 컴퓨터로 여러 명이 동시에 여러 가지 작업을 수행할 수 있다. 다양한 프로그램 개발도구를 제공하며 강력한 네트워크 기능을 지원한다. UNIX는 통상적으로 텍스트 위주로 작업하지만 요즘의 UNIX는 X Window를 사용하여 그래픽 환경을 제공하게 되었다.

(4) Linux

1991년 당시 헬싱키 대학 2학년생이었던 리누스 토발즈가 UNIX를 자신의 PC에서도 사용해 보고자 만든 운영체제인데 뉴스 그룹을 타고 공개되면서 세계 많은 사람들이 공개용 Linux에 대해 관심을 가지게 되었다. Windows와는 달리 무료판이며 소스가 공개되어 있으므로 사용자들은 자신이 원하는 기능을 추가하거나 변경할 수 있다. UNIX와 흡사하므로 UNIX를 접하기 어려운 학생들이 UNIX를 익히는 데 도움이 된다. Linux의 단점으로는 책임지고 개발하는 사람들이 적고, 현재도 계속적으로 개발되고 있기 때문에 버전 관리가 어려우며, 컴퓨터에 관한 많은 지식을 요구하고 있다는 점이다.

(5) Mac OS

스티브 잡스(Steve Jobs)는 1984년 애플사에서 새로 만든 개인용 컴퓨터의 이름을 매킨토시(Macintosh)라고 명명하였는데 통산 맥(Mac)이라고 불린다. IBM PC는 인텔 CPU를 사용하여 출시하였는데 Mac 컴퓨터는 모토롤라 16비트 CPU를 사용하여 출시하였으며 GUI(Graphic User Interface) 방식을 세계 최초로 도입하였다.

매킨토시는 Mac OS라는 자체 운영체제를 가지고 있으며, 매킨토시 전용 컴퓨터 또는 매킨토시 호환 시스템에서만 작동한다. Mac OS는 다수 사용자(multi-user) 기능을 제공한다. 편리한 보안 기능을 가지고 있으며 자동 업데이트(auto updating)를 지원하여 인터넷을 통해 Mac OS와 관련된 업데이트나 드라이버를 자동적으로 다운받도록 지원해 준다.

(6) 모바일 OS

모바일 OS는 스마트폰, 태블릿 PC, e-BOOK 단말기 등 와이파이 무선망과 3G 이동통신망에 기반을 둔 모바일 기기의 각종 기능을 움직이는 데 필수적인 핵심 소프트웨어로, 손안의 컴퓨터인 스마트폰 시대가 개막되면서 모바일 OS의 중요성은 더욱 커지고 있다.

스마트폰 OS는 심비안(Symbian), 아이폰 OS, 리눅스 기반의 안드로이드 등 3가지 OS가 중심이 되고 있다. 모바일 OS에는 폐쇄형 OS와 개방형 OS의 2가지가 있다.

폐쇄형 OS는 개발업체에서 OS를 완전히 소유/통제하므로 폐쇄형 OS를 사용하려면 라이선스를 획득하고 로열티를 지불해야 한다. 폐쇄형 OS는 다른 계통의 소프트웨어나 기술을 허용하지 않지만 항상 최적화된 소프트웨어만을 사용하기 때문에 안정성과 최적화면에서 우수하다. 애플의 아이폰 OS, 블랙베리 OS, 윈도 모바일 등이 대표적인 폐쇄형 OS이다.

개방형 OS는 누구든지 소스를 받아 자유롭게 수정, 배포, 판매가 가능하다는 장점이 있으나, 너무나 많은 다양성을 받아들이면서 혼란과 불편함을 초래할 가능성도 배제할 수 없다. 현재 개방형 OS로는 리눅스(Linux), 안드로이드(android), 심비안(Symbian) 등이 대표적이다. 이들 각각은 모바일 기기 제조업체, 운영자 및 기술/재정 관련 조직들로 구성된 비영리 컨소시엄인 협회나 재단에 의해 관리되고 있다.

3.2.4. 운영체제의 구성

운영체제는 커널(kernel)과 유틸리티 프로그램(utility programs)의 두 부분으로 나누어진다. 커널은 운영체제의 핵심이 되는 부분이며 핵(nucleus), 관리자(supervisor) 프로그램, 상주 프로그램(resident program)이라고 부른다. 커널을 주기억장치에 상주시키는 이유는 이들이 사용될 때마다 디스크 등의 보조기억장치에서 주기억장치로 필요한 프로그램들을 읽어 올 경우 그 시간이 매우 오래 걸리고 시스템 성능저하를 초래하기 때문이다. 운영체제의 모든 프로그램들을 상주시키지 못하는 이유는 가능하면 많은 용량의 사용자들의 프로그램들을 위해 주기억장치 용량을 남겨 놓기 때문이다. 유틸리티 프로그램들을 비상주 프로그램(transient program)이라고도 하며 사용자 인터페이스 기능을 맡고 있다고 하여 서비스 프로그램(service program)이라고도 한다. <그림 3-15>는 운영체제의 구성을 보여 주고 있다.

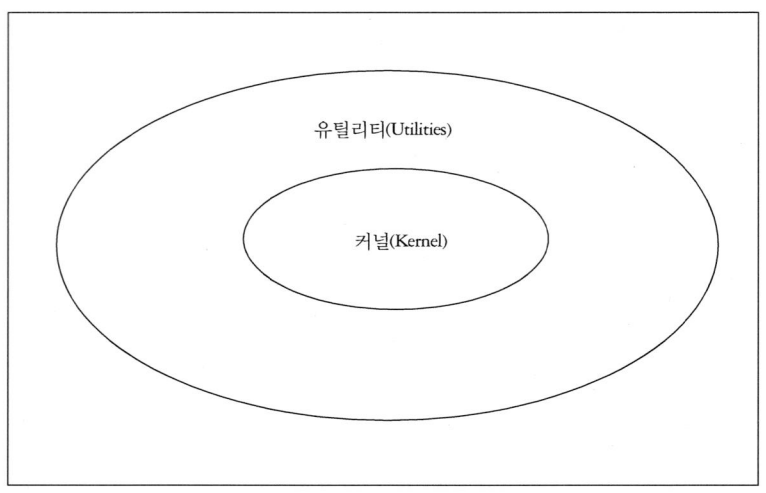

유틸리티(Utilities)

커널(Kernel)

〈그림 3-15〉 운영체제의 구성(참고문헌: 컴퓨터 운영체제론, 엄영익 외, 생능출판사)

3.2.5. 운영체제의 기능

운영체제의 기능은 5가지, 즉 프로세스 관리, 프로세서 관리, 기억 장치 관리, 파일 관리, 입출력 관리 등으로 이루어진다.

(1) 프로세스 관리

프로세스(process)는 일반적으로 수행 중인(executing) 프로그램을 의미하며 수행 중이라 함은 프로그램이 컴퓨터 시스템에 입력되어 운영체제에 등록되어 있음을 말하고 실행(running)되고 있음을 의미하는 것은 아니다. 프로세스는 실행 상태(running state), 실행 준비 상태(ready state), 대기 상태(blocked state)로 구분된다. 운영체제는 시스템 내의 각 프로세스들이 어떤 상태에 있는지, 특정 상태에 있는 프로그램들이 어떤 요구를 하였고 어떤 사건(event)을 기다리고 있는지, 지금까지의 총 실행시간이 얼마인지 등을 기억하고 있어야 한다.

(2) 프로세서 관리

프로세서는 프로그램을 실행시키는 컴퓨터의 핵심적인 자원이며 따라서 이 프로세서의 효율적인 관리는 매우 중요하다. CPU가 여러 개 있는 병렬처리 시스템에서 각 프로세스들을 어느 프로세서에 배당하여 처리하도록 할 것인지를 결정하는 것이 중요하며 스케줄러 (scheduler)가 이를 담당한다.

(3) 기억장치 관리

사용자 프로그램을 실행하기 위해서는 해당 프로그램을 보조기억 장치로부터 읽어서 주기억장치에 적재해야 한다. 주기억장치는 용량이 적고 가격이 비싸기 때문에 실행하고자 하는 모든 프로그램들과 데이터를 주기억장치에 적재하는 것은 불가능하다. 최근 주기억장치 하드웨어의 가격이 낮아지고 그 용량이 증대하는 경향이 있으나 응용 프로그램의 크기도 증가하므로 모든 프로그램을 주기억장치에 적재하는 것은 아직 이른 시점이다. 주기억장치의 용량이 아무리 증가하여도 응용 프로그램의 크기가 함께 증가할 것이므로 영원히 모든 프로그램들을 주기억장치에 상주시키지는 못할 것이다.

(4) 파일 관리

파일(file)이란 연관된 데이터의 모임이라 정의할 수 있으며 프로그램 파일과 데이터 파일이 있다. 사용자가 프로그램이나 데이터를 작성, 입력하는 경우에 운영체제는 이를 받아 보조기억장치의 주어진 영역에 저장하여야 하고 사용자가 후에 이를 다시 보거나 변경하기를 원하는 경우 그 파일을 보조기억장치에서 다시 찾아와 이에 접근할 수 있도록 지원해야 한다.

모든 파일들은 이름(filename)을 갖게 되며 운영체제는 각 파일의 이름과 보조기억장치의 저장 주소를 기억해 두었다가 필요할 때에 접근하게 된다. 대부분의 운영체제들은 사용자들에게 파일 관리의 편리성을 제공하기 위해 계층적 디렉터리 구조(hierarchical directory structure)의 개념을 사용한다. 계층적 디렉터리 구조에서는 루트디렉터리(root directory)에서부터 계층적으로 서브디렉터리(subdirectory)를 생성하면서 전체적으로 트리(tree) 구조를 형성해 나간다. <그림 3-16>은 계층적 디렉터리 구조를 보여 주고 있다.

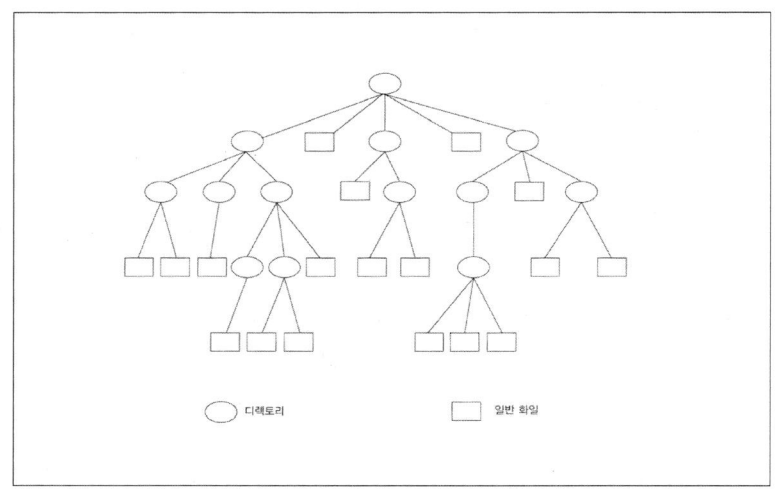

〈그림 3-16〉 계층적 디렉터리 구조

(5) 입출력 관리

실행 중이던 프로세스가 입·출력을 요구할 경우 이 프로세스의 실행은 정지되고, 요구한 입·출력이 완료될 때까지는 더 이상 실행을 계속할 수 없게 되며, 요구한 입·출력이 완료된 후에 다시 실행을 계속할 수 있게 된다. 프로세스가 입·출력을 요구하는 경우 이 요구는 운영체제에 전달되며 그 일은 이때부터 운영체제가 대신하게 된다. 운영체제는 프로세스의 입·출력 요구를 입출력 처리장치에 전달하고 실행준비 상태에 있는 다른 프로세스에 프로세서를 할당하여 이를 실행시킨다.

입·출력 처리장치는 해당 입·출력이 완료되면 이를 운영체제에 알리게 되는데 이를 인터럽트(interrupt)라고 한다. 인터럽트가 발생하면 운영체제는 실행 중이던 프로세스를 잠시 중단시키고 입·출력 완료 사실을 대기 상태에 있는 프로세스에 알려서 이 프로세스를 실행준비 상태로 전이시킨 후에 다음으로 어느 프로세스를 실행시킬 것인가를 프로세스 스케줄러를 통해 결정한다.

4. 인간과 컴퓨터의 시각 기능

4.1. 인간의 시각 기능

4.1.1. 인간의 감각과 지각

(1) 인간의 감각

인간은 외부 세계로부터 감각기관을 통하여 생존에 필요한 모든 지식을 얻게 된다. 감각기관은 외부로부터 오는 물리·화학적 자극을 수용하는 기관으로 인체에서는 크게 외피, 시각기, 평형·청각기, 후각기, 미각기의 5종으르 구분한다. 감각은 인간과 환경이 접촉하는 첫 단계인데 환경의 변화에 관한 정보, 즉 자극을 받으면 특정한 감각경험이 유발된다.

감각경험은 감각계통의 신경회로(neural circuit)에서 여러 단계를 거쳐 유발된다. 감각계통의 신경회로는 두 개의 기본 구성단위, 즉 수용기(receptor)와 감각뉴론(sensory neuron) 등으로 구성되어 있는데 자극을 맨 먼저 받아들이는 것이 수용기이다.

동물이 주위 환경으로부터 생존에 필요한 정보를 획득할 수 있는 것은 환경에 산재된 특정 형태의 에너지에만 민감한 전문화된 신체 부위, 즉 수용기를 가지고 있기 때문이다. 수용기는 특정 에너지를 다른 에너지로 바꾸어 주는 생물학적 장치이므로 변환기(transducer)라고도 불린다. <그림 4-1>은 감각경험의 유발과정을 보여 주고 있다.

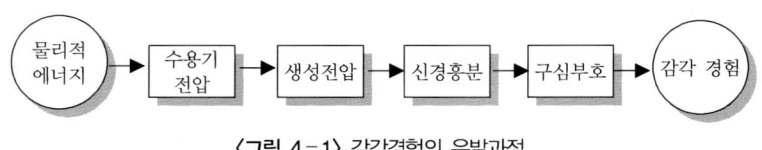

〈그림 4-1〉 감각경험의 유발과정

맨 먼저 수용기가 물리적 에너지를 전기적 부호로 바꾸는데 이것을 수용기 전압이라고 한다. 수용기 전압이 모여서 뉴론의 신경흥분을 일으키는데, 이때의 수용기 전압을 생성전압이라고 부른다. 물리적 에너지가 모든 뉴론이 이해할 수 있는 신경흥분으로 번역되는 과정을 변환(transduction)이라고 한다. 신경흥분은 감각뉴론에 의해 뇌로 전달되는데 뇌에는 각각의 감각에 따라 받아들이는 부위가 서로 다르고 이때 전달되는 신경흥분을 감각 부호 또는 구심 부호라고 부른다. 이 구심 부호가 결국은 의식적인 감각경험을 유발시킨다.

(2) 인간의 지각

지각은 외부 환경에 대한 의식적 표상(conscious percept)을 형성하는 과정을 가리킨다. 지각은 맨 먼저 단편적이거나 애매모호한 감각 자료들을 체제화(organization)하고, 그것을 의미 있는 표상으로 만들어서

의식적으로 대상(object)을 인식하도록 하는 일련의 복잡한 정신과정
이다.

감각과 지각의 일반적인 개념을 시각에 적용하면 시감각(visual
sensation)과 시지각(visual perception)의 구분이 어렵지 않다. 시감각은
눈이 외부로부터 받은 광선 에너지를 뇌가 이해할 수 있는 언어
(neural term)로 부호화하는 과정을 의미하고, 시지각은 뇌가 시감각으
로 획득한 정보를 해석하는 과정이라고 말할 수 있다.

4.1.2. 인간의 시각체계

인간의 시각체계(visual system)는 눈에 들어오는 광선 자극을 시각
경험으로 바꾸어 주는 시스템이다. 인간의 시각체계는 광학계통, 망
막, 시각통로 등의 3단계로 나눌 수 있다. 시각은 물체가 방사하거나
반사하는 전자방사선에서 비롯된다. 전자방사선은 파형이므로 서로
파장이 다른데 이러한 파장들의 전체 범위를 전자 스펙트럼이라고
부른다. 빨강색과 주황색이 서로 다르게 보이는 것은 파장이 서로 다
르기 때문이다.

광학계통의 주된 기능은 입력되는 광선 에너지에 담겨 있는 정보,
즉 이미지가 망막 위에 떨어질 때에 초점을 맞추는 일이다. 광선자극
이 망막의 신경회로에 흥분자극으로 전달되는 과정을 변환이라고 부
른다. 망막에서 시각통로를 통해 뇌의 시각 부위에 전달되어 물체를
지각하는 과정을 처리라고 한다. <그림 4-2>는 인간의 시각체계를
보여 주고 있다.

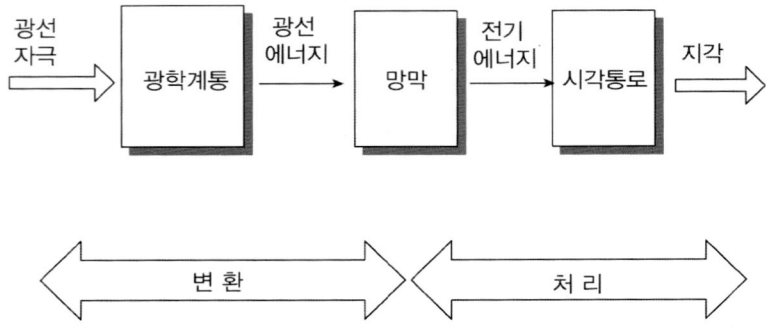

출처 : Martin Levine, Vision in Man and Machine, 1985

〈그림 4-2〉 인간의 시각체계

4.1.3. 시각기

시각기는 주위 환경에서 일어나는 여러 정보를 감수하여 전달해 주는 기관으로 양쪽 안와 속에 수용되어 있는 안구(eyeball) 그리고 안근, 안검, 결막, 누기 등의 부속기관으로 구성되어 있다.

(1) 안구(Eyeball)

안구는 구형체로서 3층의 피막인 안구벽과 투명한 내용물인 굴절질로 구성되어 있다. <그림 4-3>은 안구의 구분을 나타내고 있다.

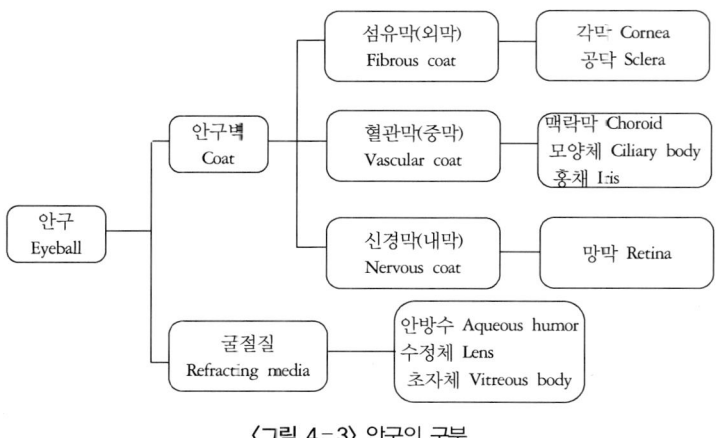

〈그림 4-3〉 안구의 구분

(가) 안구벽

안구의 벽은 외층의 섬유막, 중간의 혈관막, 내층의 망막 등 3층으로 구성되어 있다.

1) 섬유막

섬유막은 안구의 가장 외층을 이루는 피막이며 치밀한 결합조직섬유로 되어 있다. 이 막은 강인하고 탄력성이 있어서 안구의 형태 유지와 함께 내용물을 보호하는 중요한 역할을 담당하고 있는데, 안구 전면을 싸고 있는 부분이 각막이고, 후방을 싸고 있는 부분이 공막이다.

• 공막: 안구의 5/6를 싸고 있는 단단한 백막이며 발육이 약할 때 (어린이의 경우)는 청백색이고, 지방침착이 많을 때에는 황백색이다. 전면에서는 공막구를 경계로 각막에 계속되며, 뒤로는 안구후극의 내하측어서 시신경으로 관통되어 있다. 눈의 맨 바깥을 싸는 막으로 눈의 형태를 유지한다.

- 각막: 공막의 일부로 눈 앞쪽을 싸는 투명한 막이다. 사후에는 불투명해서 부옇게 된다. 각막에는 혈관이 전혀 없고 다만 주변부에서만 볼 수 있으며, 상피와 고유층 사이에 가느다란 고리를 이루고 있는데 이를 결막륜이라고 한다.

2) 혈관막

혈관막은 섬유막과 내막 사이에 있는 막으로 후방의 맥락막과 전방의 모양체 및 홍채로 구분하는데, 혈관 분포가 잘되어 있고 멜라닌 색소가 풍부하여 안구의 암실을 만들고, 광선투과량을 조절하는 역할을 맡고 있다.

- 맥락막: 색소가 있어서 암실 작용을 하며, 사진기의 어둠상자에 해당된다. 얇은 암흑갈색의 막이며 혈액 및 색소세포가 많다. 망막의 외면을 덮고 외부에서 들어오는 광선을 차단하는 역할을 하는 동시에 혈관의 통로가 된다.
- 모양체: 수정체의 두께를 변화시켜서 원근을 조절한다. 혈관이 풍부한 결합조직으로 맥락막과 홍채 사이에서 고리 모양을 이루고 있다.
- 홍채: 동공으로 들어가는 빛의 양을 조절하며 사진기의 조리개에 해당한다. 홍채는 수정체와 각막 사이에 있으며 연한 색소를 띤 막이다. 홍채 중심부의 구멍을 동공이라고 하는데 홍채는 빛이 동공을 통해 들어가는 양을 조절한다.

3) 신경막

본질적인 광선의 감수기로 안구벽의 내층을 이루는 투명한 망막은 발생학적으로 뇌포에서 유래한 일종의 신경막이며, 뇌와 비슷한 10층

구조를 가진다. 망막은 조직의 기능적인 면에서 신경성 조직과 지주성 조직으로 구성된다. 신경성 조직은 3종의 신경원으로 이루어지며, 지주성 조직은 긴 방사성 섬유와 신경교세포들로 이루어진다.

3종의 신경원 중에서 제1신경원은 막대세포와 원뿔세포로 이루어져 있는데 막대세포는 어두운 곳에서 반응하며 색조감각이 없고, 원뿔세포는 밝은 곳에서 작용하며 색조를 인식한다. 사람의 한쪽 눈에는 약 1억 2,000만 개의 막대세포가 있다. 막대세포는 광선자극에 대한 역치가 낮아서 어두운 곳에서 시각에 관여하고 광선의 색에 대한 구별을 할 수 없다. 망막에서의 막대세포 분포는 주변부에 몰려 있고 중앙부로 갈수록 분포 비율이 낮아져서 중심와에는 막대세포가 전혀 없다.

사람의 한쪽 눈에는 약 700만 개의 원뿔세포가 있다. 원뿔세포는 역치가 높아서 밝은 환경에서의 시각과 색에 관한 감각에 관여한다. 망막에서의 분포는 주변부에는 적고 중심부 쪽으로 오면서 분포 비율이 늘어 중심와에는 원뿔세포만 있다. 원뿔세포는 낮보기와 천연색보기를 할 수 있다. 천연색은 여러 가지 색을 볼 수 있으나 빛에 반응을 일으키는 것은 3가지로 빨강, 초록, 파란색에 각각 반응하는 원뿔세포로 구성된다. 제2신경원은 막대세포와 원뿔세포로부터 흥분을 받아서 시신경세포층에 보내는 역할을 담당한다. 제3신경원은 세포들의 축삭들이 망막을 지나 시신경원판에 모여 시신경을 이룬 다음에 뇌로 이어지는 시신경세포층을 말한다.

망막의 후방에는 시신경과 망막중심동·정맥이 안구로 들어오는 시신경원반이 있는데 이곳에는 감각상피가 없어서 물체의 상이 맺히지 않으므로 맹점(blind spot)이라고 한다. 반대로 물체의 상이 가장 선명하게 맺히는 곳은 중심와이다. <그림 4-4>는 안구벽을 보여 주고 있다.

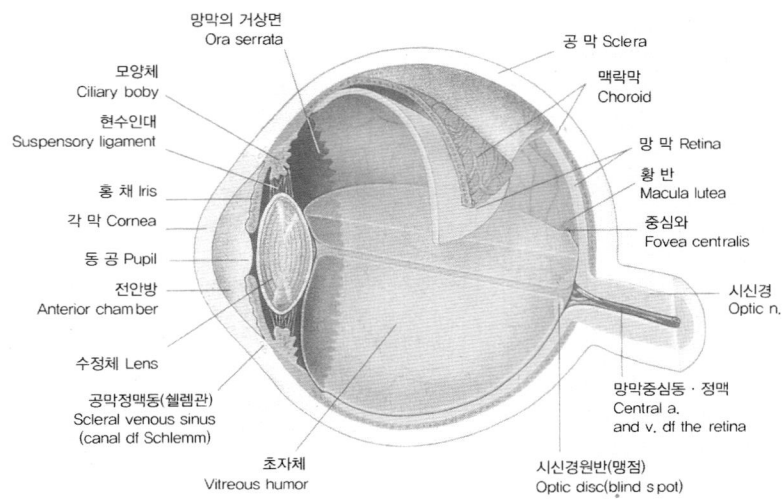

모양체
Ciliary boby

현수인대
Suspensory ligament

홍 채 Iris

각 막 Cornea

동 공 Pupil

전안방
Anterior chamber

수정체 Lens

공막정맥동(쉘렘관)
Scleral venous sinus
(canal df Schlemm)

망막의 거상면
Ora serrata

초자체
Vitreous humor

공 막 Sclera

맥락막
Choroid

망 막 Retina

황 반
Macula lutea

중심와
Fovea centralis

시신경
Optic n.

망막중심동 · 정맥
Central a.
and v. df the retina

시신경원반(맹점)
Optic disc(blind spot)

〈그림 4 - 4〉 안구벽(참고문헌: 인체해부학, 노민희 외, 정담미디어)

(나) 안구의 굴절질(Refraction media)

빛이 망막에 도달하기 위해서는 각막을 지나 안구의 내용물인 안 방수 → 수정체 → 초자체를 통과하면서 각각의 굴절률에 따라 굴절 된다. 각막과 함께 이들을 굴절질이라고 한다.

- 안방수: 안방(chamber)이란 투명한 액체인 안방수가 차 있는 각막 과 수정체 사이의 간극을 말한다. 안방수는 림프의 일종으로 끊 임없이 순환하고 있는데, 어떤 원인으로 순환장애가 일어나 안방 수가 증가하면 안압이 상승하여 녹내장이 야기된다.

- 수정체(lens): 최대의 굴절체인 수정체는 투명한 볼록렌즈 모양의 구조물로서 모양체근의 수축과 이완에 의하여 두께가 조절된다. 젊은 사람들의 수정체는 투명하고 유연하지만 나이가 들면서 그 중심부로부터 혼탁해지고 두께도 얇아지는데, 혼탁이 심하여 시

력장애가 야기되는 경우를 백내장이라고 한다. 사람이 나이가 들면 수정체는 탄력성이 소실되며 45세를 전후하여 아무리 모양체 근육이 수축하여도 수정체의 굴절력을 증가시킬 수 없게 되어 근거리를 보기 위해 돋보기가 필요하게 되는 노안이 된다.

- 초자체: 초자체는 수정체와 망막 사이의 넓은 공간을 채우고 있는 투명한 젤리상의 조직으로, 그 대부분은 수분으로 되어 있으나 약간의 섬유와 세포도 포함되어 있다.

(2) 안구의 부속기관

안구의 부속기관에는 안구의 운동에 관여하는 안근과 안구를 보호하는 안검, 결막 및 누기 등이 있다.

- 안근: 안구의 운동에 직접적으로 관여하는 근은 상직근과 하직근, 내측직근, 외측직근, 상사근 및 하사근 등 6개이지만 여기에 상안검을 올리는 데에 관여하는 상안검거근을 합하여 안근이라고 총칭한다.
- 안검(눈꺼풀): 안검은 안구의 전면을 덮는 2개의 피부로 상 및 하안검이 있으며 각 안검의 자유면에는 2~3열로 배열된 첩모(속눈썹)가 있고 상안검의 상부에는 미모(눈썹)가 나 있다.
- 결막: 결막이란 안검의 후면과 공막의 전면을 덮고 있는 얇고 투명하지만 혈관 분포가 풍부하고 감각이 예민한 막으로서 주머니처럼 오목하게 되어 있어서 눈으로 들어온 먼지나 작은 이물이 머무는 상 및 하결막원개가 포함된다.
- 누기: 누기란 눈물을 분비하는 누선과 눈물을 비강으로 운반하는 작은 관들을 말한다. 눈물은 약알칼리성의 맑은 액체로 안구의

전면을 적시어 각막이 탈수되지 않도록 하며, 자극성 입자나 화학물질을 제거하고 각막 표면을 고르게 해 준다. 또한 눈물은 살균 작용도 한다.

눈물은 외안각(눈초리)에 가까운 위 눈꺼풀[上眼瞼] 뒤에 있는 눈물샘(누선) 및 그 부근에 산재하는 부누선에서 결막낭 안으로 분비되는 투명한 액체이다. 각막과 결막을 항상 적셔서 이물을 씻어 냄과 동시에 각막 상피에 포도당과 산소를 공급한다. 또한 이산화탄소 등 그 밖의 노폐물을 받아 내고, 용균성(溶菌性) 효소인 라이소자임(lysozyme)이 포함되어 있어 감염방지작용을 한다. 눈물은 내안각(內眼角)의 누호(淚湖)에 모였다가 누점(淚點)·누소관(淚小管)·누낭(淚囊)·비루관(鼻淚管)을 거쳐 비강으로 배출된다.

1일 분비량은 1~1.2mL이고 수면 중에는 분비되지 않는다. 그리고 생후 3개월 이내의 신생아는 울어도 눈물이 나오지 않는다. 젊은 사람은 노인보다 분비량이 많고, 여성이 남성보다 많다. 삼투압(滲透壓)은 혈장과 같고, pH는 약알칼리성이다. 눈물샘은 삼중으로 신경의 지배를 받고 있지만, 세부적으로는 아직도 불분명한 점이 많고, 슬플 때에 다량의 눈물이 나오는 이치도 알려져 있지 않다. 질병으로는 결막염, 누도(淚道)의 통과 장애 등의 경우에 눈물이 나오거나 또는 반대로 눈물의 분비량이 감소되는 것 등이 있다.

(3) 시각의 전도

시각의 전도는 망막의 시신경 세포층에서 나온 축삭 다발이 시신경원판에 모여 시신경을 이루고, 이어서 시신경교차를 한 후에 시삭을 거쳐서 간뇌 외측슬상체에 들어간다. 여기서 다시 연접을 이루어 시방사를 통해 대뇌피질 후두엽 조거구 및 그 주변에 있는 시각영역에 정지한다. 망막에서 나온 외측의 축삭 일부는 시신경교차를 하지 않고 반대편에서 교차되어 들어오는 축삭들과 함께 곧바로 시삭을 형성하여 외측슬상체에 들어간다. 대뇌는 양쪽 눈에 맺힌 상을 분석하여 물체를 인식하게 된다. 시신경의 일부는 상행 중에 중뇌의 상구로도 들어가서 시개반사에 관여한다. <그림 4-5>는 시각의 전도로를 보여 주고 있다.

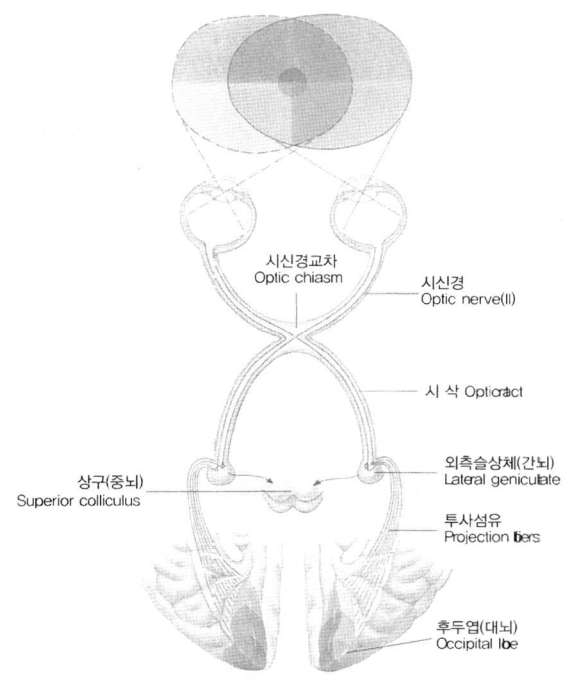

〈그림 4-5〉 시각의 전도로
(참고문헌: 인체해부학, 노민희 외, 정담미디어)

4.2. 컴퓨터의 시각인식 기능

4.2.1. 컴퓨터 시각의 목표

인간의 시각계통의 일부 기능을 기계에 제공하는 것을 목적으로 하는 연구활동이 기계시각(machine vision)이다. 기계시각의 연구는 그 동안 인공지능의 주요한 분야인 컴퓨터 시각(computer vision)이 주도해 왔다. 이러한 컴퓨터 시각(CV)은 인간의 시지각 능력을 컴퓨터 시스템으로 실현하는 이론과 기술을 다루는 학문이다. 인공지능은 소프트웨어를 사용하여 소위 전문가 시스템을 제작하려 하였으나 인간의 지각 능력을 구현하는 데 실패했고 이에 하드웨어를 기본으로 하는 신경망(neural network)이 대두되었으나 아직까지도 인간의 능력을 흉내 낼 수 있는 컴퓨터 시각 시스템은 발명되지 않고 있다. 컴퓨터 시각 시스템의 기능상 필요조건은 다음과 같다.

- 기하학적 특성의 모형화(geometric modeling) — 시각 장면에 있는 표면과 대상의 3차원 구성을 결정한다.
- 광선효과의 모형화(photometric modeling) — 발광원의 위치와 본질을 결정하고, 조명에 의해서 이미지 안에 나타나는 음영과 광반사의 효과를 알아낸다.
- 시각 장면의 분할(scene segmentation) — 시각 장면을 독립적인 분석과 확인이 가능한 부속 단위로 분할한다.
- 대상의 식별용 이름 및 표지 지정(naming and labeling) — 시각 장면의 대상이 이미 알고 있는 대상의 종류(class) 또는 개체에 해당되는가를 확인하고, 인식된 대상의 물리적 속성(크기 및 재료구성)

을 식별한다.

- 관계의 서술과 추론(relative description and reasoning) – 대상들 사이의 관계를 서술하고 추론한다. 예를 들어서 이미지가 획득되기 바로 전에 출현하는 시각 장면을 결정하고, 이미지 획득 직후에 곧바로 나타나게 될 시각장면을 추론한다.
- 어의에 관한 설명(semantic interpretation) – 대상의 기능(function)이나 목적(purpose)을 판단한다.

컴퓨터는 이미지를 화소의 배열로 분해해야만 이미지를 처리할 수 있다. 화소는 특정의 밝기와 색채를 가진 작은 점이다. 화소의 배열은 감지된 이미지를 그대로 반영함에 따라 현실세계와 거의 직접적으로 대응되므로, 이러한 표상이 현실세계의 시각 장면을 어느 정도 성실하게 묘사하고 있는가에 따라서 표상의 정확성과 적합성이 판단된다.

4.2.2. 컴퓨터 시각의 패러다임

컴퓨터 시각에서는 감지된 자료를 하나의 의미 있고 명백한 시각 장면의 기술로 변환시키는 패러다임을 사용한다. 이 패러다임의 처리 과정은 정보의 분석에 필요한 모형의 성격에 따라서 3단계, 즉 하위수준 장면분석 단계(LLSA: Low‒Level Scene Analysis), 중간수준 장면분석 단계(ILSA: Intermediate Level scene Analysis), 상위수준 장면분석 단계(HLSA: High‒Level Scene Analysis) 등으로 나누어진다. <그림 4‒6>은 신호의 기호 전환 패러다임을 보여 주고 있다.

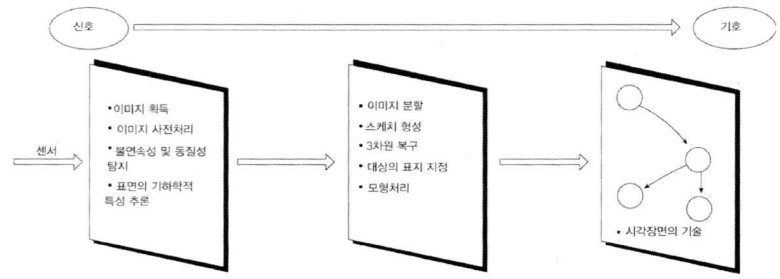

<그림 4-6> 신호의 기호 전환 패러다임(참고문헌: 사람과 컴퓨터, 이인식, 까치글방)

(1) 하위수준 장면분석

하위수준 장면분석은 아래와 같이 처리과정이 세분된다.

- 이미지의 획득
- 이미지의 사전 처리(preprocessing)
- 국부적인 불연속성(모서리)과 동질성(표면의 결, 색채)의 탐지
- 국부적인 가시 표면의 기하학적 특성(깊이와 방향) 추론

첫 번째 단계인 이미지 획득 단계에서는 TV 카메라와 유사한 형태의 센서로 시각 장면의 이미지를 주사(scanning)한다. 주사로 획득한 정보는 연속적인 아날로그 신호이므로 컴퓨터가 처리하기에 적합한 디지털 신호로 바꾸어 줘야 한다. 이러한 디지털 변환을 위해서는 주기적 위해아날로그 신호를 샘플링(sampling)하여야 하며 샘플링한 데이터에 숫자를 부여하는 숫자화(digitization) (양자화) 과정을 거침으로써 이미지의 강도를 명시하는 숫자의 배열을 얻게 된다. <그림 4-7>은 이미지의 획득 과정을 나타내고 있다.

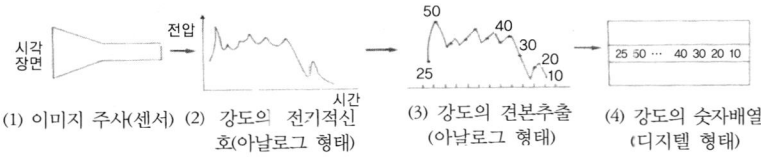

출처: Martin Fischler 외, Inelligence, 1987

〈그림 4-7〉 이미지의 획득 과정

　이미지 획득의 다음 단계인 이미지 사전 처리과정에서는 역치(threshold)를 결정하고 여과작용(filtering)을 함으로써 이미지의 유용성을 향상시킨다. 이미지 안의 의미 있는 부위에 있는 화소는 모두역치보다 높거나 낮은 것의 두 가지로 구분됨에 따라 이미지 강도를표시하는 다양한 정수가이진수로 대치되게 된다.

　세 번째 단계에서는 국부적인 동질성과 불연속성을 탐지한다. 시각 장면의 대부분은 비교적 동질의 물리적 특성을 가진 대상 또는 부위로 분해가 가능하다. 또한 이미지 안에는 물리적 특성이 뚜렷하게 불연속되는 장소가 있기 마련이다. 국부적인 동질성과 불연속성이 나타나는 물리적 속성에는 강도, 색채, 표면의 결, 깊이, 움직임 따위가 있다. 동질성의 부위와 불연속성을 발견하면 이미지의 분석을 상당한 수준까지 단순화시킬 수 있다. 불연속성은 전형적으로 대상의 모서리와 연관되므로 모서리의 위치를 확인함으로써 대상의 모양을 분명하게 드러내 보일 수 있다.

　마지막 처리단계에서는 국부적인 시각 장면의 기하학적 특성을 도출해 낸다. 이미지에 나타나는 음영과 표면의 결은 3차원 구조를 생생하게 보여 줄 수 있기 때문에 가시 표면의 모양과 방향을 추론해

낼 수 있다. 시각 장면에서 여러 개의 이미지가 있을 때에 입체시(stereo vision)와 유동시(optic flow)를 야기한다. 입체시는 서로 분리되어 있는 두 개의 센서를 사용하여 약간 상이한 관점에서 동일한 시각 장면을 관찰함으로써 대상의 위치가 두 센서의 이미지에서 서로 다르게 나타나는 것을 말한다. 유동시는 센서가 시각 장면을 따라 이동할 때에 생기는 현상이다. 자동차가 질주할 때에 운전석의 사람이 자동차의 앞부분은 움직이지 않고 도리어 길가의 가로수가 움직이는 것처럼 지각하는 현상이 유동시이다. <그림 4-8>은 유동시의 보기를 나타내고 있다.

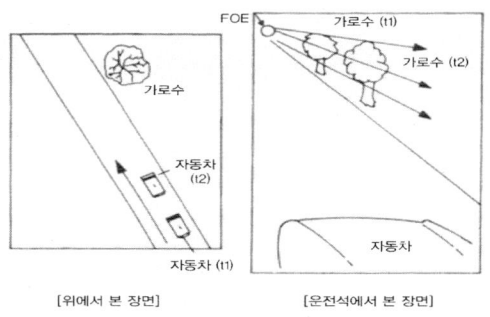

출처: Martin Fischler 외, Intelligencw, 1987

〈그림 4-8〉 유동시의 보기

(2) 중간수준 장면분석

중간수준 장면분석(ILSA)은 아래와 같은 단계로 처리된다.

- 이미지의 분할(partitioning)
- 모서리의 연결(edge linking) 및 선 스케치(line sketch)의 형성

- 선 그림(line drawing)으로부터 3차원의 시각 장면 복구(recovery)
- 이미지의 일치여부 결정(image matching)
- 대상의 표지 지정(cbject labeling)
- 모형의 선정(model selection) 및 모형의 매개변수값 결정(model instantiation)

하위수준 장면분석(LLSA)에서 얻은 결과는 시각 장면을 점 단위로 묘사한 것이므로 지나치게 복잡하고 그다지 유용하지 못하기 때문에 ILSA(중간수준 장면분석)가 시작되는 이미지 분할과정에서는 시각장면을 의미 있는 단위로 분할한다. 그러나 컴퓨터가 시각 장면에 관하여 아무런 사전 지식이 없는 단계이므로 이미지를 성공적으로 분할해 낼 것을 기대하기는 어렵다. 현재까지 제시된 이미지 분할 기법 가운데서 가장 많이 사용되는 접근방법은 이미지 공간 군집화(image space clustering) 기술이다. 이 방법에서는 인접한 화소와 거의 비슷한 강도 값을 가진 여러 개의 화소를 묶어서 하나의 부위를 만든 다음에 이미지를 분할한다.

중간수준 장면분석의 두 번째 단계에서는 모서리를 연결시켜 선으로 구성된 스케치를 형성한다. 이러한 모서리에는 객관적 모서리와 주관적 모서리가 있다. 객관적 모서리는 이미지 안의 강도, 표면의 결 또는 색채의 불연속성이 나타나는 위치에서 직접 볼 수 있는 모서리이다. 주관적 모서리는 이미지에서는 직접 볼 수 없지만 착시에 의하여 시각 장면에 존재하고 있는 것으로 추론되는 모서리를 말한다.

세 번째 단계에서는 2차원의 선 그림으로부터 3차원의 시각 장면을 복구해 낸다. 3차원인 시각 장면의 이미지가 이미 선 그림으로 변환되었으므로 이 그림을 분석하면 3차원의 모양을 도출해 낼 수 있다.

네 번째 단계에서는 컴퓨터 시각에서 근본적으로 중대한 문제인 이미지 정합(matching)을 처리한다. 시각 장면의 동일한 내용을 다르게 표상하는 이미지들이 시각, 조명, 음영 등 관찰 조건이 현저하게 변화되거나, 대상의 이동 또는 새로운 특징의 출현으로 시각 장면에 물리적 변화가 발생하거나 또는 센서를 규격이 다른 것으로 교체할 때에 자주 나타나기 때문이다. 이러한 이미지들의 일치 여부를 판단하는 방법으로는 두 이미지의 한 구획(patch)을 서로 대조하여 부합되는 부위나 특성을 찾아내는 기법이 채택된다.

다섯 번째 단계에서는 이미지의 구조에 따라 분류용 표지를 대상에 지정한다. 표지에는 특정 표지 지정(specific labeling)과 일반 표지 지정(generic labelling) 등이 있다. 특정 표지 지정은 특정한 대상을 기준으로 설정하고 이것의 보기(instance)를 이미지 안에서 찾아내는 방법이다. 일반 표지 지정은 이미지로부터 모든 보기를 찾아내서 대상의 표지를 지정하는 방법인데 특정 표지 지정보다 복잡하다.

여섯 번째 단계에서는 시각 장면의 분석에 관련되는 여러 종류의 모형을 선택해서 이미지의 내용에 따라 모형의 매개변수(parameter)에 값을 부여한다. 예를 들어서 3각형의 모형이 이미지에 적절하다면, 시각 시스템은 3각형의 세 변일 가능성이 있는 직선을 이미지 안에서 확인하고, 세 변의 길이, 두 모서리 사이의 각도를 찾아낸다.

(3) 상위수준 장면분석

상위수준 장면분석(HLSA)은 시각 장면을 기호를 사용하여 기술해야 하므로 인공지능의 전부가 요구된다. 인공지능에서 지식을 표상하는 방법으로 사용되는 의미망(semantic network)과 프레임(frame)에서부터 응용 분야인 전문가 시스템과 자연언어 이해에 이르기까지 인공지능의 모든 이론과 모든 기법이 총동원되어야 한다. HLSA과정에서 해결해야 되는 문제가 거의 현실세계에 대한 지식과 관련되어 있기 때문이다.

4.2.3. 컴퓨터 시각의 응용

컴퓨터 시각이 가장 활발하게 응용되는 분야는 제조업체의 공장이다. 산업용 로봇과 자동검사 장비가 주된 응용 대상이다. 로봇은 노동자와 비교하여 지칠 줄 모르고, 실수를 하지 않으며, 노사 문제를 일으키지 않는 장점으로 인해 미국의 경우 1970년대 후반부터 급성장하였다.

로봇뿐만 아니라 인쇄회로 기판(PCB)과 같은 제품의 결함을 검사하는 장비에도 컴퓨터 시각 기술이 응용된다. 검사 대상이 되는 물체에 대해서 이미 모양과 위치를 알고 있으므로 카메라를 사용하여 형판 맞추기 방법으로 잘못된 부분을 손쉽게 찾아낼 수 있기 때문이다.

컴퓨터 시각이 응용되고 있는 또 다른 분야는 인쇄 또는 타자된 텍스트에서 글자를 확인하여, 수표에서 특수한 모양의 숫자를 판독하는 문서이해(document understanding)이다. 문서이해는 고도로 단순화된 환경에서 일어나므로 컴퓨터 시각이 맨 먼저 활용된 분야의 하나이다.

기업체의 생산 현장 못지않게 컴퓨터 시각을 가장 절실하게 필요로 하는 분야는 군사장비이다. 컴퓨터 시각은 병기뿐만 아니라 작전활동에도 필요하다. 비행기 또는 인공위성으로 적성국의 군사 행동을 정찰할 때에 컴퓨터 시각의 도움을 받는다. 정찰 업무는 병기의 배치 또는 군대의 이동을 탐지해서 확인하는 일과 군사기지 내의 활동을 주기적으로 감시하는 일로 나누어지는데, 두 가지의 경우 모두 컴퓨터 시각이 필요하다.

5. 인간과 컴퓨터의 청각 기능

5.1. 인간의 음성인식 구조

인간은 감각기관을 통하여 소리를 듣게 되고 뇌의 동작으로 그 소리의 의미를 알게 된다. 외부로부터 들려오는 소리를 듣기 위한 감각기관으로서 귀의 중요성이 강조된다. 백문불여일견이라는 속담에서처럼 인간은 눈보다 귀의 중요성을 인식하지 못하면서 살아오고 있다. 그러나 인간은 다른 동물과 비교하여 청각력이 떨어지는 것이 사실이고 또한 음성인식 능력도 오랜 학습경험을 통해서만이 가능해진다. 예를 들어서 외국어를 들을 때에 인간은 소리는 놓치지 않고 들을 수 있으나 그 의미를 파악하기는 여간 쉬운 일이 아니다. 인간의 음성인식 구조를 바탕으로 컴퓨터를 통한 음성인식 기술 개발에 노력해 오고 있으나 발전 속도는 여전히 부진한 상태에 놓여 있다.

5.1.1. 귀의 구조

귀는 음파를 모으고 공기를 통해 들어오는 파동을 다른 파동으로 전환시킴에 있어서 먼저 가운데귀(중이)에서는 작은 뼈에 의해서, 그 다음의 속귀(내이)에서는 액체에 의해서 그리고 마지막으로 액체의 파동을 신경흥분 충동으로 전환시키기에 알맞게 구성되어 있다.

(1) 바깥귀(외이: external ear)

바깥귀는 귓바퀴(이개), 바깥귀길, 고막 등의 3부로 이루어져 있다.

- 귓바퀴: 불규칙한 모양의 탄력연골로 되어 있으며, 음파를 모아 바깥귀길로 전달하는 집음기관으로 동물은 소리 나는 곳을 향해 귓바퀴를 움직일 수 있으나, 인간은 퇴화되어 있다.
- 바깥귀길(외이도): 소리를 고막으로 유도하는 S 자 모양의 관으로서 고막이 받는 공기진동의 압력을 강하게 해 준다. 고유진동수는 3,000cps(cycle per second)이고 외부로부터 들어오는 먼지를 흡수하여 귀지를 만들며 가느다란 털이 있어서 외부로부터 들어오는 이물에 대한 방어기능으로 고막을 보호하고 있다.
- 고막(ear drum): 고실의 바깥쪽을 고막이라고 하며, 바깥귀와 가운데귀의 경계막이 되고 3층으로 구성되어 있다. 고막의 외측은 매우 얇은 피부층이고, 중간층은 결합조직으로 된 섬유층이며, 내측은 점막으로 되어 있다. 음파가 바깥귀길을 통해 고막에 닿으면 진동을 일으키고 이어 이 진동에 의해 중이강 내에 있는 이소골이 진동하게 된다.

(2) 가운데귀(중이, 고실)

가운데귀는 바깥귀와 속귀 사이에 끼어 있는 작은 공간이며 공기로 차 있고 그 모양은 매우 복잡하다. 뒤쪽은 다수의 공기 공간인 꼭지벌집에 연속되고, 앞쪽은 귀인두관(이관, 유스타 기관)을 통해 인두강으로 통하고 있다. 귀인두관은 고실의 환기관 역할을 비롯하여 고막 양쪽의 기압을 같도록 해 준다.

- 귀속뼈(고실뼈, 이소골): 고실 내에 있는 망치뼈, 모루뼈, 등자뼈 등의 3개의 작은 콩 정도의 뼈로서 이들 3개의 뼈는 고막과 안뜰창(타원창) 사이에서 관절을 이루고 고막의 진동을 안뜰창(타원창)에 전달한다. 이소골은 고막의 진동을 약 15배로 증폭시켜서 전달한다.
- 귀인두관(유스타 기관): 가운데 귀를 목구멍에 연결시켜 주는 관으로서 공기가 몸 밖에서 입과 목구멍을 통해 고실로 드나들 수 있게 해 준다.

<그림 5-1>은 귀의 구조를 보여 주고 있다.

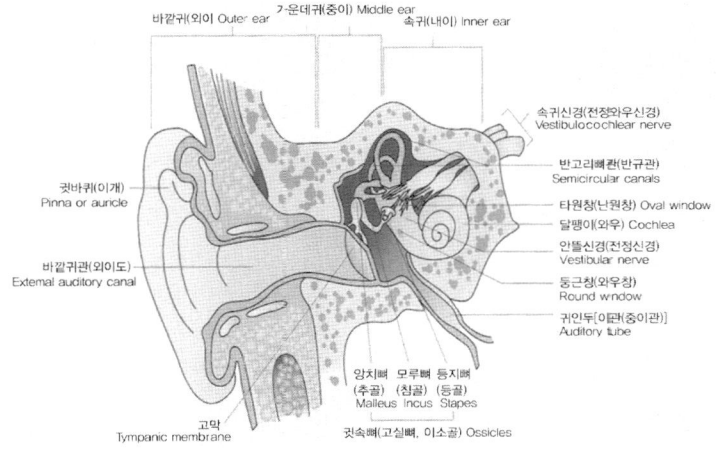

〈그림 5-1〉 귀의 구조(참고문헌: 최신 인체해부생리학, 이한기 외, 수문사)

(3) 속귀(내이)

속귀는 측두골 깊숙이 자리하고 있으며 형태와 구조가 매우 복잡하기 때문에 미로라고도 불린다. 가운데귀의 이소골이 고막으로부터 음파의 진동을 받아서 속귀로 전달하면 이 진동이 속귀에서 림프액의 파동으로 바뀐다.

귀에서 소리 신호가 전달되는 과정은 음파 → 공기진동(고막) → 뼈 진동(이소골) → 뼈 진동(안뜰창) → 림프액 진동(바깥 림프) → 림프액 진동(달팽이관의 속림프) → 청각신경 섬유(달팽이관의 코르티 기관) 순서이다. 고막으로부터 전달된 진동은 안뜰창에서 바깥 림프액의 압력파로 전환된다. 이 압력파가 고실계를 지나서 달팽이의 첨부에 도달하면서 달팽이 기저막이 진동하게 된다. 높은 음은 달팽이의 기저회전 부위에서 최대 진동을 유발하고, 낮은 음은 달팽이의 첨단회전 부위에서 최대 진동을 유발한다. 유연한 기저막이 진동을 하고 고실계 쪽으로 움직일 때 단단한 개막은 움직이지 않는다. 따라서 모세포와 개막 사이에는 떨림이 일어나 모세포의 융모가 구부러지고 모세포가 자극을 받는다. 자극받은 모세포는 구심성 청각경로를 통해 뇌에 소리의 높이와 강도 등의 정보를 전달한다.

속귀는 내부에 막미로와 이것을 둘러싸고 있는 뼈미로로 구분된다.

- 뼈미로: 독립된 뼈가 아니고 측두골의 빈 공간이 이루는 일종의 동굴로서 안뜰, 반고리뼈관, 달팽이 등의 3부분으로 구성되어 있으며 안뜰(전정)은 달팽이와 반고리뼈관 사이에 위치한다. 반고리뼈관(반규관)은 팽대부를 가지고 있어서 머리의 위치와 움직임의 방향에 따라 이를 뇌에 전달하는 기능을 수행한다. 달팽이는 안뜰의 앞 아래쪽에 위치하며, 달팽이의 앞쪽은 얇은 뼈벽을 사

이에 두고 목동맥관에 접하고 있다. 달팽이는 달팽이 껍질 모양의 작은 관이고 달팽이 축 주위를 2.5~2.7바퀴 회전하는 나선관이 있는데 나선의 중심축에 청각신경의 가지가 분포하고 있다.

- 막미로: 뼈미로 내에 있으며 뼈미로와 거의 동일한 모양을 하고 막반고리뼈관, 타원주머니(난형낭) 및 둥근 주머니(구형낭), 달팽이관(와우관) 등으로 구성된다. 구형낭과 난형낭은 지름이 각각 3㎜, 6㎜로 난형낭이 구형낭보다 조금 더 크고 뒤에 위치하는데, 난형낭관에 의하여 서로 교통하고 있으며 속에는 속림프가 차 있다. 또한 이들의 내면에는 평형각 감수에 관여하는 신경상피가 있어서 이를 각각 구형낭반, 난형난반이라고 하고 이 둘을 합쳐서 일반적으로 평형반이라고 한다. <그림 5-2>는 뼈미로와 막미로를 보여 주고 있다.

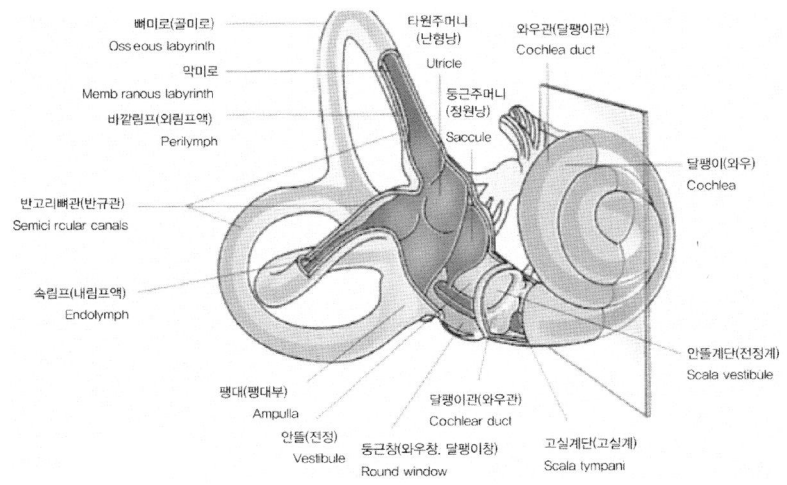

〈그림 5-2〉 뼈미로와 막미로

인간은 보통 20~20,000Hz의 소리를 듣는데 침팬지는 33,000Hz까지, 개는 40,000Hz까지 들을 수 있다고 한다. 귀의 청력은 주파수가 적은 낮은 소리에는 둔하여 잘 듣지 못하지만, 높은 주파수의 고음쪽은 꽤 넓은 범위에서 민감한데 만일 저음에 민감하다면 우리 몸의 진동소리를 모두 듣게 되어 귀가 괴로울 것이다.

어린이는 높은 소리를 잘 들을 수 있지만 40대에서는 6개월마다 들을 수 있는 최고음의 주파수가 대략 80cps씩 줄어드는데 이는 귀의 노화로 와우각 속의 조직이 탄력성을 잃어 가기 때문이다.

청각의 전도는 2종류가 있는데 하나는 공기전도이고 다른 하나는 골전도이다. 골전도는 소리와 외이, 중이를 경유하지 않고 두개골의 진동이 와우각 외림프에 직접 전도되는 방식으로서 치아가 맞부딪치거나 비스킷을 씹으면 유난히 큰 소리를 듣게 되는데 이것이 주로 골전도에 의한 소리이다. 골전도음은 잘 들리지만 공기전도음이 전혀 들리지 않는 경우에는 청신경의 기능이 작동되지 않음을 의미한다. 골전도는 공기전도와 달리 낮은 주파수 음을 잘 듣기 때문에 저음이 섞여 힘차고 무게가 있으며 매력 있고 윤기가 있으나 골전도음이 없는 상대방의 목소리나 혹은 녹음된 소리는 저음 요소가 빠져서 소리가 가볍고 무게가 없어진다.

(4) 평형감각(equilibrium)

평형감각과 방위감각은 속귀에 들어 있는 팽대능선과 반고리뼈관에 의해 감지된다. 속귀 미로인 둥근주머니와 타원주머니에는 평형감각 감수세포인 60~100개의 털상피 세포들이 묻혀 있다. 평형반은 평형돌의 비중을 이용하여 중력의 정적인 효과와 머리의 위치 및 직선

가속에 대한 정보를 감지하고, 3개의 반고리뼈관은 머리의 회전운동, 운동속도 등 가속을 감지한다. 인간의 머리는 몸에 고정되어 있지 않기 때문에 속귀의 안뜰기관에서 오는 신호만으로는 공간에서 신체의 방향이나 위치를 인지하지 못하는데 시각, 목의 근육 등으로부터 신호정보를 받아서 이를 수행한다.

평형각의 전도로는 아래와 같다.

1. 안뜰 신경절(전정 신경절)로부터 오는 들신경섬유의 자극은 안뜰신경핵으로 유입된다.
2. 안뜰신경은 자세를 조정하는 소뇌로 정보를 보내는 한편 바깥눈근을 지배하는 눈돌림 신경, 도르래 신경 및 갓돌림 신경에도 방사한다.
3. 안뜰신경은 또한 시상의 뒤배쪽핵으로 정보를 전달한다.
4. 시상에서 큰뇌겉질(대뇌피질)의 평형각 영역으로 감각을 투사한다.
5. 대뇌겉질에서 정보를 분석하여 방위를 인식하고 하행되는 안뜰척수로 섬유를 통하여 폄근을 지배하는 척수신경의 운동신경에 영향을 주어 자세를 유지한다.

<그림 5-3>은 평형각의 전도로를 보여 주고 있다.

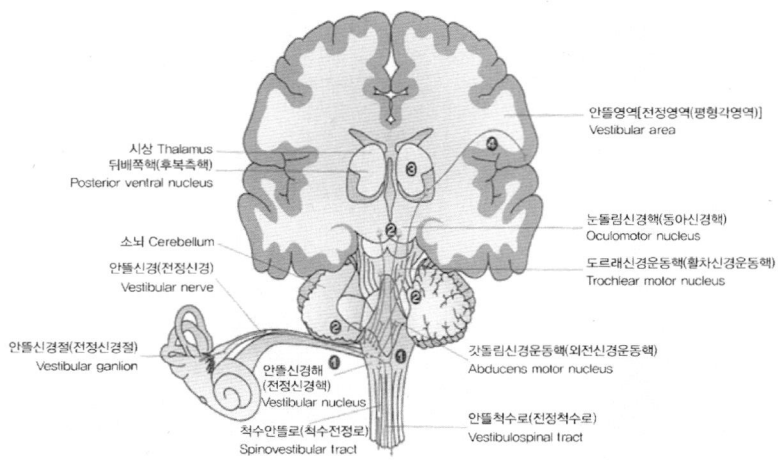

〈그림 5-3〉 평형각의 전도로(참고문헌: 최신 인체해부생리학, 이한기 외, 수문사)

(5) 청각 전도로

제1차 신경섬유인 속귀의 들신경섬유는 뇌줄기(뇌간)의 속 및 등쪽 달팽이핵(와우핵)에서 연접한다. 등 쪽에 있는 달팽이핵에서 출발한 신경세포는 같은 쪽과 반대쪽에 교차하여 숨뇌의 올리브핵에 이른다. 숨뇌의 올리브핵에서 받아들인 신경세포 정보는 교뇌를 거쳐서 중간뇌의 아래둔덕(하구)과 시상의 안쪽 무릎체를 거쳐서 대뇌겉질의 제1차 청각영역에 도달된다. 제1차 청각영역은 안쪽무릎체에서 들신경섬유를 통해 정보를 받아 처리하고, 제2차 청각영역은 제1차 청각영역과 시상연합영역에서 오는 들신경 정보자극을 받아 연합, 분석, 회상한다. <그림 5-4>는 청각경로를 보여 주고 있다.

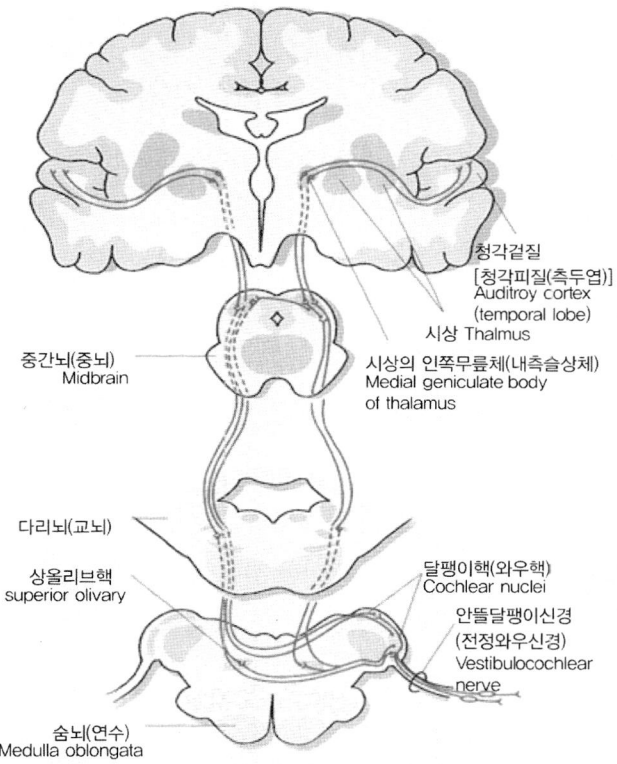

청각겉질
[청각피질(측두엽)]
Auditroy cortex
(temporal lobe)

시상 Thalmus

중간뇌(중뇌)
Midbrain

시상의 인쪽무릎체(내측슬상체)
Medial geniculate body
of thalamus

다리뇌(교뇌)

상올리브핵
superior olivary

달팽이핵(와우핵)
Cochlear nuclei

안뜰달팽이신경
(전정와우신경)
Vestibulocochlear
nerve

숨뇌(연수)
Medulla oblongata

〈그림 5-4〉 청각경로(참고문헌: 최신 인체해부생리학, 이한기 외, 수문사)

5.2. 청각뇌

5.2.1. 귀와 마음

고대 이집트인들은 '생명은 귀를 통해서 들어온다. 만약에 귀가 열려 있어서 듣는 능력이 있다면 우리는 산다. 그러나 만약 귀가 닫혀 있다면 우리는 제대로 살 수 없다'라며 청각의 중요성을 인식했다.

성경에는 '태초에 말씀이 있었다. 말씀은 하나님이었다'라고 기록하고 있는데 여기서 말씀이란 당연히 '소리'인 것이다. 예수 그리스도의 기적도 '당신은 치유되었다'라고 말하면 그것을 들은 자는 바로 치유되었다. 말을 소리로 내거나 그 소리를 듣는 것만으로 그것이 실현된다는 생각은 기독교에서뿐만 아니라 세계 각지에서 그 사례를 찾아볼 수 있다.

환자를 치료할 때에 음악이나 사람의 목소리를 들려줌으로써 자연치유력을 높인다고 한다. 이는 어떤 '말'을 생각하는 것만으로는 아무런 일이 일어나지 않지만 소리 내어 말을 하거나 그 소리를 듣는 것은 어떤 결정적 계기가 된다는 믿음을 가지고 있기 때문이다. 나쁜 말, 나쁜 소리를 들으면 나쁜 영향을 받고 좋은 말, 좋은 소리를 들으면 좋은 영향을 받는다. 청각은 인생의 물길을 안내하는 도선(導船)이라고 말할 수 있다.

5.2.2. 청각의 중요성

주위를 살펴보면 안경을 낀 사람은 상당히 많은데 귀가 들리지 않는 데에는 그다지 관심을 가지고 있지 않는 실정이다. 시력이 나빠서 칠판 글씨가 잘 보이지 않는다면 학습능률이 저하된다. 이와 마찬가지로 선생님이나 상사의 말이 잘 들리지 않는다고 하면 학습능력이 떨어지거나 직장생활이 원만하지 못할 것이다.

스트레스와 과로는 난청을 초래하는데 이는 일의 능률이 떨어질 뿐만 아니라 일상생활도 어렵게 된다. 최근에는 헤드폰 스테레오로

장소를 불문하고 음악을 듣는 젊은이들 사이에서 난청이 많이 발생하고 있다. 난청으로 인해 커뮤니케이션이 잘 이루어지지 않으면 가정, 직장, 사회에서 다른 사람들과의 대화 부족으로 인간관계가 원만하지 못하게 된다. 그렇게 되면 기분이 가라앉고 삶의 기쁨과 희망이 없어지며 기분이 우울해진다. 결코 귀를 소홀히 해서는 안 된다.

귀가 열리면 재능을 발휘할 수 있게 되며 아무리 노래를 잘하는 가수라고 해도 자기 목소리를 듣지 못하면 음정이 틀리게 되는 것이다. 이를테면 음치인 경우 음악적 재능이 없는 것이 아니라 귀에 문제가 있는 경우가 많다. 음계를 잘 듣지 못하기 때문이다.

5.2.3. 귀와 뇌

귀는 뇌에 작용할 뿐만 아니라 자율신경을 비롯해서 신체의 모든 신경에 영향을 미치고 있는데 이는 뇌와 인체를 잇는 신경이 모여서 한 묶음을 이루고 이것이 귀 바로 뒷부분을 지나고 있기 때문이다. 귀의 기능 저하가 자율신경의 기능 이상을 초래하기도 하고, 그 반대 현상이 발생하기도 한다.

왼쪽 귀는 우뇌와 관련이 있고 오른쪽 귀는 좌뇌와 관련이 있는데 우뇌는 이미지나 감각, 정서적 사항을 담당하고 좌뇌는 언어와 논리적 판단을 담당하므로 오른쪽 귀를 발달시키는 것이 말을 잘하는 데에 도움이 된다.

근시인 사람은 먼 곳의 사물이 잘 보이지 않듯이 청각에도 잘 들을 수 없는 주파수가 개인마다 있는데 이는 개인의 환경과 연관성이 있다. 예를 들어서 외국어 발음, 트라우마(trauma)와 같은 과거의 심리적

쇼크 등으로부터 잘 듣지 못하는 소리가 개인마다 있을 수 있다. 트라우마나 혹은 엄청난 스트레스를 받았을 때에 그것을 받아들이고 싶지 않다는 심리적 작용이 일어나는데 소리인 경우에는 뇌가 가운데귀의 근육을 움직여서 잘 못 듣게 한다.

갓 태어난 아기의 귀는 어떤 소리에도 대응이 가능하지만 인간이 성장하면서 디펜스 귀와 네이티브 귀로 구분된다. 디펜스 귀는 트라우마나 스트레스로부터 자신을 지키고 네이티브 귀는 모국어 듣기에 유리하게 되는 것이다. 인간의 인체는 스트레스로부터 몸을 지키는 각종 기능이 마련되어 있으며 청각은 귀의 커튼을 내려서 스트레스를 주는 소리에 대응하는데 이것을 디펜스 귀라고 한다. 디펜스 귀가 진행되면 사회적 커뮤니케이션에 대해서 소극적이 되거나 마음을 닫아 버리게 되며 더 심해지면 '듣는 귀가 작동되지 않는' 상태가 된다.

각 민족의 언어에는 그 언어의 독특한 소리 주파수가 있으며 모국어의 소리는 잘 들을 수 있지만 외국어 소리는 잘 듣지 못하는 것을 네이티브 귀라고 한다.

청각도 PC처럼 초기화할 수 있는데 고주파 소리를 들음으로써 초기화가 가능하며 이는 태아가 물속에서 돌고래 소리와 같은 고주파 소리를 들었기 때문이라고 한다. 강물 흐르는 소리, 새와 벌레 소리, 나뭇가지 흔들리는 소리, 비나 바람 소리 등의 자연소리는 고주파음으로서 몸과 마음을 편안하게 해 주는데 이때에 뇌가 편안함을 느끼면서 알파파가 뇌 속에서 발생한다.

5.3. 컴퓨터의 음성인식 기능

5.3.1. 컴퓨터의 음성인식 시스템 구조

컴퓨터에서 음성을 인식하기 위해서는 우선 소리 에너지를 전기 에너지로 바꾸어야 하는데 바뀐 전기 에너지 신호는 아날로그 신호이기 때문에 컴퓨터 메모리에 저장하기 위해서는 디지털 음성신호로 전환해야 한다.

컴퓨터의 마이크 역할은 인간의 귀 역할에 해당하며 인간의 귀에서도 집음하여 증폭한 후에 청각신경으로 전달하듯이 컴퓨터의 마이크에서도 집음하여 증폭한 후에 컴퓨터 데이터버스에 전기음성신호를 싣게 되는데 컴퓨터는 아날로그 신호체계인 인체와 달리 디지털 신호를 사용하기 때문에 중간에 디지털화 과정이 필요하다.

연속적인 신호 데이터를 디지털화하기 위해서는 우선적으로 일정한 간격을 두고 샘플링해야 하는데 샘플링 간격은 나이퀴스트 원리에 근거하여 원래의 신호 즈파수보다 2배가 되어야 한다. 예를 들어서 전화의 경우에는 주파수가 300~3,400Hz이므로 최대주파수 3,400의 2배인 6,400Hz로 샘플링해야 하지만 편의상 $2^3 \times 1,000$인 8,000Hz, 즉 1초에 8,000번 샘플링해야 원래의 신호를 복원할 수 있는 것이다. 전화보다 음질이 더 좋은 클래식 음악 신호의 경우에는 샘플링 주기가 더 짧아져야 하기에 동일한 시간 동안 음성신호 데이터를 축적하기 위해서는 메모리의 용량이 더 많이 소요된다. 아날르그데이터를 디지털데이터로 변환시키는 방식에는 여러 가지가 있는데 MP3도 그중의 하나이다.

인간은 소리를 뇌에 기억할 때에 아날로그로 기억하고 또한 CAM (Contents Address Memory) 방식을 적용하지만 컴퓨터는 메모리에 저장할 때에 어드레스를 기본으로 하여 저장하기 때문에 번지수만 정확하고 데이터 내용이 손상되지 않는다면 저장된 메모리를 찾아서 원래의 소리 데이터를 읽어 들인 후에 소리로 재생이 용이하다. 메모리에 저장된 데이터를 읽을 때에 컴퓨터에서는 번지수를 기준으로 그 내용을 찾아 읽는데 CAM 방식은 번지수는 모르고 특정 내용을 기준으로 하여 관련 데이터를 찾아내는 방식을 말한다. 인간이 소리를 들을 때에 누구의 목소리이고 또한 무슨 의미인지를 알 수 있는 것은 뇌의 인지 기능 때문인데 컴퓨터에서는 음성인식 프로그램이 이러한 기능을 수행한다. <그림 5-5>는 컴퓨터의 음성인식 체계를 보여 주고 있다.

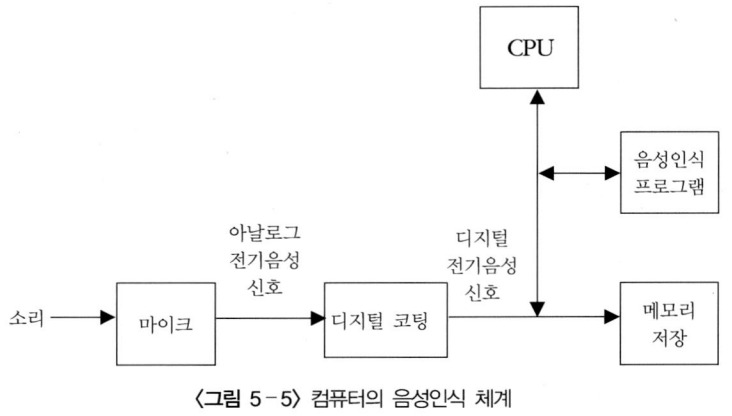

〈그림 5-5〉 컴퓨터의 음성인식 체계

5.3.2. 마이크의 원리

마이크는 일정한 자기장 속에서 소리 에너지가 판막을 진동시키면

플레밍의 오른손 법칙에 의해 그 힘의 세기 정도에 따라 전류의 양이 정해지게 함으로써 소리에너지를 전기에너지로 전환시켜 주는 장치이다. 참고로 플레밍의 오른손 법칙은 오른손의 엄지, 검지, 중지를 모두 직각이 되게 편 상태에서 엄지: 힘 작용의 방향, 검지: 자기장 흐름의 방향, 중지: 전류 흐름의 방향 등을 나타내며 발전기의 원리에 적용된다. 스피커는 마이크와 반대로 플레밍의 왼손 법칙에 따라 스피커에 전기를 흘려주면 스피커에 힘을 가하게 되어 그 힘이 음파로 전환되는 장치이다.

마이크의 종류에는 아래와 같이 3가지가 있다.

- 다이내믹 마이크: 진동판에 감긴 코일이 자기장 속에서 음성에 따라 진동하면서 유도기전력이 생긴다. 가격이 싸고 안정성과 견고성이 높으며 노래방에서 사용된다.
- 크리스털 마이크: 압력을 가하거나 장력을 가하면 물체에 전기를 띠게 되는 압전 소자를 가운데 놓고, 양쪽에 금속판을 붙이고, 금속에 진동판을 붙이면 진동판이 음성에 따라 진동함으로써 압전 소자에 기전력이 발생하여 음성의 파동이 전류로 전환된다.
- 콘덴서 마이크: 극판의 한쪽을 진동판으로 하고, 소리에 의해서 이 판이 진동하면 콘덴서의 용량이 변하게 되어 축적전하가 변하고 그 결과 소리에 따른 전류가 흐른다. 휴대폰, 전화기, 헤드셋 등에 사용된다.

5.3.3. 디지털 코딩

소리 에너지를 전기 에너지로 바꿔서 사람이 들을 목적이라면 따로 디지털화가 필요 없지만 컴퓨터 처리를 위해서는 아날로그 전기 에너지를 디지털 전기 에너지로 전환해야 한다. 디지털 코딩은 연속적인 아날로그 신호를 불연속적인 디지털 신호로 전환할 때에 디지털 숫자를 매기는 동작을 의미한다.

디지털 과정은 먼저 아날로그 신호로부터 일정한 간격으로 표본을 추출(sampling)하고, 추출된 아날로그 신호를 이산형(discrete) 값으로 계량화(quantization)하여 이를 비트 형태(0과 1의 숫자)로 부호화(encoding)한다. 이의 반대과정을 통하여 디지털 신호를 아날로그 신호로 복원할 수 있다. <그림 5-6>은 아날로그 정보의 디지털화 과정을 보여 주고 있다.

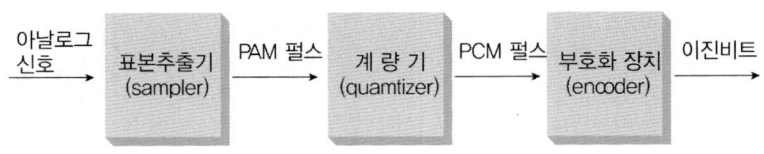

〈그림 5-6〉 아날로그 정보의 디지털화 과정

아날로그 신호를 디지털 신호로 변환시키기 위해서는 <그림 5-7>과 같이 먼저 아날로그 신호를 일정한 간격으로 추출하여야 하며 이를 표본추출(sampling)이라 하고 채취된 신호들을 표본(sample)이라고 한다. 표본추출 주파수가 커질수록, 즉 단위시간 동안 표본추출 횟수가 늘어날수록 표본추출 된 신호는 원래의 아날로그 신호에 가까워진다.

나이퀴스트의 sampling theorem에 의하면 표본추출 주파수가 아날로그 신호의 최대 주파수의 두 배 이상이면, 표본추출 된 신호로부터 원래의 아날로그 신호를 정확히 재생할 수 있다는 것이다.

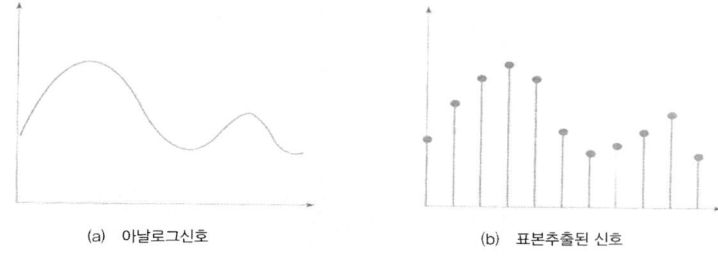

(a) 아날로그신호   (b) 표본추출된 신호

〈그림 5-7〉 아날로그 신호로부터의 표본추출

아날로그 정보를 디지털화하는 가장 대표적인 방법으로서 펄스코
드변조(Pulse Code Modulation, PCM)가 있다. PCM에서는 입력된 아날
로그 신호의 진폭과 펄스신호의 진폭을 곱하여 PAM(Pulse Amplitude
Modulation) 펄스를 만들고, 이로부터 계량화 과정을 통하여 코드화된
디지털 신호를 만든다. PCM 펄스를 만들기 위해서는 PAM 펄스들을
일정한 수(n개)의 비트 묶음을 단위로 계량화해야 한다. 예를 들어서
n = 3이라면 2^3 즉, 8개의 값만으로 PAM 펄스의 크기를 근사화시켜
나타낸다.

n이 클수록 펄스의 실제 값과의 차이가 작아져 원래의 아날로그
신호를 충실히 반영하는 디지털화가 되지만 그 대신에 단위시간당
필요한 비트의 수가 많아지므로 더 넓은 주파수 대역이 필요하게 된
다. 대역폭이 4kHz 범위 내에 있는 음성의 PCM 전송에서는, 일반적
으로 n을 8로 하며, 이때 표본추출 주파수 = 2 × 4,000 = 8,000이므
로, 전송률(data rate)은 64kbps가 된다. 음성정보라고 해도 Hi-Fi와 같
은 고급의 음성정보를 계량화할 때에는 16개의 비트를 사용할 수도
있다. <그림 5-8>은 펄스 코드 변조(PCM)를 보여 주고 있다.

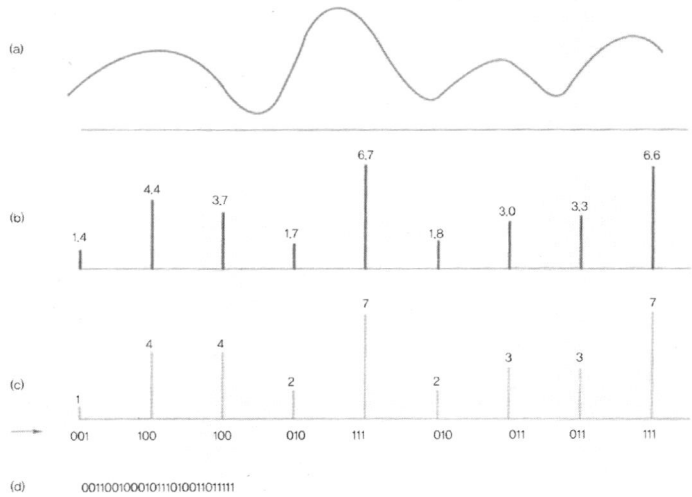

〈그림 5-8〉 펄스 코드 변조(PCM)(참고문헌: 정보통신세계, 차동완 저, 영지문화사)

PCM은 아날로그 전송을 디지털 전송으로 교체할 때에 사용되던 코드 방식이다. 전송에서 사용되는 코드 방식에는 PCM 외에도 델타 변조(DM: DeltaModulation)뿐만 아니라 다양한 코드 방식이 사용되어 왔다.

그런데 컴퓨터에 저장하기 위한 디지털 코딩 방식은 PCM 방식이 아닌 다른 코딩 방식이 사용되고 있다. 그것의 하나의 예가 바로 MP3 코딩 방식이다. 본 책에서 PCM을 소개한 것은 하나의 예로 참고하여 주기 바란다.

5.3.4. 음성인식

음성인식은 일반적으로 마이크나 전화를 통하여 얻어진 음향학적 신호를 단어나 단어 집합 또는 문장으로 변환하는 과정을 의미한다.

음성인식기에는 화자 종속(speaker−dependent) 시스템과 화자 독립(speaker−independent) 시스템이 있는데 화자 종속 시스템은 인식기를 사용하기 전에 자신의 음성 샘플을 제공하여 화자를 등록하며 화자 독립 시스템은 누구의 목소리도 인식할 수 있는 시스템을 말한다.

음성인식의 성공과 실패에 영향을 줄 수 있는 요인은 아래와 같다.

- 시스템이 특정 개인이나 다양한 화자를 대상으로 하는가?
- 인식하고자 하는 어휘의 크기는 얼마인가?
- 입력되는 음성이 휴지기간에 의해 구별되는 이산형 단위(일반적인 단어)인가 또는 연속된 발성인가?
- 어휘에서의 애매성(예: know와 no)과 음향학적 혼동선(예: bee, see, pea)이 존재하는가?
- 시스템이 조용한 환경에서 동작하는가? 또는 소음이 있는 환경에서 동작하는가?
- 음성에 포함된 언어적인 제약은 무엇이며, 인식기에 어떠한 종류의 언어적 지식이 포함될 수 있는가?

<표 5−1>은 음성인식 시스템의 능력을 구분하는 변수를 보여 주고 있다.

변수(Parameters)	구분, 범위(Range)
발성모드	고립 단어, 연속 음성
발성 스타일	낭독체, 자연 음성
등록	화자 종속, 화자 독립
어휘	소(1~99), 중(100~999), 대(≥1000)
언어 모델	유한 상태 네트웍, 문맥 의존
단어 혼잡도	낮음(<10), 높음(>100)
SNR(신호 대 잡음비)	높음(>30dB), 낮음(<10dB)
매체	마이크, 전화

음성인식을 위해서는 인식에 유효한 특징을 추출하는 것이 매우 중요한데 아래와 같은 방식이 있다.

- 음성 파형 자체를 특징으로 하는 방법인데 수많은 변화가 있기 때문에 데이터의 양이 많아서 인식의 어려움이 있다.
- 음성파형을 시간영역에서 주파수영역으로 전환시켜서 음성의 특징을 추출하는 방법이 있는데 여기에는 인간의 발성기관과 인간의 청각 기능을 이용하는 2가지 방식으로 구분된다.
- 시간영역의 동적 특징을 주파수 영역의 특징과 함께 사용하는 방식

음성인식에는 고립 단어 인식, 고립 음절 인식, 연결 단어 인식, 연속 음성 인식 등이 있다. 고립 단어 인식에서는 입력된 음성의 스펙트럼을 분석하여 단어 참조 패턴과 비교를 통해 단어를 인식한다. 단어 단위 인식의 단점인 어휘의 크기 제한을 보완하기 위해 고립 음절 인식에서는 단어 대신에 음절을 인식하는 방식을 채택하고 있다.

음성인식 시스템에서 양자화된 음성 신호는 분석을 위해 일반적으로 10~20ms의 고정된 시간 길이로 분할되고 특징 변수로 변환되며 이들 측정치는 음향학적, 사전적, 언어 모델에 의해 제한적으로 이용되어, 가장 유사한 단어 후브를 찾는 데에 사용된다. <그림 5-9>는 음성인식 시스템의 구성요소를 보여 주고 있다.

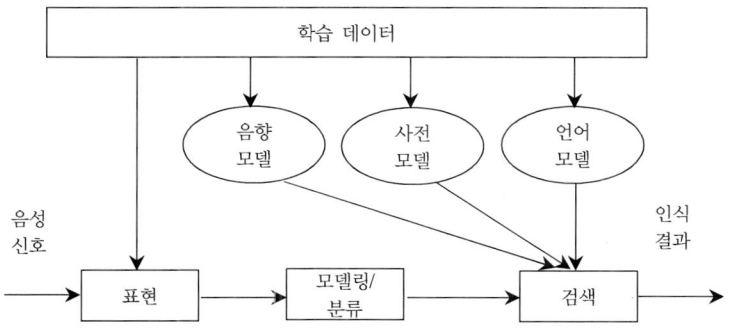

<그림 5-9> 음성인식 시스템의 구성요소
(참고문헌: 음성언어정보처리, 오영환 저, 홍릉과학출판사)

음성인식은 컴퓨터가 음성을 통해 화자를 인식하는 방식인 데 반하여 음성합성은 기계화된 음성장치를 말한다. 음성합성이란 기계적인 장치나 전자회로 또는 컴퓨터 모의를 이용하여 자동으로 음성 파형을 생성해 내는 것으로 정의할 수 있다. 음성합성에 관한 연구는 단순히 인간의 발성기관 모델링에 그치지 않고 문서처리 기술을 포함한 문서-음성 변환 기술로 확장되었다. 음성합성 기술의 활용 예로서 자동전화응답 서비스, 버스 교통카드 음성서비스, 엘리베이터 음성서비스 등이 있다.

음성합성 기술은 다음과 같은 분야에 응용된다.

- 음성 출력
- 자동차나 항공기의 정보 및 상황진단 시스템
- 컴퓨터의 출력 단말
- 복잡한 기기의 사용 및 조작 순서 지시
- 생산라인 작업순서 지시
- 시각 및 청각장애자의 보조기기

6. 인간과 컴퓨터의 인지 기능

6.1. 인간과 컴퓨터의 만남

인간은 오래전부터 인간처럼 생각하고, 정서를 경험하며, 의식을 가질 수 있는 기계를 꿈꾸어 왔다. 사람을 닮은 기계를 꿈꾸어 온 인간은 그것이 단지 상상력의 하나일 뿐이라고 생각해 왔었다. 그런데 제2차 세계대전 직후부터 컴퓨터의 출현으로 오랫동안 간직해 왔던 인류의 꿈이 다시 살아나기 시작했다. 컴퓨터가 사람의 지능을 흉내낼 가능성이 엿보였기 때문이다.

컴퓨터가 처음으로 출현하였을 때에는 컴퓨터를 단지 계산능력이 뛰어난 기계로만 여기어 왔으나 컴퓨터 기술이 나날이 향상됨에 따라 다양한 컴퓨터 프로그램을 통하여 인간의 지능을 컴퓨터로 하여금 가지게 할 수 있을 것으로 생각되었다. 컴퓨터가 인간 밑에서 하나의 도구로 취급받아 왔으나 어느새 컴퓨터는 인간의 동반자로 그 위치가 한 계단 올라선 것이다.

<그림 6-1>에서 중앙에 있는 글자 혹은 숫자를 인간과 컴퓨터가 어떻게 읽어 낼까에 대해 생각해 보면 이는 맥락에 의해 결정된다. 즉 숫자 맥락인 세로줄의 경우에는 '13'으로 읽을 수 있고, 문자 맥락인 가로줄의 경우에는 영문자 'B'로 읽을 수 있을 것이다. 예전에는 인간만이 이러한 문자와 숫자를 정확하게 판별할 수 있었지만, 이제는 컴퓨터도 맥락에 따라 인간과 같은 판별능력을 보유하기 시작했다.

〈그림 6-1〉 문자와 숫자 판별

컴퓨터에 시각 인터페이스뿐만 아니라 후각과 촉각 인터페이스를 제공하여 인간의 감각 인지과정을 도와줄 수 있는 가상현실(VR: Virtual Reality) 기술이 대두되었다. 가상현실은 어떤 특정한 환경이나 상황을 컴퓨터로 만들어서, 인간이 그것을 사용함으로써 마치 실제 주변의 상황 및 환경과 상호 작용하는 것처럼 만들어 주는 인간-컴퓨터 사이의 인터페이스를 의미한다.

가상현실의 응용 분야로는 교육, 고급 프로그래밍, 원격조작, 원격

위성 표면탐사, 탐사자료 분석, 과학적 시각화(scientific visualization) 등이 있다. 대표적인 예로 항공기의 조종법 훈련이 있다. 기계조작은 모두 원래의 항공기와 동일하지만 화면에 나타나는 상황은 컴퓨터에서 제공하는 것으로서 인간은 이러한 화면을 봄으로써 실제와 비슷한 조종법을 훈련할 수 있게 된다. 가상현실의 또 하나 예로 가상 도서관이 있다. 컴퓨터 화면에 비친 도서관 건물을 보면서 입구에서 시작하여 도서관에 비치되어 있는 책을 고를 때까지 모든 상황이 컴퓨터 화면에 나타나게 함으로써 인간이 마치 도서관에 실제로 있는 것처럼 보여 주는 것이다.

한편 증강현실(augmented reality)은 사용자가 눈으로 보는 현실세계와 부가정보를 갖는 가상세계를 합쳐서 하나의 영상으로 보여 주는 가상현실의 한 분야이다. 가상현실은 가상환경에 사용자를 몰입하게 하여 실제의 환경을 볼 수 없지만 증강현실에서는 사용자로 하여금 실제 환경을 볼 수 있게 하여 보다 나은 현실감을 제공한다.

증강현실을 실외에서 실현하는 것이 착용식 컴퓨터(wearable computer)이다. 특히 머리에 쓰는 형태의 컴퓨터 화면장치는 사용자가 보는 실제 환경에 컴퓨터 그래픽·문자 등을 겹쳐서 실시간으로 보여 줌으로써 증강현실을 가능하게 한다. 이와 같이 가상현실이나 증강현실 등은 모두 인간과 컴퓨터의 감각을 중심으로 한 인지 기능의 상호 교류, 즉 인간과 컴퓨터의 인터페이스가 있기 때문이다.

모바일 통신기술이 발달되면서 모바일 기기를 기반으로 언제, 어디서나 내가 보는 물체, 내가 속한 환경에 대한 정보를 실제 사진에 자연스럽게 겹쳐진 영상을 보여 주는 모바일 증강현실(MAR: Mobile Augmented Reality)이 스마트폰으로 서비스되고 있다. 스마트폰 내장

카메라로 사람이나 건물, 그림 등을 비추면 이와 관련된 이미지나 정보를 3D 가상현실의 형식으로 겹쳐 보여 주는 기술이다. GPS와 센서로 사용자의 위치를 파악한 후에 지역에 관한 정보를 제공하는 것으로, 근처의 편의점을 알려 주거나, 여행 정보 서비스를 제공하기도 한다. 또한 별자리를 확인해 주거나 주차장에 주차한 내 차의 위치를 확인해 주는 애플리케이션들도 있다. 스마트폰으로 상품의 바코드를 촬영하면 그 주변 위치에서 가장 가격이 싼 상점을 알려 주는 서비스도 등장하고 있고 또한 식당 앞에서 증강현실을 활용하여 그 식당을 방문해 본 사람들의 품평도 검색해 볼 수 있다. 미래에는 콘택트렌즈를 끼고 거리를 지날 때마다 눈앞에 보이는 모든 것들의 정보를 3D 영상으로 보는 시대도 올 것으로 예측하고 있다. 사람을 비추면 그 사람과 관련된 정보를 확인할 수 있는 애플리케이션이나 서비스의 등장까지 예상하고 있다.

HI(Human Interface)는 인간에 관련된 인터페이스를 의미한다. 여기에는 사람과 사람 사이의 인터페이스는 물론이고 사람과 기계, 사람과 사물 등의 인터페이스 등을 말한다. HMI(Human Machine Interface)는 HI의 일종으로서 인간과 기계 사이의 인터페이스를 말한다. 컴퓨터 단말기는 인간과 컴퓨터 기계의 인터페이스의 한 예이다. HMI 분야는 예를 들어서 공장자동화에 많이 활용되고 있다. 예전에는 기계를 조작할 때에 사람이 직접 기계의 모든 스위치를 조작 운용하였으나 컴퓨터기술의 발달로 프로그램화된 HMI 모듈을 사용하여 손쉽게 기계를 조작할 수 있게 되었다.

HCI(Human Computer Interface)는 인간과 컴퓨터 간의 상호 작용 기술이다. HCI는 인간과 컴퓨터가 쉽게 편하게 상호 작용할 수 있도록 작동시스템을 디자인하고 평가하는 과정을 다루는 학문으로서 이 과정을 둘러싼 중요 현상들어 관한 연구도 포함된다.

HCI의 기본개념들은 개발자가 아닌 사용자 중심의 컴퓨터 시스템들을 개발하면서 구체화되었으며 이후 점차 전문화 및 세분화되었다. 초기에는 CRT스크린 설계 등 하드웨어적인 연구를 주로 하였으나 최근에는 인간의 정보처리 및 인지과정을 연구하여 사용하기 쉽고 안전하며 기능적으로 뛰어난 컴퓨터 시스템을 디자인하는 데에 중요한 비중을 두고 있다.

HCI의 인터페이스에는 물리적 인터페이스와 인지적 인터페이스가 있다. 물리적 인터페이스는 인간과 컴퓨터 사이의 입력매체로서 입력하기 쉬운 매체와 보기 쉬운 매체 등을 의미한다. 인지적 인터페이스는 인간이 컴퓨터를 조작하기 쉽고 또한 컴퓨터 내에 저장된 데이터베이스를 통한 학습이 알기 쉽도록 구성된 인터페이스를 말한다. <그림 6-2>는 HCI의 물리적 인터페이스와 인지적 인터페이스를 보여 주고 있다.

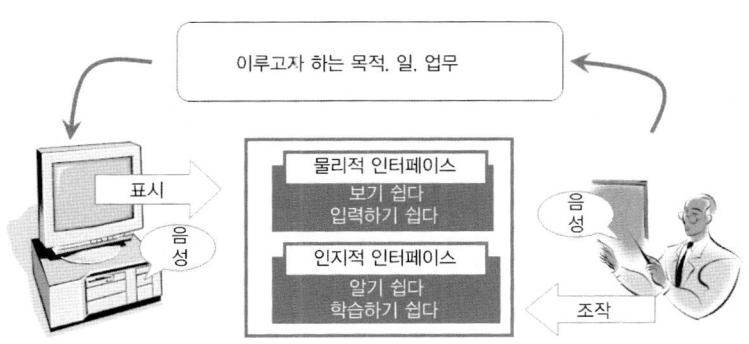

〈그림 6-2〉 HCI의 물리적 인터페이스와 인지적 인터페이스

인간과 컴퓨터의 만남은 HCI의 개념을 광범위하게 확대시켰으며 컴퓨터과학에서는 인터페이스(interface)의 공학적 설계, 심리학에서는 정보처리 중심의 인지과학(Cognitive Science) 연구, 사회학과 인류학에서는 가상사회(Virtual Community) 설계와 사용성 테스트 등을 통한 인간과 기술적 시스템의 적응방법, 인간공학에서는 컴퓨터 시스템의 안정성과 인간 인지, 감각 한계에 관한 연구 등에 관심을 가지게 되었다.

1946년 최초의 디지털 컴퓨터인 에니악(Eniac)이 발명됨에 따라 다양한 학자들이 마음의 연구에 관심을 가지게 되었다. 이때 마음에는 인지(cognition), 정서(emotion), 의욕(conation)을 포함하는데, 이 중에서 인지적 측면에 대한 관심이 제일 커졌다. 우리나라의 경우에는 1980년 후반부터 인지과학에 대한 관심이 증가되면서 인간과 컴퓨터의 인지에 관한 연구가 증가하게 되었다.

6.2. 인지와 인지심리학

6.2.1. 인지육각형

컴퓨터가 출현하기 이전에는 인간의 마음을 인간의 몸과 분리시켜 실재하지 않는 영적인 것으로 보았기 때문에 마음은 과학의 연구대상이 되지 못했다. 그러나 많은 과학자들은 컴퓨터라는 기계가 프로그램에 의하여 동작된다는 것을 바탕으로 두뇌라는 기계가 마음에 의하여 동작될지 모른다는 영감을 얻게 되었다. 컴퓨터가 개발되고서부터 인간의 마음을 컴퓨터의 프로그램으로 보게 됨에 따라 비로소 마음이 과학적 연구의 주요 목표가 되었다. 인간의 마음은 인지(cognition), 정서(emotion), 의욕(conation) 등의 3가지 기능을 가지고 있다. 사람이 생각하고, 느끼고, 바라는 까닭은 마음의 작용 때문이다. 과학자들이 가장 많이 관심을 가지고 있는 연구대상은 바로 인지이다.

인지의 개념은 일반적으로 지식, 사고, 추리(reasoning), 문제해결(problem solving)과 같은 지적인 정신과정을 비롯하여 지각(perception), 기억, 학습(learning)까지 인지에 포함되고 있다. 인간이 자극과 정보를 지각하고, 여러 가지 형식으로 부호화(encoding)하여, 기억에 저장하고, 후에 이용할 때에 상기해 내는 정신과정이 인지이다. 이와 같이 인지 기능이 다양하기 때문에 마음을 연구하는 과학자들은 곧바로 두 가지의 중요한 사실을 깨닫게 되었다. 하나는 마음에 관하여 우리가 모르고 있는 것이 너무 많다는 것이며, 다른 하나는 어느 학문도 다른 학문과의 협조 없이 독자적으로 연구를 수행해서는 결코 마음의 작용에 관한 수수께끼를 성공적으로 풀어낼 수 없다는 점이다.

인간의 마음을 연구하기 위해 50년대에 미국을 중심으로 새로이 형성된 학문이 바로 인지과학(cognitive science)이다. 인지과학은 인지 육각형(cognitive hexagon)이라고 불리는 심리학, 철학, 언어학, 인류학, 신경과학, 인공지능 등 6개 학문에 의하여 구성된다. <그림 6-3>은 인지육각형을 보여 주고 있다.

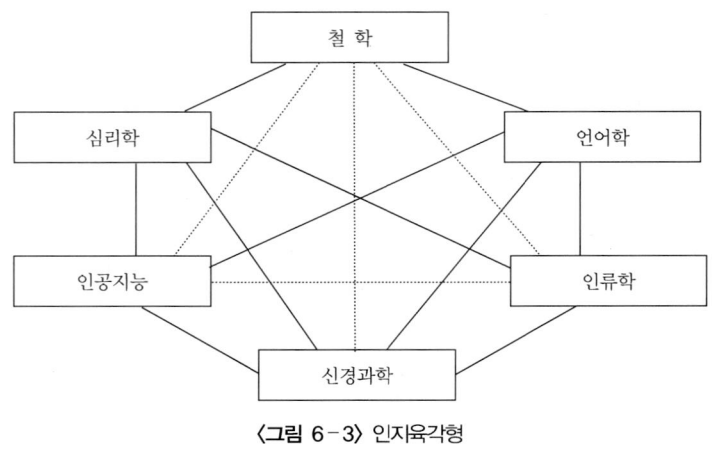

〈그림 6 - 3〉 인지육각형

6.2.2. 인지심리학

　독일의 철학자인 분트(Wilhelm Wundt)가 라이프치히 대학에 실험실을 설립하여 인간의 정신과정을 측정에 의해 연구한 1879년부터 심리학이 하나의 과학적 학문으로 간주되기 시작했다. 분트는 철학의 일개 분과에 불과하던 심리학을 독자적인 학문 영역으로 만드는 데 기틀을 마련하였다.

　초기의 심리학은 인간의 마음을 과학적으로 설명하기 위해 내성법(introspection)을 활용하였다. 내성법에서는 고도로 훈련된 사람에게 세심하게 통제된 조건하에서 자신의 사고과정을 관철시킨 다음에 그 내용을 가급적이면 객관적으로 보고하도록 함으로써 마음의 작용을 연구하였다. 그러나 내성주의(introspectionism)는 무의식(unconsciousness) 문제를 해결하지 못하였기 때문에 행동주의(behaviorism)가 대두되었다.

　1913년 미국의 왓슨(John Watson)에 의하여 제창된 행동주의에서는 심리학은 연구대상을 관찰과 측정이 가능한 행동에 국한시켜야 된다는 주장을 내세웠다. 행동주의에서는 생물의 모든 행동을 환경으로부터 자극(stimulus)에 대한 반응(response)으로 보는 논리이기 때문에 심리학은 자연과학이 되어 버렸으며 마음의 과학은 심리학 분야에서 멀어져 갔다.

미국의 라쉴리(Karl Lashley)는 1948년에 개최된 어느 심포지엄에서 행동주의에 치명적인 일격을 가하는 연설을 하였으며 이를 계기로 심리학의 주도권은 인지심리학(cognitive psychology)으로 넘어가게 되었다.

인지심리학은 컴퓨터의 출현으로 새로이 등장하게 되었으며 정보처리 접근방식에 의하여 인간의 정신과정을 분석한다. 인간의 마음이 정보를 지각하고 해석하여, 기억 속에 저장하고, 후에 사용하는 과정을 연구하는 인지주의(cognitivism)가 활발하게 전개되기 시작한 것은 미국의 심리학자 밀러(George Miller)가 1960년에 하버드 대학에 인지연구소를 설립하고서부터이다.

인지주의에는 상반된 두 종류의 접근방법, 즉 단원성(modularity) 견해와 중앙처리(central processing) 견해이다. 단원성 개념은 인지심리학의 대표적 인물인 미국의 포더(Jerry Forder)에 의하여 체계화되었다. 단원성 개념에서는 인간의 마음이 정보를 그 내용에 따라 고유의 단원(모듈)에 의해서 개별적인 방식으로 처리된다는 것이다. 예를 들어서 마음은 언어를 다루는 모듈과 시각정보를 처리하는 모듈을 별도로 가지고 있다는 것이다.

중앙처리 견해에서는 정보의 내용이 언어이든지 시각정보이든지 간에 상관없이 지각, 기억, 학습과 같은 인지 기능이 동일하거나 또는 유사한 방식으로 작용하는 것으로 전제하는 접근방법이다.

6.2.3. 인식론과 인지과학

인지과학은 철학의 가장 오래된 분야들 중의 하나인 인식론(episte-mology)에 근거하고 있다. 인식론의 진정한 창시자인 고대 그리스의 플라톤 이래로 수많은 철학자들은 지식이란 무엇인가? 지식을 제공할 수 있는 것은 이성(reason)인가 아니면 감각경험(sensory experience)인가 등에 관하여 근본적인 의문을 가져왔다.

17세기의 프랑스 철학자인 데카르트는 인간이 2개의 독립된 상이한 실체, 즉 몸과 마음으로 구성되어 있다는 이원론을 제창하였다. 그는 몸을 일종의 자동기계로 묘사하였고 마음을 이성에 의해 사유하는 실체로 묘사하였으며 지식을 얻는 데 있어 이성의 역할을 강조하였다. 이와 같이 이성을 인식의 기원으로 생각하는 방식이 합리론이며 반대로 지식을 얻는 데 있어서 이성보다 감각경험의 역할을 강조하는 인식론을 경험론이라고 부른다.

18세기 말에 독일의 철학자 칸트는 합리론과 경험론의 결합을 시도하였다. 감각경험은 지식이 이루어지기 위해서 필요하기는 하지만 충분하지는 않다는 것이다. 칸트는 경험에서 얻은 재료를 지식으로 전환시키는 조직원리 자체는 경험으로부터 획득할 수 없다고 주장함으로써 데카르트의 합리론과 맥락을 같이하였다.

20세기로 접어들면서 칸트의 인식론은 거센 도전을 받게 되었다. 1879년에 기호논리학(symbolic logic)을 완전히 체계화시킨 독일의 논리학자 프레게는 일상언어가 논리적으로 불완전함을 깨달았다. 프레게는 일상언어의 신뢰할 수 없는 자연성을 배제하고 그의 추론과정을 보다 확실하게 표현해 줄 수 있는 개념기호(concept notation)라는 인공 언어를 발명했다.

프레게의 아이디어에 주목한 영국의 러셀은 일상언어의 단순성 뒤에는 우리가 살고 있는 세계에 관한 지식의 거대한 덩어리가 숨겨져 있음을 깨닫고 지식을 표현하기 위해서는 기호 논리학을 발전시켜야 한다고 주장하였다.

프레게, 러셀, 화이트헤드 등에 의하여 기초가 확립된 기호논리학은 20세기로 접어들 무렵에 성장한 실증주의(positivism)와 결합되어 새로운 철학운동을 형성시켰는데 이것이 바로 논리실증주의(logical positivism)이다. 논리실증주의는 실증주의를 표방하기 때문에 자연과학의 논리를 존중함과 동시에 모든 철학적 내용을 공허한 말의 나열로 간주하여 형이상학(metaphysics)을 멀리하였다. 즉 우리가 경험을 통하지 않고서 알 수 있는 것은 아무것도 없다는 것이다. 논리실증주의는 인식론과 대립되는 원리인 경험론과 합리론을 단일의 방법원리로 형성하게 되었다.

미국의 경우에는 20세기 초반부터 논리실증주의를 편협하게 적용한 나머지 심리학에서 마음을 추방시킨 행동주의가 널리 퍼짐에 따라 경험론이 상승세를 유지하였다. 그러나 컴퓨터의 등장으로 행동주의가 퇴조하고 인지주의가 주도권을 잡게 되면서부터 인식론에 대한 새로운 접근방법이 나타났다. 컴퓨터가 등장하면서 인간이 사고라고 말하는 정신과정이 단순한 전자부품으로 조립된 컴퓨터의 기능적 조작에 의하여 수행될 가능성이 엿보임에 따라 기능주의(functionalism)가 대두되기 시작했다.

퍼트남이 처음으로 소개한 기능주의에서는 마음을 컴퓨터 프로그램에 비유하자는 것이다. 기능주의는 인간이건 기계이건 하드웨어(몸)가 아니라 소프트웨어(마음)에서 생각이 나온다고 본다.

6.2.4. 언어학과 인지과학

현대의 언어학자로 여겨지는 최초의 인물은 스위스의 소쉬르이다. 언어의 구조적인 특성에 주목한 소쉬르는 구조주의 언어학(structural linguistics)을 소개하였다. 구조주의 언어학자들은 행동주의 학자들과 더불어 인간의 마음을 언어학의 연구에서 제외시켰다. 따라서 구조주의 학자들은 애매하지 않은 단어들이 모인 하나의 문장이 여러 가지의 다른 의미를 갖는 경우를 설명하지 못하고 아예 무시해 버렸다. 하나의 문장이 여러 의미로 해석되는 것은 각각의 단어에서 오는 것이 아니라 통사(syntax) 구조에서 오는 것인데 구조주의는 이러한 통사적인 중의성이 나타나는 이유를 설명하지 못했다.

촘스키는 1957년 박사학위 논문에서 '통사구조론(syntactic structure'을 제안했는데 그는 인간의 언어가 창조적인 것임을 강조하고 사람이 태어날 때부터 언어능력을 가지고 있는 것으로 보았다.

촘스키는 가장 영리한 원숭이는 말을 할 수 없지만 가장 우둔한 사람이 말을 할 수 있고 또한 누구나 그전에 들어 본 적이 없는 새로운 문장을 얼마든지 말하고 이해할 수 있는 까닭은 인간이면 누구에게나 유전적으로 결정되는 언어능력이 있기 때문이라고 설명했다.

촘스키의 언어학 이론은 변형(transformation) 개념을 도입하였는데 여기서 변형이란 미리 규정된 절차의 순서에 따라 하나의 통사구조의 요소들을 부가 또는 삭제하거나 변화시켜서 또 다른 통사구조를 생성시키는 조작을 의미한다. 그는 변형이 적용되어 실제로 만들어지는 문장구조를 표면구조(surface structure)라 하였고 표면구조에는 나타나지 않는 기저구조를 심층구조(deep structure)라고 이름 지었다.

심층구조의 아이디어는 인간의 마음속에 자신의 필요성과 의지에 따라 문장의 변형을 수행할 수 있는 수준이 존재하고 있음을 전제한 것이었기 때문에 언어학은 물론이고 인지과학에 충격을 주었다. 촘스키는 심층구조의 개념을 통해서 마음이 모듈로 조직되어 있는 것으로 보았고 또한 인간의 지식은 경험을 통하여 획득되지 않고 대부분 유전적으로 가지고 태어나는 것이라고 주장하였다.

6.2.5. 인류학과 인지과학

인류학(anthropology)이 인지과학을 구성하는 학문의 하나로 포함되는 까닭은 인류학에서 가장 중요한 개념이 바로 문화(culture)이기 때문이다. 인류학 초창기의 대표적인 학자인 영국의 타일러는 문화를 지식, 신앙, 예술, 도덕, 법률, 관습과 그밖에 사회의 한 성원으로서 인간에 의하여 획득된 능력을 모두 포함하는 복합총체라고 정의하였다. 이와 같이 인간은 문화 때문에 만들어진 동물이고, 문화에 의해 만들어진 동물이다. 인류학은 인간의 마음이 문화와의 상호 작용에서 어떤 식으로 발전하게 되었으며, 인간의 마음속에 이미 스며들어 버린 문화를 어떻게 생각하고 이해해야 되는가를 과학적으로 탐구하는 학문이다.

프랑스의 인류학자인 레비-스트로스는 고대 신화연구를 통해 모든 인간의 사고에 내재하고 있는 기본적인 논리구조는 고대의 신화와 현대의 과학에서 모두 똑같다는 결론을 얻었다. 신화에서나 현대 과학에서나 인간의 지적 사고과정의 본질은 결코 차이가 나지 않으며 단지 사고의 논리구조가 적용되는 대상에 따라 서로 차이가 날 뿐이라고 주장하였다. 1960년대에는 미국에서 민족학(ethnology)이 태동하였는데 민족학에서는 지각의 기본적인 양식은 어느 때, 어느 곳에서나 똑같고 단지 환경의 특수한 요인이 지각과정이 전개되는 방법에 영향을 줄 따름이라고 결론지었다.

6.2.6. 신경과학과 인지과학

인지활동은 모두 뇌가 작용한 결과이므로 신경과학(neuroscience)이 철학이나 언어학과 함께 인지과학의 범위에 포함된 것은 당연하다. 신경과학은 마음의 생리적 기초를 이해하기 위해 뇌의 구조와 기능을 둘러싼 신비를 밝혀내려는 학문이다.

신경생리학은 1940년대까지 뇌의 기능에 관하여 2개의 상반된 견해가 대립되었다. 하나는 뇌가 하나의 통일체로서 모든 인지활동을 수행하는 것으로 간주하는 전일론적(holistic)인 입장이고 또 다른 하나는 뇌가 특정 부위에 국재화(localized)된 기능에 따라 작용하는 것으로 보는 환원론적(reductionistic)인 입장이다.

그런데 캐나다의 헤브는 1949년에 상기의 두 견해를 모두 부분적으로 수용하는 타협적인 이론을 발표했다. 사람이 어릴 적에는 간단한 지각 기능이 뇌의 특정세포에 국재화되지만, 시간이 경과함에 따라 점차적으로 뇌의 신경세포(neuron)가 서로 연결되면서 집합체를 형성하여 뇌의 보다 복잡한 지각 기능의 수행이 가능하게 된다는 이론이다. 헤브는 뉴런이 제멋대로 연결되지 않고 학습의 결과에 따라 특정 세포들끼리 서로 연결되어 신경망(neural network)을 이룬다고 주장하면서 뉴런이 서로 결합하는 방식을 설명한 학습규칙(learning rule)을 제시하였다.

미국의 생리학자 스페리는 간질 환자를 대상으로 하여 대뇌 반구(hemisphere)의 기능을 연구하였다. 간질 환자의 경우에 두 반구를 서로 잇는 뇌량을 외과적 수술로 잘라 내면 발작하는 정도가 크게 감소되어 정상인과 마찬가지로 활동한다는 것을 알아냈다. 이와 같이 분리된 뇌(split-brain)를 가진 환자를 대상으로 실험을 거듭하여 두 반구의 기능적 차이점을 발견해 냈다. 스페리는 좌반구는 언어를 포함하여 개념적이고 분석적인 기능에 우세한 반면에 우반구는 지각을 포함하여 공간적이고 종합적인 처리를 전적으로 맡고 있음을 밝혀냈다.

뇌에 관한 각종 모델이 다양하게 제안되었음에도 불구하고 의식(consciousness)의 생리적 기초에 관한 수수께끼는 해결의 실마리가 나타나지 않고 있다. 어떻게 100억 개의 뉴런이 상호 작용하여 인간의 의식을 만들어 내는지에 대한 궁금증에 대해 뚜렷한 하답을 제시하지 못하고 있는 실정이다. 그러나 현재까지 의식이 언어능력의 진화와 밀접하게 연결되어 있다는 것과, 인류가 의식을 갖게 된 시기는 진화의 역사에 비추어 볼 때에 최근의 일이라는 것이 주장되고 있다. 스미스의 이론에 의하면 5만 년 전에 출현한 크로마뇽인이 처음으로 언어능력을 가짐과 동시에 처음으로 의식을 가지게 된 인류라는 것이다.

6.2.7. 인공지능과 인지과학

(1) 부울의 2치 논리학

오래전부터 인간의 사고를 기계화(mechanization)하는 아이디어를 구현하기 위해 기호논리학이 태동되었다. 기호논리학은 17세기의 위대한 철학자인 독일의 라이프니츠에 의해 창안되었다. 아리스토텔레스의 3단 논법과 같은 종래의 형식논리학은 일상언어를 사용하기 때문에 동일한 말에 대한 중의성을 모면할 수 없었다. 19세기 중반에 영국의 수학자인 부울과 드 모르강은 일상언어의 중의성을 피하기 위해서 언어 대신에 기호를 사용하는 형식논리학을 생각했다.

부울은 부울 대수를 발명했는데 이는 2치 논리학으로서 아무리 복잡한 논리식일지라도 두 종류의 기호, 즉 참을 나타내는 '1'과 거짓을 나타내는 '0'으로 표현할 수 있다는 것이다. 부울의 아이디어는 오늘날 컴퓨터 과학의 중추적인 개념으로 자리 잡았다.

(2) 인공지능과 신경망

1936년에 튜링은 모든 추론의 기초가 되는 형식기계(formal machine)의 개념을 최초로 정립한 자동자 이론(automata theory)을 발표하였다. 형식기계는 훗날 튜링기계(Turing machine)로 명명되었는데 인간이 수효가 유한하고 완전하게 명시된 규칙에 의하여 수행할 수 있는 계산(computation)은 무엇이든지 적합한 알고리즘을 가진 기계에 의해 수행될 수 있음을 보여 주었다. 튜링기계는 오늘날의 컴퓨터 원형이 되었으며 이는 곧 인공지능의 출발로 간주될 수 있다.

미국의 신경생리학자인 매쿨로치는 수학자인 피츠와 함께 1943년에 신경망 모델의 효시가 되는 논문을 발표하였다. 그들은 논리적 단위로 동작하는 뉴론의 형식 모델을 제시함과 동시에 수많은 뉴론으로 구성되는 신경망이 기호논리학의 모든 기본적인 조작을 수행할 수 있는 가능성을 보여 줌으로써 신경망 이론을 제시했지만 컴퓨터의 설계로 연결된 튜링기계와는 달리 신경망 이론은 1930년대에 비로소 그 활용성이 재평가되었다.

1948년에 위너, 샤논, 폰 노이만 등에 의하여 컴퓨터 기술발전에 큰 힘이 된 이론이 발표되었다. 위너는 '사이버네틱스'에서 동물과 기계, 즉 생물과 무생물에는 동일한 이론이 탐구될 수 있는 수준이 있는데 여기에는 제어(control)와 통신(communication)의 과정이 관련된다는 것이다. 사이버네틱스 이론이 발표되고서부터 인간을 정보처리 체계로 보기 시작했고 사고, 지각, 언어 따위의 다양한 인지 기능을 모두 정보를 계산하는 활동으로 보았다. 이는 곧 인간의 지능을 인공의 정보처리장치에 의해 구현될 수 있음을 의미하기도 한다.

샤논은 사이버네틱스 이론을 통신공학에 응용하였는데 정보의 양을 측정하는 단위로 비트(bit)를 제안하였다. 샤논은 정보의 개념을 비트라는 정보 단위에 의해 순전히 수량적으로 측정되는 것이라고 정의하였다. 샤논의 정보이론에서는 발신자와 수신자를 연결하는 통로(channel)를 통하여 전기적으로 전송(transmission)되기 위하여 비트로 부호화된 것은 그것의 의미와 상관없이 무엇이든지 정보로 간주되었다. 샤논의 정보이론에 의하여 컴퓨터의 통신기술은 폭발적인 발전을 거듭하게 되었다.

폰 노이만은 튜링기계의 개념을 이용하여 오늘날 컴퓨터의 원형인 프로그램 내장식(stored program) 컴퓨터를 최초로 설계하였다. 위너의 사이버네틱스 이론이 생명체의 행동을 분석하는 것이라면, 폰 노이만의 자기증식 자동자(self-reproduction automaton) 이론은 생명체의 행동을 합성하려는 시도이다. 폰 노이만이 1951년에 발표한 세포 자동자(cellular automaton)는 1980년대 중반에 등장한 인공생명(artificial life)에서 가장 핵심적인 접근방법으로 각광받았다.

인공지능(artificial intelligence)이란 말을 맨 처음 사용한 매카시 교수는 1958년에 인공지능을 프로그램하는 언어로 광범위하게 사용되고 있는 리스프(LISP) 언어를 발명하여 기호 프로그래밍(symbol programming) 시대를 열었다. 그 당시에는 대부분의 사람들이 컴퓨터를 연산장치로 보았었는데 인간의 마음을 정보처리 체계로 보았다는 것은 대단한 일이었다.

인간이 문제를 해결할 때의 마음의 작용과 컴퓨터가 프로그램을 처리할 때 수행하는 기호 조작이 아주 비슷하다는 생각에 기호체계 가설을 아래와 같이 설정하였다.

- 인간의 마음은 정보를 처리하는 체계이다.
- 정보처리는 계산, 즉 기호를 조작하는 과정이다.
- 컴퓨터의 프로그램은 기호를 조작하는 체계이다.
- 따라서 인간의 마음은 컴퓨터의 프로그램으로 모형화될 수 있다.

기호체계 가설은 컴퓨터의 하드웨어는 인간의 두뇌, 소프트웨어는 인간의 마음에 해당하는 것으로 본다.

그러나 1960년대 후반에 시각이나 음성인식과 같은 지각 능력, 언어를 이해하는 자연언어 이해 능력 등을 컴퓨터로 구현하는 것은 불가능하였다. 더욱이 사람들이 매일 겪는 문제를 해결하는 상식추론

(common‒sense reasoning) 능력을 컴퓨터 프로그램으로 실현하는 것은 원래부터 불가능하였다.

1970년대 말엽에 인공지능 기술자들이 깨달은 것이 프로그램의 문제해결 능력이 프로그램에서 사용된 추론 정책에서 나오는 것이 아니라, 프로그램이 가지고 있는 지식의 양에 좌우된다는 사실이었다. 이를 계기로 전문가 시스템(expert system)의 개발이 시작되었다. 전문가 시스템은 특정 분야의 전문가가 자기 분야의 문제해결에 사용하고 있는 경험적 법칙(rule of thumb)을 모아 놓은 지식 베이스(knowledge base)와 이것을 사용하여 실제로 문제를 해결하는 프로그램인 추론기관으로 구성된 소프트웨어이다. 인공지능은 지각 능력과 상식추론 능력을 여럼에서해결하야의못하고 그 대안으로 신경망 이론이 대두되기 시작하였다.

신경망 이론은 1943년 마쿨로치와 피츠에 의하여 형식 모델이 제시된 이후에 1980년대 초반까지 40년 가까이 컴퓨터 기술의 본류에서 밀려나 있었다. 인공지능이 컴퓨터로 인간의 지각 기능과 상식추론을 흉내 낼 것으로 믿어졌으나 실패로 돌아가니 그에 대신하여 신경망 기술이 다시 각광을 받기 시작하였다. 이들 두 기술 사이에는 서로가 서로를 공격하면서 새로운 기술을 정립하기 시작했다.

신경망과 인공지능을 확실하게 구분 짓기 위하여 신경망을 연결주의(connectionism), 인공지능을 계산주의(computationalism)라고 부른다. 신경망은 수많은 뉴론이 연결되어 정보가 병렬적으로 처리된다는 측면에서 연결주의라고 부르고, 인공지능은 기호처리 방식에 의하여 정보가 직렬적으로 계산된다는 의미에서 계산주의라고 불린다. 인공지능의 패러다임이 튜링기계라고 한다면, 연결주의의 패러다임은 인간의 뇌이다.

6.2.8. 인간과 컴퓨터의 정보처리

인간도 컴퓨터와 비슷하게 정보처리를 수행한다. 외부로부터의 정보를 감각기관을 통해 입력하고 이를 지각 처리하여 학습한 후 기억시킨다. 기억시킴과 동시에 사고하는 인지처리를 수행하여 향후 필요할 때에 출력생성 처리를 하여 행동이라는 형태로 출력한다. <그림 6-4>는 인간의 정보처리 개념도를 나타내고 있다.

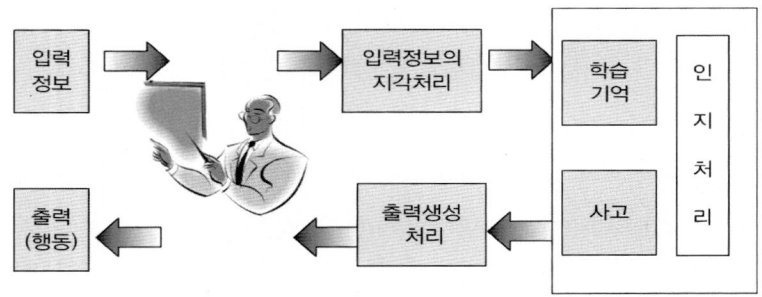

〈그림 6-4〉 인간의 정보처리 개념도

인간의 정보처리 흐름도를 보다 구체적으로 살펴보자. 인간은 감각기관으로 들어온 정보를 지각하고, 이들 중에서 일부를 저장하고, 이 저장된 정보를 인출하여 사용하고 생각하여 해당조건에서 반응한다.

즉 외부 감각자극이 제시되면, 감각 기억을 하게 되고, 이에 대해 지각하며, 생각의사 결정과정과 단기기억을 하고 반응을 선택하여 반응을 실행한다. 이에 대한 결과를 다시 감각기억으로 피드백하여 추가적인 반응을 실행할 수도 있다. <그림 6-5>는 인간의 정보처리 흐름도를 보여 주고 있다.

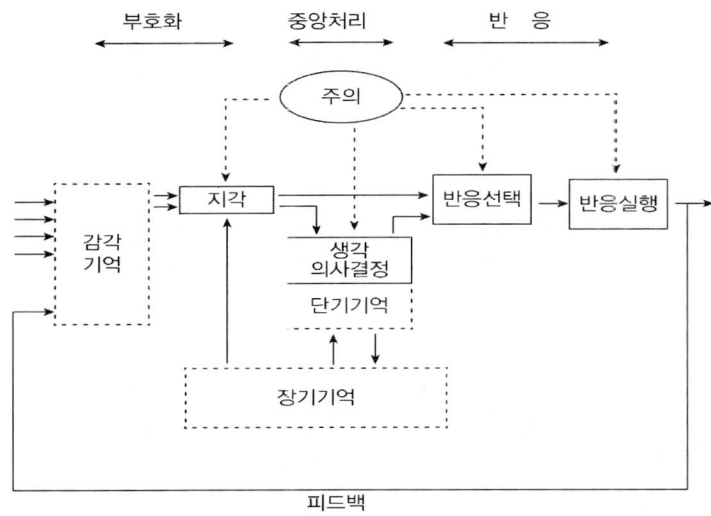

〈그림 6-5〉 인간의 정보처리 흐름도

　　인간과 컴퓨터의 정보처리 능력을 비교해 볼 때에 사고의 특징 면
에서 보면 인간은 귀납적이고 전체적인 의미를 파악하는 데비하여
컴퓨터는 알고리즘에 따라 의미를 이해한다. 연산능력 측면에서 보면
인간은 속도가 느린 편이고 부정확하며 연속작업에 의한 능률이 저
하되는 데 비하여, 컴퓨터는 속도가 빠른 편이고 정확하며 연속작업
을 수행할 때에도 능률은 일정하게 유지할 수 있다. 기억능력 측면에
서 보면 인간은 소용량이고 부정확하며 연상에 의존하는 반면에, 컴
퓨터는 대용량이고 정확하며 저장위치에 따라 호출될 수 있게 되어
있다. 단순반복과 동기 면에서 보면 인간은 단순반복은 잘 못하고 동
기부여에 따라 능력이 향상될 수 있는 데 반해, 컴퓨터는 단순반복이
특기이고 알고리즘을 개량하면 능률이 향상된다. <표 6-1>은 인간
과 컴퓨터의 정보처리 능력을 비교한 것이다.

〈표 6-1〉 인간과 컴퓨터의 정보처리 능력 비교

내 용	인 간	컴퓨터
사고의 특징	귀납적, 전체적의미 파악	연역적 알고리즘에 따라 의미를 이해
연산능력	저속, 부정확 연속작업에 의한 능률저하	고속, 정확 능률은 항상 일정
기억능력	소용량, 부정확 연상	대용량, 정확 위치에 따라 호출
단순반복과 동기	단순 반복은 잘 못함 동기부여에 의한 능력향상	단순 반복이 특기 알고리즘을 개량하여 능률향상

　인간의 인지와 컴퓨터의 인지를 비교해 보자. 우선 학습방식 측면에서 보면 인간은 학습에 의해 지식을 획득하고 컴퓨터는 신경회로망을 통해 학습을 수행한다. 문제 파악 측면에서 보면 인간은 문제에 대한 이해 능력을 가지고 있는 데 반해, 컴퓨터는 패턴이해 방식으로 문제를 해결한다. 컴퓨터는 정해진 알고리즘 순서대로 문제를 파악할 수밖에 없다. 문제 해결방식 측면에서 보면 인간은 지식을 이용하여 추론능력을 가지는 데 반해, 컴퓨터는 문제해결 시스템을 가진다. 컴퓨터는 문제해결에 있어서도 일정한 범위 내에서 주어진 데이터베이스를 근간으로 하여 소프트웨어를 통해 문제를 해결하게 된다. <표 6-2>는 인간의 인지와 컴퓨터의 인지를 비교하고 있다.

〈표 6-2〉 인간의 인지와 컴퓨터의 인지

	인간의 인지	컴퓨터의 인지
학습방식	학습에 의한 지식 획득력	신경회로망에 의함
문제 파악	문제의 이해 능력	패턴이해 시스템
문제 해결 방식	지식을 이용한 추론능력	문제해결 시스템

6.3. 인지과학

6.3.1. 인지과학 태동

인지과학의 태동에 기여한 분야는 튜링의 자동자 이론(1936년), 쿨로치와 피츠의 신경망 모델(1943년), 폰 노이만의 프로그램 내장식 컴퓨터의 설계(1945년), 위너의 사이버네틱스 이론(1948년), 샤논의 정보이론(1948년), 폰 노이만의 자기증식 자동자(1948년), 헤브의 학습규칙(1949년) 등이다. 또한 컴퓨터의 출현(1946년)에 따라 정보처리 개념으로 인간의 마음에 접근하려는 움직임이 나타나기 시작했다.

1956년에 인공지능의 등장으로 마음의 연구를 하나의 과학으로 탄생시켰다. 1956년 9월에 매사추세츠 공대에서 개최되었던 심포지엄에서 인지과학이 공식적으로 탄생되었다.

촘스키는 '통사구조론'으로 언어학의 혁명을 일으키면서 행동주의에 치명적인 일격을 가하고 인지과학의 출발에 힘을 실었다. 밀러가 하버드 대학에 인지연구소를 설립(1960년)함에 따라 심리학의 주도권은 행동주의에서 인지주의로 넘어가고 미국 심리학에서 마음의 연구가 공식적으로 복권되었다.

6.3.2. 인지과학의 특징

인지과학의 핵심적인 특징은 크게 네 가지로 요약될 수 있다. 첫째, 인지과학은 철학, 심리학, 언어학, 인류학, 신경과학, 인공지능 등 6개 분야에서 공동연구를 통하여 수행된다는 것이다. 개별적인 노력으로는 마음의 연구가 불가능하다고 보는 것이다.

둘째, 인지과학은 마음의 기능 중에서 인지의 연구에 주로 관심을 가진다. 정서의 역할이나 사회적 및 역사적 요인이 마음에 미치는 영향에 대해서는 일부러 비중을 두지 않는데 이렇게 되면 인지 기능의 연구를 더욱 복잡하게 만들 소지가 있기 때문이다.

셋째, 마음의 이해를 위해서 컴퓨터가 필수적이라고 생각하는 것이다. 기호를 조작하는 컴퓨터가 마음을 기호체계로 생각하는 인지과학의 모델로 적당하기 때문이다.

넷째, 인지과학을 구성하는 6개 학문은 서로 다른 분야임에도 불구하고 중요한 전제로 공유하는 것이 인지활동은 반드시 기호와 같은 정신적 표상(mental representation)에 의하여 기술되어야 한다는 점이다.

마음이 기호를 조작하는 과정, 즉 특정 정보를 처리하거나 다른 정보로 전환시키는 과정을 계산이라고 한다. 계산은 인지과학에서 가장 중요한 개념이다. 정신과정을 계산으로 간주하고 마음의 작용을 설명해 주는 계산이론을 밝혀내는 것이 인지과학의 최종 목표이다. 결국 인지과학은 마음을 기호체계로 보고 마음이 컴퓨터처럼 기호와 기호 조작에 의하여 설명될 수 있을 것으로 기대하고 있는 것이다.

6.3.3. 인지과학의 과제

마음을 기호체계로 보는 인지과학의 기본전제에 입각하여 가장 성공적으로 인지 기능을 설명한 대표적인 인물은 미국의 마(David Marr)이다. 그는 계산이론에서 인간의 시각체계를 모듈 개념으로 설명하였다. 시각체계에는 시각정보의 세부특징(feature)에 따라 이를 독립적으로 계산하는 여러 종류의 모듈이 있는 것으로 전제하였다.

80년대의 인지과학자들은 촘스키에 이은 마의 계산이론에서 제시된 모듈 개념에 의하여 사람마다 타고난 지식을 가지고 있다는 본유주의(innatism)가 설득력을 가지게 됨에 따라 마음을 기호를 계산하는 컴퓨터의 프로그램으로 간주한 인지과학의 가설이 타당한 것으로 재확인되었다고 생각하였다. 그러나 마음을 연구하는 방법론에서 하향식(top-down)과 상향식(bottom-up)의 접근방법으로 나누어지게 되었다.

인지과학의 경우에 뇌에 의하여 수행되는 인지활동이 '위'라면, 뇌의 신경계 내부에서 발생되는 전기화학적 현상은 '아래'에 해당한다. 뇌와 마음의 관계를 연구하는 학자들은 하향식으로 접근하는 인지심리학과 상향식을 채택하는 신경과학으로 갈라져 있다. 컴퓨터 과학자들은 인간의 지능을 시뮬레이션함에 있어서 마음의 기호조작 과정을 인지의 본질로 보는 하향식의 계산주의(인공지능)와 뇌의 정보처리 메커니즘을 인지의 근본으로 보는 상향식의 연결주의(신경망)로 맞서 있다. 인지심리학과 인공지능이 하향식에 해당하고 신경과학과 신경망은 상향식인 것이다.

대부분의 학자들은 인지과학의 미래를 하향식과 상향식의 효과적인 결합에 걸고 있다. 마치 터널을 양쪽 끝에서 뚫고 들어가는 두 명의 인부가 산줄기의 가운데에서 만나는 것처럼 하향식의 인지심리학자와 상향식의 신경과학자가 중간쯤에서 만나게 될 때에 비로소 마음에 관한 완벽한 이론이 발견될 것으로 보고 있다.

7. 인간과 컴퓨터의 정서 기능

7.1. 인간과 컴퓨터의 정서 만남

미래는 집에서 애완동물 대신에 로봇을 키울 수도 있게 될 것이다. 인간과 로봇 간에 감정을 서로 교류하는 감성 로봇 개발에 활기를 띠고 있다. 감성 로봇은 마음이 있는 로봇을 말한다. 얼굴을 쳐다보면서 상대방이 누구인지 알아보고 그가 하는 말과 감정을 이해하며 표정을 읽어 내는 로봇이 감성 로봇이다. 또한 편부모나 맞벌이 가정의 어린이 보육을 맡아 주고, 독거노인을 돌보는 등의 도우미 역할도 가능해진다.

앞으로는 점점 인간을 닮아 가고 인간과 상호 작용이 가능한 로봇 기술이 발전되어 로봇 애완동물, 숙제 도우미, 운동 파트너, 놀이 친구뿐만 아니라 지금까지 영화에서나 볼 수 있었던 사랑에 빠지는 로봇 애인이나 인간을 지배하는 로봇 왕국이 등장할지도 모를 일이다.

일본의 연출가 히라타 교수는 '배우들이 로봇 배우 때문에 실업자가 될지도 모른다'라고 예측하였다. 이러한 정도의 로봇 활동과 기능이라면, 인간이 지닌 정서를 어느 정도 가지고 있다고 볼 수 있고, 이러한 로봇 기술이 더욱 발전되면 미래 언젠가는 인간과 컴퓨터가 동등한 정서를 지니게 될 수도 있을 것이다.

국내 포스텍의 김대진 교수팀은 '인간 마음을 읽는 기계'를 개발하여 20명을 대상으로 얼굴의 27개 특징점의 표정변화에 따른 움직임을 이용해 표정을 읽어 내는 실험을 실시한 결과 88%의 성공률을 보였다고 한다. 사람의 미세한 표정을 과장된 표정으로 변환시킬 수 있는 모션증폭(Motion Magnification) 기술을 이용하여 기계가 사람의 미세한 표정까지 인식할 수 있도록 한 것이다. 이 연구팀은 이와 함께 인간의 표정뿐만 아니라 손짓, 뇌 활동을 분석하여 행동이나 감정을 이해하고 인지할 수 있는 '휴먼 센싱' 기술 개발에 심혈을 기울이고 있다.

한국전자통신연구원(ETRI)에서 개발한 코비는 코알라 모양으로 몸에 장착된 24개의 센서를 통해 사람이 만지거나 쓰다듬는 등의 행동을 인식할 수 있다고 한다. 이 로봇은 이러한 인식을 통해 놀람, 기쁨, 슬픔, 외로움, 부끄러움, 화남 등의 감정을 생성하고, 실제로 살아 있는 동물과 비슷하게 재롱을 부리거나 고개를 흔드는 등의 다양한 상호 작용을 보여 준다. 또한 주인의 얼굴을 알아볼 수도 있다. 이 로봇은 애완용뿐만 아니라 이용자에게 정서적인 안정과 흥미를 줄 수 있어서 앞으로 심리적 안정이 필요한 환자 치료용으로도 활용될 수 있을 것으로 기대된다.

미국 매사추세츠공대(MIT) 인공지능연구소가 1999년에 개발한 '키즈멧(Kismet)'은 사람이 말하는 간단한 단어를 인지할 수 있고 그에 따른 표정을 지을 수 있다.

그러나 일부 인공지능 전문가들은 오늘날의 실리콘 반도체 기술만으로는 감성이 풍부한 로봇의 등장이 불가능할 수도 있다고 주장한다. 기억과 학습, 감정 유탈은 사람 몸속의 수많은 신경세포 간에 협동에 의해 이루어지는 데에 반하여 실리콘 반도체로 구성된 컴퓨터는 정해진 자원(계산능력과 기억용량)만을 이용한다는 것이다.

한편으로는 분자컴퓨터가 2020년까지 실용화될 것으로 전망하는데 분자컴퓨터는 수십억 개의 유전정보를 담고 있는 유전자(DNA)처럼 복합적인 정보처리 및 저장 기능을 가진다. 이러한 것은 결국 인지적 측면뿐만 아니라 정서적 측면과 행동적 측면까지도 인간과 컴퓨터를 이을 수 있게 한다.

7.2. 정서의 개념

7.2.1. 정서란 무엇인가

정서는 주관적이고, 생물학적이며, 목적적이며, 사회적 현상이기도 하다. 부분적으로 정서는 화나 즐거움과 같이 특정 방식으로 우리가 느끼게 되는 주관적인 느낌이다. 또한 정서는 생물학적 반응으로서 개인이 직면한 상황에 적응하기 위해 신체를 준비시키는 에너지－동원 반응이다. 정서는 배고픔이 목적을 가지는 것과 마찬가지로 어떤 사건의 목적이 된다. 예를 들어서 화는 적과 싸우거나 불공정함에 대하여 항거하는 것과 같이 으리가 일상적으로 하지 않는 것들을 하도록 동기화시키는 욕구를 만들어 낸다. 정서는 사회적 현상이다. 우리는 우리의 정서 특성을 다른 사람들에게 전달할 수 있도록 안면 표정, 자세, 그리고 말투와 같은 인식할 수 있는 신호들을 보낸다.

정서를 정의함에 있어서 주관적, 생물학적, 목적적, 사회적 차원들 중에 어느 것도 명확하게 정서를 정의하지 못하고 있다. <표 7-1>은 정서의 다차원적 측면을 나타내고 있다.

〈표 7-1〉 정서의 다차원적 측면(참고문헌: 동기와 정서의 이해, 정봉교 외 저, 박학사)

차 원	정서에 대한 기여	표 출
주관적(인지적)	느낌 현상학적 깨달음(자각)	자기보고
생물학적(생리학적)	각성 신체적 준비 운동반응	뇌회로 자율신경계 내분비(호르몬)계
기능적(목적적)	목표지향적 동기	상황에 적절한 대처반응을 하려는 욕구
표현적(사회적)	의사소통	얼굴표정 신체자세 발성

정서의 한 가지 정의는 정서가 지속시간이 짧고, 주관적-생리적-동기적-의사소통적 현상으로서 우리가 살아가는 동안 직면하게 되는 기회와 도전에 적응할 수 있도록 돕는다는 것이다. 그러나 정서는 실제로 존재하지 않고, 주관적, 생물학적, 기능적, 표현적 요소들을 유발한 사건에 대한 결합된 반응으로 정리한 심리학적 개념이다.

정서는 두 가지 방식으로 동기와 관련되어 있다. 첫째, 정서는 일들이 얼마나 잘 진행되는지 혹은 나쁘게 진행되는지를 나타내기 위한 지속적인 '판독' 시스템으로서 작용한다. 예를 들어서 즐거움은 목표를 향해 나아가고 사회적 수용을 신호해 주며, 혐오는 실패와 상실을 신호해 준다. 둘째, 정서는 동기의 한 유형이다. 모든 동기와 마찬가지로, 정서들은 행동에 활력을 부여하고 방향을 결정해 준다.

7.2.2. 정서의 원인

정서의 원인으로는 여러 가지들이 거론되고 있으나 그중에서 인지적 요소와 생물학적 요소로 크게 분류된다. 인지적 요인이 일차적이라고 주장하는 사람들은 만약 우리가 어떤 사건의 의미와 개인적 중요성을 먼저 평가하지 않는다면 정서적으로 반응할 수 없다고 주장한다. 어떤 사건이 그 사람의 안녕과 관련이 있는가? 중요한가? 이득이 되는가? 해로운가 등의 의미가 형성된 후에 그 다음으로 정서가 뒤따른다는 것이다. 만약 차가 지나갈 때 당신의 안녕이 어떤 식으로든 위협받는다고 생각되지 않는다면 도로에서 당신 옆을 지나는 차는 공포를 불러일으키지 않을 것이다. 따라서 정서를 일으키는 과정은 사건 그 자체로 시작되는 것이 아니며, 그것에 대한 생물학적 반응으로 시작되는 것도 아니고 오히려 그 사건의 의미에 대한 인지적 평가에 의해 시작된다는 것이다.

생물학적 요인이 더 기본적이라고 주장하는 사람들은 정서적 반응들에 인지적 평가들이 반드시 필요한 것이 아니라고 주장한다. 신경활동이나 자발적인 얼굴표정과 같은 사건들이 정서를 활성화시킨다는 것이다. 생물학적 관점을 주장하는 사람들은 유아들이 인지적 부족에도 불구하고 특정 사건들에 대하여 정서적으로 반응한다는 것을 발견하였다. 생물학적 관점을 지지하는 근거는 다음의 세 가지로 요약될 수 있다.

① 정서적 상태들은 종종 언어화하기 어렵기 때문에 비인지적인 기원을 가지고 있다.
② 정서적 경험은 뇌의 전기자극 또는 안면근육의 활동들과 같은 비인지적 절차에 의해 야기될 수 있다.
③ 정서는 유아들과 동물들 모두에서 일어난다.

Robert Plutchik(1985)은 인지적 모형 대 생물학적 모형에 대한 논쟁은 닭이 먼저냐 달걀이 먼저냐의 문제와 같다고 보았다. 정서는 인지적인 원인 또는 생물학적 원인으로 개념화되어서는 안 된다고 보았다. 오히려 정서는 과정으로 복잡한 피드백 시스템에 수렴되는 사건들의 연결이다. <그림 7-1>은 정서의 피드백 고리를 나타내고 있다. 정서에 영향을 미치기 위해서, 사람들은 피드백 고리의 어떤 지점에서건 개입할 수 있다. '이것은 유익하다'라는 인지적 평가를 '이것은 해롭다'로 바꾸면 정서도 바뀔 것이다. 또는 신체적 표현(안면근육, 신체동작)을 바꾸면 정서가 바뀔 것이다.

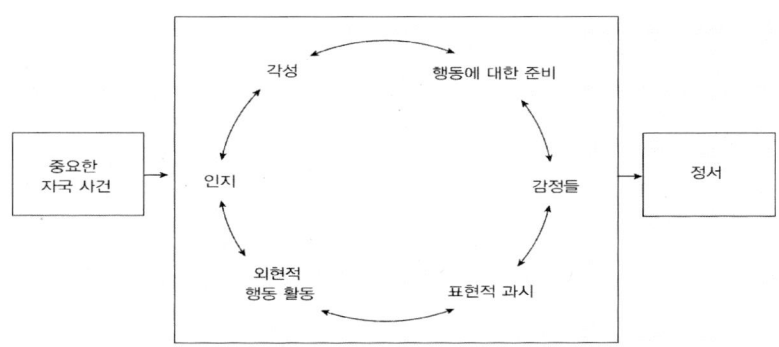

〈그림 7-1〉 정서의 피드백 고리
(참고문헌: 동기와 정서의 이해, 정봉교 외 저, 박학사)

7.2.3. 기본적인 정서

정서에는 얼마나 많은 것들이 존재하는가? 생물학적 관점을 가진 사람은 일차적인 정서(분노, 공포)들을 강조하고, 인지적인 관점을 가진 사람들은 일차적인 정서들의 중요성을 인정하지만, 정서적 경험들에 대한 많은 흥미로운 것들이 개인적, 사회적, 문화적 경험 등에서 나온다는 것을 강조하였다. 정서를 일반적으로 다루고자 할 때에 다음과 같은 특성을 가지는 기본정서 개념을 정의한다.

① 획득되기보다는 생득적인 것
② 동일한 상황에서 모든 사람들에게 일어나는 것
③ 독특하고 변별 가능하게 표현되는 것(얼굴 표정을 통해)
④ 변별 가능한 생리적 반응 패턴을 유발하는 것

인지적 이론가들과 생물학적 이론가들 모두로부터 나온 기본적인 정서 6가지, 즉 공포, 분노, 혐오, 슬픔, 기쁨, 흥미 등에 관하여 설명한다.

(1) 공포

공포는 개인이 어떤 상황을 잠재적으로 위험하고 위협적인 것으로 해석할 때 시작된다. 가장 일반적으로 공포를 일으키는 상황은 신체적 혹은 심리적인 해가 예상되는 경우에 위험에 대한 취약성 또는 그 사람의 대처능력이 앞으로 다가올 상황들에 맞지 않을 것이라는 예상 등에 따라 일어난다.

공포는 방어를 동기화시킨다. 이것은 자율 신경계의 각성을 일으키는 것으로 앞으로 다가올 신체적 또는 심리적인 해에 대한 경고 신호로 작용한다. 사람은 자기 자신을 보호하기 위해서 떨고, 땀을 흘리며, 주위를 둘러보고, 신경이 날카롭게 되는 것을 느낀다. 방어 동기는 전형적으로 공포의 대상을 직접 만났을 때 대처 반응을 하거나 또는 그 대상으로부터 도망치거나 움츠려드는 행동으로 표출된다.

(2) 분노

사람들이 가장 최근의 정서적 경험에 대해 이야기하라고 요청받았을 때에 가장 자주 떠올리는 정서가 바로 분노이다. 분노는 자신의 계획이나 목표가 일부의 어떤 힘(장애물, 방해, 훼방 등)에 의해 저지되었다는 해석과 같은 속박 경험에서 일어난다. 또한 분노는 신뢰가 무너지거나, 퇴짜당하거나, 부당하게 비난당하거나, 다른 사람들로부터 배려가 부족하거나, 귀찮은 것이 누적되었을 때 일어난다. 분노의 본질은 그 상황이 당연한 것이 아니라는 신념이다.

(3) 혐오

혐오는 오염되거나, 상했거나, 썩은 물건으로부터 멀어지거나 그것을 없애고자 하는 것과 관련된다. 유아기에는 혐오의 원인이 쓴맛 또는 신맛에 한정된다. 아동기에는 혐오 반응이 선천적으로 싫어하는 맛과 획득된 불쾌감 모두를 포함한다. 나이가 든 아동들은 공격적인 자극을 받게 될 때에 혐오를 나타낸다. 성인에게 혐오를 일으키는 물체들로는 육체적인 더러움, 대인관계에서의 더러움 그리고 도덕적인 더러움도 포함된다.

혐오의 기능은 거부이다. 혐오를 통해, 각 개인은 환경의 몇몇 물리적 또는 심리적 측면들에 대하여 능동적으로 거부하고 포기한다. 혐오에 대한 대처 행동으로는 주위에서 쓰레기를 치우는 것, 위생약품을 뿌리는 것, 그릇을 씻는 것, 이빨을 닦는 것, 샤워를 하는 것, 혐오스러운 육체나 흐트러진 몸매를 바로잡고자 운동을 하는 것들이다.

(4) 슬픔

슬픔은 가장 부정적이면서, 혐오적인 정서이다. 슬픔은 대체로 이별과 실패의 경험에서 일어난다. 이별, 사랑하는 사람의 죽음, 이혼, 논쟁 등이 우리를 괴롭힌다. 시험이나 콘테스트에서 입상하지 못하거나 집단 구성원들로부터 거부당하는 것과 같은 실패 또한 슬픔을 낳는다.

슬픔은 매우 혐오적인 느낌이므로 그들에게 다시 그러한 일들이 일어나기 전의 상태로 돌아갈 수 있도록, 슬픔을 자극하는 환경들을 완화시키는 데 필요한 행등을 동기화한다. 슬픔은 슬퍼지기 전의 상황으로 환경을 복구하도록 동기화시킨다. 실패를 겪은 경우에는 자신감을 회복하기 위하여 연습을 하게 된다. 대부분의 많은 이별과 실패는 이전의 상태로 복귀될 수 없다. 이러한 희망이 없는 상황에서, 사람들은 능동적이거나 정력적인 방식이 아니라 슬픔을 주는 상황으로부터 주로 철회하도록 만드는 수동적이면서 무기력한 방식으로 행동한다.

(5) 기쁨

기쁨을 가져오는 사건들은 일의 성공, 개인적 성취, 목표 달성, 원하는 것을 얻는 것, 존중받는 것, 존경받는 것, 사랑이나 관심을 받는 것 또는 놀랄 만큼 기분 좋은 일을 경험하는 것과 같이 희망했던 결과를 얻을 때이다.

기쁨의 기능은 두 가지이다. 한 가지는 기쁨이 사회적 활동에 참여하고픈 의도를 활성화시키는 것이다. 기쁨의 미소는 사회적 상호 작용을 일으킨다. 두 번째 이득으로는 기쁨은 부드럽게 만드는 기능을 가진다는 것이다. 기쁨은 인생을 즐겁게 만드는 긍정적인 느낌이다. 따라서 기쁨의 즐거움은 피할 수 없는 인생의 좌절과 실망 그리고 일반적인 부정적 감정들을 중화시키며, 심리적인 행복을 유지하도록 만든다.

(6) 흥미

흥미는 인류의 일상적인 활동에 있어서 가장 두드러진 정서이다. 흥미는 대부분 개인의 욕구나 행복과 관련된 상황들로부터 일어난다. 우리는 일반적으로 어떤 것에 흥미를 잃는 것이 아니라, 오히려 우리는 한 가지 물건이나 사건들로부터 다른 것들로 그 방향을 전환하는 것이다.

흥미는 우리를 둘러싸고 있는 것들로부터 탐구, 조사, 발견, 조작, 정보 등을 찾아내고자 하는 욕구를 만들어 낸다. 활동에 있어서 개인의 흥미는 얼마나 많은 주의가 그 작업에 동원될 것인지 그리고 관련된 정보를 얼마나 잘 처리하고, 이해하고, 기억할 것인지를 결정한다. 흥미는 학습을 증진시킨다. 흥미라는 정서적 지원 없이는 외국어를 배우거나, 책 읽는 데 시간을 할당하거나, 다른 대부분의 학습활동에 참여하기가 어렵게 된다.

7.2.4. 정서의 기능

정서는 어떤 목적으로 작용하는가? 정서는 왜 필요한가 등에 대한 대답이 바로 정서의 기능에 해당한다. 정서는 환경에 적응하는 것을 돕는다고 한다. 정서의 기능에는 크게 대처 기능과 사회적 기능이 있다.

(1) 대처 기능

정서는 동물들이 기본적인 일상생활을 행하는 데 도움이 되기 때문에 진화하였다. 생존하기 위해서 동물들은 환경을 탐색해야 하고, 해로운 물질들을 먹지 않고, 관계를 형성하고 유지하며, 위급 상황에 즉각적으로 대처하고, 상처 입는 것을 피하고, 번식하고, 싸우며, 서로 돌보아야 한다. 이러한 행동들은 정서를 낳고 그 각각은 변화하는 물리적, 사회적 환경에 대한 각 개체의 적응력에 도움을 준다.

Plutchik에 따르면 정서는 방어, 파괴, 번식, 재결합, 친애, 거절, 탐구, 지향이라는 8개의 두드러진 목적으로 작용한다고 한다. 방어의 목적으로 공포는 신체를 철수하거나 도피하도록 준비시킨다. <표 7-2>는 정서적 행동의 기능을 나타내고 있다.

〈표 7-2〉 정서적 행동의 기능(참고문헌: 동기와 정서의 이해, 정봉교 외 저, 박학사)

자 극	반 응	기 능	정 서
위협	달리기, 날아가기	방어	공포
장애물	깨물기, 때리기	파괴	분노
잠재적인 배우자	구애하기, 짝짓기	번식	기쁨
가치있는 사람의 상실	도와달라고 울기	재결합	슬픔
집단 구성원	치장하기, 나누기	친애	수용

자 극	반 응	기 능	정 서
소름끼치는 물건	토하기, 밀어내기	거절	혐오
새로운 영역	검사하기, 측정하기	탐구	기대
갑작스럽고 신기한 물건	멈추기, 각성하기	지향	놀라움

기능적 관점에서는 나쁜 정서란 없다. 기쁨이 반드시 좋은 정서인 것은 아니며, 분노와 공포가 반드시 나쁜 정서인 것도 아니다. 모든 정서들은 그들이 직면한 주어진 환경으로 주의를 돌리고, 행동을 바꾸게 하기 때문에 유용하다고 말할 수 있다. 각각의 정서는 특정 상황에 대응하는 준비성을 제공하게 된다. 이러한 관점에서 볼 때에 공포는 최선의 방어를 일으키고, 혐오는 상한 음식들에 대해 거부하도록 만들기 때문에 공포, 분노, 혐오, 슬픔 그리고 모든 정서들은 좋은 정서들이다.

(2) 사회적 기능
정서는 대처 기능 이외에도 다음과 같은 사회적 기능을 가진다.
• 우리의 느낌을 다른 사람들과 의사소통
• 다른 사람들이 우리와 상호 작용하는 방식을 조절
• 사회적 상호 작용에 초대하고 촉진시키는 것
• 대안관계를 창출하고, 유지하고, 해결하는 중추역할

정서적 표현은 우리의 느낌을 다른 사람들에게 전달하는 강력하고, 비언어적인 메시지이다. 개인의 정서적 표현이 다른 사람의 선택적 행동 반응들을 자극할 수 있는 것처럼 정서적 표현들은 사람들이 상호 작용하는 방식을 조절한다. 예를 들어서 인형 한 개로 인한 갈등

상황에서 정서를 표현하지 않는 아이보다는 분노와 슬픔을 표현하는 아이가 인형을 가질 가능성이 더 높다.

정서적인 표현들은 사회적 상호 작용을 일으키고 활성화시킨다. 이러한 목적을 위해 많은 정서적 표현들은 생물학적이라기보다는 사회적으로 동기화된 것이다. 사람들이 기쁨을 느낄 때 웃고, 슬픔을 느낄 때 얼굴을 찌푸리지단 또한 사람들은 빈번하게 그들이 기쁘지 않을 때에도 웃는다. 일반적으로 사람들은 기쁨을 경험할 때보다 사회적 상호 작용에 참여할 때어 미소 짓는 경향이 더 많다고 한다. 미소는 정서적이라기보다는 사회적으로 동기화된 것이다.

만약 정서적 반응들의 원인이 무엇인지를 추적한다면 대부분의 정서적 반응들을 유발하는 것이 대인관계에서의 마찰이라는 것을 발견할 수 있을 것이다. 정서는 대인관계의 본질이 된다. 또한 정서는 사람들을 함께 두도록 하거나 서로 밀어냄으로써 사람들 간의 거리를 조정하게 되어 대인관계를 창출하고 유지하고 풀어 나가는 데 있어 중심적인 역할을 수행한다.

정서에 대한 반응은 상황에 따라 부적절할 수도 있다. 정서가 많은 다른 상황에서도 적응적이기 위해서는 정서들이 조절되고 통제될 필요가 있다. 현대사회에서는 호랑이가 우리를 공격하거나 사람들이 음식을 훔치거나 맹수들이 우리의 아이를 해치는 등의 일은 거의 없다. 오늘날의 위협은 더 적어졌고 따라서 옛날과 같은 방식으로 우리의 정서 시스템을 최대한 동원할 필요가 없다. 가끔씩 우리는 무르익은 정서 반응들을 통제하거나 보존할 필요가 있다.

7.2.5. 정서의 특징

인간의 마음의 기능 중에서 정서는 인지 못지않게 중요하지만 정서는 매우 복잡하고 지극히 추상적인 상태이므로 정의하기가 쉽지 않다. 정서는 일반적으로 감정(feeling), 마음가짐(attitude), 기분(mood)이 결합된 현상이라고 말할 수 있다. 정서는 개인의 감정이 표정, 태도 또는 행동 등으로 나타나는 것이다.

정서의 종류를 분류하는 방법은 매우 다양하지만 대표적으로 Watson은 두려움, 분노, 사랑으로 구분하였고, 에크만(Ekman)은 행복, 슬픔, 화, 두려움, 혐오, 놀람 등의 6개 정서가 모든 문화에서 발견된다고 밝혔다. 에크만은 인간의 정서 표현도 전 세계적으로 80% 정도가 유사하다고 주장하였다. 가장 보편적인 분류로는 정서를 쾌(pleasure)와 불쾌 차원으로 구분하는 것이다.

이러한 정서에는 주관적인 감정으로서의 정서와 독특한 신체적 반응의 표현으로서의 정서로 구분된다. 초기의 정서이론에서는 정서적 경험과 신체적 변화가 발생하는 순서가 중요한 사항으로 대두되었다.

미국의 제임스는 1900년대에 인간이 특정 자극을 지각하면 그것이 내장과 근육의 반응을 유발하고, 이러한 신체적 변화를 개인이 인식하여 정서를 경험한다고 주장하였다. 즉 신체적 변화가 정서적 경험을 앞선다는 것이다. 요컨대 무서워서 도망가는 것이 아니라, 도망가기 때문에 무섭다는 것이다. 또한 무섭기 때문에 가슴이 뛴다가 아니라 가슴이 뛰기 때문에 무섭다는 것이다. 이를 근거로 하면 얼굴표정을 바꿀 경우에 기분이 좋아진다는 안면피드백 가설이 성립된다. <그림 7-2>는 제임스의 정서이론을 보여 주고 있다.

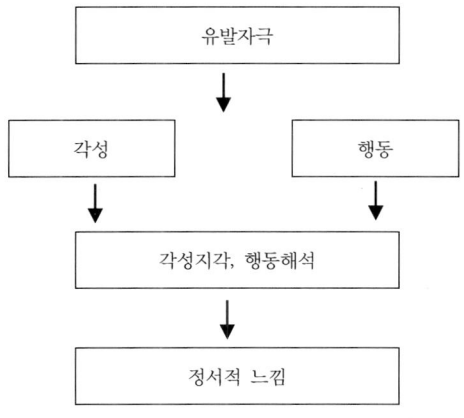

〈그림 7-2〉 제임스의 정서이론

제임스 이론은 1929년 미국의 생리학자인 캐논으로부터 강력한 비판을 받게 되었다. 캐논은 정서경험과 정서반응이 모두 대뇌에서 통합되기 때문에 정서적 경험과 신체적 변화는 동시에 일어난다고 주장하였다. 제임스와 캐논은 생리적 활동에 따라 정서가 좌우된다는 것인데 생리적 활동 그 자체로는 정서를 일으키는 데 충분하지 못하다. 예를 들어서 최루탄 가스로 인해 눈물이 난다고 하여 슬픔을 유발시킬 수는 없기 때문이다.

캐논 이론의 비판으로는 아래 사항들이 있다.

- 신체의 내부 기관들에는 신경이 잘 퍼져 있지 않기 때문에 자율신경계의 변화가 정서체험의 원천이 되기에는 너무 느리다.
- 자율신경계의 흥분패턴이 상이한 정서들 간에 뚜렷하게 다르지 않다.

<그림 7-3>은 캐논의 정서이론을 나타내고 있다.

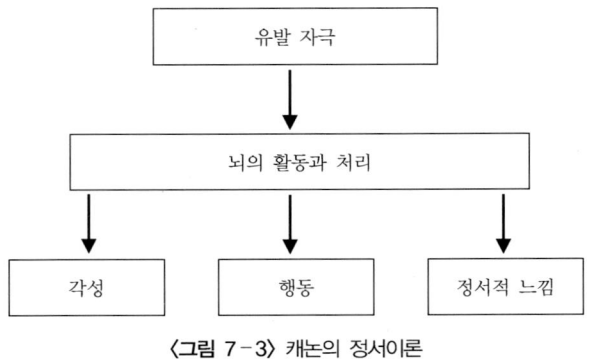

〈그림 7-3〉 캐논의 정서이론

1971년에 미국의 샤크터(Schachter)는 인지 평가 이론을 주장하였다. 정서자극이 제시되면 생리적 각성이 일어나는데, 이에 대한 인지적 평가가 이루어진다는 것이다. 즉 정서는 인지적 요인과 생리적 상태의 상호 작용에 의하여 형성된다는 이론이다. 샤크터의 이론은 처음으로 정서와 인지가 서로 분리된 독립적인 기능이 아니라 많은 부분에 맞물려 서로 보완하는 관계임을 주장한 것이다. <그림 7-4>는 샤크터의 정서이론을 보여 주고 있다.

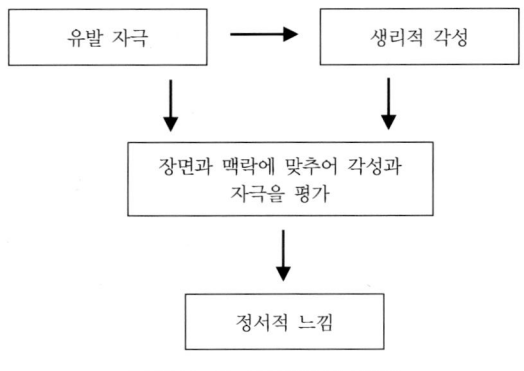

〈그림 7-4〉 샤크터의 정서이론

7.2.6. 인지와 정서의 관계

인지심리학자인 존슨-레어드(Johnson-Laird)는 1988년에 '컴퓨터와 마음'이라는 저서를 통해 정서가 인지 기능에 의해 야기된다는 정서의 인지이론을 제시하였다. 그는 신체적 요구에서 비롯되는 감정과 타인과의 관계에 따라 발생되는 감정을 구별하여, 후자를 정서라고 정의하였다. 신체적 요구는 굶주림을 느끼는 것과 같은 물리적인 원인으로부터 비롯되는 것을 말하고 타인과의 관계로부터의 감정은 심리적인 원인에서 출발한다는 것이다.

그는 정서가 인류의 진화과정을 통해 형성된 것이라고 전제하고 행복(happiness), 슬픔(sadness), 노여움(anger), 두려움(fear), 혐오감(disgust) 등의 다섯 가지를 기본정서라고 규정하였다. 존슨-레어드는 인간도 동물과 마찬가지로 동일한 정서들을 가지고 있다고 하였다. 예를 들어서 오로지 인간만이 가지고 있는 웃음을 끌어내는 유머의 경우에 그 바탕이 되는 정서는 행복이다. 그러나 인간은 5종류의 기본정서 이외에 복합정서(complex emotion)를 가지고 있는데 복합정서는 정서적 요인과 인지적 평가가 통합되어 분리될 수 없는 것을 말한다. 즉 복합정서는 기본정서와는 다르게 인지적 평가를 수반하지 않고서는 경험될 수 없다는 것이다.

복합정서에는 자신을 대상으로 하는 정서와 타인을 대상으로 하는 정서가 있다. 자신이 대상이 되는 복합정서는 자기 자신을 평가할 때 생기는 정서(예를 들어서 자신이 자랑스럽게 느껴지는 행복)와, 다른 사람과 관련지어 자기를 평가할 때 생기는 정서(예를 들어서 수치심을 느낄 때의 혐오감)가 있다. 이와 같은 것들은 자기 자신 혹은 타인과의 비교를 통한 인지적 평가가 없이는 경험할 수 없는 정서이다. 타인을 대상으로 하는 정서는 다른 사람을 자기 자신과 결부시켜서 인지적 평가를 통해 발생하는 존경심, 연민, 질투 등과 같은 정서이다.

존슨－레어드는 정서가 신체적 변화의 지각(제임스 및 캐논) 또는 인지적 요인에 의하여 영향을 받는 것(샤크터)이 아니라, 진화과정에서 얻어진 정서적 요소(기본정서)와 마음의 계산(인지적 평가)이 함께 고려된 산물이라는 것이다. 정서도 인지와 마찬가지로 정보처리 현상으로 설명될 수 있음을 제시하였다.

7.3. 정서의 생리학

7.3.1. 정서회로

1937년에 신경병리학자인 페이페즈(James Papez)는 ‘페이페즈 회로’라고 불리는 정서회로(emotional circuit) 모델을 제시하였는데 정서회로는 유두체, 시상하부, 중격, 대상회전피질, 전측시상, 해마, 편도핵 등을 연결하는 회로를 말한다. <그림 7－5>는 인간의 정서회로를 보여 주고 있다.

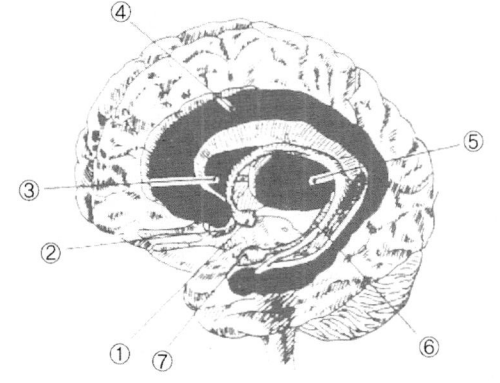

① 유두체
② 시상하부
③ 중격
④ 대상회전 피질
⑤ 시상
⑥ 해마
⑦ 편도핵

〈그림 7 - 5〉 인간의 정서회로

　1973년에는 신경생리학자인 미국의 매클린이 3부뇌를 제시하였는데 3부뇌의 모형은 파충류형 뇌, 변연계, 신피질 등이 상호 연결되어 있다는 것이다. 인간의 뇌가 진화적인 발달과정을 가진다는 가정하에 파충류형 뇌 부분은 인간의 생존에 기본적인 호흡이나 섭식과 같은 일상적인 행동을 조절하는 기능을 가진다. 변연계는 파충류 다음으로 진화된 하등의 포유류의 뇌에 해당하는 부분으로서 시상, 시상하부, 중격, 해마, 편도핵, 뇌하수체, 후구 등으로 구성된다.

　변연은 '변두리를 둘러싸고 있는'이라는 뜻으로 변연계 내의 각 구성 부위는 특정의 정서반응과 관련이 있다. 예를 들어서 시상하부에서는 공포, 중격에서는 즐거움, 전측시상에서는 성적 충동, 편도핵에서는 분노가 발생되며, 뇌하수체는 위험이나 긴장에 대응하도록 지원한다. 변연계에서 가장 오래된 부분인 후구는 냄새의 분석과 관계된다.

　파충류형 뇌와 변연계가 인간의 동물적 본능을 지배하는 원시적 뇌라고 한다면, 뇌의 90%를 점유하고 있는 신피질은 원시적 뇌를 통

제하여 인간적 이성을 지배하는 기능을 가지고 있다. <그림 7-6>은
3부뇌와 변연계를 나타내고 있다.

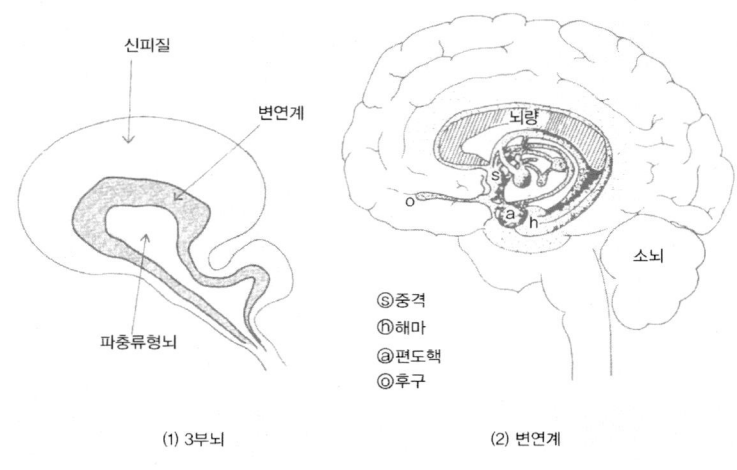

<그림 7-6> 3부뇌와 변연계

7.3.2. 뇌와 정서반응

정서가 뇌의 고정된 신경회로에 의하여 발생되는 생리적 현상이라
는 사실은 생화학과 정보처리 접근방법으로 설명될 수 있다. 인간의
각종 신체부위는 신경계와 호르몬계로 제어를 받는다. 호르몬계의 예
로서 인간이 위협을 받게 되면 내분비계의 부신선에서 에피네프린
또는 아드레날린이라고 불리는 호르몬이 분비된다. 부신선은 뇌하수
체의 통제를 받아 호르몬을 분비하고 뇌하수체는 시상하부로부터 통
제를 받는다.

뇌의 변연계가 부신의 내분비선에 직접 작용하여 에피네프린 호르몬의 분비를 통제하기 때문에 위협상황에 대처하는 정서반응의 수준이 조정된다. 위험한 상황이 지각되면 뇌는 사자처럼 공격적이 되거나 쥐처럼 겁먹은 행동의 양자택일을 하게 된다. 정서가 생화학적 변화와 관련되어 있다는 사실은 신경전달물질(neurotransmitter)의 작용에서도 역시 확인되었는데 마리화나와 같은 마취약을 복용하면 신경전달물질의 작용을 모방하기 때문에 기분이 바뀌게 되는 것이다.

뇌의 신경회로가 정서반응을 조절하는 메커니즘은 정보처리 측면에서도 설명된다. 시상하부는 내분비계의 호르몬 분비를 조절하여 신체가 외계의 변화에도 불구하고 내적 환경(internal environment)을 일정한 상태로 유지할 수 있게 하는데 이것은 가정용 난방장치의 자동온도 조절장치와 비슷한 동작이다. 결국 내분비계를 통하여 유지되는 항상성(homeostasis)은 뇌의 시상하부에 의하여 통제되는데 이는 곧 일종의 정보처리계에 해당한다. 인체의 통제는 아날로그 방식이 아닌 디지털 방식이라고 생각된다. 즉 각 신체 부위의 파라미터 수치가 일정한 값 이상이 되면 통제기관으로부터 통제정보가 방출되는 시스템이라는 것이다.

정서는 상기와 같이 정보처리 특징을 가지고 있다. 다시 말하면 정서 안에는 강력한 인지적 요소가 내재되어 있다는 것이다. 예를 들어서 위약효과가 이것을 설명해 준다. 실제 약물의 효과를 흉내 내서 만든 불활성 물질인 위약을 환자에게 투여해도 환자의 통증이 완화되는 경우가 바로 정서적 반응이 인지적 요소가 개입되어 있다는 것을 보여 주고 있다.

7.4. 인공정서

7.4.1. 정서 반도체

일반적으로 정서는 인지에 비하여 기계로 구현할 수 없는 것으로 간주되었다. 또한 기계는 감정을 느낄 수 없기 때문에 컴퓨터는 절대로 인간의 지능을 가질 수 없다고 주장하였다. 더욱이 인공지능 학계에서조차 정서를 기계 안에 실현시키는 방법에 대하여 체계적으로 연구를 진행하고 있지 않았기 때문에 인공정서(artificial emotion)에 대한 결실을 보지 못하였다.

인공지능의 입장에서 보면 사고는 논리적이므로 이해하기 쉽지만 정서는 비논리적이고 사고보다는 정성적인 특징이 많아서 프로그램으로 구성하기가 어렵기 때문에 인공정서가 불가능한 것으로 간주하였다. 그러나 실제적으로는 정서보다 오히려 사고에 대해서 잘 모르고 있는 편이다. 뇌가 사고기능을 수행하는 방법은 뇌가 어떻게 신경정보를 처리하는지 잘 알지 못하기 때문에 아직까지 잘 풀리지 않는 수수께끼로 남아 있지만 정서는 그렇지 않다. 정서는 뇌의 고정된 신경회로에 의하여 발생되는 생리적 현상임이 확인됨에 따라 정서반응에 관한 정보처리 측면을 이해할 수 있게 되었다.

정서는 정서가 발생되는 뇌의 신경회로, 정서반응과 관련된 생화학적 변화, 정서의 정보처리 특성 등의 3가지 측면에서 충분히 설명될 수 있다. 뇌의 변연계에서 정서가 발생되는 방식과 동일하게 작용할 수 있는 전자회로를 반도체 소자, 즉 정서 반도체로 개발하여 그것을 컴퓨터에 사용한다면 그 컴퓨터는 정보처리 방식에 의하여 정서를 경험할 수 있게 될 것으로 생각된다.

7.4.2. 컴퓨터의 자율성

인공정서를 개발하려고 느력하는 이유는 인간의 마음을 흉내 내는 기계에는 반드시 정서가 포함되어야 한다는 이유와 함께, 컴퓨터가 현실세계에서 인간과 상호 작용을 하도록 하기 위해 컴퓨터도 사람처럼 정서를 이해하고 활용할 필요가 있다는 것이다.

영국의 시몬즈(Geoff Simons)는 1985년에 '컴퓨터 생명의 생물학'에서 컴퓨터가 정서를 가지게 됨에 따라 자율성(autonomy)이 향상되고, 그에 따른 새로운 기능이 다양하게 출현하게 될 것으로 보았다.

인공정서로 인해 컴퓨터의 자율성이 향상될 것으로 보는 이유는 정서가 동기(motive)와 매우 밀접한 관계를 가지고 있기 때문이다. 동기는 사람을 움직여서 목표지향적(goal-directed)인 행동을 하도록 하는 조건들, 즉 충동, 감정, 욕망 등을 말한다. 이러한 동기에는 생리적 결핍상태에 의해 초래된 충동을 감소시키기 위하여 행동을 유발하는 생리적 동기와, 개인이 사회생활을 통하여 경험하고 학습한 심리적 요구에 의해 일련의 목표지향적 행동을 유발하는 개인적 동기의 2종류가 있다.

공복 동기와 성 동기는 생리적 동기이며, 자존심과 성취 동기는 개인적 동기에 포함된다. 행동이 동기화(motivation)되면 뚜렷한 동기가 없는 행동보다 더 활발할 뿐만 아니라 어떠한 목표를 지향하는 특성을 가지게 된다. 그리고 동기가 있는 행동에는 정서가 따르기 마련이다.

동기와 정서의 관계에서 미루어 볼 때 기계가 정서를 가지게 되면 컴퓨터의 행동이 동기화될 수 있기 때문에 컴퓨터가 목표지향적인 행동을 할 수 있게 될 것이다. 인공정서에 의해 컴퓨터의 의사결정이 보다 목표지향적으로 된다면 자율성이 크게 향상되어 인간과 효과적으로 상호 작용이 가능해질 것이다.

7.4.3. 윤리감각과 심미능력

컴퓨터가 정서를 가지게 된다면 새로이 윤리적(ethical) 감각과 심미적(aesthetic) 감각의 2종류의 감각이 출현하게 될 것이다. 인간은 진화과정을 거쳐서 태어날 때부터 윤리적 감정을 갖게 되었다. 인간의 윤리적 감각은 인지적 요인과 정서적 요인을 함께 가지고 있다. 인간과 비교해 볼 때 컴퓨터가 인지와 정서를 동시에 가지게 된다면 컴퓨터도 윤리적 감각, 즉 옳고 그름을 판별하는 능력을 가질 수 있게 될 것이다.

컴퓨터가 가지게 될 윤리적 감각의 내용은 컴퓨터가 스스로 자신의 목적을 위하여 정의한 것이 된다. 컴퓨터가 어떠한 형태의 윤리적 충동을 가지게 될 것인지는 우리가 알 수 없다는 뜻이다. 컴퓨터의 윤리가 인간이 존중하는 가치와 동떨어지게 다르거나 심한 경우에는 인간에게 해로운 것을 컴퓨터가 옳은 것으로 판단할 소지도 있다.

컴퓨터의 심미적 감각 역시 윤리적 감각과 같은 맥락에서 그 가능성이 점쳐지고 있다. 심미적 감각은 아름다움을 감상하고 추한 것을 경멸하는 것인데 컴퓨터가 미학을 가질 것이라는 근거는 미학은 인지과정에서 나오기 때문이다. 18세기의 바움가르텐은 미학을 환경에 대한 개인적 반응으로 보았다. 음악을 듣고 그림을 보며 아름다움을 느끼는 정서적 능력을 일종의 정보처리 과정으로 풀이한 것이다. 미학의 정보처리 특성을 보여 주는 사례는 유명한 수학자들의 견해에서 발견된다.

러셀과 폰 노이만은 수학자들을 우아한 수학적 구조를 창출하기 위하여 노력하는 예술가로 보았다. 인간의 지능적 활동 중에서 가장 논리적인 분야들 중의 하나인 수학이 정서기능과 관련이 있다는 사실은 미학이 정보처리 특성을 가지고 있음을 증명하고 있다.

미학은 생리적인 측면에서 설명될 수 있다. 인간은 식욕, 성욕, 수면욕 등의 생리적 욕구가 충족된다고 해도 항상 새로운 자극을 찾아 다닌다. 자극을 구하는 행동에는 호기심이나 모험심 등 개체의 생존과 아무런 관계가 없는 행동이 포함된다. 이러한 행동은 뇌의 신경회로에서 다양한 정서반응을 일으킨다. 또한 심미적 감수성 역시 뇌의 정서회로에 의해 생리학적으로 설명될 수 있다.

인공정서를 가질 수 있는 심미적 컴퓨터(aesthetic computer)는 아름다움을 이해할 수 있지만 인간과 똑같은 심미적 기능을 가질 것으로 보이지는 않는다. 심미적 컴퓨터는 그들에 의하여 정의된 기준으로 아름다움을 감상하게 될 것이다.

7.4.4. 로봇 애인

인공정서에 의해 컴퓨터의 자율성이 향상됨에 따라 인간과 컴퓨터 사이의 관계정립이 더 이상 사람의 주도로 이루어지지 않을 것이다. 컴퓨터 역시 인간과의 관계에 있어서 그들 나름대로의 선택권을 행사할 여지가 있다.

기계와 인간의 관계에서 로봇과 사람의 사랑, 특히 성적 관계에 관한 호기심이 높다. 1886년에 드리즐 아담은 '미래의 이브'라는 저서에서 전기의 힘으로 살아가는 로봇 부인과 젊은 미남의 사랑 이야기를 다루었다. 또한 1938년에 델레이는 '엘렌 오로이'라는 소설에서 여자 로봇인 엘렌은 남편이 죽자 그와의 행복했던 일생에 감사하는 내용의 유서를 남기고 자살을 한다. 이 두 소설은 컴퓨터가 없었던 시대에 작가의 상상력만으로 작성되었다.

미래에는 컴퓨터가 인지력과 함께 정서기능을 보유함으로써 인간은 로봇을 대리 애인으로 생각할 뿐만 아니라 한 걸음 더 나아가서 컴퓨터와 성적 경험을 즐길 수 있을 것이다.

미래의 로봇으로서 안드로이드형 로봇이 대두되고 있다. 안드로이드형 로봇이란 모습과 행동이 모두 인간을 닮은 로봇을 의미한다. 이러한 유형의 로봇이 최근 들어 상당한 기능을 갖추고 있어서 머지않아 원래의 의미, 즉 모습과 행동이 인간을 꼭 빼닮게 될 것으로 보인다. <그림 7-7>은 안드로이드 에버원과 에버투의 기능을 나타내고 있다.

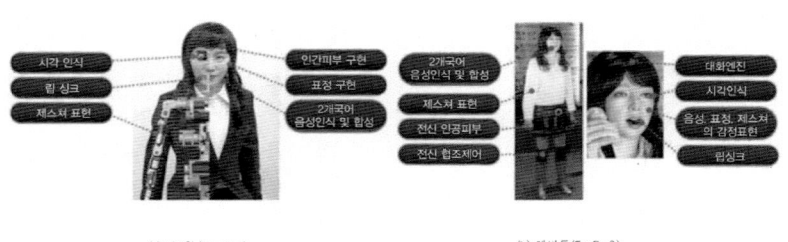

(a) 에버원 (EveR-1)　　　　　　(b) 에버투(EveR-2)

〈그림 7-7〉 안드로이드 에버원과 에버투

8. 인간과 컴퓨터의 행동 기능

8.1. 인간과 컴퓨터의 행동

　인간과 컴퓨터의 행동에 관한 기본적인 개념은 외부로 드러나는 출력이라는 것이다. 컴퓨터의 출력은 모니터, 프린터, 인터넷 등을 통해 수행되는데 인간의 출력은 몸짓, 손짓, 언어 등으로 표현된다. 컴퓨터의 출력은 응용프로그램에 의해 미리 저장되어 있는 데이터를 컴퓨터 밖으로 내보내는 것인데 이때에 출력장치 형태에 맞추어 출력해야 하는 것을 제외하고는 이렇다 할 복잡함이 존재하지 않는다.

　그러나 컴퓨터가 아니라 로봇인 경우에는 인간과 비슷하게 몸짓, 손짓, 언어 등으로 행동을 출력할 수 있을 것이다. 국내 최초의 휴먼 로봇인 AMI(Artificial intelligence Media Interactive)는 1999년도에 카이스트에서 만들어졌으며 인간과 생김새, 기능, 언어표현이 많이 닮았다. 직립 형태이며 두 팔과 두 손을 사용할 수 있다. 악수나 물건 운반은 물론 진공청소기로 간단한 방 청소까지 할 수 있다. AMI의 여자친구인 Amiet은 '아미'에다가 로미오의 연인인 '쥴리엣'의 이름을 합쳐서 이름 지어졌는데 아미엣은 아미와 함께 '열린음악회' 프로에도 출현하였다.

로봇은 인간처럼 지각하고 인간처럼 생각하고 인간처럼 감정을 느끼고, 인간처럼 행동하는 기계로 발전할 것이다. 그러나 로봇의 행동은 인간이 짜 놓은 프로그램에 의해 동작될 것이므로 자율적이라고 말할 수 없다. 아직까지 로봇의 행동은 단기적 움직임에 지나지 않는다. 여기에서 행동은 크게 장기적인 움직임과 단기적인 움직임으로 구분할 수 있다.

본 책에서는 단기적인 움직임이라 함은 짧은 시간 내에서의 행동을 의미하는 것으로서 예를 들어서 밥을 먹는 행동, 공을 차는 행동, 걷는 행동, 말하는 행동 등으로 정의한다. 장기적인 움직임이라 함은 야구선수가 되기 위한 행동, 회사원이 되기 위한 행동, 종교인이 되기 위한 행동 등과 같이 목표가 있고 그 목표를 위해 다양한 행동을 취하는 것으로 정의한다.

컴퓨터의 행동은 단기적인 움직임으로서 미리 정해진 프로그램에 의해 아웃풋을 출력하는 행위에 해당한다. 컴퓨터의 행동은 이러한 행동을 일으키게 하는 응용 프로그램과 함께 실제적인 데이터를 출력하는 출력장치들로 이루어진다. 마찬가지로 인간의 행동도 행동을 일으키게 하는 원인과 함께 실제적인 행동 형태로 구성된다. 또한 인간의 행동은 단기적인 행동과 장기적인 행동으로 구분된다.

인간의 어떠한 행동이 발생할 때에 왜 그러한 행동을 수행하는가가 바로 동기이다. 즉 동기는 인간의 행동의 원인에 해당한다. 동기에는 크게 의식 동기와 무의식 동기로 구분된다. 의식 동기는 내적 동기와 외적 사건으로 구분된다. 내적 동기는 어떠한 행동을 함에 있어서 그 원인이 인간 스스로의 내부 의식에서 출발함을 의미한다. 외적 사건은 인간의 행동이 환경적 맥락, 사회적 상황, 풍토 및 문화와 같은 사회학적 힘 등으로 유발됨을 나타낸다.

미래의 컴퓨터에도 인간과 같이 자율성이 내재될 수 있다면 컴퓨터의 욕구, 인지, 정서 등에 따라 스스로 판단하여 어떠한 행동을 취할 수 있게 될 것이다. 또한 외적 사건들에 대해 능동적으로 대처하게 되고 피드백을 통하여 좀 더 효율적이고 즉각적인 대응 자세를 취할 수 있게 될 것이다. 미래의 컴퓨터가 이와 같이 자율성을 갖게 된다는 것은 인간이 짜 놓은 프로그램 순서대로 행동을 취하는 것이 아니라 컴퓨터 스스로 행동을 취하는 것이기 때문에 인간에게 해로운 일들도 컴퓨터가 스스로 결정하여 이를 행동에 옮김을 의미한다. 이는 SF영화에서 나오는 인간과 로봇의 전쟁이 일어날 수 있는 참으로 무서운 일이 아닐 수 없다.

본 책에서는 인간과 컴퓨터의 행동을 구분하여 설명하고자 한다. 즉 인간의 행동은 외부로 드러나는 인간의 동작형태 대신에 그러한 행동을 야기한 동기 부분에 중점을 두어 설명하기로 한다. 컴퓨터는 아직 자율적인 시스템이라고 간주되지 않기 때문에 인간의 행동 설명과는 달리 컴퓨터가 외부로 출력하는 행동 자체에 중점을 둔다. <그림 8-1>은 인간과 컴퓨터의 행동 체계를 나타내고 있다.

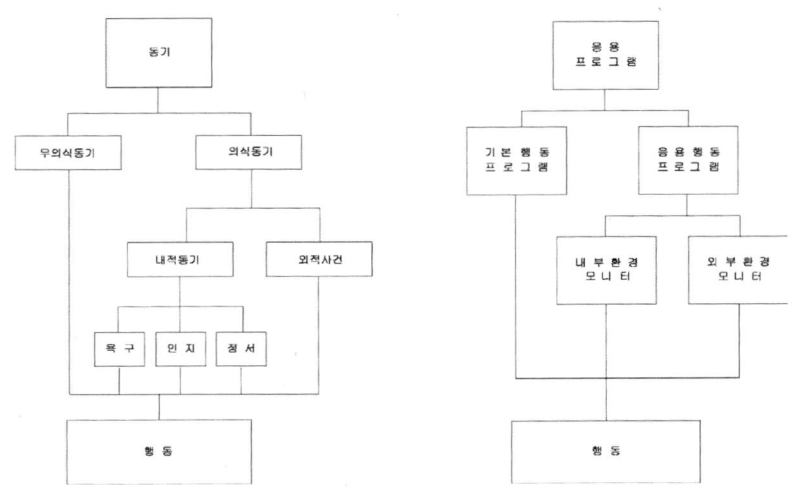

〈그림 8-1〉 인간과 컴퓨터의 행동 체계

8.2. 인간의 무의식 동기

프로이드는 인간의 정신생활을 의식, 전의식, 무의식으로 구분하였다. 의식은 인간이 언제나 자각하는 사고, 느낌, 감각, 기억 및 경험 등을 포함한다. 전의식은 현재에는 생각하고 있지 않지만 신속하게 되돌아올 수 있는 사고와 감정 등을 의미한다. 전의식의 예로서 우리 자신의 이름, 오늘의 날짜, 앞에 보이는 색깔 등은 지금 생각하고 있지는 않지만 우리들이 인식하고 있는 것들이다.

무의식은 접근할 수 없는 본능적 충동, 억압된 경험, 아동기의 기억들, 강하지만 실행되지 못한 소망들과 욕망들의 심적 창고이다. 그렇다면 무의식은 어떻게 관찰될 수 있을까? 프로이드에 의하면 무의식은 직접적으로 알 수 없지만 다양한 간접적인 증거로부터 추론될 수 있는 그림자 현상(shadow phenomenon)이라는 것이다. 무의식은 일차적 과정(primary process)으로 이루어진 반면에 의식은 이차적 과정(secondary process)으로 이루어지기 때문에 최면, 자유연상, 꿈 분석, 유머, 투사검사, 말의 잘못과 실수, 우연 등을 통하여 무의식의 내용과 과정을 탐색할 수 있다는 것이다.

프로이드에 의하면 무의식은 모든 부분에서 상대적으로 의식만큼이나 영리하고 세상의 요구에 대한 개인의 성공적인 적응을 돕는 뛰어난 능력을 가지고 있다는 것이다. 그러나 현대적 관점에서는 무의식은 어리석으며 상대적으로 단순하고, 자동적이고, 오직 정해진 정보처리만 수행한다는 것이다. 오늘날의 설명에서 무의식은 자동차를 운전할 때나 피아노를 연주할 때에 일어나는 것과 같이 습관적이거나 자동적인 과정을 의미한다.

프로이드 학파에 의하면 무의식은 꿈을 통하여 표현된다고 한다. 매일의 긴장들은 무의식적으로 누적되고 꿈꾸는 동안에 발산된다. 꿈의 줄거리는 꿈의 현재 내용이고, 반면에 줄거리에 있는 사건의 상징적 의미는 잠재적 내용을 나타낸다. 따라서 프로이드 정신분석학에서는 환자의 꿈을 통하여 환자의 정신분열을 치료할 수 있다는 것이다.

꿈은 무의식적 소망을 배출하는 기능과 더불어 다음과 같은 기능들이 있다.

- 뇌간이 신피질로 하여금 처리하고 의미를 해석하도록 하는 무선적 신경흥분을 일으킨다는 신경생리학적 배출 기능을 수행한다.
- 그날의 기억이 단기기억에서 장기기억으로 변하는 기억응고화 기능을 한다.

- 사회적 고립과 직무 스트레스와 같은 위협적인 사건에 대처할 방어기제를 연결하는 기회를 제공함으로써 스트레스 완충 기능을 한다.
- 꿈을 꾸는 동안, 문제해결을 위해 사람들이 정보를 처리하고, 생각들을 조직화하고, 창조적인 구조에 도달하게 하는 문제해결 기능을 한다.

꿈은 소망과 긴장을 배출하기 위한 출구를 제공한다는 아이디어를 지지하는 약간의 증거가 있을지라도 프로이드의 꿈에 대한 개념은 너무 제한적이다. 꿈은 동기화된 사건일 뿐만 아니라, 동기와 관계가 적은 신경생리적, 인지적 대처 및 문제해결 사건들이다.

비프로이드 학파에서는 무의식의 많은 부분이 동기적 과정과 관계가 없고 절차적 지식을 맡으며, 음악을 듣고 음악에 친숙해지는 것처럼 인간이 얻는 일종의 암묵적이고 비언어적인 지식을 획득하는 것이라고 한다.

'엄마와 나는 하나'라는 구문을 4ms 동안 볼 때에 무의식에 대한 프로이드 학파의 관점과 비프로이드 학파의 관점 모두 정보는 무의식적인 수준에서 처리된다는 것에는 동의하지만 마음이 무의식적 정보를 가지고 무엇을 하는가에서 두 관점은 서로 차이점을 나타내고 있다. 프로이드 학파에서는 그 구문을 보고 있는 사람에게 최면의 암시처럼 안락하게 보호해 주고 양육해 주는 어머니에 대한 유아적 경험 속에 있는 깊은 소망을 활성화시킨다는 것이다. 이러한 활성화는 자존심 증가, 주장성 증가, 불안과 우울의 감소 등과 같은 긍정적 효과를 유발한다. 무의식은 참으로 영리하고 적응적이라는 것이다. 그러나 비프로이드 학파에서는 인간의 뇌는 짧은 시간 동안에 복잡한 구문을 해석할 수는 없고 기껏해야 하나의 단어나 그림의 윤곽을 처리할 수 있다고 한다. 무의식적 정보처리는 단지 기본적이고 자동적이다.

1960년대에 잠재적 정보처리의 인기가 높았다. 잠재적 오디오테이프의 타당성을 조사하기 위해 인기곡과 숲의 자연소리 등에 잠재적 메시지(예: '당신이 최고야', '나는 당신을 사랑해')를 넣어서 실험 지원자들에게 매일 들려주는 실험을 수행하였다. 각 지원자는 그들의 자존심과 기억에 대한 초기 측정을 받고 5주 동안 매일 오디오테이프를 들었으나 오디오테이프의 효과는 없었다고 한다.

프로이드의 무의식은 많은 비판을 받아 왔다. 첫 번째로 프로이드의 무의식에 관한 개념들 중에 많은 것들이 과학적으로 검증될 수 없다. 과학적 검증이 없으면 이러한 개념들은 신뢰할 수 없는 과학적 구성개념으로 볼 수밖에 없다. 두 번째로 프로이드의 많은 동기 개념들은 장애가 있는 사람들의 사례연구들로부터 나왔기 때문에 일반적인 인간의 동기적 역동들을 대표한다고 말할 수 없다. 세 번째로는 프로이드가 인간의 동기와 정서에 대한 많은 관점들이 틀렸다는 것이다. 프로이드는 생물학적 자질, 아동기의 경험 및 성격의 비관적인 측면을 너무 강조했지만 현대의 연구에서는 생물학적만큼이나 사회적 그리고 문화적 영향들이 인간의 동기들을 형성하고 또한 성인의 경험들은 아동기의 경험들만큼이나 중요할 뿐만 아니라, 성격에 대한 낙관적 관점도 비관적인 관점만큼이나 많은 것을 제공한다는 것이다. 네 번째로 프로이드는 경험적 자료의 경우에 자신의 관찰, 자신의 꿈 일기 및 치료회기에서의 자신의 기억들을 사용했기 때문에 개인적

편향, 치우친 해석, 누락과 왜곡 및 대안적 설명에 대한 고려부족 등을 초래했다는 것이다. 다섯 번째로는 정신분석 이론이 과거에 일어난 사건들에 대한 좋은 해석장치라고 해도 그것은 예언장치로는 효능이 떨어진다는 것이다. 꿈의 해석을 통하여 미래를 예측한다고 하지만 정확하게 예측하기란 불가능한 것이다. 과학적 이론은 미래에 무엇이 일어날지를 예언할 수 있어야 한다. 오직 과거만 설명하는 이론은 신뢰할 수 없다.

현대 정신역동 이론에서는 정신활동의 많은 부분들이 무의식적이라는 것이다. 사고, 느낌 및 욕망들은 무의식적 수준에서 존재한다고 강조한다. 그러므로 무의식적 정신활동이 행동에 영향을 미치기 때문에 인간들은 자신들에게까지 설명할 수 없는 방향으로 행동을 할 수 있는 것이다.

8.3. 인간의 의식 동기

인간이 어떠한 행동을 할 때에 행동의 힘과 행동의 방향이 있기 마련이다. 인간의 의식 동기는 이와 같은 행동의 에너지와 방향을 제공한다. 행동은 상대적으로 강하고 격렬하고 지속적이다. 방향은 행동이 목적을 가지고 있음을 의미한다.

동기(motive)는 내적 동기와 외적 사건 등으로 구성되는데 내적 동기는 욕구, 인지, 정서 등에 의해 공유되는 공통적 기반을 제공한다. 욕구에는 생리적 욕구, 유기체적 심리적 욕구, 획득된 사회적 욕구 등으로 이루어진다. 인지는 신념과 기대 같은 구체적인 심리적 사건들을 또한 자아개념과 같은 신념의 체제화된 구조들을 의미한다.

동기의 지적 근원은 그 사람의 비교적 지속하는 사고방식에 바탕을 둔다. 예를 들어서 어떤 사람이 무슨 일을 수행할 때에 어떤 계획 혹은 목표를 염두에 두고 자신의 능력, 성공과 실패에 대한 기대, 성공과 실패를 설명하는 양식, 자신이 누구인가와 사회에서 자신의 위치가 무엇인가에 대한 이해 등등에 관한 신념을 갖고 있다. 정서는 감정, 생리적 준비성, 기능, 표현 등의 네 가지 연관된 측면의 경험들을 체계화하고 배합한다. 정서는 네 가지 경험의 측면들을 일관된 형태로 배합함으로써 우리의 생활에서 중요한 사건들에 대해 적응적인 반응을 할 수 있도록 해 준다. 예를 들어서 인간은 안녕에 대한 위협에 직면하면 두려움을 느끼고, 가슴이 고동치고, 도피하려고 노력하는데 이것은 다른 사람이 우리의 공포를 인식하고 반응할 수 있도록 해 준다.

외적 사건은 행동에 에너지와 방향을 제공하는 환경적인 유인들이다. 유인은 어떤 행동이 보상적 혹은 처벌적 결과들을 산출할 가능성에 관한 정보를 제공함으로써 특정 행동들에 대한 동기를 일으킨다. 광범위한 관점에서 외적 사건들은 환경적 맥락, 사회적 상황, 풍토, 문화 등과 같은 사회학적 힘들을 포함한다.

7가지 행동 측면들, 즉 노력, 잠재기, 지속성, 선택, 반응확률, 얼굴표정, 몸짓 등을 관찰함으로써 동기의 존재와 강도를 표현할 수 있다.

① 노력: 노력은 과제를 수행하는 동안에 힘을 쓰는 정도이다. 노력의 지출이 개인에게 가해지는 환경의 요구에 비례하여 변동하기 때문에 노력은 높은 동기를 표현하는 데에 사용된다. 기쁨과 같은 개인의 자극사건에 대한 반응의 크기를 나타내는 강도(intensity)도 노력과 유사하다.

② 잠재기: 잠재기는 개인이 자극을 받고서부터 어떤 반응을 보이기까지 걸리는 시간을 의미한다. 예를 들어서 어떤 아이가 엄마로부터 격리될 경우 울음을 터트릴 때까지 걸리는 시간이 짧으면 짧을수록 격리불안이 높음을 나타낸다. 반응 잠재기가 짧으면 짧을수록 동기의 존재와 강도는 증가한다.

③ 지속성: 지속성은 어떤 반응의 시작에서 종료까지의 시간을 나타낸다. 장시간 동안에 어떤 목표 지향적인 행동을 계속하는 사람은 신속하게 끝내는 사람보다 더 강한 동기를 표현하는 것이다. 지속성과 노력은 서로 다른데 이는 어떤 사람이 낮은 일상적인 노력의 정도로 어떤 과제에 대해 오랜 시간 동안 지속성을 유지할 수도 있기 때문이다.

④ 선택: 개인에게 둘 혹은 그 이상의 선택거리(option)들이 있을 때에 그중 하나의 특정 행동과정을 선택하는 것은 그 행동과정에 대한 선호도를 나타내는 것이다.

⑤ 반응확률: 반응확률은 목표 지향적 반응 기회의 횟수에 대한 실제 반응 발생 횟수를 의미한다. 예를 들어서 다른 사실이 동일하다는 가정하에 어떤 사람이 어느 친구에게 10일 중 8일을 전화했다면 10일 중 단지 3일 전화한 사람보다 더 높은 친애욕구를 표현한 것이다.

⑥ 얼굴 표정: 얼굴의 근육 운동은 특수한 감정과 정서의 내용을 전달한다. 얼굴의 비언어적 행동은 배후 정서의 존재와 강도를 나타낸다.

⑦ 몸짓: 체중이동 그리고 다리, 팔, 손의 운동 등과 같은 몸짓은 배후의 욕망과 선호를 전달한다. 예를 들어서 어느 사람과 대화를 할 때에 이를 피하려고 하는 마음이 생길 경우 우리는 체중을

균형 상태에서 불균형 상태로 옮긴다든지, 서 있는 동안 다리를 꼰다든지, 상대방으로부터 물러나기도 한다.

행동이 강한 노력, 짧은 잠재기, 오랜 지속성, 높은 발생확률, 얼굴 및 몸짓 표현, 어느 특정 목표대상을 추구할 때에 그것은 상대적으로 강한 동기의 존재를 추론하는 근거가 된다. 열중(engagement)은 어떤 사람의 동기가 얼마나 강한가 하는 전반적인 의미를 포함한다.

8.4. 인간의 내재적 동기와 외재적 동기

욕구는 우리들로 하여금 동기적 상태를 발생시킨다. 그러나 일상적 행동에 대한 관찰은 우리의 욕구들이 때때로 잠잠하거나 혹은 최소한 의식의 뒷전으로 밀려나 있기도 한다. 학생들은 학교 공부에 무관심하게 되고, 학교의 교육과정 내 활동에 참여하는 흥미를 갖지 않는다. 피고용자들은 직장에서 때때로 일을 하는 데 있어서 마음 내켜 하지 않고 싫어한다. 이러한 관찰들은 사람들이 항상 마음속으로부터 자신의 동기를 발생시키지 않음을 의미한다. 대신에 사람들은 때때로 수동적이 되고, 때로는 자신에게 동기를 부여하는 환경을 기대한다.

학교에서 교사들은 이러한 내부동기의 결핍을 알아채고, 학생들을 동기화시키기 위해 성적, 칭찬, 휴식 특전, 퇴학의 위협 등을 사용한다. 직장에서는 고용주가 피고용주들을 동기화시키기 위해 급료, 보너스, 감독, 경쟁, 해고의 위협 등을 사용한다.

이 세상의 어떤 활동도 내재적 혹은 외재적 동기 지향을 가지고 접근될 수 있다.

8.4.1. 내재적 동기

내재적 동기는 자신의 흥미에 따르고 역량을 연습하고, 적정 수준에 도전을 추구하고 숙달하려는 선천적인 경향성이다. 내재적 동기는 인간의 생리적 욕구, 유기체적 심리적 욕구, 획득된 사회적 욕구, 개인적 호기심 및 성장을 위한 선천적 노력으로부터 자발적으로 출현한다. 사람들은 선천적인 유기체적 심리적 욕구를 가지고 있기 때문에 흥미로운 활동에 참여함으로써 얻어지는 자발적인 만족을 경험한다. 사람들은 역능을 느낄 때에 외재적 보상과 압력이 없이 행동을 격려하는 자연적인 동기적 힘으로 내재적 동기를 경험한다.

여기서 역능이라 함은 어떠한 도전을 받고서 숙달하려는 욕구이다. 어린아이가 호수에 놀러갔을 때에 누군가 물수제비를 뜨는 것을 보고 자기도 한번 시도했으나 실패했을 경우에 물수제비를 한 번 뜨리라 도전하면서 계속 시도하여 성공하려는 욕망이 생겨나게 된다. 그러다가 한 번 성공하게 되고 두 번 성공하게 되면 그 어린아이는 물수제비뜨는 것이 도전이면서 놀이가 되기 때문에 즐거운 마음으로 물수제비 숙달에 열성적으로 변하게 된다.

보상과 압력의 도움이 없이도 흥미는 독서를 하려는 욕망을 점화시키고, 역능은 사람으로 하여금 몇 시간 동안 도전에 참여시킬 수 있는 것이다. 내재적 동기는 환경에 관여하고, 개인적 흥미를 추구하고, 기술과 역량을 연습하고 발전시키는 데 필요한 노력을 하도록 선천적 동기를 제공한다.

8.4.2. 외재적 동기

외재적 동기는 환경적 유인과 결과들로부터 발생한다. 외재적 동기는 목적에 대한 수단이다. 수단은 행동이고, 목적은 어떤 결과이다. 학교에서 열심히 공부하는 아동은 좋은 성적을 받으려고, 스티커를 얻으려고 또는 부모를 기쁘게 하려는 욕망에서 그렇게 할 수 있다. 내적으로 동기화된 행동에서 동기는 유기체적 욕구와 그 활동이 제공하는 자발적인 만족으로부터 출현하고, 외적으로 동기화된 행동에서 동기는 관찰된 행동에 수반되는 유인과 결과들로부터 출현한다.

외재적 동기는 아래와 같이 세 가지 요소로 구성된다.

S : R → C

여기서 S는 유인을 나타내고 R은 행동반응을 의미하며 C는 결과를 나타낸다. S와 R 사이에 콜론은 유인이 행동반응의 계기를 설정함을 의미한다. R과 C 사이의 화살표는 행동반응이 어떤 결과를 일으킨다는 것을 나타낸다. 예를 들어서 친구집단의 주의를 끄는 것(S)은 이야기꾼에게 농담을 말하도록(R) 하지는 않으나, 그 집단은 이야기를 하는 계기를 만들어 주는 상황단서(S : R)로 역할을 한다. 일단 이야기를 하면, 농담은 친구들의 반응을 일으키고(R), 그래서 농담을 하는 것은 청중의 웃음 혹은 조소를 초래한다(R → C).

유인은 어떤 사람을 특정 행위 과정으로 이끄는 혹은 멀리하도록 하는 어떤 환경적 사건이다. 유인은 항상 행동을 선행하고(즉 S : R), 그렇게 하는 중에 어떤 사람에게서 매력적인 결과 혹은 매력적이지 않은 결과가 앞으로 올 것이라는 기대를 발생시킨다. 유인은 행동을 일으키지 않고 그 대신에 어떤 행동이 보상적 혹은 처벌적 결과들을 초래할 것인가 혹은 그렇지 않을 것인가의 가능성을 신호해 주고, 어떤 자극의 유인인가에 대한 지식은 경험을 통해 학습된다.

결과에는 두 가지 유형, 즉 강화물(reinforcer)과 처벌물(punisher) 등이 있다. 강화물에는 정적 강화물과 부적 강화물이 있다. 정적 강화물은 어떤 환경자극으로 이것이 제시되었을 때에 이것을 발생시켰던 행동이 앞으로 다시 일어날 확률을 증가시킨다. 승인, 급료, 트로피 등은 감사하다고 말한 후에, 주당 40시간을 일한 후에 그리고 운동기술을 연습한 후에 발생하는 정적 강화물로 작용한다. 부적 강화물은 어떤 환경 자극으로, 이것이 제거되었을 때 이것을 제거하는 행동이 앞으로 다시 일어날 확률을 증가시킨다. 정적 강화물과는 달리 부적 강화물은 혐오적이고 거슬리는 자극이다. 예를 들어서 두통을 제거하는 약물은 두통을 겪는 사람이 앞으로 동일한 약을 자발적으로 복용할 가능성을 증가시키는 부적 강화물이다.

처벌물은 어떤 환경적 자극이고 이것이 나타나면 이 자극을 발생시켰던 행동이 앞으로 다시 발생할 확률을 감소시킨다. 비난, 구속 기간, 공개적 조롱은 옷을 단정하지 않게 입는 것, 남의 소유물을 훔치는 것, 반사회적 행동을 저지른 후에 발생하는 처벌물로 작용한다.

8.5. 인간의 생리적 욕구

8.5.1. 욕구

욕구(need)는 사람의 생명, 성장, 안녕 등에 필수적인 어떠한 조건이다. 욕구의 차단은 생물학적 혹은 심리적 안녕을 붕괴시키는 손상을 일으키는데 이러한 손상이 발생하기 전에 행동을 하려는 충동에 의해 동기가 발생한다. 손상이 생물학적 체계에 가해질 경우 동기상태들은 조직 손상을 피하고 신체의 수분과 에너지를 유지하려는 생리적 욕구(통증 경감, 갈증, 배고픔, 성욕 등)로부터 발생한다. 발달 잠재력과 궤도들에 손상이 가해질 경우에 동기상태들은 성장과 적응을 위한 유기체적 심리적 욕구(자기결정, 역능, 친교 등)로부터 발생한다. 손상이 신념, 가치, 자아감 등에 가해질 경우 동기조건들은 우리의 정체성, 우선권, 대인관계 등을 유지하려는 획득된 심리적 욕구(성취, 친애, 친밀, 권력 등)로부터 발생한다.

생리적 욕구들은 뇌신경회로, 호르몬, 신체기관 등과 같은 생물학적 체계를 포함한다. 생리적 욕구는 오랜 시간 동안 충족되지 않으면 생명을 위협하는 위기로 발전하므로 의식을 지배할 수 있는 동기상태를 발생시킨다. 생리적 욕구는 만족되면 의식에서 그 강도가 사라지고 최소한 얼마 동안은 잊힌다. 심리적 욕구들은 중추신경계의 과정들을 포함한다. 심리적 욕구들은 주기적인 시간과정을 따르는 생리적 욕구들과 다르게, 그 욕구들이 만족될 수 있는 어떤 환경 조건들이 존재하면 의식 속에서 그 강도가 강해진다. 욕구들이 일으키는 동기에는 결핍 동기와 성장 동기로 구분된다. 결핍 동기는 어떠한 박탈상태로부터 벗어나려는 욕구에서 출발한다. 성장 동기는 자기 발달을 육성하려는 행동을 활성화시킨다. 결핍 동기와 성장 동기를 구분해 주는 근본적인 신호는 각 욕구들이 발생시키는 정서이다. 결핍 욕구들은 일반적으로 불안, 좌절, 통증, 스트레스 등과 같은 정서를 발생시키고 성장 욕구들은 흥미, 즐거움, 활기와 같은 정적 정서를 발생시킨다

8.5.2. 생물학적 욕구 조절 과정

생물학적 욕구가 계속적으로 만족되지 않으면, 생물학적 박탈의 세기는 더 강력해지고 심리적 추동이 발생된다. 추동은 지속적인 생물학적 결핍으로부터 초래되는 심리적 불편(긴장과 불안정)을 묘사하는 용어이다. 추동은 동물로 하여금 생리적 욕구를 충족시키는 행동을 하도록 활력을 준다. 생물학적 욕구 조절에는 7가지, 즉 욕구, 추동, 항상성, 부적 피드백, 다중 입력/다중 출력, 유기체 내 기제, 유기체 외 기제 등이 포함된다.

(1) 생리적 욕구

생리적 욕구는 수분상실, 영양물질의 박탈 혹은 신체적 손상 등과 같은 조직과 혈류 내의 결손에 따라 발생한다. 생리적 욕구들이 충족되지 않고 강력해지면 생명을 위협하는 위기로 나타난다. 수분 혹은 음식의 복구 또는 신체적인 손상으로부터의 회복은 생리적인 욕구를 제거하고 생물학적인 위기로부터 벗어나게 해 준다.

(2) 추동

추동은 생물학적 용어가 아닌 심리학적 용어로서 배후의 생물학적 욕구에 대한 의식적 표현이다. 추동은 생리적 욕구가 아니라 행동에 대해 에너지와 방향을 발생시키는 동기부여 속성을 갖는다. 예를 들어서 우리가 음식을 먹으려는 충동은 혈당수준 혹은 축소적 지방세포 표현이다.하는 것이 아니라 식욕의 느낌으로부터 다.하는 것이다.

(3) 항상성

항상성은 인간의 신체가 안정상태를 유지하려는 성질을 의미한다. 예를 들어서 체온에 대한 항상성은 섭씨 37.0도인데 만약 섭씨 37도 이하로 떨어지면 신체는 근육조직을 떨게 하고 열량을 보충하기 위해서 지방을 분해한다. 체온이 섭씨 37도 이상 올라가면 신체는 땀을 흘린다. 아주 추울 때에는 운동을 하거나 따뜻한 코트를 입거나 따뜻한 실내에서 머무는 행동을 활성화시킨다. 더울 때에는 음료수를 마시거나 수영 등과 같은 행동을 활성화시키고 지시하는 심리적 추동을 발생시킨다.

(4) 부적 피드백

부적 피드백(negative feedback)은 항상성을 위한 생리적 정지체계를 말한다. 추동은 행동을 활성화시키고, 부적 피드백은 행동을 멈추게 한다. 신체가 추동을 억제할 수 없다면, 신체의 재앙이 초래될 것이다. 만일 사람이 배고픔을 사라지게 하는 체계가 없다면 사람은 죽을 때까지 먹을 것이다. 신체가 포만감을 느끼도록 해 주는 체계가 부적 피드백이다.

(5) 다중 입력/다중 출력

추동은 다중의 입력들 혹은 다양한 활성화의 수단을 가지며, 추동은 다중의 배출구 혹은 행동반응들을 갖는다. 예를 들어서 물을 마시고 싶다는 추동은 우리가 땀을 흘리거나, 짠 음식을 먹거나, 헌혈을 한 후에, 특정 뇌구조에 전기자극을 받음으로써 혹은 단순히 하루의 어떤 때에 갈증을 느낄 수 있는데 이는 다중 입력의 추동을 나타낸다.

사람은 추울 때에 재킷을 입거나, 난로를 켜거나, 운동을 하거나 혹은 몸을 떨 수가 있는데 이는 추동의 다중 출력을 나타낸다. 추동은 다수의 상이한 근원들(입력)로부터 발생할 수 있고, 다수의 상이한 행동 방식(출력)으로 표현될 수 있다.

(6) 유기체 내 기제

유기체 내 조절기제는 추동의 바탕이 되는 생리적 욕구들을 활성화시키고, 유지시키고, 종결시키는 것 등과 함께 작용하는 모든 생물학적인 체계를 포함한다. 예를 들면 배고픔 조절에 대한 유기체 내 기제는 시상하부(뇌 중추), 혈당과 인슐린 호르몬, 위와 간 등을 포함한다.

(7) 유기체 외 기제

유기체 외 기제는 욕구를 만족시키는 행동을 조절하는 심리적 추동을 활성화하고, 유지하고, 종결하는 데 참여하는 모든 비생물학적 기제를 포함한다. 네 가지의 유기체 외 조절기제들은 인지적, 환경적, 사회적, 문화적 영향들이다.

8.5.3. 생리적 욕구의 종류

(1) 통증

통증은 조직의 손상으로 인하여 발생한다. 통증은 피부가 파이거나, 베이거나, 화상, 불편한 의자, 아픈 근육, 매우 차거나 매우 더운 기온 등으로 발생한다. 통증은 적응적이고 유익한 행동을 유도한다는 의미에서 적응적 동기상태라고 말할 수 있다.

통증의 경험과 우리의 적응적 행동을 중개하는 것은 통증 배후의 생리적 조절이다. 말초신경계(peripheral nervous system)는 피부와 신체 조직 전체에 분포하는 자유신경종말(free nerve endings)의 광범위한 네트워크를 갖는다. 조직 손상이 발생할 경우 자유신경종말은 다양한 방식으로 통증을 일으킨다.

(2) 갈증

인간 신체의 약 2/3가 물로 이루어져 있다. 우리는 수분의 양이 약 2% 정도 감소하면 갈증을 느끼게 된다. 통증은 위기를 내포하고, 생리적이고, 욕구에 기초를 둔 동기인데 갈증도 진화적으로 우선권을 갖는다. 갈증에는 삼투성 갈증과 혈량성 갈증이 있다. 삼투성 갈증은 세포내액이 보충을 필요로 할 때 발생하며, 세포외액의 보충이 필요할 때에는(예: 출혈 혹은 구토) 혈량성 갈증이 발생한다.

(3) 배고픔

배고픔의 생리적 조절은 갈증의 생리적 조절보다 더 복잡하다. 배고픔 조절은 항상성 조절(예: 혈당과 칼로리의 소모와 충만)의 단기적 과정뿐만 아니라 대사조절과 에너지 저장(예: 지방세포)하에서 작동하는 장기적 과정을 포함한다. 배고픔과 음식 먹기는 단기적 및 장기적 생리적 모형뿐만 아니라 인지적－사회적－환경적 모형을 요구한다.

(4) 성

하등동물에서 성적 동기와 행동은 단지 암컷의 배란기 동안에만 발생한다. 배란기 동안에 암컷은 페로몬(pheromone)을 분비하고, 그

냄새는 수컷의 성적 접근을 자극한다. 하등동물의 성욕은 주기적인 생리적 욕구와 심리적인 추동의 과정들에 일치한다. 성욕과 다른 생리적 욕구 사이의 커다란 차이는 물과 음식의 박탈 혹은 통증의 무시가 죽음을 초래할 수 있지만 성적 금욕은 죽음을 초래하지는 않는다.

8.6. 인간의 유기체적 심리적 욕구

8.6.1. 개념

사람과 동물은 원래 활동적이다. 우리는 어떤 활동이 우리의 욕구와 관련이 있을 때에 흥미를 느끼고, 우리는 어떤 활동이 우리의 욕구를 만족시킬 때에 즐거움을 느낀다. 게임을 하는 것, 수수께끼를 푸는 것, 도전들에 착수하는 것은 흥미롭고 즐거운 일인데 이는 우리의 광범위한 심리적 욕구들을 만족시킬 수 있는 환경을 제공하기 때문이다.

심리적 욕구는 우리의 동기화된 행동의 분석에 중요한 첨가물이다. 생리적 욕구들은 생물학적 결손으로부터 출현한다. 생리적 욕구들은 생물학적 위기의 존재와 강도를 심리적 추동을 통해서 경고하는 기능을 갖는다. 이러한 종류로 동기화된 행동의 목적은 결손된 신체 조건에 대해 반작용을 하고 그것을 완화시킨다는 의미에서 반응적 (reactive)이다. 심리적 욕구는 질적으로 상이한 성질을 갖는데 이러한 욕구들에 의해 발생하는 에너지는 순향적(proactive)이다. 심리적 욕구는 유기체적 심리적 욕구와 획득된 사회적 욕구로 분류된다.

유기체적 심리적 욕구는 인간 본성과 건강한 발달의 추구를 위해 타고난 것이고 획득된 사회적 욕구들은 생활경험과 우리의 사회화 역사로부터 내재화되거나 학습된다. 유기체적 심리적 욕구는 3가지, 즉 자기결정, 역능, 친교 등으로 이루어진다.

8.6.2. 자기결정

우리는 무엇을 할 것인가, 그것을 언제 할 것인가, 그것을 어떻게 할 것인가, 언제 그것 하기를 멈출 것인가 등을 다른 사람에게 강요받는 것보다 우리의 행위를 결정하는 데 있어 자신의 선택을 원한다. 우리는 스스로 목표들을 설정하는 자유를 원하고, 그것들 중 우리에게 중요한 것을 성취하려고 노력하는 방법을 스스로 결정하는 자유를 원한다. 다시 말하면 우리는 자기결정의 욕구를 가지고 있다.

자기결정의 3가지 특질은 지각된 통제의 소재(PLOC: Perceived Locus Of Control), 지각된 선택(perceived choice), 자유의사(volition) 등이다. PLOC는 동기화된 행동의 근원에 대한 개인의 이해를 의미한다. PLOC는 내적 및 외적에 이르는 연속체 위에서 존재한다. 예를 들어서 어떤 사람이 책을 읽는다든지 혹은 잔디를 깎는 이유가 자기의 내부에 있는 어떤 것으로(내부 PLOC) 또는 다른 사람 혹은 매력적인 유인과 같이 자기의 외부에 있는 어떤 것으로(외적 PLOC) 존재한다.

지각된 선택은 자기결정의 두 번째 특질이다. 우리는 선택할 수 있는 많은 기회가 주어지고 의사결정의 융통성이 제공되는 환경에 있음을 알았을 때에 선택감을 느끼고, 우리가 어떻게 생각하고 느끼고 처신해야 하는가에 대해 경직된 행동으로 몰아대는 환경에 처할 때에 우리는 강요의 느낌을 갖는다.

자기결정의 세 번째 특질은 자유의사이다. 자유의사는 강요되지 않고 자진해서 어떤 활동을 하려는 느낌이다. 자기가 하기를 원하는 것을 하거나 또는 자기가 원하지 않는 것을 피하려고 하는 자유를 의미한다. 자유의사는 그 사람이 활동할 때에 그 활동을 강요에 의해서라기보다 자유롭게 한다고 느낄 때에 높다.

어떠한 행동을 자기결정으로 수행한다는 인식과 그렇지 못하다는 의식을 구별하기 위해 원천(origins)과 포로(pawns)라는 용어를 사용한다. 원천은 자신의 의도적 행동을 창안한다. 포로는 힘 있는 다른 사람으로부터 어떠한 일을 수행하기를 강요받는 것이다. 사람들은 주인으로 대접을 받을 때에 능동적인 열중을 보이고, 자신의 목표와 행위에 대해서 개인적 책임감을 갖지만, 사람들이 포로로 취급받을 때에는 비교적 수동적이고 반응적으로 자신의 목표와 행위 과정에 대해서 개인적인 책임을 거의 보이지 않는 방식으로 행동한다.

8.6.3. 역능

누구나 유능해지기를 원하고 노력한다. 누구나 자신의 환경과 효과적인 상호 작용을 바라고 이러한 삶이 모든 분야(예: 학교, 작업장, 인간관계, 레크리에이션, 스포츠 등)로 확장되기를 갈망한다. 누구나 기술을 개발하기를 원하고, 자신의 역량, 재능, 잠재력 등이 확장되고 향상되기를 원한다. 어떤 사람은 숙달하였음을 느끼고, 진보하고 있음을 느낄 때에 가장 긍정적이고 만족스런 정서를 경험한다. 즉 누구나 사람은 역능 욕구를 가지고 있다.

역능은 적정 도전을 추구하고 숙달하려는 선천적인 동기원을 제공하는 심리적인 욕구이다. 역능은 환경과 상호 작용에서 효과적이 되려는 욕구이고, 자신의 역량과 기술을 연습하려는 소망과 함께 적정 도전을 추구하고 숙달하려는 의지이다.

즐거움의 본질은 플로우 경험(flow experience)으로 추적될 수 있다. 플로우는 활동에 대한 총체적인 몰두를 포함하는 집중의 상태이다. 플로우는 즐거운 경험이므로 사람은 종종 플로우를 다시 경험하려는 희망을 가지고 그 활동을 반복한다. 총체적 몰입, 즉 플로우에 따른 최대의 기쁨은 사람들이 과제가 제공하는 도전이 과제와 관련된 자신의 기술 및 역능과 동등하거나 혹은 필적한다고 지각할 때에 발생한다. 도전이 기술을 능가할 때에 수행자는 과제의 요구가 자신의 기술을 압도할 것이라고 걱정을 한다. 반대로 기술이 도전을 상회할 때에는 집중의 감소, 최소의 과제 몰입, 정서적 권태 등으로 특징지어진다.

8.6.4. 친교

모든 사람은 다른 사람들과 온화하고, 가깝고, 애정이 깊은 관계를 맺고 유지하기를 원한다. 누구나 사람들이 개인으로서 자신이 어떤가를 이해하기를 원하고, 누구나 수용되고 가치 있게 여겨지기를 원한다. 누구나 다른 사람들이 자신들의 욕구들에 반응적이기를 원한다. 그러나 어떤 개인이 무시되었다고 느낄 때, 외롭고 소외된 것을 느끼는데 이는 우리가 친교(relatedness)에 대한 욕구를 가지고 있기 때문이다.

친교는 다른 사람들과 친밀한 정서적 유대와 애착을 형성하려는 욕구이고, 정서적으로 연결을 가지려는 그리고 대인관계상으로 온화한 관계를 맺으려는 소망을 나타낸다.

우리는 친교 욕구를 가지고 있기 때문에 사회적 유대가 쉽게 형성된다. 사람들은 상호 작용을 하면 할수록 그리고 함께 보내는 시간이 많으면 많을수록 우정을 형성할 가능성이 더 높다. 사람들은 일반적으로 일단 사회적 유대가 형성되면 그것이 와해되는 것을 싫어한다. 우리는 이별, 졸업, 이사 등으로 인하여 관계가 붕괴되는 것을 저항하며 편지를 쓰거나 전화하기를 약속하고, 울음을 터뜨리기도 하며 앞으로 만날 경우를 계획하기도 한다.

8.7. 인간의 획득된 사회적 욕구

8.7.1. 획득된 욕구

사람들은 다수의 욕구들을 지니고 있는데, 어떤 것들은 신체적 항상성을 조절하기 위해서 유전된 뇌 구조와 진화사로부터 나타나는 생리적 욕구에 해당하고, 어떤 것들은 성장과 건강한 발달을 위한 심리적 영양소를 제공하기 위해 대뇌피질에 존재하는 선천적인 성향의 유기체적 심리적 욕구에 해당한다. 어떤 것들은 환경의 특해당측면들을 더 선호하게 하는 학습된 성향의 사회적 욕구에 해당하며, 어떤 것은 상황적으로 유도된 필요와 욕망으로 존재하는 유사 욕구에 해당한다.

사회적 욕구와 유사 욕구는 모두 사회적 기원을 갖는다. 사회적 욕구는 경험, 사회화, 발달 등을 통해 얻어진 선호들로부터 기원하고 시간이 흘러도 지속되며 획득된 개인차와 우리의 성격의 일부로서 우리 내부에 존재한다. 유사 욕구는 좀 더 일시적이고 돈, 자기존중, 비올 때의 우산, 가게 진열장에 있는 상품 등과 같이 상황적으로 발생한 필요에 해당한다.

(1) 유사 욕구

유사 욕구는 생리적, 유기체적 및 사회적 욕구와 동일한 의미에서 실제적으로 무르익은 욕구가 아니라 상황적으로 발생한 필요와 욕망이다. 이러한 욕망들은 우리가 사고하고, 느끼고, 행동하는 방식, 즉 인지, 정서, 행동 등에 영향을 준다.

청구서가 우편으로 도착하면 우리는 돈이 필요하고, 데이트 신청에서 딱지를 맞으면 우리는 자기존중이 필요하다. 또한 소나기가 쏟아지면 우산이 필요하고 상점 진열장의 상품을 보면 우리는 그것을 소유하고 싶어진다. 그러나 우리가 일단 돈, 자기존중, 우산, 상품을 갖게 되면 그 상황은 더 이상 돈, 자기존중, 우산, 상품 등을 필요로 하지 않게 한다.

유사 욕구는 생명, 성장, 안녕 등에 필수적이지 않고 필요하지도 않으며 오히려 그것은 우리가 환경으로부터 잠시 동안 받아들인 것, 개인의 욕구라기보다 환경의 압력과 관련을 더 갖고 있는 것이다.

(2) 획득된 사회적 욕구

인간은 경험, 발달, 사회화 등을 통하여 사회적 욕구들을 획득한다. 이러한 사회적 욕구가 아동기에 확립되는지 혹은 성인기에 조성되는지에 대해 확실하지 않다. 성취 욕구가 높은 성인들은 일반적으로 엄격한 수유계획과 엄한 배변훈련을 받은 사람이었고, 친애욕구가 높은 성인들은 아동기 시절에 권위 혹은 강제보다는 칭찬을 받아 왔다고 한다. 권력 욕구가 높은 성인은 아동기 시절에 일반적으로 성과 공격성에 대해 허용적인 부모를 가졌다고 한다.

성인기에 사회적 맥락들이 사회적 욕구의 발달과 변화를 조성한다고 한다. 예를 들면 성취와 어울리는 직업가(예: 사업가)는 성취와 어울리지 않는 직업을 가진 사람(예: 간호)과 비교하여 자신의 성취적 추구에서 현저한 증가를 보인다. 영업에 종사하는 사람은 권력추구에 대한 욕구의 증가를 보인다. 우리를 둘러싸고 있는 가족과 작업환경 같은 사회적 맥락은 우리가 획득하는 욕구에 영향을 받는다.

사회적 욕구는 아래와 같이 크게 4가지로 구성된다.

- 성취: 개인적 역능을 보이는 어떤 것을 잘하는 것이다.
- 친애: 타인을 즐겁게 하고 그들의 인정을 받을 기회를 갖는 것이다.
- 친밀: 온화하고 안정된 관계를 말한다.
- 권력: 타인에게 영향력을 행사하는 것이다.

8.7.2. 성취

성취 욕구는 어떤 우수성의 표준(standard of excellence)과 비교하여 잘하려고 하는 욕망이다. 우수성의 표준에는 과제에서의 경쟁, 자기와의 경쟁, 타인과의 경쟁 등을 포함하는 광범위한 의미가 포함된다. 모든 유형의 성취상황이 공통적으로 가지고 있는 것은 그 사람이 그 일의 수행 성과가 개인적 역능에 대해 정서적으로 의미가 있음을 안다는 것이다.

우수성의 표준에 직면하면 사람들의 정서 반응은 변동한다. 성취 욕구가 높은 사람들은 희망, 자존심, 기대의 충족 등과 같은 접근 지향적 정서들을 가지고 반응한다. 성취 욕구가 낮은 사람들은 불안, 방어, 실패의 공포 등과 같은 회피 지향적 정서들을 가지고 반응한다.

높은 성취 욕구를 가진 사람들은 낮은 성취 욕구를 가진 사람들에 비하여 쉬운 과제 대신에 적당히 어려운 과제를 선택하고, 성취 과제를 신속하게 착수한다. 낮은 성취 욕구자들은 과제를 수행함에 있어서 공포를 느끼게 되고 타인으로부터 도움 또는 충고를 구하기보다는 성공과 실패에 대해 개인적인 책임을 지려 한다.

8.7.3. 친애와 친밀

친애 욕구(need for affiliation)는 다른 사람 혹은 사람들과 정적이고, 애정적인 관계를 형성하거나, 유지하거나 혹은 회복하는 것으로 개념화되었다. 친애 욕구는 외향성, 우정, 사교성 등과 동일한 구성개념이 아니다. 친애 욕구는 외향성과 인기에 근원을 두기보다는 다른 사람으로부터 배척을 받는 데에 대한 공포와 밀접한 관련이 있다. 친애 욕구가 높은 사람들은 비난과 고독의 공포와 같은 부정적 정서를 회피하기 위해서 다른 사람들과 상호 작용을 하고, 자신의 대인관계에서 많은 불안을 경험한다.

친밀 동기는 어떤 사람의 사회적 관여의 질에 대한 관심을 반영한다. 친밀 동기는 다른 사람과 함께 있으려는 욕구라기보다는 다른 사람과 온화하고, 긴밀하고, 의사소통이 가능한 교환을 기꺼이 경험하려고 하는 것이다.

높은 친밀 욕구를 가진 개인은 친구와의 관계에 대해 자주 생각하고, 긍정적 감정을 지니고 있는 관계들에 대한 상상적 이야기를 쓰고, 자기 노출, 집중적 경청, 빈번한 대화 등을 한다. 또한 다른 사람들에 의해 온화하고, 사랑스럽고, 성실하고, 비지배적인 것으로 평가된다.

8.7.4. 권력

권력 욕구(power need)는 물질적 및 사회적 세계를 그에 대한 자신의 개인적 이미지 혹은 계획에 맞추려는 욕망이다. 권력 욕구가 높은 사람은 다른 사람, 집단 혹은 세상에 유세(impact), 통제(control) 혹은 영향(influence)을 행사하려는 욕망을 가진다. 권력 욕구가 높은 개인들은 리더가 되려고 시도하고, 다른 사람들과 힘이 있고 책임을 맡는 양식으로 상호 작용을 한다.

높은 권력 욕구를 가진 사람들은 집단에서 인정받기를 추구하고, 분명히 권력과 영향력을 성취하려는 노력에서 자신이 다른 사람의 눈에 띄도록 하는 방법을 찾는다. 그들은 친구와 교제를 할 때에 둘보다는 소집단을, 친밀의 느낌보다는 영향력과 조직의 분위기를 가진 대인지향을 더 쓸모 있게 여긴다.

높은 권력 욕구를 가진 남자들은 연인관계에서 일반적으로 잘해 나가지 못한다. 그들은 일반적으로 결혼생활을 잘해 나가지 못하는데 최소한 배우자의 관점에서는 부족한 남편이다. 권력 욕구가 높은 여자들은 연애와 결혼생활에서 빈약한 결과들로 인해 남성만큼 고통을 겪지는 않는데, 이것은 그들 자신의 권력 욕구를 만족시키기 위한 무대로 대인관계를 사용하려 하지 않기 때문이다. 권력 욕구가 높은 사람은 기업체의 중역, 교사, 교수, 심리학자, 저널리스트, 성직자, 국제 외교관 등과 같은 직업에 끌린다.

8.8. 컴퓨터의 행동

8.8.1. 컴퓨터의 기본행동 프로그램

컴퓨터의 행동은 인간의 행동과는 다르게 컴퓨터의 출력을 의미한다. 인간은 어떤 행동을 수행할 때에 거기에 따른 이유가 늘 존재하지만 컴퓨터는 인간처럼 자율성이 없기 때문에 모든 출력은 컴퓨터 프로그램에 의해 움직이기 마련이다.

인간의 행동에 관한 연구는 무의식 동기, 내적 동기, 의적 동기 등과 같이 주로 장기적 움직임들에 대한 이유를 분석한 것들이지만 인간의 단기적 움직임에는 셀 수 없을 정도로 무수히 많이 존재한다. 예를 들어서 단기적 움직임에는 컴퓨터 자판 치기, 밥 먹기, 팔굽혀펴기, 음식물 씹기, 걷기, 뛰기, 웃기, 숨쉬기 등 여러 가지가 있다.

컴퓨터는 자율성이 결여되어 있기 때문에 컴퓨터의 행동이라 함은 단기적 움직임들일 것이다. 일반적인 컴퓨터의 경우에는 모니터에 글자 및 그림 띄우기, 프린터에 글자 및 그림 출력하기, 스피커를 통한 소리 출력하기, 인터넷을 통한 메시지 전송하기, 키보드를 통한 명령어 모니터하기 등이 단기적 움직임에 해당될 것이다.

한편 로봇인 경우에는 단기적 움직임의 범위가 훨씬 더 넓어진다. 로봇의 단기적 움직임에는 로봇 팔 관절 움직이기, 로봇 다리 움직이기, 로봇 걷기, 로봇 보기, 로봇 말하기, 로봇 표정 짓기 등과 같이 겉으로 보기에는 인간의 단기적 움직임과 거의 유사하다.

컴퓨터의 기본행동 프로그램이라 함은 인간의 무의식 동기로 인한 행동처럼 단순하고 반복적인 행동을 위한 프로그램을 의미하고자 한다. 컴퓨터 행동을 위한 응용 프로그램에는 컴퓨터 출력장치들과의 초기화 및 제어통신과 더불어 컴퓨터 출력 기능블록을 동작시키기 위한 각종 드라이버 프로그램이 존재하게 된다.

로봇의 경우에는 팔, 다리, 얼굴 등의 관절 등을 움직이기 위한 엔진 프로그램들이 여기에 해당한다. 예를 들어서 로봇을 걷게 하기 위한 응용 프로그램의 경우에 다리 및 팔의 관절들을 제어해야 하는데 이때에 응용프로그램은 관절 움직이기를 위한 기본 프로그램들이 서로 연합되어 구성될 것이다.

오늘날의 컴퓨터의 행동은 컴퓨터 내부의 데이터를 외부로 출력하기 위한 기본행동 프로그램만이 존재한다고 말할 수 있다. 응용행동 프로그램이 구성되기 위해서는 컴퓨터도 인간과 같이 자율성이 확보되어 의식을 가질 수 있어야 하며 이는 곧 미래의 로봇의 모습이다.

8.8.2. 컴퓨터의 응용행동 프로그램

컴퓨터의 응용행동 프로그램은 기본행동 프로그램을 근간으로 하여 보다 장기적인 움직임을 수행할 수 있게 해 준다. 응용행동 프로그램은 출력장치 기능블록을 통해 사용자 데이터를 어떻게 하면 보다 신속하고 효율적으로 출력시킬 것인가를 판단한다.

프로그램은 여러 개의 기계어로 구성된 하나의 시나리오이다. 즉 인간이 미리 짜 놓은 순서에 따라 컴퓨터는 자동적으로 실행하는 기계에 해당된다. 프로그램 절차에서 판단 기능이 포함되는데 이것도 결국은 그 순간에서 접할 수 있는 모든 경우의 수에 해당하는 프로그램 루틴에 불과한 것이다.

오늘날의 컴퓨터가 로봇으로 발전된다고 해도 그 로봇은 인간처럼 완전한 자율성이 내재되어 있지 않을 것이다. 이는 로봇이 인간처럼 생리적 욕구, 유기체적 심리적 욕구, 획득된 심리적 욕구 등으로부터 발생하는 내적 동기로 인하여 자율적으로 행동에 옮기는 것이 아니라 인간이 지시하는 대로 움직이는 지능적인 기계로 동작될 것임을 의미한다.

로봇이 응용프로그램에 의하여 어떠한 행동을 수행할 때에는 내부 환경 모니터와 외부 환경 모니터가 요구된다. 로봇 자신이 활용할 수 있는 기본 능력을 자체 감시하며 외부 환경에 적절한 동작을 취함으로써 마치 겉으로 보기에는 인간과 똑같은 행동으로 보일 수 있게 된다.

8.9. 로봇의 행동

8.9.1. 로봇의 등장

인간은 다른 동물들과 달리 생활에 필요한 도구를 발명하여 사용해 왔다. 또한 인간은 상상력을 통하여 인간과 비슷한 것이 등장하는 이야기를 만들어 내기도 하였다. 그리스 신화에는 날개를 달고 하늘을 날았던 소년 이카로스의 이야기가 있다. 이카로스는 밀랍으로 깃털이 떨어지지 않게 하나씩 붙여서 만든 날개로 하늘을 날 수 있었다고 한다. 중국 고전에서도 로봇이 등장하였다. 기원전 약 1000년경 주나라의 목왕을 즐겁게 해 주려고 인간을 닮은 인형을 만들어 주었다고 한다. 이 인형은 노래를 부르고 춤을 추는 것은 물론 어떤 동작을 시켜도 아무 문제 없이 움직일 수 있었다고 한다.

자동기계장치는 로봇 장치 개발의 출발점이 되었다. 기원전 2000년경에 그리스인과 로마인들이 오늘날의 시계 바늘에 해당하는 것을 부착하기 위해 피스톤, 기어, 톱니바퀴 등을 추가했다고 한다. 1770년에 스위스에서는 시계 제작 기술을 이용하여 매우 섬세한 움직임이 가능한 인형을 만들었는데 이 인형은 오른손으로 글씨를 쓰면 눈동자가 이를 좇아가는 동작이 가능했다고 한다.

현대적인 의미의 로봇 기원은 1920년 체코슬로바키아의 극작가 카렐 차페크가 쓴 희곡 '로섬의 유니버설 로봇'에서 찾고 있다. 차페크가 로봇을 의미하는 로보타(Robota)라는 단어를 사용했기 때문이다. 로봇은 체코어 '로보타'에서 유래한 말이다. 로보타는 '일하다' 혹은 '강제노동'이라는 뜻이다. 로봇은 인간보다 값싸고 작업 능률이 높기 때문에 인간을 대체할 수 있다고 생각했다. 이 희곡에서는 로봇에 고통을 느끼는 능력을 주자 화가 난 로봇들이 인간에게 반란을 일으킨다는 내용이 나온다. 춘원 이광수가 1923년 '로섬의 유니버설 로봇'의 일본어 번역본을 읽고서 '사람이 사람의 손으로 창조한 기계적 문명의 노예가 되며 마침내 멸망하는 날을 묘사한 심각한 풍자극이다'라는 감상문으로 이 희곡을 극찬했다고 한다.

8.9.2. 로봇의 종류

로봇이라는 단어가 등장했지만 이렇다 할 자동기계장치는 이론기술에 그쳤었는데 컴퓨터의 등장으로 로봇 기술 실현에 기대가 생겨나기 시작했다. 로봇이라는 아이디어가 생겨난 지 25년 후에 현대 과학기술의 총아라고 할 수 있는 컴퓨터가 개발되기 시작하면서부터 로봇장치에 인공지능 개념이 도입되었다. 컴퓨터가 개발되게 된 것도 사실은 로봇과 같은 자동기계장치를 개발하는 과정에서 출발하게 되었다. 인간은 원시시대부터 일상생활 속에서 계산을 필요로 하게 되었는데 보다 편리한 계산방법을 위해 여러 가지 계산도구를 개발하였다. 주판도 일종의 계산 도구에 해당한다. 근대에 들어와서는 복잡한 계산을 보다 신속하고 정확하게 처리할 수 있는 계산 기계장치 개발에 힘을 쏟았는데 이때 필요로 한 것이 바로 계산할 숫자를 입력시키고 입력된 숫자들을 정해진 방식에 따라 계산하고 이를 다시 출력시키는 장치 개발이 요구되었던 것이다. 이러한 자동 계산장치의 개념은 곧 컴퓨터 아이디어로 이어졌다.

컴퓨터가 개발됨에 따라 인간의 상상 속에서나 혹은 영화와 소설 속에서 등장했던 로봇이 인간의 실생활 속에 나타나기 시작했다. 컴퓨터가 보급된 후 로봇은 산업용 로봇과 지능형 로봇(휴먼 로봇)으로 나누어진다. 지능형 로봇은 인간이 주입하는 정보에만 의존하는 로봇이 아니라 인간과 같은 기능을 수행할 수 있는 로봇이다. 지능형 로봇은 다시 사이보그와 자율형 로봇(안드로이드)으로 구분된다.

(1) 산업용 로봇

산업용 로봇은 인간의 노동력을 대체할 수 있는 기계를 말한다. 컴퓨터를 이용하여 반복적인 일을 수행하는 명령을 입력할 수 있는 기술이 도입되자마자 대량 생산하는 산업체에서 곧바로 로봇을 도입하기 시작했다. 산업용 로봇은 자동차 생산 비용을 절감해 주었다. 1961년 미국 GM이 '유니메이트'라는 산업용 로봇을 자동차 생산 라인에 투입한 이래 세계 로봇 시장은 미국, 일본, 유럽의 자동차 산업을 주

무대로 성장해 왔다. 산업용 로봇은 인간의 팔을 본떠서 만든 로봇 팔을 가지고 있는데 사람처럼 어깨, 팔꿈치, 손목에 해당하는 관절이 있다. 어떤 로봇은 허리 관절을 가지고 있어서 방향도 바꿀 수 있다. 또한 손에 해당하는 부분에 용접 작업이나 각을 다듬을 수 있도록 특수한 장치를 장착하여 보다 다양한 작업을 소화할 수 있게 만든다.

(2) 의료 로봇

로봇은 인간의 생명과 관련된 의료 분야에도 활용되고 있다. 캡슐형 내시경 로봇은 크기가 1인치 정도인데 알약처럼 삼켜서 몸속에 넣고서 로봇에 내장된 카메라로 영상을 찍어 컴퓨터로 전송하면 의사들은 모니터를 보면서 로봇의 진로를 조종할 수 있다.

의료 로봇은 수술에도 활용된다. 의사 손 대신에 원격조종이 가능한 로봇을 이용하여 미세한 부분까지도 수술이 가능해졌다. 뇌종양 수술에서 자기공명장치(MRI)를 이용하여 종양의 위치를 정확하게 파악할 수 있게 되었으며 의료로봇을 활용하여 환자의 생존율을 올릴 수 있게 되었다.

(3) 군사 로봇

로봇의 활용은 군사 분야에도 적용된다. 학자들은 앞으로 20년 이내에 군사 로봇이 인간의 여러 가지 임무를 대신할 것으로 추정하고 있다. 폭발물 처리용 소형 로봇에는 카메라가 4대 있는데 이를 통해 현장의 컬러 영상을 보내오면, 담당 병사가 휴대형 제어 장치로 영상을 보면서 로봇을 조작하여 폭발물을 처리한다. 군사 소형 로봇은 정찰, 재급유, 지뢰탐지, 기타 인간이 쉽사리 들어갈 수 없는 곳에 들어가 현장을 생생하게 컴퓨터로 전송하여 작전 수립에 활용하기도 한다. 우리나라에서도 철책선에 있는 무인감시 로봇이 자체 센서와 카메라를 통해 확보한 적 침입 영상을 상황실로 전파하면 상황실에서는 즉각 인근에 배치된 전투 로봇을 투입해 적을 제압할 수 있는 전투체제를 갖출 예정이다.

(4) 극한 극복 로봇

사람이 들어가면 위험한 지역에 사람 대신에 로봇을 투입하는데 이러한 로봇을 극한 극복 로봇이라고 부르고자 한다. 어떠한 사고로 원자력 발전소에서 방사능이 유출될 때에 로봇을 투입하면 인명피해를 없앨 수 있다. 해저 탐사에도 르봇이 활용되며 석유 회사들은 원격조종 로봇을 이용하여 수심 1㎞ 이상에서 석유 탐사 작업을 수행하고 있다.

우주 분야에도 로봇이 활용된다. 우주선 외부에 긴급 상황이 발생할 때에 로봇을 활용하면 우주비행사는 우주선 안에서 로봇을 원격조종하면서 작업을 하게 된다. 이러한 로봇을 '로보넛(robonaut)'이라고 부르는데 열 손가락을 지닌 휴머노이드형 로봇이다

(5) 나노 로봇

1나노미터는 10억분의 1미터를 의미한다. 1981년 원자나 분자를 볼 수 있을 뿐만 아니라 조작도 가능한 주사 터널링 현미경(STM)이 개발됨에 따라 나노 기술의 실용화가 가능해졌다. 1990년 미국 IBM 연구진은 STM으로 35개의 크세논 원자를 정확하게 배열하여 회사 이름의 글자를 만들었다.

질병을 일으키는 바이러스의 크기는 나노 단위이다. 로봇이 나노

크기로 만들어진다면 나노 로봇(나노봇)은 인공 바이러스에 해당한다. 나노 로봇을 인체에 주입하면 잠수함처럼 혈류를 따라 떠돌면서 바이러스를 박멸하거나 세포 안으로 들어가서 자동차 정비공처럼 손상된 부위를 수리한다. 학자들은 2030년경이면 혈류액 속을 헤엄치면서 병든 세포를 치료하는 나노봇이 등장할 것으로 예측하고 있다.

(6) 가정용 로봇

가정용 로봇이 실생활에 접근하게 된 직접적인 요인은 퍼스널컴퓨터(PC)의 발달 때문이다. 산업체에서 기계적인 단순 작업을 주로 수행하는 로봇을 제1세대라고 부른다면 가정용 로봇은 제2세대라고 부를 수 있다.

청소 로봇은 진공청소기에 구동바퀴, 위치제어 센서를 장착해 혼자서 방 안을 청소하는 '움직이는 가전기기'이다. 퍼스널 컴퓨터 기반의 생활 로봇은 물리적인 가사 노동은 못 하지만 주인과 직접 의사소통이 가능한 인간 친화형 인터페이스를 바탕으로 방범, 온라인 예약, 비서 등 가정 내 응용 범위가 비약적으로 넓혀질 전망이다.

복지에 대한 사회적 요구가 큰 유럽과 미국 등에서는 가장 심혈을 기울여 개발하고 있는 로봇이 노약자와 장애인들을 위한 복지형 로봇이다. 노약자 및 장애인을 위한 지능형 침대, 휠체어 그리고 침대와 휠체어를 잇는 보조 로봇 등 주로 주거 공간에서 거동이 불편한 사람들을 보조해 주기 위해 복지형 로봇이 활용된다. 또한 보행보조 로봇은 실내외에서 노인들을 항상 부축해 줄 수 있는 파트너가 될 수 있다. 일본에서 개발일본말인용 길 안내 로봇은 도로 위에 설치된 유도선을 따라 움직이면서 사용자의 걸음 속도에 맞추어 자신의 속도를 조정한다. 또한 사용자가 정해진 길에서 많이 벗어나면 미약한 전기 자극으로 경고 신호를 주어서사용자가 지팡이에 설치된 몇 개의 버튼으로 원하는 명령을 내릴 수도 있다. 간호용 로봇은 누워 있는 환자를 두 팔로 껴안아 움직일 수 있으므로 환자나 지체부자유자가 타인의 도움 없이도 휠체어에 타거나 다시 침대에 눕는 등의 동작이 가능해진다.

화재 발생 시 조기에 신고하거나 직접 초기에 진화하는 로봇이 있으며 침입자를 판단하여 신고 또는 감시 더 나아가 검거하는 방범시스템도 등장한다. 교육용 로봇과 엔터테인먼트 로봇도 있다. 도쿄대학의 다치 스스무 교수는 로봇을 네트워크로 연결해서 가상공간에서 현실 세계를 체험할 수 있도록 하는 제3세대 로봇을 개발하고 있다. 예를 들어서 다리가 불편한 사람은 자기를 대신하여 로봇으로 하여금 산에 올라가게 한 후 그 로봇을 통해 눈앞에 펼쳐진 풍경을 조망하거나 나뭇잎 등을 밟아 보는 체험을 할 수 있다.

(7) 지능형 로봇

이전의 로봇은 인간의 삶의 질을 향상시켜 주지만 단순 작업을 반복 수행하는 기계장치에 가깝다. 그런데 인간들 간의 상호 작용은 연속적이며 사전에 프로그래밍되지 않고 통제가 어려우며 환경 자체가 동적으로 변한다는 특징이 있다. 이와 같이 인간의 행동은 예측 불가능한 속성이 많다. 그러므로 인간과 함께 살아야 할 지능 로봇도 인간의 특성에 맞추어야 한다는 점이다. 산업체에서 사용하는 로봇은 주어진 공간에서 특별히 이동하지 않고 주어진 임무를 철저하게 반복하여 수행할 수 있지만 집 안에서 자유롭게 이동할 수 있는 지능 로봇은 제일 먼저 자신이 어디 있는지 위치를 파악해야 한다.

지능형 로봇은 인간처럼 장소를 이동할 수 있어야 하고 또한 동적으로 변하는 환경에 잘 적응할 수 있어야 한다. 고정된 업무를 수행하기 위한 프로그램의 정형화가 아니라 인간의 사고력에 가까운 판단력을 가져야 한다. 더 나아가서 겉모습도 인간을 닮아야 하며 인간과 함께 감성을 이해하고 표현할 수 있는 휴머노이드 로봇을 개발하기 위해 세계적으로 심혈을 기울일 것이다.

8.9.3. 로봇의 움직임과 지능

(1) 로봇의 움직임

컴퓨터는 움직이지 못하지만 로봇은 인간처럼 움직일 수 있게 되었다. 로봇을 인간에 보다 가깝게 만들기 위해서는 인간의 가장 큰 장점인 손과 다리의 문제가 해결되어야 한다. 그런데 '사이버핸드(cyber hand)'라고 불리는 로봇의 손은 부드러운 두부나 한 톨의 쌀 혹은 무거운 돌을 집어 들기가 여간 어려운 일이 아니다.

사람들은 달걀을 잡을 때 힘을 너무 많이 주면 달걀이 깨진다는 것을 안다. 또한 너무 약하게 쥐면 떨어진다는 것도 안다. 과거의 과학자들은 사이버핸드로 달걀을 들기 위해서는 달걀의 크기나 형태에 따라 방대한 계산이 필요하다는 것을 발견했다. 이때 사용된 이론이 바로 '퍼지 이론(Fuggy Theory)'이다. 퍼지 이론은 컴퓨터의 '예'나 '아니요'와 같은 단순 논리와는 다른 발상으로 사람의 주관적인 사고를 어떻게 파악할 수 있는가라는 문제의식에서 나왔다. 퍼지 이론을 도입하더라도 사이버핸드가 사물을 만질 때의 느낌을 알기 위해서는 촉각 센서, 압력 센서, 하중 센서, 온도 센서 등이 장착되어야 한다. 인간을 닮은 로봇을 만드는 일이 얼마나 어려운지를 알 수 있을 것이다.

로봇을 인간처럼 움직이게 하는 것들 중에서 가장 어려운 부분이 2족 보행이다. 지구상의 동물 중에서 오로지 인간만이 2족 보행을 한다. 2족 보행에는 크게 정보행과 동보행으로 구분된다. 정보행은 항상 정적 안정영역에 무게중심이 위치하면서 보행하는 방식이다. 동보행은 무게중심이 정적 안정영역 밖에 있어서 항상 쓰러지면서 다음 지지발을 내딛는 방식을 말한다. 사람은 보통 동보행을 하므로 훨씬 적은 에너지로 신속하게 걸을 수 있다.

로봇이 인간처럼 2족 보행이 어려운 이유는 다음과 같다.

- 인간 운동의 구동원인 근육은 힘원이고 휴머노이드 로봇의 구동원인 서보모터는 속도원이다. 따라서 각 조인트에는 토크 센서에 의한 피드백이 필수인데 이 경우 제어 및 경로계획이 복잡해진다.
- 휴머노이드 로봇을 인간과 똑같은 무게 분포를 갖도록 만들기가 어렵다. 이는 인간의 걸음과 겉보기가 유사한 자연스런 걸음걸이를 구현하는 것이 어렵다는 뜻도 된다.
- 아직 인간의 몸속에서 수십 개의 근육이 어떤 인과관계를 가지고 동시에 협동하며 움직이는지 정확히 이해할 수가 없다. 아직은 정확하게 인간의 운동을 외부에서 관측하여 이를 로봇에 적용해도 2족 보행을 성공시키기가 현실적으로 어렵다는 의미이다.

2족 보행만 어려운 것이 아니다. 인간의 몸속에서는 수백 개의 근육이 수축·이완하고 있다. 심근은 혈액을 몸속으로 흘려보내고 창자는 음식물을 밀어 내려보내며, 팔에 난 털조차 개개의 근육에 의해 움직인다. 우리 몸의 모든 골격을 둘러싸고 있는 근육은 몸을 놀랍게도 유연하고도 정교하게 움직일 수 있게 한다.

(2) 로봇의 지능

인간을 닮은 로봇을 만들고자 할 때에 최종적으로 어려운 부분이 바로 인간의 지능일 것이다. 과학자들 중에는 로봇이 인간의 지능을 능가할 수 있다고 예상하는 부류와 도저히 인간의 지능을 흉내 낼 수 없다는 부류로 나누어진다. 만일 로봇이 인간 수준의 지능을 갖게 된다면 인간에게 커다란 재앙을 불러일으킬 수 있다는 위험을 예측하고 아이작 아시모프(Issac Asimov)는 1940년에 아래와 같이 로봇의 규칙을 제정하였다.

- 제1조: 로봇은 인간을 다치게 하거나, 태만하여 인간에게 상처를 입혀서는 안 된다.
- 제2조: 로봇은 인간의 명령에 따라야만 한다. 단 인간의 명령이 제1조에 해당될 경우는 제외한다.
- 제3조: 로봇은 스스로를 지켜야만 한다. 단 제1조와 제2조에 해당할 경우는 제외한다.

앞으로 과학기술이 비약적으로 발전한다면 앞에서 설명한 2족 보행을 비롯한 일부 문제점들은 해결될 수 있을 것으로 예상한다. 그렇다면 미래 로봇은 어디까지 발전할 수 있는가가 관심을 불러일으키고 있다. 미래 학자들은 의견이 둘로 나누어진다. 로봇은 절대로 인간을 뛰어넘을 수 없다는 주장과 로봇이 인간의 능력을 뛰어넘을 수 있다는 주장이다. 인간의 두뇌를 대체할 수 없다는 데 초점을 맞춘 분야가 사이보그이며 로봇에는 한계가 없다고 주장하는 측의 분야가 바로 안드로이드이다.

사이보그(Cyborg)는 신체 기관에 인공적인 것을 추가한 사람을 의미한다. 사이보그 분야에서 실용화되어 있는 주요 부분은 아래와 같다.

- 다리: 컴퓨터 제어의 부착식 로봇다리(옷)를 입은 사람은 약 4.5킬로그램을 나르는 체력만으로도 약 90킬로그램의 짐을 나를 수 있다.
- 팔과 손: 신경통로를 활용해 컴퓨터로 작동되는 기계 손가락들을 제어할 수 있도록 했다. 생체공학 손은 팔꿈치 아래 절단된 팔을 감싸는 감지−소매(senscr−sleeve)와 소켓 등으로 이루어져 있어서 사용자는 실제 자신의 손가락을 움직이는 것처럼 할 수 있게 된다.
- 눈: 지갑 크기의 휴대용 컴퓨터, 인공 눈 안에 끼워 넣은 배터리, 망막에 심어진 3㎜ 크기의 빛 감지 칩, 특수 안경에 부착된 작은 카메라 등으로 이루어져 있어서 시력을 잃은 환자들로 하여금 얼굴을 알아보고 크게 인쇄된 활자를 읽을 수 있게 한다.
- 귀: 소리를 증폭시키는 종전의 청각 보조 장치와는 달리 인공 달팽이관을 심는 방식이다. 귀 뒤쪽에 있는 외부 마이크로폰을 통해 수집된 소리는 피부를 거쳐서 귀에 심어진 리시버에 전달된다. 이 리시버는 청각신경을 자극해서 소리의 초점을 분명하게 해 줌으로써 청각장애인으로 하여금 소리를 들을 수 있게 해 준다.

사이보그는 머리를 제외한 신체부위가 인공 기계로 구성되는데 이러한 기계적인 구조가 사람처럼 자연스럽게 움직이기 위해서는 당연히 탄력이 있어야 하고 또한 주위 환경을 감지하기 위해서 전선의 배선과 접합이 잘되어야 한다. 만약 사이보그의 감지 기관에 금속 전선을 연결한다면, 탄력이 있는 피부가 움직이는 순간에 문제가 생기는 것을 피할 수 없게 된다. 학자들은 탄력 있는 외피에 넓은 주름이 잡

힐 수 있는 금속을 넣는 방법 등이 해결 방안이라고 제시한다.

공상과학 영화에서 자주 사용하는 소재는 신체에 전자 장비, 즉 사이버네틱스(칩 등)를 직접 연결하는 것이다. 그들 중의 하나가 HMD (Head Mounted Display)이다. HMD를 머리에 쓴 사람의 뇌에 저장된 기억들을 읽어 내게 할 수 있다. 뇌의 신호를 읽어 낼 수 있다는 것에 기초를 둔 것으로 기억이 기억 물질로 되어 있다는 것을 의미하며 미래에는 인간의 뇌를 다운로드할 수 있다는 것을 암시한다.

원숭이의 뇌에 머리카락 한 올보다 가는 전극을 이식한 후에 이 전극을 컴퓨터로 연결하여 원숭이가 상상하는 것만으로 뇌파가 전극을 통해 컴퓨터로 전달되어서 로봇 팔을 움직일 수 있게 하는 데 성공했다. 뇌파를 이용하여 전신마비 환자가 휠체어를 타고 생각만으로 텔레비전을 켜고 채널을 바꿀 수 있게 되었다. 학자들은 이러한 장치가 의료시스템으로 정착되면 각종 분야에서 취약한 노인들에게 가장 유용한 대안이 될 수 있다고 생각한다.

그러나 인간의 두뇌로 무엇이든지 작동시킬 수 있는 아이디어는 크게 2가지의 단점을 가지고 있다.

- 다른 사람의 뇌를 연결하여 그들의 행동, 의지, 욕구 등을 통제할 수도 있다는 것이다.
- 인간은 생물체이기 때문에 몸속에 장착한 칩을 인체는 병원균과 똑같이 취급함으로써 인간의 면역체계가 실리콘 칩을 손상시켜서 동작을 멈추게 한다든지 혹은 인체에 부작용을 유발시킬 수 있다는 점이다.

안드로이드는 인간의 두뇌만을 대체할 수 없다는 사이보그의 절대적인 생각에서 벗어나 기계가 인간의 지능과 감각을 지니고 있다는 개념이다. 안드로이드가 개발될 수 있다고 생각하는 학자들은 컴퓨터의 성능이 점점 좋아지면 고성능 컴퓨터의 기능이 인간이 가지고 있는 모든 속성을 추월할 수 있다고 예측한다. 반면에 이에 부정적인 학자들은 기계인 로봇과 컴퓨터는 어떠한 일이라도 인간의 기능을 추월할 수 없다고 반박한다.

인간은 자신과 같은 후손을 만들 능력이 있지만 기계는 그런 능력이 없다는 주장에 대하여 로봇은 인간과는 다른 진화 과정을 겪으면서 로봇을 만들 수 있다고 주장한다. 즉 로봇은 인간과 같은 번식 방법을 굳이 따르지 않아도 된다는 뜻이다. 카네기 멜론 대학의 한스 모라벡 교수는 현재 컴퓨터 연산 능력의 발전 속도로 볼 때 사람의 도움 없이 로봇이 설계에서 생산까지 스스로 수행하는 자기복제형 로봇의 시대가 2040년경이면 도래할 수 있다고 추정했다.

안드로이드는 인간의 모습을 하지 않은 것과 인간과 똑같은 모습을 한 것으로 구분된다. 안드로이드는 외형이나 이동 여부를 떠나서 인간의 특성을 모방하기만 하면 된다. 로봇을 연구하는 학자들은 지금까지 알려진 인간의 뇌 연구에 대해 분석하기 시작했다.

인간의 뇌를 컴퓨터로 구현하기 위해 인공지능(AI: Artificial Intelligence)의 개념이 도입되었다. 인공지능이라는 말을 처음 사용한 민스키 박사는 인공지능을 '사람이 수행했을 때 지능을 필요로 하는 일을 기계에 수행시키고자 하는 학문과 기술'이라고 정의했다. 인공지능은 사람이 경험과 지식을 바탕으로 하여 새로운 상황의 문제를 해결하는 능력, 시각 및 음성인식의 지각 능력, 자연언어 이해 능력, 자율적으로 움직이는 능력 등을 컴퓨터로 실현하는 기술이다.

로봇에 인간이 보유하고 있는 정보를 입력하는 방식에는 '하향식 주입'과 '상향식 주입'이 있다. 하향식 주입이란 로봇에 필요한 모든 정보를 사전에 입력시켜 주는 것을 의미한다. 그것은 인공지능 시스템은 인간이 소위 '상식'이라는 정보를 배울 수 있는 능력이 없다고 믿기 때문이다.

그런데 하향식에서는 어떤 의미 있는 방식으로 작용하기 위해서는 주어진 상황에 적용할 수 있는 지식과 규칙을 모두 입력시켜야 한다는 점이다. 로봇에 세계에서 일어날 수 있는 모든 주변 상황을 삽입하는 것은 무리한 일이 될 수밖에 없다.

하향식 정보 주입에서 나타난 문제점을 보완하기 위해 상향식 정보 제공이 대두되었다. 상향식 정보 제공은 곧 인간처럼 끊임없이 학습하고 배우는 것이다. 1958년 미국의 프랭크 로젠블렛 박사는 인공뉴런망을 훈련시킬 수 있는 프로그램인 퍼셉트론(Perceptron)을 개발했다. 이 프로그램은 신경세포와 비슷한 방식으로 작동한다. 퍼셉트론의 각 단위는 여러 가지 입력 정보를 받아들인다. 이것들이 합쳐져 사전에 정해 놓은 어떤 한계값을 넘어서면 출력이 발생한다. 이것은 많은 수상 돌기들이 자극을 받을 때에만 신경세포가 신경신호를 발사하는 것과 같다. 각각의 단위가 특정 입력 정보에 부여하는 상대적 중요도를 변화시킴으로써 퍼셉트론은 훈련을 통해 올바른 답을 얻을 수 있게 된다.

신경망 이론을 도입한 학습 컴퓨터가 기술에 혁명을 가져올 것으로 보였는데도 현재 대부분의 사람들이 사용하고 있는 퍼스널컴퓨터는 이런 기능을 가지고 있지 않다. 이것은 퍼셉트론의 한계성 때문이다. 그렇지만 안드로이드 로봇 구현을 위해 인간의 뇌를 닮은 컴퓨터를 개발하기 위한 노력은 앞으로도 계속 추진될 것이다.

9. 인간 삶의 컴퓨터 활용(1) – 게임

9.1. 게임의 정의

게임이라는 용어는 '흥겹게 뛰다'라는 인도 유러피언 지통의 'ghem'에서 파생되었으며, 정신적으로 재미 또는 즐거움을 느낀다는 의미의 '흥겹다'라는 단어와 '뛰다'라는 동작을 나타내는 동사적 의미의 단어가 합성된 용어이다. 게임의 사전적 의미는 놀이, 유희, 즐거움, 오락 등으로 정의되어 있으며 근래에 와서는 '시합'이라는 말로도 통용되고 있다.

인간은 즐거움을 추구하는 존재이다. 즐거움의 수단은 원초적인 집단의식에서 출발되었으며 미술과 음악, 문자 등이 나타난 이후로는 문학과 연극 등의 여러 가지 문화매체로 발전되어 왔다. 19세기 후반에 산업기술의 발전과 더불어 그 당시까지의 모든 유희적 문화매체들을 아우르는 존재가 등장하게 되는데 이것이 바로 영화이다.

종합예술이라고 일컬어지는 영화라는 매체는 근래까지만 해도 그

이전까지의 모든 오락매체들을 포괄하는 첨단매체로 여겨졌었다. 연극은 무대 앞에서 배우들의 동작과 언어 등을 보고 들으며 작품을 감상하고 그 작품에 몰입하는 즐거움이 있었으나 영화는 연극과는 달리 시월하는 매체로 등극하게 되었다. TV가 등장하기 전까지만 해도 영화는 대중매체의 독보적인 존재였으나 TV가 등장하자마자 약간 쇠퇴기를 맞이했었지만 이후 새로운 영화제작 기법으로 일반 대중들에게 인기 있는 매체로 자리를 잡았다.

그러나 1970년대 후반에 디지털 기술의 발전과 함께 등장한 게임이 첨단 문화매체로 자리매김하게 되었다. 게임을 다른 문화매체와 차별화시켜 주는 가장 큰 요소는 매체와 유저(user) 사이의 상호 작용(interaction)이다. 종전의 매체는 일방적으로 유저에게 주기만 하였지만 게임매체에서는 매체와 유저 사이뿐만 아니라 유저와 유저 사이의 상호 작용이 존재하므로 게임은 가상현실 공간이면서 또한 실제 현실공간이 되어 준다.

특히 온라인 게임은 기존의 게임들과는 달리 게임 세계의 이야기가 게임 개발자들에 의해서 만들어지는 것이 아니라, 유저인 '나'에 의해서 만들어진다. 게임 제작자와 게임 개발자는 게임에 필요한 캐릭터, 기본 이야기, 게임 현실만을 제공해 주고, 이 게임을 통해서 어떤 이야기들을 엮어 가거나 새로운 세계를 만들어 가는 것은 유저의 몫이다.

게임은 다른 매체들보다 원초적인 놀이 본연의 즐거움을 이끌어 내도록 촉매제가 되어 준다. 게임 산업은 몇 년 전부터 할리우드 영화 시장의 규모를 넘보기 시작했으며 현재는 출판 시장에 이어 두 번째의 문화산업 규모를 형성하고 있다. 1970년대 후반에 태동한 게임

매체가 이와 같이 영향력이 커지게 된 것은 놀이라는 문화매체 본연의 임무에 충실하기 때문이다.

9.2. 게임의 역사

일반적으로 세계 최초의 게임은 1958년에 미국 뉴욕 브룩헤이븐 연구소의 한 연구원이 개발한 텍스트 위주의 게임이다. 이 게임은 1962년 3월에 MIT 공과대학의 스티브 러셀 일행들에 의해 개량되어 Space War로 탄생되었다. 이 Space War 게임에서는 우주선 두 대가 태양을 가운데 놓고 공전하면서 서로에게 미사일을 발사한다. 흑백 모니터에서 작동하는 단순한 게임이었지만, 사용자들은 이 게임에 중독되기 시작했고, 엄청나게 방대해진 오늘날의 비디오 게임 시장이 형성되는 계기가 되었다.

세계 최초의 상업적 게임이라고 불릴 만한 게임은 1972년 미국 Atari사에서 개발한 PONG이다. PONG 게임은 화면 끝의 bar를 움직여서 공을 쳐 내는 탁구 게임의 일종이었다. 이 게임은 혼자서 컴퓨터를 상대로 하는 게임 방식과 두 명이서 함께 게임하는 방식도 갖추었다. 이 게임에서는 소리를 내기 위해 기계 내부의 카세트 데크에 소리를 녹음한 테이프를 작동시켰는데 테이프의 물리적 내구성을 감당할 수 없다는 단점 때문에 오래 사용되지 않았다. PONG 게임은 일종의 아케이드 게임이었다.

아케이드 게임이란 오락실이라고 불리는 게임장에 설치된 게임이다. 아케이드 게임은 1960~1970년대에 등장하였고 커다란 케이스에 조이스틱과 버튼이 3~4개 장착되어 있는 게임기가 시초였다. 아케이드 게임은 게임장치 기술의 발달로 인하여 인간의 오감을 자극하는 체감형 게임으로 발전될 경향을 보이고 있다. DDR과 펌프와 같은 게임들이 아케이드 게임에 해당한다.

아케이드 게임에 이어 비디오 게임이 등장하였다. 비디오 게임은 비디오콘솔 게임이라고도 불리는데 플레이스테이션, 엑스박스, 레볼루션 등과 같은 게임 전용기기를 통해 게임 프로그램이 담긴 DVD 등을 구동시켜 이용하는 게임이다. 가장 초기적인 형태는 가정에서 텔레비전 수상기를 모니터로 하고, 비디오콘솔에 게임팩을 연결하여 작동시키는 게임 형태이다. 비디오 게임은 아케이드 게임과 다르게 오락장이 아닌 가정에서 가족이나 친구들과 함께 즐길 수 있는 여가의 유형으로 변화시키는 데 기여했다.

비디오 게임에 이어 PC 게임이 등장하였는데 이는 반도체와 컴퓨터 기술의 발달에 힘입어 메인 프레임 형태의 컴퓨터에서 개인 컴퓨터 형태로 컴퓨터가 각 가정에 많이 보급될 수 있었기 때문에 가능해졌던 것이다. PC 게임은 CD 형태로 제작된 게임 프로그램을 컴퓨터에 설치해서 게임을 하는데 최근에는 CD 형태가 아니라, 웹 사이트에서 다운로드받는 형태로 바뀌었다. PC 게임이 처음 출시되었을 때에는 네트워크 기능이 없어서 혼자 게임을 즐겼지만, 최근에는 인터넷을 통해서 여러 명이 동시에 함께 게임을 즐기기도 한다. '스타크래프트'의 배틀넷이 PC 게임을 인터넷으로 연결해서 게임을 즐기는 대표적인 방식의 예이다. 비디오 게임에서는 저장기술이 발달되지 않아서 게임을 단계별로 저장하는 것이 어려웠는데 PC 게임에서는 게임을 단계별로 이용자가 저장할 수 있도록 함으로써 게임 이용자들에게 지속적인 만족감을 줄 수 있도록 설계되었다.

인터넷이 발달하여 각 가정으로 네트워크가 보급되면서부터 온라인 게임이 자리를 잡게 되었다. 온라인 게임은 PC 게임을 네트워크로 연결하면서부터 시작된 플랫폼으로, 인터넷을 통해 게임 서버에 접속하여 동시에 동일한 서버에 접속한 다른 이용자와 게임을 즐기는 방식이다. 온라인 게임이 PC 게임과 다른 점은 인터넷으로 연결된 게임 공간에서 5~10명의 게임 이용자들 사이에 플레이가 이루어질 뿐만 아니라, 수천~수만 명이 동시에 접속이 가능하다는 점이다. 또한 기존 게임에서는 이용자가 게임 개발자들이 만들어 놓은 시나리오를 따라가는 형태였는데, 온라인 게임에서는 이용자들이 현실에서와 비슷하게 게임 내에서 공동체를 형성하고, 사회활동을 하면서 이용자가 직접 새로운 시나리오를 만들어 갈 수 있다.

온라인 게임을 즐기는 플레이어들이 게임 속의 캐릭터를 단순히 컴퓨터의 일부라고 생각하지 않고 플레이어 자신과 동일시하는 모습은 이미 온라인 게임이 게임의 의미를 벗어나서 어느 정도의 가상세계를 이루고 있다는 것을 알 수 있다. 온라인 게임에서는 가상공간을 사회에 대한 불만의 분출구로 활용하고 있고 다양한 사회학적 모델을 시험해 볼 수 있는 공간으로 인식될 수도 있다. 이런 특징이 바로 다른 종류의 오락이나 게임에서 볼 수 없는 온라인 게임만의 특성이라고 말할 수 있다.

1998년에 Blizzard Entertainment는 Battle.net 무료 서비스로 StarCraft와 Diablo를 히트시켰으며 StarCraft만으로 160만 카피(ccpy)를 판매하였다. 그 후 StarCraft는 전 세계적으로 폭발적인 인기를 누려 오고 있다. 온라인 게임은 리니지, 메이플스토리, 카트라이더 등과 같이 게임 전용 사이트에 접속해서 이용하는 경우와, 고스톱, 바둑, 테트리스 등과 같은 여러 가지 게임을 함께 모아서 서비스를 제공하는 게임포털의 경우가 있다.

모바일 게임은 휴대전화나 PDA 등에서 즐기는 게임인데 최근에는 게임 전용폰이 등장하였다. 모바일 게임은 언제 어디서든지 시간적, 공간적 제약 없이 자유롭게 게임을 즐길 수 있는 장점이 있다. 모바일 게임에는 Browser 방식과 VM(Virtual Machine) 방식이 있는데 Browser 방식이 VM 방식에 비해 상대적으로 느리며 그래픽 및 사운드도 제한적이다.

게임은 초기의 아케이드 게임으로 시작하여 모바일 게임으로 발전을 거듭하고 있다. 게임의 발전 방향을 요약하면 아래와 같다.

- 게임은 인터넷과 더불어 발전하고 있다. 유선 인터넷은 물론 모바일폰이나 소형 게임기 등을 통해서 기존의 PC 게임이나 비디오 게임도 네트워크화를 추진하고 있다.
- 상호 작용성이 강조되고 있다. 온라인 게임과 같이 점차 게임 이용자 스스로 만들어 가는 게임으로 변화하고 있다.
- 게임 기술의 발전은 3D 그래픽, 사운드 효과 등과 결합하여 현실 세계를 게임공간에 구현하는 형태로 변화하고 있다. 실제의 유명 스포츠 선수들이나 경기장의 모습을 게임공간에 그대로 옮겨 놓은 스포츠 게임들을 주변에서 쉽게 찾아볼 수 있다.

9.3. 게임의 장르

텔레비전 드라마를 시트콤, 미니시리즈, 연속극 등으로 구분하듯이 게임도 여러 형태로 분류하고 있다. 텔레비전에서 장르라고 불리는 이러한 다양한 프로그램 양식은 게임 콘텐츠에서도 적용이 가능하다. 대표적인 게임의 장르에는 아케이드 게임, 롤플레잉(Role Playing) 게임, 시뮬레이션(Simulation) 게임, 어드벤처(Adventure) 게임 등이 있다.

9.3.1. 아케이드 게임

아케이드 게임은 간단한 키 조작으로 한 스테이지당 등장하는 물체나 사람을 신속하게 옮기거나 조종하여 승리하거나 목표점에 도달하면 다음 스테이지로 넘어가는 방식의 게임이다. 대부분의 아케이드 게임들은 단순하면서도 민첩한 손동작이 요구되며 장시간의 사고보다는 행동 위주의 목표 지향적인 것이 특징이다. 이들 게임들은 게임 초보자들에게 가장 인기 있는 장르에 속하며 매우 친숙한 형태의 게임이다. 슈팅 게임, 보드 게임, 퍼즐 게임, 스포츠 게임, 액션 게임 등이 이 장르에 속한다. <그림 9-1>은 아케이드 게임의 예를 보여 주고 있다.

슈팅 게임은 게임 업소에서 쉽게 접할 수 있는데 이는 다른 게임에 비하여 학습시간이 많이 필요로 하지 않고 각각의 슈팅 게임의 스타일이 서로 비슷하며, 게임에 대한 판정이 명쾌하게 이루어지므로 남녀노소가 쉽게 접근할 수 있기 때문이다. 그러나 슈팅 게임은 게임이 단조롭고 스타일이 비슷하기 때문에 신속하게 변화하는 게임 시장에 적응하지 못하였다. 진행 형태와 표현적 요소가 고정적이어서 새로운 형식의 슈팅 게임을 개발하는 데에 어려움이 있다.

아케이드 게임의 특징은 다음과 같다.

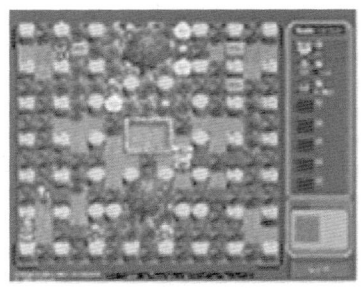

<〈그림 9-1〉 아케이드 게임의 예

- 게임 업소에 배치되고 간이적으로 게임을 즐긴다.
- 일반 PC 게임이나 가정용 게임기 시장에 밀려서 그 입지가 크게 약화되었다.
- 청소년을 비롯한 일반대중이 손쉽게 접할 수 있는 게임으로서 어느 정도의 인기는 여전히 유지하고 있다.

9.3.2. 롤플레잉(Role Playing) 게임

롤플레잉이라는 단어는 역할 수행의 의미를 가지므로 롤플레잉(RPG) 게임은 캐릭터를 움직이면서 주어진 임무를 수행한다는 개념을 가지는 장르이다. 롤플레잉 게임의 가장 큰 특징은 경험치 개념을 가지고 있다는 점이다. 캐릭터마다 무력이나 지력 등을 수치로 표시하고 캐릭터의 경험에 따라 레벨을 향상시켜 주는 기능을 갖는다. 최근에 제작되는 게임은 여러 가지 장르가 결합된 복합장르가 많이 제작되기 때문에 롤플레잉 게임을 구분하기가 어렵게 되었지만 그래도 경험치를 가지는 게임을 롤플레잉 게임으로 구분한다.

롤플레잉의 하위 장르에는 어떤 기준으로 구분 지을 수 없는 독특한 장르가 있는데 바로 퓨전 장르이다. 퓨전 장르에 해당하는 게임으로는 액션 롤플레잉과 시뮬레이션 롤플레잉이 있다. 액션 롤플레잉 게임은 그것의 기본적인 구성과 플레이 방법이 액션에 가까우나 그럼에도 불구하고 수많은 이벤트와 탄탄한 스토리 구성, 경험치 시스템을 도입하여 롤플레잉의 재미를 느낄 수 있도록 구성한 장르이다. 시뮬레이션 롤플레잉 게임은 전략 시뮬레이션 게임에서 볼 수 있는 전술적인 심오함을 이어받은 장르로서 주로 이

〈그림 9-2〉 RPG 게임의 예

벤트와 전투를 중심으로 엮이며, 기존의 롤플레잉에 비하여 스토리를 즐길 수 있는 장점이 있는 게임 장르이다. <그림 9-2>는 RPG 게임의 예를 보여 주고 있다.

9.3.3. 시뮬레이션(Simulation) 게임

시뮬레이션은 실제로 일어날 수 있는 어떠한 복잡한 경험에 대해 유사하면서도 간단한 모델을 사용하여 실험하고, 그 결과를 계산적으로 처리하는 기법을 의미한다. 시간, 비용, 환경 등의 여러 가지 요인들을 모델화시킨 후에 이들 요인들을 변화시켜 가며 모델에 대해 평가, 보충함으로써 보다 효율적으로 시스템 설계를 할 수 있도록 하는 문제해결 기법들이 도입된 것이 시뮬레이션 게임이다. 시뮬레이션 게임의 의의는 게임 이용자에게 사실적 체험을 느끼게 해 주는 것이다. 시뮬레이션 게임 개발자는 순수한 게임적 요소와 더불어 시뮬레이션 게임의 대상이 되는 매체에 대하여 보다 과학적이고 실증적인 지식과 노하우가 있어야 한다.

시뮬레이션 게임으로는 전략 시뮬레이션과 육성 시뮬레이션 등이 있다. 전략 시뮬레이션 게임은 플레이어가 다수의 캐릭터를 조종하여 목적을 달성하는 게임으로서 전략이 매우 많이 필요하다. 이 게임의 가장 큰 특징은 플레이어의 지략을 충분히 이용할 수 있다는 점이다. 도시 건설, 농장 경영, 전쟁 등과 같은 상황에서의 전략은 모두가 플레이어의 자유 의지에 따라 결정을 내릴 수가 있다.

전략 시뮬레이션 게임에는 턴 타임(turn time) 시뮬레이션과 리얼 타임(real time) 전략 시뮬레이션이 있다. 턴 타임 시뮬레이션에서는 각각의 플레이어가 공평하게 턴을 부여받고, 자신에게 주어진 턴 안에서 각각의 유닛을 이동시키거나 공격 혹은 방어를 행함으로써 전략을 구사한다. 마치 장기나 바둑에서 기사가 한 수씩 번갈아 가면서 말을 놓는 것과 같은 방식으로 게임이 진행된다. 리얼 타임 시뮬레이션에서는 턴이라는 개념이 존재하지 않는다. 그 대신에 각 플레이어마다 동일하게 주어지는 시간의 흐름 자체가 하나의 턴을 이루고 있다고 말할 수 있다. 실시간으로 흘러가는 시간의 흐름에 따라 플레이어는 유닛을 생산해 내고 이동하고 공격해야 하며 또한 방어도 동시에 해야 한다.

육성 시뮬레이션 게임은 가상으로 사람 또는 동물을 성장시키는 게임 장르이다. 밥을 먹이고 교육을 시키는 등 캐릭터의 모든 부분을 관할하여 전사나 학자 또는 연예인 등 특정한 인물로 키우는 방식의 게임이

〈그림 9-3〉 시뮬레이션 게임의 예

이에 속한다. 이 외에도 비행기나 레이싱카를 조정하는 비행 시뮬레이션, 건설을 통해서 도시를 만드는 건설 시뮬레이션 게임 등이 있다. <그림 9-3>은 시뮬레이션 게임의 예를 보여 주고 있다.

9.3.4. 어드벤처(Adventure) 게임

어드벤처 게임은 명령어 선택을 통해 게임 속의 캐릭터가 행동을 취하는 방식으로 모험을 진행해 나가는 장르이다. 한 가지 게임에도 다수 개의 시나리오가 존재하며 게임의 결말 역시 다수 개가 존재할 수 있다. 어드벤처 게임은 각 게임 장르에 스토리적인 요소를 불어넣어 게임의 복합장르와 함께 탈장르화에 영향을 주었다.

이 게임에서는 주어진 각각의 상황과 대화에 맞게 생각을 하고 단서를 찾아서 사건을 해결해 나가야 한다. 따라서 치밀한 사고력과 관찰력을 요하는 게임이다. 어드벤처 자체가 모험을 뜻하므로 어떤 가공의 세계가 배경이 되어 정해진 방식에 의한 무기를 사용하여 게임을 풀어 가게 된다. 이 게임의 특징은 빠른 순발력보다는 생각하는 시간을 많이 가질 수 있는 게임으로 줄거리가 미리 정해져 있기 때문에 플레이어가 자유로움은 비교적 적은 편이다. 어드벤처 게임에는 툼레이더, Slave Zero, 어둠속에 나홀로 등이 있다. <그림 9-4>는 어드벤처 게임의 예를 나타내고 있다.

〈그림 9-4〉 어드벤처 게임의 예

9.4. 게임 제작 과정

게임 제작 과정은 <그림 9-5>에 나타난 바와 같이 게임 기획, 엔진 프로그램 개발, 게임 프로그램 개발, 그래픽 디자인, 사운드 디자인, 시험판 제작, 테스트 & 디버깅 단계 등으로 구성된다.

게임 기획 과정은 게임 개발의 시초가 되는 작업이면서도 결과적으로 게임 전체를 완성하는 단계이다. 게임은 기획 단계에서 시나리오 등의 게임 내용과 게임 진행방법이 결정되기 때문에 기획서의 완성이 곧 게임을 절반 이상 완성한 것과 다름이 없을 정도로 중요하다.

게임 기획 과정에서는 우선 어떤 게임을 만들 것인지에 대한 아이디어를 짜낸다. 내용이나 특징, 플레이 방법, 캐릭터 등 게임의 기본적인 요소들을 만든다. 돈은 얼마나 들지, 시간은 얼마나 걸릴지 미리 계획하는 것도 중요한 일들이다. 게임은 그림처럼 한 명이 마음대로 그리는 작업이 아니라 커다란 회사의 직원들이 협력하면서 만드는 작업이기 때문에 미리 꼼꼼하게 계획을 세워야 할 필요가 있다. 기획 단계에서 참여할 인원들로는 게임 감독자, 게임 개발팀장, 게임 디자이너, 게임 프로듀서, 시나리오 작가 등이 있다.

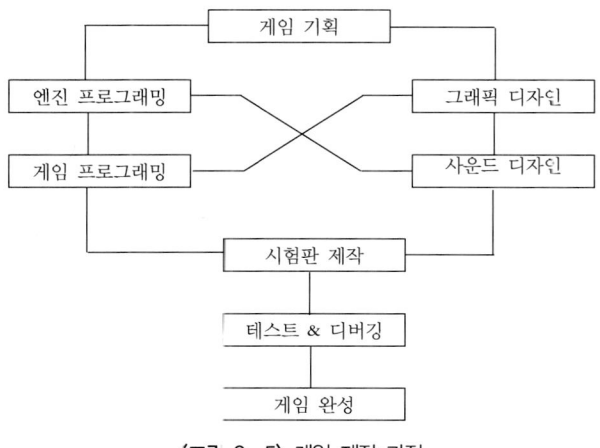

〈그림 9-5〉 게임 제작 과정

　　프로그램 제작 과정 및 그래픽, 사운드 제작 삽입과정은 게임 개발
의 핵심이다. 이 과정은 기획 단계에서 확정된 아이디어의 실현 과정
이다. 기획한 의도대로 실현시키기 위한 과정으로서 최상의 노력이
필요하며 첨단기술의 도움을 받아야 하는 과정이기도 하다. 엔진 프
로그램 작성, 게임 프로그럼 작성, 그래픽 작업, 사운드 작업 등의 필
요한 작업을 분류하여 계획을 수립한다. 이 과정은 단일 작업이 아닌
복합 작업으로 이루어지고 각 작업 간에 이루어진 결과를 서로 테스
트하면서 수정 및 보완해 나가는 단계이므로 각 작업팀 간의 긴밀한
협조가 요구된다.

　　시험판 제작과정은 게임의 완성 단계이다. 게임 프로그램, 그래픽,
사운드 등의 모든 작업을 묶어서 하나의 작품으로 완성하는 단계이
다. 각 작업별로 이루어진 성과가 하나로 연결되어 최종결과가 나타
나므로 전체적인 게임의 실체가 드러나는 시기이다. 티스트 과정은

완성된 시험판에 대한 각종 테스트를 수행하며 판매에 대비하는 과정이다.

9.4.1. 게임 기획 과정

게임은 여러 가지 요소들이 결합되어 만들어진다. 종합 장르적인 성격으로 시나리오, 그래픽, 사운드, 프로그래밍이 유기적으로 결합되어 하나의 게임이 만들어지는데, 그 결과물이 재미있는 게임으로서 대중적 인기와 상업적 성공을 거두기 위해서는 각 요소들이 조화를 이루어야 한다. 이렇게 여러 요소들을 제대로 결합시키기 위해서는 요소들을 통합적이고 체계적으로 관리할 기술력이 필요한데 이것을 게임 기획이라고 부른다.

게임 기획은 실제로 게임 자체에 대한 접근 외에도 게임 제작에 있어서 주위를 둘러싼 모든 것들, 즉 제작 일정 관리, 게임의 테스트 일정 등의 관리 업무나 패키지 디자인, 게임 사운드 트랙의 발매, 광고 같은 마케팅 측면까지도 포함하게 된다.

게임 기획 과정에서 고려해야 할 요소들은 다음과 같다.
- 기획 의도
- 제작 기간 및 경비
- 제작 경비 및 인원
- 상품화 가능성 및 마케팅 전략
- 게임의 장르 및 시나리오
- 게임의 난이도 설정
- 캐릭터 및 배경 디자인

- 게임 음악
- 프로그래밍 및 게임 제작에 필요한 전반적인 사항

9.4.2. 게임 시나리오

게임 시나리오는 애니메이션이나 영화 시나리오의 이야기 서술뿐만 아니라 게임이 진행되는 데 필요한 게임 시스템이 포함되어 있다. 영화 시나리오에서는 영화제작에 필요한 배우의 대사와 지문 서술을 주목적으로 하지만 게임 시나리오에서는 게임 제작에 필요한 제반 구성 요소의 서술을 목적으로 한다. 영화 시나리오에서는 관객과의 상호 작용성이 불필요하지만 게임 시나리오는 상호 작용성이 필수 요소가 된다. 영화 시나리오는 정형화된 틀이 존재하지만 게임 시나리오에서는 수많은 실험적 장르가 탄생되고 있어서 정형성을 찾기가 힘들다. 스토리 서술방식에서도 영화는 흐름을 그대로 따라가지만 게임에서는 자유도가 높은 게임일수록 일방적인 흐름은 존재하지 않는다.

게임 시나리오 요소는 크게 스토리 요소와 게임 시스템 요소 등으로 나누어 볼 수 있다. 스토리 요소는 이야기를 이끌어 가는 방법에 관한 것으로 플로차트, 메인 스토리, 서브 스토리, 스토리 부연 설명 등으로 구성된다. 반면에 게임 시스템 요소에는 자원 관리, 운영 관리, 전투 시스템, 건설 혹은 생산 시스템, 캐릭터 설정, 등장인물의 성장 경로를 설명하는 성장 시스템, 인터페이스 설정 등이 있다.

9.4.3. 그래픽 디자인

그래픽 디자인은 게임 시나리오에 맞춰서 게임의 배경, 캐릭터, 애니메이션 등의 이미지를 제작하는 과정이다. 게임 그래픽 기술은 그래픽 하드웨어의 발전에 힘입어 표현 능력이 크게 증대되었다. 그래픽 요소는 사용자들이 게임을 선택하는 중요한 기준 중 하나이며 게임 자체의 판매량 외에 캐릭터 산업 등 게임 관련 산업에도 많은 영향을 주기 때문에 중요도가 매우 높게 인식되고 있다.

초창기의 게임은 전형적인 2D 도트 방식으로 제작되었으나 최근에는 3D 그래픽 기술이 매우 중요한 요소가 되어 있다. 게임의 그래픽 제작 과정은 그래픽의 원화(설정 혹은 이미지) 작업을 통해 기획자와 충분한 협의를 거친 후에 컴퓨터 작업에 들어간다. 대개의 원화는 채색되지 않은 상태의 연필 드로잉 상태의 경우가 많지만 홍보용으로 사용될 경우에는 이미지의 정확한 전달을 위하여 채색작업까지 하게 된다.

그래픽 디자인은 크게 캐릭터 디자인, 배경 디자인, 유저 인터페이스 디자인(User Interface Design) 등으로 이루어진다. 캐릭터 디자인은 독창적이고 게임의 성격에 맞는 캐릭터를 개발하는 것이 중요하다. 또한 캐릭터 크기가 배경과 적절하게 어울리는 크기를 정해야 하고 각 캐릭터들 간의 크기도 고려해야 한다. 캐릭터 디자인은 3D 모델링, 3D 애니메이션, 2D 에디터, 스프라이트 제작, 특수효과로 나누어진다.

배경 디자인은 게임의 장르와 해상도, 색상 수 등에 따라 방향이 결정된다. 배경 이미지는 유저의 주목대상이 되는 캐릭터 등의 요소

보다 튀어 보이지 말아야 한다. 게임이 진행될 때 배경의 화려함 때문에 등장 캐릭터가 상대적으로 눈에 들어오지 않거나 캐릭터와의 색상 조화를 이루지 못한다면 게임의 몰입을 저해할 수 있고 이는 게임의 판매량, 유저의 만족도 등에 있어서 크게 마이너스 요소로 작용하게 된다. 배경 디자인은 3D 모델링, 2D 에디터, 타일 제작 등으로 구성된다.

인터페이스 디자인은 아이템창, 스킬창, 게임창, 유저 설정창 등 게임에서 사용하는 일련의 창을 제작하는 과정이다. 인터페이스 디자인은 한국 게임이 해외 우수 게임과 비교하여 가장 떨어지는 부분이다. 인터페이스 디자인은 제작 시 연출과 편리성 부분을 항상 고려하여 제작되어야 한다. 비주얼적이고 사운드적인 연출 능력이 가미된 인터페이스 디자인 안에서 편리성이 강조되어야 한다.

9.4.4. 사운드 디자인

게임에 사운드가 없다면 게임은 생명력을 잃은 것과 마찬가지이다. 게임 사운드의 비중은 점점 더 높아지고 있고 게임은 기타 매체와는 다르게 인터랙티브한 매체라는 측면에서 보았을 때에 게임 사운드 역시 인터랙티브해야 한다. 사용자의 행동과 의도에 의해 움직이는 화면처럼 사운드드 조작감과 현실감을 느낄 수 있도록 해 주어야 한다.

게임 사운드는 그래픽과 함께 스토리 전개를 더욱 충실하게 따라가야 하고 기승전결이 뚜렷해야 한다. 사용자가 게임에 흥미를 갖고 완전히 몰두하게 하기 위해서 게임진행 스토리와 절묘하게 맞아야 하고, 훨씬 더 계산적이며 긴장감을 더 크게 느낄 수 있도록 해야 하는 것이다.

게임 사운드 종류는 크게 배경음악과 효과음으로 나눌 수 있다. 배경음악의 종류는 아래와 같다.

- 로고 음악: 회사의 이미지를 홍보하는 음악
- 프롤로그 음악: 게임의 오프닝에 들어가는 음악
- 스테이지 음악: 각 스테이지의 배경음악으로 게임의 분위기와 일치해야 하며, 스테이지별로 음악을 바꾸어 가며 분위기를 전환시킬 수도 있다.
- 보스 음악 및 전투 음악: 스테이지의 마지막이나 중간 전투장면에 삽입되며 긴장감을 더해 줄 수 있는 형태이다.
- 에필로그 음악: 게임의 엔딩 및 제작 스텝진 소개할 때 나오는 음악

각 캐릭터가 표현해 내는 동작과 배경 상황을 정확히 이해하고 그것에 적합한 효과음을 만드는 것이 중요하다. 게임 안에서 그 효과음이 얼마만큼 적절히 사용되고 게임 안에서 어느 정도 흥미를 유발시키는 요소가 될 수 있는지 여부에 따라 사용자의 감성적 반응 여부가 결정된다. 보통 한 게임당 효과음은 500~600개이며 많은 경우는 1,000개 이상이 사용된다. 최근에 만들어지고 있는 게임에서는 유저들에게 현실감을 주기 위해 실제적인 소리를 녹음해서 사용하기도 한다.

9.4.5. 프로그래밍

게임 프로그램에는 엔진 프로그램과 게임 프로그램이 있다. 엔진 프로그램은 마치 자동차의 엔진과 같이 게임 로직을 통하여 그림이나 소리 형태로 최종 출력해 주는 구조를 가진다. 엔진 프로그램에서는 사용자 혹은 시스템 메시지로부터 입력된 정보에 대해 게임 로직을 통하여 그림이나 소리로 출력시킨다.

게임 엔진의 주된 역할은 게임 세계의 데이터를 관리하고 그 데이터를 컴퓨터 화면에 렌더링하는 일이다. 이를 위해서는 복잡하고 방대한 게임 콘텐츠의 상호 작용과 특수 효과들을 효과적으로 구현하기 위한 기술들이 게임 엔진에 모아지게 된다. 게임 엔진은 게임 제작에 필요한 핵심적인 성능을 발휘해 주도록 모아진 라이브러리의 모음으로 정의된다. 이 라이브러리는 게임에서 처리할 수 있는 모든 일을 처리하도록 해 주는 API(Application Program Interface)의 모음이다. 상용 엔진의 경우에는 라이브러리 이외에도 개발을 지원하기 위한 여러 가지 툴과 스크립트 등을 내장하고 있다.

게임 프로그래밍은 게임 시나리오에 맞게 게임 동작이 컴퓨터상에서 전개될 수 있도록 해 주는 작업을 말한다. 게임 프로그램은 게임에 관련된 서버, 데이터베이스, 인터넷 통신 등에 관여하는 모든 프로그램을 포함한다.

9.5. 게임의 영향

국내에서 게임은 산업적 측면과 사회문제적 측면으로 관심을 끌고 있다. 산업적 측면에서 게임은 미래 성장동력 산업으로 선정될 만큼 위상이 높다. 게임의 산업적 가치에 대한 관심은 비단 국내뿐만 아니라 세계 각국에서 자국의 게임산업을 전략적으로 육성하기 위한 사업들을 전개하고 있다.

한편 게임은 이전에는 없었던 새로운 사회적 문제를 야기하는 주범으로 지목되고 있다. 특히 게임을 주로 즐기는 청소년층은 게임과 관련하여 사회적 우려가 높다. 현재 우리 사회에서 게임은 산업적으로는 사회적 위상을 높여 가고 있지만, 문화적으로는 이제 시작에 불과하다. 게임이 미치는 영향에는 학습, 건강, 대인관계 등으로 요약해 볼 수 있다. 본 책에서는 이러한 영향에 대해 긍정적인 측면과 부정적인 측면을 고려하여 서술하고자 한다.

9.5.1. 학습에 미치는 영향

부모세대들은 자기 자식들이 게임에만 빠지는 게임중독에 걸려서 공부에 소홀하지 않을까라는 걱정을 늘 하고 있는 것이 사실이다. 중독이라는 것은 내가 나를 통제하지 못하고 중독된 대상이 나를 통제하는 현상을 말한다. 게임중독은 게임에 의해 조절능력이 상실되거나 내성에 따라 게임을 지속적으로 사용하거나, 게임을 하지 않을 경우에 금단증상, 게임에 강박적으로 집착 또는 의존하는 등의 문제적 징후가 심하게 나타나 신체적, 사회적, 심리적 문제를 일으키는 상태를 말한다. <표 9-1>은 게임 이용자 분류를 나타내고 있다.

〈표 9-1〉 게임 이용자 분류

구 분	주요특징	게임 이용시간	주요 이용장르	병리 증세	이용자 분포(비중)
일반이용자	단기간 게임을 취미삼아 이용	1일 평균 2시간 미만	보드, 미들게임류	없음	83.8%
게임매니아	커뮤니티, 동호회모임, 관련 정보 수집에 적극적이며 장 시간 또는 자주 게임을 이용	1일 평균 2시간 이상	RPG, 전략 시뮬레이션	없음/ 약함	1.8%
일반적 장시간 이용자	혼자서 장시간 게임에만 몰 입(매니아적 성향없음)				6.5%
과다 몰입자 (잠재적 중독자)	게임중독 성향자나 일상에 심 한 영향을 줄 정도는 아님			증간	5.0%
병리적 중독자	병리적 증세로 일상에 지장	제한 없음 (통제 불능)		심각	2.9%

* 자료: 게임환경 변화에 따른 게임몰입(중독)추세와 의미(한국게임산업개발원, 2004)

실제로 게임중독은 자라나는 청소년에게 부정적인 영향력을 미치는 등 사회적 문제임에는 틀림없다. 그러나 게임이 미치는 영향은 동전의 양면과 같아서 게임을 어떻게 이용하느냐에 따라 전혀 다른 결과를 가져올 수도 있다.

독일의 저명한 아동심리학자인 볼프강 베르그만(Wolfgang Bergmann)은 청소년이 게임에 빠져드는 이유가 어떤 문제를 풀어 과제를 제대로 해결할 때마다 즉시 새로운 화면, 새로운 세계가 눈앞에 펼쳐진다는 데 있다고 하였다. 게임은 멀티미디어적 속성을 통해서 환상적인 영상과 체험세계를 열어 줌으로써 학교교육의 특징이 된 사고의 획일화와 영상의 빈곤을 극복하게 된다고 주장하였다.

부모의 인식에 따라 자녀의 게임 이용이 긍정적 또는 부정적인 영향으로 흐르는 주요한 요인이 된다고 한다. 부모가 게임에 대한 이해가 높을수록 긍정적인 영향이 크게 나타나는 반면에 부모의 PC 이용

능력이 떨어지고 게임에 대해 부정적으로 대할수록 자녀는 부정적 영향을 받는다고 한다.

오늘날 대부분의 청소년들이 매일 게임을 하고 있으며 하루에 1~2시간씩 게임을 하는 학생들의 학업성적이 가장 좋다는 연구결과가 나왔다. 한편 다른 연구에서는 청소년들이 게임을 함으로써 학습시간이 감소하여 게임시간이 길수록 성적이 하락한다는 연구결과를 내놓았다. 이와 같이 서로 다른 연구결과가 나온 것을 비추어 볼 때에 게임은 이용하기에 따라서 어린이나 청소년들이 학습능력에 긍정적으로 또는 부정적으로 영향을 준다는 사실이다.

국내 청소년들은 세계 최고 수준의 학업 스트레스를 받고 있는 것으로 잘 알려져 있다. 아이들에게 게임이라는 해방구가 없다면 무엇으로 그들의 스트레스를 해소할 수 있을까에 대해 생각해 보아야 할 것이다. 옛날에 옥외에서 놀이를 즐기거나 혹은 친구들과 만나서 재미난 이야기들을 나눈 것들과 오늘날의 게임 놀이는 놀이매체만 달라졌음에 불과하다. 기성세대들은 청소년들이 적절한 시간 동안 게임을 이용할 수 있도록 게임매체에 대해 보다 적극적인 관심과 이해하려는 노력이 필요해졌다.

9.5.2. 건강에 미치는 영향

게임은 건강에도 긍정적 효과와 부정적 효과가 동시에 존재한다. 우선 부정적 효과는 게임중독은 신체적 및 정신적 문제를 발생한다는 것이다. 게임중독은 신체적 측면에서 시력저하, 손목 통증, 만성피로감, 영향결핍 등을 가져올 수 있다. 따라서 게임을 할 때에는 꼭 올바른 자세로 이용할 수 있도록 해야 하며 또한 오랜 시간 앉아만 있는 일이 없도록 주의해야 한다.

정신적 측면에서 게임중독은 폭력성향 증대, 게임에 대한 강박적 갈구, 지나친 몰두, 통제 불가능한 의존, 감정의 격발, 우울증 유발 등과 같은 문제를 불러올 수 있다. 최근에는 게임중독을 정신질환의 일종으로 치료의 대상으로 바라보기도 한다. 게임중독으로 우울증에 빠지기도 하고, 우울감을 극복하기 위해 게임에 더욱 몰두하는 악순환이 반복된다는 것이 주요 증상이다.

게임이 정신건강에 도움이 된다는 연구도 있는데 이는 주로 카타르시스 이론에 기반하고 있다. 미디어를 통해 폭력을 접할 경우에 대리만족을 통해 오히려 개인의 공격성은 감소하게 된다는 것이 카타르시스 이론의 핵심이다. 게임에서의 공격적 행동은 게임 사용자에게 분노, 좌절감, 공격성 등과 같은 나쁜 감정을 해소시킴으로써 현실에서의 공격적 행동을 감소시킬 수 있다는 것이다.

9.5.3. 대인관계에 미치는 영향

게임을 하게 되면 일반적으로 친구들과 어울리는 시간이 줄어들어 대인관계가 악화될 것으로 생각하기 쉽다. 그러나 연구조사에 의하면 게임을 통해 친구와 대화가 증가하였다는 비율이 증가하고 있다. 게임을 통해서 사회적 접촉의 기회가 줄어들기보다는 오히려 게임을 통해서 대인 커뮤니케이션이 확대되고 있는 것이다.

온라인 게임은 여러 사람들이 함께 게임에 참여하기 때문에 이용자 간에 상호 작용이 많이 일어난다. 게임을 통해 가상사회가 만들어지는 것이다. 함께 게임을 하면서 전혀 모르는 낯선 상대방과 대화를 나누고 우정을 쌓으면서 마치 현실세계와 동일한 사회관계를 경험하게 된다.

이렇듯 게임의 온라인화와 더불어 게임이 인간사회의 또 다른 모습이라는 가정이 설득력을 얻고 있다. 게임을 통해서 인간과의 교류를 배우고 사회성을 터득하게 된다. 또한 게임의 미션을 완수하면서 위기 관리 및 조직 관리를 배우게 된다. 도시를 건설하고 동물원을 경영하고 언어를 배우고 자신의 일상을 대체적으로 경험하고 이 모든 것들이 가능한 곳이 바로 게임이 만들어 주는 가상세계이다. 게임과 같은 미디어가 이제 학교나 가정에 이어 하나의 사회화 도구로 발전하고 있다.

9.6. 건강한 게임 이용 습관

게임은 우리들이 평소 생활에서 받기 쉬운 스트레스를 해소할 수 있도록 도와주는 놀이문화의 하나이다. 오늘날 게임에 대한 인식이 그다지 좋지 않은 것은 게임의 역기능만 강조되어 왔기 때문이다. 영화, 음악, TV, 만화 등도 옛날에는 기성세대들로부터 환영받지 못했던 시절이 있었다. 특히 만화는 학생들의 공부에 방해가 된다고 하여 만화책을 보다가 들키기라도 하면 아이들은 무슨 커다란 죄를 지었다는 느낌을 가질 때도 있었다.

놀이문화는 시대의 흐름에 따라 바뀌어 간다. 어떠한 놀이도 학생의 학업에 방해가 된다고 여겨지면 기성세대들은 많은 걱정을 하게 된다. 놀이를 즐기는 시간이 길어질수록 아이들의 학업시간이 그만큼 줄어들기에 학업성적이 떨어질 것이라는 우려를 하게 되는 것이다. 그러나 게임도 다른 놀이들과 마찬가지로 부모로부터 올바른 게임지도를 받거나 적절한 자기관리를 통해 건전한 놀이문화로 발전시킨다면 바쁜 학업생활 속에서 즐거운 휴식시간을 제공해 줄 수 있다.

게임의 역기능을 줄이고 순기능을 강화하기 위해서는 건강한 게임 이용 습관이 중요하다. 이러한 게임 이용 습관에는 자기관리 방법, 가족 간의 공감대 형성방법, 전문가에게 상담 등이 있다.

9.6.1. 즐거운 게임을 위한 자기관리 방법

부모세대는 아이들이 게임으로 인해 학습에 방해를 받거나 혹은 게임에 몰입하는 현상을 방지하기 위해 아이와 함께 자기관리 방법에 대하여 의견을 교환해야 한다. 아이들의 자기관리 방법에 대한 구체적인 내용에 간섭하기보다는 아이들이 스스로 자기관리 계획을 수립할 수 있도록 도와주어야 한다. 아래는 게임을 즐겁게 하기 위한 자기관리 방법의 예를 보여 주고 있다.

① 자신만의 게임일지를 만든다.
- 내가 하고 있는 게임 종류를 적어 본다.
- 하루에 게임을 하는 시간은 얼마나 되는지 표시한다.
- 게임을 하면서 생긴 경험을 적어 본다.
- 게임을 하면서 생긴 다툼과 그 이유를 기록해 본다.
② 스스로의 규칙을 세워 그대로 실행한다.

- 하루 이용시간을 2시간 넘지 않도록 스스로 정한다.
- 너무 긴 시간 동안 지속적으로 하지 않도록 하며, 30분이 지난 후 반드시 휴식시간을 갖도록 한다.
- 올바른 자세와 습관을 갖도록 노력한다.
  - 형광등 불빛은 밝게 하고 형광등 빛이 모니터에 반사되지 않도록 한다.
  - '거북이 목'이 되지 않도록 바른 자세를 유지한다.
  - 척추에 부담이 가지 않도록 허리는 똑바로 펴도록 한다.
  - 팔목이나 손목에 무리가 가지 않도록 바른 자세를 유지한다.
  - 너무 오랜 시간 앉아서 게임을 하지 말고, 틈틈이 몸을 움직여 준다.

③ 할 일의 우선순위를 정한다.
- 숙제, 시험공부, 운동 등 할 일을 나열해 본다.
- 나의 할 일에 우선순위를 정한다.
- 학습에 우선순위를 부여하고 시간을 배분한다.
- 배분된 시간에 따라 정확하게 실행한다.

④ 게임 이용 시 나만의 약속사항을 만들어 지킨다.
- 게임 내에서 친한 사이라고 해도 따로 밖에서 만나지 않는다.
- 아이템을 돈 주고 사거나 팔지 않는다.
- 게임 캐시(cash) 충전은 내 용돈으로 적당히 한다.
- 다른 사람의 주민등록번호, 휴대전화번호 등을 사용하지 않는다.
- 다른 사람에게 나의 주민등록번호, 휴대전화번호, 학교, 집주소, 전화번호, 나이, 이름, 부모님의 신상정보 등을 알려 주지 않는다.

⑤ 연령에 맞는 게임을 이용한다.

- 전체이용가, 12세이용가, 15세이용가, 청소년이용불가 등의 게임 등급을 확인한다.
- 예를 들어서 초등학교 5학년(만 11세)이라면 전체이용가 등급의 게임만 이용해야 한다.

⑥ 네티켓을 지킨다.

- 게임 내에서 만나는 상대방에게 예의를 지켜야 한다.
- 서로의 얼굴은 보이지 않더라도 직접 만나서 이야기하고 있다고 생각한다.
- 게임을 하면서 처음 만나는 사람에게는 높임말을 사용한다.
- 욕설이나 비방 등 상대방에게 상처 주는 말을 하지 않는다.
- 게임에 지더라도 상대방에게 '축하합니다'라고 인사한다.
- 무분별한 PK(Player Killing)는 하지 않는다.

9.6.2. 가족 간의 공감대 형성

아이들의 게임에 관해 관심을 가지도록 노력할 필요가 있다. 아이들이 무슨 게임을 즐기는지, 그 게임의 캐릭터는 무엇인지, 아이들의 아이디는 무엇인지 등에 관하여 관심을 가진다. 게임을 즐기는 아이들도 부모님들에게 본인이 좋아하는 게임이 무엇인지, 그 게임을 왜 좋아하는지, 게임 속의 아이디는 무엇인지, 게임 캐릭터의 특징과 역할, 무리의 특성, 전략적 구상, 스킬업 등의 이야기를 먼저 해 보도록 노력해야 한다.

부모들도 게임 관련 전시회나 박람회, e스포츠 경기관람 및 방송시청 등을 아이들에게 함께하자고 제안해 본다. 가족들 간에 게임에 관한 다양한 이야기들을 통하여 공감대를 형성함으로써 게임놀이에 관한 이해심을 높일 수 있는 기회를 갖는다. 아래는 가족 간의 공감대 형성 방법의 예시를 보여 준다.

(1) 게임을 하느라 숙제 등을 잊어버리거나 하지 못한 일이 생기지 않도록 일과표를 작성한다.

• 예) 숙제하기 → 게임하기 → 축구하기 → 식사하기

(2) 게임 속의 '나'를 부모님께 소개한다.

• 내 아이디는 무엇이고, 이렇게 설정한 이유 등을 이야기한다.

• 캐릭터 특징, 습득 스킬, 레벨 단계, 미션의 특징을 이야기한다.

(3) 다양한 자료를 통해 대화를 나눈다.

• 부모님이나 선생님과 함께 게임과 관련된 자료를 모아 본다.

• 자료를 함께 보면서 게임이 나에게 어떤 영향을 미치고 있는지 이야기하고, 자신을 돌아볼 수 있도록 한다.

(4) 먼저 제안하여 가족 공동활동을 찾아본다.

• 보드 게임 등을 이용해 가족이 함께할 수 있는 놀이나 게임을 해 본다.

• 게임 박물관, 전시회, 체험관 등을 함께 찾아본다.

9.6.3. 전문가와 상의

아이들이 게임을 즐기다가 여러 가지 문제가 발생할 수 있다. 이때에 부모들은 아이들에게 어떠한 고민이 있는지를 관찰해야 하고 아이들로 하여금 자기 어려움과 고민들을 상세하게 이야기할 수 있도록 배려해 주어야 한다. 아이들도 게임에 관한 여러 가지 고민들이

생길 때에 부모님, 학교 담임선생님과 상담선생님, 지역 청소년상담소 상담원 등에게 도움을 청해야 한다.

특히 게임 속에서 친해진 사람을 실제로 만나는 것은 쉽게 결정하지 말아야 한다. 만약에 만나야 한다면 반드시 부모님과 선생님께 먼저 이야기를 해야 한다. 왜냐하면 혹시라도 생길 수 있는 문제를 미리 예방할 수 있기 때문이다. 또한 다른 사람에게 내 개인정보를 알려 주어 피해를 입었다면 바로 선생님과 부모님께 이야기해야 한다. 부모님들도 늘 아이들을 가깝게 관찰하면서 어떠한 고민에 대해 이야기를 들어줄 준비가 되어 있어야 한다.

아이들은 게임만 너무 하다 보니 다른 일상생활에 영향을 주지는 않는지 생각해 본다.

- 게임을 하기 위해 부모님이나 선생님께 거짓말을 자꾸 하게 된다.
- 게임을 하면서 겪은 일이 현실과 잘 구분이 되지 않는다.
- 게임을 너무 하다가 결석을 하게 된다.
- 타인의 개인정보를 이용하거나, 나의 개인정보를 알려 주어 문제가 생긴다.
- 습관적으로 오랜 시간 게임만 하고 있다.

10. 인간 삶의 컴퓨터 활용(2) – 유비쿼터스

10.1. 유비쿼터스의 개념

마크 와이저(Mark Weiser)에 의해 처음 사용하게 된 유비쿼터스(ubiquitous)라는 말은 라틴어로 '도처에 존재한다'라는 뜻으로서 컴퓨터가 온 세상에 존재한다는 말뜻이 된다. 세계 도처의 물리공간에 컴퓨터가 장착되고 이들 사이에 네트워크가 형성됨으로 인해 지능화된 물리공간은 전자공간과 융합할 수 있는 요건을 갖추게 되는 셈이다.

전자공간과 결합된 물리공간은 제3의 공간을 만들어 냈으며 이와 같은 제3의 공간 속에 새로운 문명을 탄생시키기 위한 기술이 바로 UIT(Ubiquitous Information Technology) 기술이다. UIT 기술은 물리공간을 전자화시키기 위하여 센싱(sensing) 기술을 도입하였다. 물리공간에 존재하는 상품, 사물, 장소, 동물, 사람 등에 관한 정보를 인식하고 이를 전자공간에 전달하기 위한 센싱 기술이 필요하게 된다.

또한 인식된 물리적 대상이 공간적으로 어떻게 움직이고 있는가를 추적하기 위해 GPS(Global Positioning System) 위치추적 기술이 요구된다. 각 가정의 가전제품들은 컴퓨팅 기능과 네트워킹 기능이 이식되면서 인터넷을 통한 각종 통제 기능이 가능하게 된다. 작은 실리콘 칩 위에 마이크로 단위의 작은 부품과 이들을 입체적으로 연결하는 마이크로 회로들을 제작하는 MEMS(Micro – Electromechanical System) 기술을 통하여 물리공간의 구석구석을 전자공간과 연결시켜 줄 수 있게 되었다.

물리공간이 전자화될수록 전자공간의 영토는 그만큼 급속하게 확대된다. 물리공간에 있는 모든 사물들이 전자공간으로 투영되면서 반대로 전자공간에 존재하는 정보들은 물리공간상의 사물들과 연결됨으로써 전자공간의 물질화 양상을 만든다. 기존의 전자공간상에는 고도의 정보를 집적함으로써 가상현실(VR: Virtual Reality)을 창출하려고 시도하였다.

이제는 물리공간의 사물들이 전자공간으로 송신되고, 전자공간의 정보들이 물질세계에 투영됨에 따라 증강현실(AR: Augmented Reality)이 나타나고 있다. 증강현실이란 어떠한 업무를 추진할 때에 업무와 관련된 각가지 정보들을 실시간으로 입수함에 따라 해당 업무의 효율성이 높아짐을 의미한다.

유비쿼터스는 다음과 같은 제약으로부터 해방을 목적으로 하고 있다.

- 공간적 및 지리적 제약으로부터 해방: 이용자가 어디 있더라도 그 자리에서 필요한 정보통신을 이용할 수 있도록 한다.
- 통신 대상의 제약으로부터 해방: 기존의 정보통신에서는 대부분의 경우 통신 서비스별로 사용할 수 있는 단말의 종류가 제한되어 있었기 때문에 생활환경을 형성하는 일용품 중에서 통신기능을 지니고 있는 것이 극히 제한적이었으나, 유비쿼터스에서는

PC나 PDA(Personal Digital Assistance), 휴대전화 등은 물론 차세대 TV, 정보가전, 테이블, 의자, 조명기구, 자동차, 로봇, 의류, 장식품, 간판 등도 유비쿼터스 단말로 사용될 수 있을 것이다.

- 네트워크, 단말, 서비스, 콘텐츠 선택 등의 제약으르부터 해방: 기존의 정보통신 서비스에서는 제공회사나 인프라에 따라 이용할 수 있는 단말, 서비스, 콘텐츠의 사양 등이 정해지는 일이 많았기 때문에 하나의 통신단말에서는 특정 회사의 서비스만을 이용할 수 있었으나, 유비쿼터스에서는 네트워크, 단말, 서비스, 콘텐츠 조합의 제약을 해소함으로써 개방된 사양하에서 정보통신망과 단말기기를 자유롭게 조합해서 이용할 수 있다.
- 통신용량의 제약으르부터 해방: 사용자의 단말기와 네트워크를 연결시켜 주는 액세스 회선의 고속화뿐만 아니라 통신망의 줄기에 해당하는 백본(Back Bone) 부분의 현격한 대용량화로 누구나 이용하고자 하는 시간에 충분히 고속 정보통신 인프라를 이용할 수 있는 환경을 제공한다.
- 네트워크 리스크(risk)로부터 해방: 통신내용의 도청이나 변조, 본인을 가장한 액세스, 부정 액세스, 바이러스에 의한 데이터 파괴 등의 위협으로부터 안전하다.

유비쿼터스는 브로드밴드(broadband), 모바일, 상시접속, IPv6 등에서 기인된 것이다. 현재의 IPv4 인터넷에서는 전 세계 인구 1인당 1개의 주소밖에 가질 수 없었으나 IPv6에서는 세계 인구 1인당 1억 개의 단말을 가질 수 있게 되므로 RFID(Radio Frequency Identification) 태그에도 주소값이 주어질 수 있게 되었다. RFID는 오늘날의 바코드에 해당하는 것으로 유비쿼터스 시대에는 모든 상품에 RFID 칩이 부착되며 RFID 리더기를 통해 RFID 태그를 인식할 수 있게 되어 그 상품에 대한 각종 정보, 즉 출시연도, 출시장소, 물류과정, 제품 재료, 제품 특성, 제품 회사, 가격 등을 알 수 있게 된다. RFID는 정보축적과 발신기능을 가지며 수 밀리미터 단위의 상품이 실용화되었고 분말상태의 칩도 개발 중에 있다.

유비쿼터스 시대에는 소프트웨어 못지않게 하드웨어 단말기의 수요가 증가할 것이므로 전자부품 기술력 증강에도 심혈을 기울여야 한다. <표 10-1>은 정보화 진전에 따른 단말기, 네트워크 형태, 대역폭 등을 나타내고 있다.

⟨표 10-1⟩ 정보화 진전

정보화 단계	단말기	단말기 시장 규모	네트워크 형태	대역폭
제1단계 (1960~1985)	대형 컴퓨터	100만대	스탠드 얼론 (stand alone)	
제2단계 (1985~1995)	PC	1억대	전용선	
제3단계 유비쿼터스 제1라운드 원형기(1995~2000)	PC	수억대	인터넷	협대역/IPv4
제4단계 유비쿼터스 제2라운드 본격기(2001~)	비PC	100억대	인터넷	광대역/IPv6

10.2. 유비쿼터스 사회의 배경

인류 역사가 시작된 이래 기술의 변화는 사회를 새롭게 이끌었고 또한 새로운 사회는 새로운 기술의 필요성을 대두시켜 왔다. 아무리

훌륭한 기술이라고 해도 사회의 변화를 충족시키지 못하면 그 기술은 아무런 효용가치를 발휘하지 못하고 사라져 버리게 된다.

유비쿼터스 기술이 도래될 수 있는 사회적 배경으로는 산업구조의 변화, 생활 및 사회환경의 변화, 장애인 및 고령자 등의 사회참여, 환경문제에 대한 대응 등을 거론할 수 있다.

10.2.1. 산업구조의 변화

산업구조의 변화 요소로는 제3차 산업 취업자의 증가, 고용 및 노동환경의 변화, 경제활동의 전자화 진전 등이 있다. 인류가 처음으로 등장해서는 나무 열매를 따 먹거나 사냥을 통해 생활했었다. 자연의 물질 공간 속에서 사람들이 그 물질을 취하기 위해 여기저기 돌아다녔던 생활로부터 어느 한 곳에 정착하여 농사를 짓기 시작함에 따라 1차 산업의 농업이 활성화되었다.

인간이 도시를 건설하면서 농산물 생산뿐만 아니라 인류가 생활하기에 편리한 각종 생활필수품들이 가내공업식으로 생산되었고 이후 산업혁명을 통하여 대량생산이 가능해짐에 따라 2차 산업인 제조업이 발달하게 되었다.

반도체, 컴퓨터, 통신 기술 등의 발달로 인하여 정보혁명이 도래됨에 따라 제조업이 상대적으로 쇠퇴하게 되고 3차 산업이 활성화되었다. 정보혁명이 오기 전에는 있지 않았던 각종 직업들이 새로이 창출되었으며 이러한 현상은 더욱 가속화되어 제조업에 종사하는 근로자 수보다 3차 산업에 취업하는 근로자 수가 더 많아지게 되었다. 이와 같이 산업구조가 2차 산업인 제조업에서 3차 산업인 서비스업으로 바뀌는 현상은 유비쿼터스 시대를 더욱 빨리 필요로 하게 된다.

우리나라는 IMF 이후에 고용 및 노동 환경이 변화하고 있다. 종전에는 평생직장의 개념으로 회사에 한번 취직하면 큰 이변이 없는 한 그 회사에서 정년퇴직하는 것으로 인식해 왔었다. 그러나 최근에는 어떠한 회사도 평생토록 직장을 보장해 주지는 않는다. 또한 노동자들도 일정한 틀에 짜여 있는 근무 대신에 자유스러운 경제활동을 추구하려 하고 있다. 미래에는 어떤 조직에 근무하는 사람들 가운데 절반가량은 그 조직에 고용되어 있지 않을 것이고, 풀타임(full time)으로 근무하지 않을 것이다. 고용정책 불안으로 실업률이 증가할 우려가 있고 또한 노동인력 저하로 기업활동에 커다란 차질을 빚을 가능성도 배제하지 못한다. 이러한 점들을 고려할 때에 미래에는 새로운 산업의 창출로 고용을 창출 및 확충하고, 다양하게 노동 방법을 선택할 수 있도록 노동환경을 한층 더 정비할 필요성이 있다.

경제활동 측면에서 보면 인터넷의 급속한 발달로 인하여 전자상거래 시장이 확충되었다. 기업 간 거래인 B to B 전자상거래 시장규모가 증가하고 있으며 또한 소비자와의 거래인 B to C 전자상거래 시장도 해마다 확충마다것으로 예상하고 있다. 종전에는 오프라인 상점을 통해 상품을 판매하였으나 최근에는 인터넷 쇼핑몰을 통해 상품을 판매하는 회사가 증가하였다. 이와 같이 경제활동의 전자화 진전으로 유비쿼터스 시대를 기대하는 사회적 분위기가 조성되어 있다고 말할 수 있다.

10.2.2. 생활 및 사회환경의 변화

생활 및 사회환경 변화의 요소로는 범죄 및 피해의 증가, 취미생활 및 여가환경의 다양화, 개인이나 단체의 폭넓은 사회활동 확대 등을 들 수 있다. 사회가 복잡해짐에 따라 범죄 발생 횟수가 해마다 증가하고 있고 범죄의 형태도 과거에는 생각할 수 없을 정도로 다변화를 이루고 있다. 특히 인터넷의 이용확대에 따라 네트워크를 매개로 한 새로운 범죄나 피해가 발생하고 있다. 타인의 서버 등에 부정으로 액세스하는 범죄의 신고 건수도 해마다 증가하고 있다. 오프라인 범죄를 수사함에 있어 각 요소 지점마다 CCTV를 설치하고 범죄용의자 검색을 실시간으로 추적할 수 있다면 범죄의 건수가 줄어들 것이다. 또한 인터넷 범죄의 경우에도 컴퓨터 보안 기술과 네트워크 보안 기술을 보다 강화함으로써 범죄자들이 쉽게 활보할 수 없게 해야 할 것이다.

취미생활 및 여가환경의 다양화 측면에서는 최근에 개인의 취미 및 취향이나 여가생활을 보내는 방법에서 큰 변화를 볼 수 있다. 휴일의 자유활동은 스포츠, 향락 및 산책 등의 활동비율이 늘어나면서 TV를 제외한 대중미디어 접촉 비율이 모두 크게 감소하고 있다. 반면에 취미, 오락, 교양 활동 비율이 크게 증가하였는데 여기에는 PC 및 인터넷 등이 포함되고 있다. 인터넷을 통한 게임 이용자의 증가로 네트워크 대역폭 증가의 필요성이 대두되었으며 인터넷을 통한 각종 오락 프로그램들도 새로이 출시됨에 따라 다양한 여가환경으로 변화해 나갈 것으로 예상하고 있다.

개인이나 단체의 폭넓은 사회활동 확대 측면에서 보면 개인의 가치관의 다양화라는 관점에서 최근에 자원봉사 등 사회적인 공헌을 목적으로 하는 활동에 관심이 쏠리고 있다. 특히 전문 분야 종사자들은 퇴직하고서 사회봉사 활동에 적극적일 것이라고 한다. 또한 인터넷 카페를 통해 취미활동 혹은 전문 분야 활동 모임을 결성하고 이들 회원들은 네트워크를 통해 친밀한 관계를 유지하고 있다.

10.2.3. 장애인 및 고령자 등의 사회 참여

사회복지 정책이 확립되면서 장애인들의 사회참여가 확대되고 있다. 특히 인터넷을 사용하는 장애인이 늘고 있다. 이들은 인터넷을 통해 학업을 이어 가고 취미활동도 적극적이다. 시각장애인 및 청각장애인이 적극적으로 인터넷을 이용할 수 있는 환경을 실현함과 동시에 더욱 다양한 사회참여를 위한 환경을 정비해 갈 것으로 기대된다.

출산율 저하에 따라 연소자 인구의 감소가 이어지고 전체 인구에서 차지하는 노년인구의 비율이 빠르게 증가하고 있다. 15~64세의 생산 연령 인구의 비율이 저하되고 국민의 사회보장비 부담 증대가 큰 문제가 되고 있다. 이러한 가운데 고령자의 사회참여를 적극적으로 촉진함으로써 사회활력을 유지해 가는 것이 요구되고 있다.

젊은 사람들은 인터넷뿐만 아니라 개인휴대기기 사용에 아무런 불편함이 없으나 고령자들은 인터넷은 물론 개인휴대기기의 사용법도 제대로 알고 있는 사람이 드문 현실이다. 앞으로는 고령자들도 요즘의 젊은 사람들 못지않게 새로운 IT 서비스 활용에 적극적일 것이므로 고령자들을 위한 단말기 보급과 함께 전반적인 네트워크 기능 확충도 요구될 것이다.

10.2.4. 환경문제에 대한 대응

산업화가 급속도로 이루어지면서 지구의 환경오염이 심각한 수준으로 바뀌고 있다. 상수도 지역의 수질 오염뿐만 아니라 도시지역의 공기오염 등으로 사람들은 건강상태를 유지할 수 없는 지경에 이르렀다.

도시에서는 자동차의 배기가스 증대로 대기 중에 이산화탄소의 양이 증가함으로써 그만큼 공기 오염도가 증가하였으며 이는 호흡기의 병으로까지 진전될 우려를 낳고 있다. 이러한 자동차 배기가스의 양을 줄이기 위해서는 재택근무나 SOHO 형태의 근무를 확충할 필요성이 있다.

재택근무나 SOHO를 이루기 위해서는 서로 멀리 떨어져 있어도 우수한 성능의 네트워크가 설치되어야 한다. 재택근무뿐만 아니라 원격진료를 위해서도 고밀도 화상을 실시간으로 전송할 수 있는 광대역 네트워크 구축이 요구되는 것이다.

도시가스 배출을 억제하는 일 못지않게 공기 오염도를 센싱하여 이를 관리하는 일도 중요하다. 도시거리마다 공기오염도 센서를 장착하여 어느 때라도 오염도를 체크할 수 있어야 한다. 공기 오염도뿐만 아니라 수질 오염상태도 센서를 통해 점검할 수 있어야 한다. 지구환경에 대응하기 위해서는 유비쿼터스 사회 구축이 될 수 있는 한 빠른 시일 내에 이루어져야 할 것이다.

10.3. 유비쿼터스 네트워크 사회의 기대

10.3.1. 유비쿼터스 네트워크 구축의 사회적 의의

유비쿼터스 네트워크가 구축되면 아래와 같은 사회적 의의가 있을 것으로 보인다.

(1) 새로운 산업이나 비즈니스 시장 창출

유비쿼터스 네트워크를 구성하는 제품이나 기술에는 광통신, 모바일, 정보가전 등의 IT 기술이 포함되어 있다. 백본망에 들어가는 광통신 장비들은 대부분 외국에서 수입하여 사용하기 때문에 우리나라는 커다란 기술경쟁력이 없으나 모바일과 정보가전 등의 국내 IT 제품들은 세계적으로 경쟁력이 높다. 따라서 유비쿼터스 네트워크 사회에서는 국내의 IT 산업이 국제 경쟁력을 바탕으로 보다 폭넓게 발전할 것이다.

유비쿼터스 네트워크는 소비자 서비스, 콘텐츠 서비스, 교육 등 폭넓은 분야에서 새로운 비즈니스가 창출될 것으로 예상한다. 선행적으로 유비쿼터스 네트워크를 구축함으로써 이러한 응용 분야에서도 세계를 주도하는 비즈니스 창출이 가능해진다.

또한 물류 및 상품 유통의 고도화에서 볼 수 있는 바와 같이 유비쿼터스 네트워크의 구축과 산업에서의 활용은 IT 산업뿐만 아니라 모든 산업의 효율화나 생산성 및 경쟁력 향상으로 이어진다. 유비쿼터스 네트워크를 활용함으로써 국내의 산업 전반, 특히 지역 산업의 활성화로 이어질 것으로 기대된다.

(2) 안심할 수 있는 사회생활 실현

유비쿼터스 네트워크는 온라인, 오프라인을 불문하고 안전성이 높은 상거래나 사회활동 환경을 제공한다. 유비쿼터스 네트워크의 기본요소 중 하나가 고도의 인증기술이다. 바이오매트릭스 시스템을 이용한 고도의 개인인증은 간편하고 확실한 이용자 인증을 실현함으로써, 고액의 상품과 서비스 거래를 포함한 모든 상황에 통용되는 안전하고 간편한 결제수단을 실현할 것으로 기대된다.

또한 초소형 칩을 활용하면 이상적인 물품관리가 가능하게 되어 품질관리에 철저를 기할 수 있게 됨에 따라 모든 상품의 신뢰성이나 안전성을 향상시킬 것으로 기대된다. 이러한 기능은 온라인 서비스 분야뿐만 아니라 실세계에서의 상품유통이나 상점판매에서도 널리 이용되어, 사업자와 소비자 모두에게 있어서 안전한 거래를 실현할 것으로 기대된다.

(3) 장애인 및 고령자 등의 사회참여 촉진

유비쿼터스 네트워크는 장애인이나 고령자가 보다 활동하기 쉬운 정보환경, 생활환경을 , 형는 기반이 된다. 기존의 상호 독립된 멀티미디어 환경에서는 시청각 장애인에 대한 대응도 각 미디어별로 추진해야 했기 때문에 결과적으로 정보 장벽이 없는 환경을 실현하기가 어려운 점이 있었다. 유비쿼터스 네트워크에서는 모든 서비스나 콘텐츠를 단절 없이 활용할 수 있기 때문에 고도의 정보장벽이 없는 환경실현이 기대된다. 유비쿼터스 네트워크에유비한 실세계의 다양한 대상물에 대한 제어 기능을 응용하면 공공교통기관 등에서 지능적이며 장벽이 없는 환경을 실현할 수 있으므로, 장애인 및 고령자가 보다 적극적으로 활용하기 쉬운 생활환경을 실현할 것으로 기대된다.

(4) 환경문제에 대한 대응

유비쿼터스 네트워크를 활용함으로써 경제활동이나 사회활동에 수반되는 환경에 대한 부담을 줄일 수 있다. 유비쿼터스 네트워크는 장소를 가리지 않고 고도의 네트워크 액세스가 가능해지기 때문에, 기존의 재택근무나 SOHO가 더욱 진전된 다양한 취업 형태가 가능해진다. 취업에 따르는 대량의 인적이동이 필요 없게 되므로 에너지 소비의 효율화로 이어진다. 또한 물류관리 분야에서도 IC 칩이나 전자태그의 활용으로 기존보다 더 효율적인 물류관리가 가능해지므로 물류에 수반되는 환경 부담을 더욱 줄일 수 있다.

10.3.2. 유비쿼터스 네트워크 구축의 세계적인 의의

유비쿼터스 네트워크는 그 정의에서도 알 수 있듯이 전 세계적인 차원에서 실현되는 것이다. 세계적인 유비쿼터스 네트워크의 실현에는 다양한 의의가 있을 것이며 그중에서 아래 사항들을 소개한다.

(1) 세계적인 지식 및 문화의 교류

유비쿼터스 네트워크는 전 세계의 지식과 문화를 개인이 안전하게 이용하고 또한 개인이 안전하게 세계 시민으로서 다양한 정보를 제공할 수 있도록 해 준다. 세계의 데이터베이스가 유비쿼터스 네트워크에 연결되면, 전 세계의 지식이나 정보를 어디서나 간편하게 이용할 수 있게 되기 때문에 학술 및 교육 등 모든 분야의 국제교류에 도움이 된다. 또한 전 세계의 다양한 상용 콘텐츠를 상호 이용할 수 있게 될 뿐만 아니라 개인이 제공하는 다양한 정보도 세계적으로 유통할 수 있게 됨에 따라 다각적인 문화 교류와 상호 이해가 증진된다.

(2) 세계적인 시민활동의 활성화

인터넷의 등장은 지구환경, 평화활동, 난민지원 등 세계규모의 과제에 대응하는 NPO(Non-Profit Organization) 및 NGO(Non-Governmental Organization) 활동의 발전에 크게 기여했다고 한다. 세계적인 유비쿼터스 네트워크는 개인이나 조직이 국경을 초월하여 연계하고, 다양한 시민활동, 국제협력 등을 전개하기 위해 필요한 정보전달을 보다 쉽게 함으로써, 세계적인 과제에 대한 대응을 촉진한다. 예를 들어서 재해발생 시 구조활동이나 복구지원을 위한 지원 현장 등에서 유비쿼터스 네트워크를 활용함으로써 연락, 조달, 홍보 등의 수단으로 큰 힘을 발휘할 수 있을 것이다.

(3) 세계 경제의 원활화

경제활동의 세계화가 빠르게 진전되어 사람, 물건, 서비스의 국제이동이 활발해짐에 따라 정보통신에도 새로운 요청이 생겨나고 있다. 세계적인 유비쿼터스 네트워크는 이러한 요청에 부응하여 세계적인 경제활동을 보다 원활히 추진하는 기반을 제공한다. 그것은 관련자의 통신의 원활화뿐만 아니라, 세계적인 콘텐츠 유통이나 결제, 품질관리, 물류관리 등과 같은 시스템을 쉽게 구축할 수 있다는 것을 의미한다.

10.4. 유비쿼터스 기술

유비쿼터스 네트워크는 인간이나 사물, 장소 등에서 가깝게 위치하는 순서부터 센서망, 액세스망, 백본망 등으로 구성된다. 센서망은 센서기능을 탑재한 디바이스 칩들을 서로 연결한 망으로서 평소에는 전원이 공급되고 있지 않다가 주기적 혹은 비주기적으로 각 센서 칩의 전원이 공급되는 형태를 가진다. 이는 가능하면 센서 칩의 전원을 교체 공급하지 않고서도 오랜 기간 동안 사용할 수 있도록 하기 위함이다.

예를 들어서 산불 탐지를 위한 센서망을 구축할 경우에 산불 센서 칩에 항상 전원이 공급되는 것이 아니라 주기적으로 전원이 공급된 후에 센싱을 하고서 화재가 발생하지 않으면 다시 자체적으로 전원을 차단하는 방식을 사용하게 된다.

액세스망은 크게 유선망과 무선망으로 구분되는데 가입자 이동성을 제공하기 위해서는 무선망을 확충할 필요가 있다. 유선망의 대표적인 서비스로는 전화망 서비스와 인터넷 서비스가 있으며 무선망 서비스에는 휴대전화, 무선 LAN, 위성통신 등이 있다.

백본망은 액세스망과 다른 액세스망들을 연결하기 위한 망으로서 도로에 비유하면 고속도로에 해당한다. 모든 정보기기가 누구나, 언제, 어디서나 정보를 주고받을 수 있는 유비쿼터스 네트워크가 구성되기 위해서는 백본망이 광대역이 되어야 한다.

유비쿼터스 네트워크는 기기 및 통신 미디어를 불문하고 단절 없이 송수신에 이용할 수 있는 콘텐츠를 어디서나 연결되는 정보기기 (사무실, 보행 중, 가정, 차내, 편의점 등에 있는 정보기기)를 사용하여 다양한 형태(고정 및 이동, 유선 및 무선)로 이용할 수 있는 것을 목표로 하고 있다. 이것을 실현하기 위해서는 기술적으로는 지금까지 인터넷이 등한시해 온 이용단말의 관리뿐만 아니라 그것을 이용하는 사용자나 그 이용 형태를 어떻게 파악해서 서비스를 해 나갈 것인가 하는 점이 기본이 된다. 이 때문에 어디서나 이용 가능하고 장시간 사용 가능한 소형이면서 조작성이 좋은 단말, 이용자가 개인 인증이나 프로파일 이식성(portability) 등 이용자 정보를 스트레스 없이 관리할 수 있도록 하는 문제, 이용자가 네트워크에 맞추어 통신기기를 조정하는 것이 아니라 이용자에게 맞추어 네트워크 서비스 제공형태를 바꾸는 문제, 어플리케이션별 처리용량 차이를 줄이기 위해 액세스망이나 백본망을 고속화하고 품질을 제어하는 문제 등이 주요한 연구 개발 과제가 되고 있다.

10.4.1. 디바이스 기술(단말 기술)

언제 어디서나 유비쿼터스 네트워크에 접속해서 이용할 수 있도록 하기 위해서는 사용자 측의 단말도 장시간 사용할 수 있도록 조작성이 편리하면서도 성능이 우수하고 내구성이 강조되어야 한다. 물론 휴대기기와 같이 이동성이 보장되기 위해서는 소형이면서도 오랜 시간 동안 지속될 수 있는 전원공급 장치 기술이 확충되어야 한다.

소형이면서도 조작성이 좋은 단말에 관해서는 어디에나 내장이 가능하며, 몸에 지니고 다닌다는 것을 의식하지 않는 착용형 소형 원칩 컴퓨터의 개발이 기대되고 있다. 실현을 위해서는 컴퓨터의 구성요소(프로세서, 메모리, 통신 I/O) 각각에 대응한 소형/고기능화, 고밀도 실

장기술 등에 의한 수 밀리미터 정도의 양산 가능한 칩 크기로의 미세 집적화가 중요하다. 나아가서 이러한 휴대기기는 충전 빈도를 줄이고 장시간 구동을 위해 저소비 전력화가 필수이다.

대화면, 초고정밀 디스플레이 등에 관한 연구개발도 빠르게 진전 되고 있다. 대화면, 초고정밀 디스플레이에 관해서는 대용량 및 고정 밀 표시 외에 초박형/경량 디스플레이 기술, 표시 크기의 확대, 소형/ 휴대성 등 표시장치로서의 기반기술의 확립은 물론 유연한 미디어의 개발이 요구된다.

표시장치에 대해서는 넓은 시야각, 고휘도, 고선명도, 우수한 색상 재현성, 우수한 응답 특성 등의 특성을 갖춘 유기 EL, 종이처럼 얇고 가벼우며 다루기 쉽고 읽기 쉬운 '전자 페이퍼'가 주목받고 있다.

또한 아이부터 노인까지 손쉽게 사용할 수 있는 높은 조작성을 실 현하기 위해서는 기기 및 시스템의 유용성(조작성, 사용의 편리성)이 나 현장감 및 실체감의 향상, 저/고 연령자나 장애인 등 다양한 이용 자층의 접속성(Accessibility) 향상을 위한 인터페이스 기술, 복수의 미 디어를 단절 없이 액세스 또는 선택해서 저장 및 표시하기 위한 기반 기술 등이 중요시된다.

유비쿼터스 네트워크에는 사람이 사용하는 단말기뿐만 아니라 모 든 사물, 동물, 장소, 물체 등의 인식을 목적으로 하는 RFID, 주변 환 경을 센싱할 수 있는 센서, 인식을 통하여 외부로 행동기능을 수행할 수 있는 시스템 등도 수용할 수 있어야 한다. 따라서 이들의 디바이 스 혹은 시스템 개발에도 역점을 두어야 할 것이다.

10.4.2. 네트워크 관련 기술

유비쿼터스 네트워크에서는 휴대전화, PDA, PC뿐만 아니라 센서 등 다양한 기기가 언제, 어디서나, 의식하지 않아도 네트워크에 접속할 수 있다. 그러기 위해서는 기기와 네트워크와의 접속에 있어서 이용자가 네트워크에 맞추어 기기를 설정하는 것이 아니라, 이용자에게 맞추어 네트워크 서비스 제공형태를 바꾸는 것이 중요하다. 우선 단말이나 네트워크를 사람이 직접 복잡하게 설정하지 않고 모든 단말을 효율적으로 동시에 안전하게 네트워크에 접속하는 기술이 확립되어야 한다. 이를 위해서는 사용자의 통신 상황에 따른 최적 서비스나 상대의 발견, 단말이나 네트워크의 자동 설정, IPv4/IPv6 변환 기술 등이 중요하다.

액세스망이나 백본망의 고속화 및 품질 제어도 중요하다. 이를 위해서는 광섬유의 광대역성 등을 최대한으로 살린 광통신망 기술의 확립이 중요하다. 통신매체로는 전화선, 동축케이블선, 광섬유 등이 있는데 이들 중에서 가격대 성능으로 광섬유가 제일 우수한 전송매체로 사용되고 있다.

품질 제어 측면에서는 오늘날의 인터넷은 네트워크에서 별도로 품질제어 기능을 수행하지 않는다. 품질 제어 기능 중의 하나가 바로 트래픽 제어이다. 트래픽 제어는 도로에서 교통신호와 같은 역할로서 주어진 통신대역폭상에서 어떻게 하면 많은 사용자들이 서로 QOS (Quality Of Service)를 보장하면서 트래픽을 전송할 수 있을까에 대한 방법을 말한다.

무선통신 분야에서는 제4세대 이동통신과 함께 WiBro 휴대인터넷 서비스가 진행 중에 있다. 제4세대 이동통신은 비동기 이동통신으로서 음성, 데이터, 비디오 정보를 동시에 전송할 수 있는 무선통신 서비스이다. WiBro는 최대 100Mbps급의 초고속 무선인터넷으로서 이동하면서 초고속으로 인터넷망과 접속할 수 있는 무선서비스이다.

10.4.3. 소프트웨어 및 어플리케이션 기술

유비쿼터스 네트워크에서는 모든 단말을 아무런 제약 없이 사용할 수 있도록 하기 위해서 개방형 플랫폼이 필요하다. 개방형 플랫폼이라는 것은 새로운 프로그램을 장착하기가 쉽고 사용하기 쉬우며 누구라도 새로운 서비스 창출이 용이하게 해 주는 근간을 의미한다. 여기에는 여러 외부에서의 요구, 명령 등에 대해 제한된 시간 내에 응답하기 위한 실행제어 소프트웨어 기술, 각종 실시간 처리의 통합, 상황변화에 대응할 수 있는 유연성을 실현하는 기술, 사용자에게 적절한 정보의 검색 및 수집이나 기기의 조작, 설정, 감시, 관리 등을 실시간에 지원 또는 대행하는 에이전트 기술, 사용자를 둘러싼 공간의 정보를 수집해서 분배 및 이용하는 기술, 영상이나 음성정보를 이해하는 기술, 사용자의 환경이나 사용자의 음성정보 및 제시 영상을 이해하고 사용자에게 적절한 정보를 제공할 사람-기계 간 인터페이스 기술 등이 중요하다.

콘텐츠 제작 기술에 대해서는 사용자에 대한 콘텐츠의 행동이나 콘텐츠의 생성 및 편집 기능을 콘텐츠 자체에 내장하는 기술, 공간 내의 분산된 대량 데이터(환경정보)를 콘텐츠로 생성하고 사용자의 상황에 따라 적절한 형태로 가공 및 이용하는 기술 등이 중요하다.

기기 및 통신 미디어를 불문하고 단절 없이 송수신할 수 있는 콘텐츠를 어디서나 연결되는 정보 기기를 사용하여 다양한 형태로 이용하려면, 콘텐츠를 기기 및 통신 미디어를 불문하고 단절 없이 이용하는 기술이 필요하다. 이를 위해서 영상, 음성, 텍스트 등의 콘텐츠를 단말 처리능력, 전송 대역, 사용자의 의도나 위치에 따라 변환하는 기술, 동영상 콘텐츠에 대해 부호화 방식, 부호화 속도, 영상 크기 등을 단절 없이 품질의 열화 없이 저부하로 변환하는 기술이 요구된다.

10.4.4. 보안 및 인증 기술

유비쿼터스 네트워크를 이용할 때에 안전성을 확보하기 위해서는 개인인증이나 이용자 정보의 관리 등 보안 및 인증 기술이 중요하다. 범용적인 보안기반으로는 사용자의 이용상황이나 이용환경에 따라 가장 적절한 보안정책을 자동생성하고, 그 정책에 따라 사용자의 보호, 유비쿼터스 기기의 인증, 통신비밀 등을 제공하기 위한 시스템 기술이 필요하다.

보안 기반으로는 IC 카드나 개인인증도 중요한 요소가 된다. IC 카드와 관련해서는 바이오매트릭스 인증기술과 조합한 IC 카드 이용기술, 변조방지 기술, 보안강도 평가기술 등이 중요하다. 또한 개인인증 기술에 관해서는 인간의 생체정보인 지문, 목소리, 얼굴, 홍채, 손바닥 모양, 사인, DNA 인증 등을 이용한 바이오매트릭스 인증기술이 확립되어야 한다.

네트워크 및 로컬 환경에서 관리되고 있는 화폐의 거별적인 지불이나 취합 지불 등 다양한 결제가 가능한 과금 및 결제시스템의 실현이 기대되고 있다. 지금까지 다수의 전자화폐 시스템이 제안되고 있는바, 추후 모바일 기기에 대한 적용, 보급을 위한 인프라 정비, 어플리케이션의 확충 등에 주력할 필요가 있다.

디지털 콘텐츠(영상, 음악, 서적, 소프트웨어 등)의 유통에 있어서 콘텐츠의 저작권이나 이용권을 적절하게 관리하는(부정 복사/재상/실행 방지 등) 기술이 중요시된다.

10.5. 유비쿼터스의 사회 효과

10.5.1. 사회생활

유비쿼터스 사회에서는 모든 사람이 필요한 정보를 필요할 때에 적절한 형태로 입수할 수 있게 되므로 각 사람의 생활활동 속에서 보다 적절한 행동선택이 가능해진다. 미래의 생활을 비추는 영화의 한 장면과 같은 조그마한 편리함이나 즐거움이 확실하게 실현되며 생활의 윤택함에 반영되어 간다.

생활 속에서 지키고자 하는 것을 확실하게 지키고, 안전하다는 정보를 항상 인식할 수 있게 됨에 따라, 정신적인 에너지를 다른 활동에 분배할 수 있고 보다 충실한 생활을 영위할 수 있다.

유비쿼터스 시대에서 사회생활에 활용될 수 있는 어플리케이션들은 다음과 같다.

- RFID와 네트워크 기술을 활용하여 약품이나 식품의 품질유지 기한을 지적으로 관리할 수 있다.

- 주거지역이나 사무실 등의 공조 및 조명 등이 생활하고 있는 사람의 기호 설정과 시시각각 거주하고 있는 장소, 행동을 감지하여 필요한 시간에 알맞게 자동적으로 제어된다.
- 외출하고서 귀가할 때에 부재중 제어시스템을 귀가 모드로 설정하면, 위치정보 등과 연계하여 공조, 취사기, 욕조의 급탕 등이 귀가 시에 최적인 상황으로 조정된다.
- 주행 중인 자동차가 어린이나 애완동물의 몸에 부착된 칩과의 근거리망을 이용함으로써, 어린이 등의 돌발행동을 감지하여 자동으로 브레이크를 걸어 안전을 확보한다.
- 휴대형 단말을 통해 댁내 카메라의 영상 확인, 자물쇠를 채운 상황이나 가스의 개폐장치 등을 확인함으로써 부재중 상황을 필요에 따라 상세하게 확인할 수 있다.
- 어린이 등이 외출할 때에 단말을 소지하거나 칩을 몸에 지니도록 함으로써 가족 등이 필요에 따라 현재 위치정보를 높은 정밀도로 확인하거나 행락지 등에서 부모로부터 일정거리 이상 떨어졌을 경우에 알람이 울리도록 함으로써 미아발생 등을 예방할 수 있다.
- 언제 어디서나 어떤 단말로도 네트워크를 통해 필요한 증명서의 발행을 신청하거나 수취할 수 있다.
- 자택, 직장, 지역이나 전 세계 어디서나 어떤 단말로도 상담, 수속 등 창구에 가는 것과 다름없는 충실한 행정서비스를 받을 수 있다.

10.5.2. 소비

유비쿼터스 네트워크의 보급으로 '필요한 때에 장소를 불문하고 적정한 가격으로 안심하고' 소비를 할 수 있다. 소비자는 다양한 각도에서 상품정보를 확인하여 자신이 원하는 것을 안심하고 구입할 수 있다. 마찬가지로 상품이나 서비스를 제공하는 측에서도 소비자 니즈에 관한 정보가 정확히 전달되는 구조가 구축되므로 살아 있는 정보를 활용한 상품개발이 이루어진다.

기존 연예프로그램 소재를 디지털화한 콘텐츠가 보급됨에 따라 가정이나 모바일 환경에서 즐길 수 있는 콘텐츠나 영상이 눈에 띄게 증가한다. 새로운 기기나 구조를 이용하여 그러한 콘텐츠를 각 개인이 원하는 시간에 볼 수 있다.

유비쿼터스 시대에서 소비생활에 활용될 수 있는 어플리케이션들은 다음과 같다.

- 인증시스템을 이용한 개인인증 플랫폼이 구축됨으로써 고액상품의 발주나 결제를 안전하고 쉽게 할 수 있다.
- 사전 티켓예약 정보에 기초하여 회의장소 출입문에서 IC 카드나 정보단말 등으로 인증만 하면 티켓 없이 콘서트 장소로 입장할 수 있다.
- 고객이 소지한 IC 카드나 상품의 ID 태그 등을 연계하여 고객이 사고자 하는 것을 선택하여 금전등록기를 통과하기만 하면 구입과 결제가 완료된다.
- 무선 칩 내장 등을 통해 네트워크에 대응한 거리의 간판이나 열차 내 광고 등으로부터 휴대전화 등으로 웹링크 정보를 입수하

고 그 자리에서 상품예약이나 주문 및 콘텐츠 열람 등을 할 수
있다.

- 가정 내에서나 외출처, 이동 중 등 모든 생활환경에서 통신수단
  의 선택을 의식하지 않고 모든 단말로 광대역 콘텐츠를 즐길 수
  있다.
- 자신이 소지한 디지털 콘텐츠를 가정 내의 디스플레이, 오디오,
  PC, 휴대형 통신기기 등 모든 단말로 자유롭게 이동시키고 이용
  할 수 있다.
- TV 프로그램의 영상이 객체화됨에 따라 탤런트 의복이나 야외
  촬영지, 세트로 이용된 상품 등을 필요에 따라 리모컨으로 선택
  하여 관련 정보를 얻거나 링크정보를 얻어 웹으로 이동하여 상
  세한 상품정보나 주변정보를 확보할 수 있다.

10.5.3. 사회 참여

도로나 역, 공원 등 공공 지역의 설비나 제공되는 정보에 의해 각
개인에게 최적의 장벽 없는 환경이 제공되므로 모든 사람의 동등한
사회참여가 가능하다.

유비쿼터스 시대에서 사회참여에 활용될 수 있는 어플리케이션들
은 다음과 같다.

- 시각장애인이나 청각장애인 등 장애인이 도로나 집안 센서망에
  의해 위치정보나 주변정보 등을 파악할 수 있는 장벽 없는 환경
  이 실현된다.
- 센서망에 의한 개인정보의 발신 및 인증으로 공공 교통기관 등

에서도 고령자가 불편하지 않은 장벽 없는 환경을 실현한다.

- 휴대형 단말이나 카드에 내장된 칩이 신체장애나 상처 정보를 발신함으로써 역, 지하철, 백화점 등에서 의자, 화장실, 에스컬레이터 등의 설비가 신체조건에 따라 자동적으로 작동한다.
- 마을의 모든 시설에서 다중언어에 대응한 번역 서비스가 네트워크를 통해 제공됨으로써 외국인을 적절히 안내한다.
- 현재의 휴대전화와 같이 많은 사람이 일반적으로 소지하는 단말을 이용하여 일반인이 영상을 포함한 정보의 상호 교환이나 정보를 공개, 발신한다.
- 젊은이가 많이 모이는 지역에서 개인이 소지한 단말이 설정에 맞추어 위치 정보, 취미, 취향 등의 정보를 발신하고, 기지국으로부터 관리 및 발신되는 정보나 단말 간에 상호 교환되는 정보가 연동하여 다양한 만남의 기회를 만든다.

10.5.4. 환경

유비쿼터스 네트워크의 실현은 다양한 어플리케이션을 생성시켜 사람들의 생활 편의성을 높이는 동시에 다른 한편으로는 인적 이동의 절감이나 물류의 효율화 등의 효과를 얻는다. 유비쿼터스 네트워크가 활용되는 다양한 사회 분야에서 이러한 효과가 누적되면 에너지 소비의 절감이나 지구 환경 부담 경감을 이룰 수 있다.

환경 분야에 활용될 수 있는 어플리케이션은 다음과 같다.

- 장소에 관계없이 어느 곳에서나 네트워크 액세스가 가능해지므로 재택근무나 SOHO 등 다양한 취업환경이 실현됨으로써 인적

이동에 수반된 에너지가 절감된다.

- ID 태그나 칩에 탑재된 정보에 의해 효율적인 물류관리가 가능하므로 환경에 대한 부담을 줄인다.
- 이동 중인 승용차 등에 장착된 방대한 양의 칩으로부터 수집된 정보에 의해 넓은 지역은 물론 국지적인 기상 환경 현황에 관한 상세한 정보를 입수할 수 있다.
- 위치정보망을 이용하여 가장 가까운 주차장의 안내, 배치 대수 등을 네트워크를 통하여 최적으로 조정하고 자동차의 공동이용을 실현함으로써 교통량을 억제한다.

10.5.5. 취업

누구나 자신의 라이프스타일에 맞추어 노동환경을 선택할 수 있게된다. 개별업무나 작업에도 유비쿼터스 네트워크를 이용한 서비스나 기능이 보급됨으로써 지리적 요인, 업무적 요인, 정보격차 등의 제약이 줄어들게 되어 시간, 수익, 인재활용 등의 면에서 다양한 효과가 전망된다.

취업 분야에 활용될 수 있는 어플리케이션은 아래와 같다.

- 사무실, 외출처, 거리, 집 등 어떤 장소에서라도 네트워크상에서 인증만 하면 자신의 업무환경을 즉시 불러내어 이용할 수 있다.
- 국내는 물론이고 전 세계 카페의 테이블이나 택시, 비행기 의자, 호텔의 창문 등에 설치된 디스플레이가 인증만 하면 바로 내 단말로 바뀐다.
- 고도의 콘텐츠 분배 기술에 의해 단말이나 액세스망의 능력에

따른 최적의 표시를 실현능력에 자신이 필요한 정보를 바로 이용할 수 있다.

- 단말 하나만 가지고 다니면 어디에 있더라도, 이동 중이라도 통신수단을 의식하지 않고 도중에 끊기는 일이 없이 광대역망에 연결되어, 쾌적하고 충실한 업무환경을 실현할 수 있다.
- 회의참여자의 영상 및 음성뿐만 아니라 업무 데이터나 녹화영상 등 다양한 정보원을 동시에 교환하는 원격회의가 가능하다.
- 외출처나 회사빌딩 안을 이동하는 중에 고도위치정보와 연동하여 자신의 소재지에서 가장 가까운 프린터 등이 자동적으로 선택되므로 어디에서나 필요한 정보의 출력물을 얻을 수 있다.
- 여러 사람들이 모이는 장소에서 서로가 소지한 휴대형 단말 등이 명함정보나 전문 분야, 관심사, 공통 지인 등의 정보를 발신하고 자동적으로 조회함으로써 근처에 정보를 교환할 만한 상대가 다가왔을 경우에 서로 알려 주어 효율적인 교류를 가능하게 한다.
- 주소록 데이터나 명함정보 등에 변경이 없는지 P2P 통신으로 정기적으로 확인하여 변경 데이터를 갱신한다.
- 네트워크에 발생한 신형 바이러스 정보를 클라이언트의 에이전트 간에 교환함으로써 감염될 우려가 있는 경우 네트워크를 탐색하여 백신프로그램을 입수하여 대응한다.

10.5.6. 교육

현재의 교육환경에 존재하는 다양한 제약이 해소되어 누구나 최고수준의 교육을 받을 수 있게 된다. 교육수준이 올라감에 따라 개개인의 감성이나 능력이 향상되고 또한 많은 사람간의 협조가 고도로 실현된다. 이와 같은 교육 환경은 독창적이면서 참신한 창조적 발상을 낳는 토양이 됨으로써 새로운 시대를 개척할 가능성이 높다.

교육 분야에 활용될 수 있는 어플리케이션은 아래와 같다.

- 교실 안이나 밖에서 네트워크를 이용하여 실시간으로 현장감 높은 강의내용을 대화형으로 수강할 수 있다.
- 칠판에 적힌 내용도 문자 및 영상인식으로 깨끗하게 디지털 분배되므로 복습할 때에 효과를 발휘한다. 강의영상 및 음성은 물론이고 수업에 이용하는 대량 그래프나 데이터, 영상교재 등을 단절 없이 분배함으로서 다양한 네트워크를 통하여 다양한 단말로 수신할 수 있다.
- 네트워크에 연결되는 전자북을 이용하여 언제 어디서나 영상자료나 상세한 해설을 자유롭게 교환한다.
- 야외 체험학습에서 각자가 망 단말을 활용하여 자유롭게 이동하면서 실시간으로 영상이나 메모 정보를 그룹 멤버들과 교환하여 그룹세션을 전개할 수 있다.
- 전 세계 연구자가 미세한 센서를 이용하여 자연환경의 관측이나 인공적인 구조물을 이용한 필드실험을 수행한다.
- 여러 연구소 등이 실시간으로 3D 정보 등 현장감 높게 대화형으로 연구 데이터를 주고받을 수 있으므로 창조적인 연구를 전개할 수 있게 된다.
- 고대로부터 현재까지의 예술작품을 다양한 단말을 이용하여 3차원 멀티앵글로 고정밀 영상데이터를 감상한다.
- 연극 및 공연을 3차원 영상에서 멀티앵글로 실시간에 현장감 높

게 분배 및 감상한다.

- 에이전트 프로그램이 네트워크를 순회 탐색하여 연구자나 학생의 전문 분야에 관한 최신정보를 새로운 발표보고서나 관련 뉴스 등으로부터 저장 및 관리한다.

10.5.7. 의료/간호

유비쿼터스 사회에서는 누구나 높은 수준의 의료 서비스를 받을 수 있다. 유비쿼터스 네트워크를 활용한 건강관리를 통해 예방적 측면의 효과로 인하여 의료 서비스를 받게 되는 경우가 줄어들어 결과적으로 의료비 절감 효과를 얻을 수 있다.

의료/간호 분야에서 활용될 수 있는 어플리케이션들은 다음과 같다.

- 혈압이나 체온 등의 생체데이터 측정 장치를 항상 몸에 지니고 의료기관과 네트워크를 통해 일상적으로 관리함으로써 질병예방 및 조기발견에 도움이 된다.
- 사고가 발생하거나 혹은 몸 상태에 갑작스런 변화가 있는 경우 몸에 지닌 생체데이터 측정 장치가 옥내외를 불문하고 또한 고속 이동 중이라도 끊기는 일 없이 적절한 네트워크를 자동적으로 선택하여 의료기관이나 가족에게 긴급 통보한다.
- 자택, 사고현장 또는 구급차량 안 등 어떤 장소에서라도 고정밀 영상데이터를 의료기관과 실시간으로 전송하여 간편한 진찰이나 상담서비스를 받음으로써 응급처치 지시를 청할 수 있다.
- 응급환자의 IC 카드 등 개인정보를 활용하여 진단이력이나 병력, 부작용 정보를 구급대원이 입수하고 이러한 정보를 의료기관과

신속히 교환하여 적절한 응급처치를 실현한다.

- 의식불명의 구급환자인 경우, DNA인증 등을 통해 IC 카드 등이 없더라도 최소한의 신원확인이 이루어져 가족에게 긴급연락을 취할 수 있다.

10.6. 유비쿼터스 서비스

10.6.1. 유비쿼터스 서비스 구성

기존 통신서비스에서는 사람과 사람, 사람과 서버, 서버와 서버 등의 통신을 위해 기간망의 대역폭을 확충하고 전송효율을 증강하며 편리한 단말을 구성하는 것이 목표였다. 유비쿼터스에서는 사람과 사물의 통신이 추가됨에 따라 센서와 RFID 태그가 도입된 점이 기존 통신서비스와의 커다란 차이점이라고 말할 수 있다.

유비쿼터스 서비스의 종류는 다음과 같이 분류할 수 있다.

- 멀티미디어 통신 서비스
- 멀티미디어 데이터 검색 서비스
- 센서 및 제어 서비스
- ID 및 네트워크 데이터베이스 서비스

멀티미디어 통신 서비스는 유선 및 무선네트워크를 통하여 음성, 데이터, 영상 등의 서비스를 제공함에 있어서 보다 빠르고 품질 좋은 통신서비스를 제공하는 것이다. 예를 들어서 벽면 전체가 TV로 구성되어 상대방과 가상현실로 통신할 수 있는 것이며 이는 액세스 네트워크와 백본 네트워크의 대역폭이 크게 증가할 것이기 때문에 가능해진다.

멀티미디어 데이터검색 서비스는 오늘날의 인터넷 검색서비스와 유사하지만 통신대역폭의 증가로 인하여 검색 데이터를 신속하고 정확하게 제공하며 또한 품질 좋은 영상 데이터를 실시간으로 제공할 수 있을 것이다.

센서 및 제어 서비스는 사람, 동물, 사물, 장소 등에 센서 장치를 구동시켜서 각종 데이터를 모니터한 후에 이를 유비쿼터스 서비스 서버에 통보함으로써 센싱 데이터를 구축하거나 그에 따른 제어 정보를 제공하는 서비스를 의미한다.

RFID 태그 서비스는 사람, 동물, 사물, 장소 등에 RFID 칩을 장착시켜서 RFID 리더기로 ID값을 읽어 들여서 이를 유비쿼터스 서비스 서버에 통보하면 유비쿼터스 서비스 서버는 네트워크 데이터베이스를 액세스하여 해당 서비스를 제공하는 것을 말한다. 예를 들어서 RFID 태그가 부착된 슈퍼마켓의 물품들을 구매하여 계산대를 통과할 때에 RFID 리더기는 각각의 물품에 관한 ID값을 읽어 들여서 유비쿼터스 서비스 서버에게 통보하면 이를 근거로 자동적으로 물품값을 계산해 줄 수 있는 것이다. <그림 10-1>은 유비쿼터스 서비스 구성도를 나타내고 있다

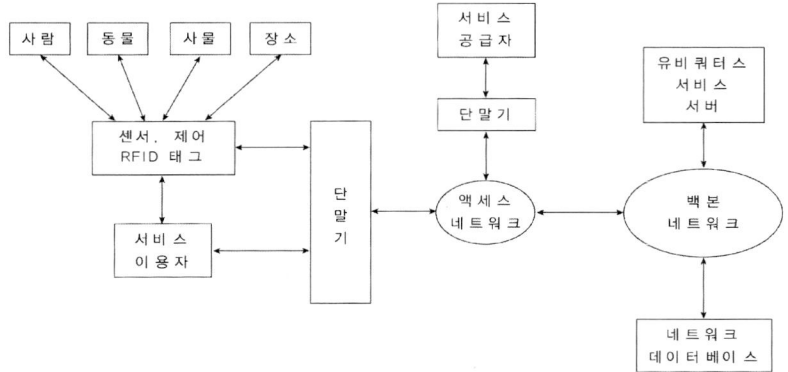

〈그림 10-1〉 유비쿼터스 서비스 구성도

10.6.2. 유비쿼터스 서비스의 예

(1) 교통 시스템 서비스

지능형 교통시스템은 거리마다 교통 흐름을 센싱함으로써 운전자에게 목적지까지 도달하기 위한 최단거리 코스 혹은 최단 시간 코스를 알려 주는 서비스이다. 도로변에 설치되는 컴퓨터들이 주변 지역의 자동차 평균속도를 측정한 후에 교통시스템 서버에 네트워크를 통해 측정 데이터를 전송하면 각 지점들로부터 교통 관련 정보를 전달받은 교통시스템 서버는 코스별 자동차 평균속도를 예측할 수 있게 된다.

도로변의 컴퓨터들은 교통 흐름의 측정 데이터뿐만 아니라 CCTV 화면을 교통시스템 서버에 전송함으로써 교통체증이 심할 경우에 해당 구역의 상황을 교통상황실에 보여 줄 수 있을 것이다. 교통시스템은 교통신호등 제어와 연동시킴으로써 대도시의 교통체증을 어느 정도 해소할 수 있을 것으로 예상된다.

(2) 지능형 냉장고

냉장고에 컴퓨터가 장착되고 이 컴퓨터는 홈네트워크를 통해 홈네트워킹 서버에 유선 혹은 무선으로 연결 구성됨으로써 인터넷 기능을 보유하게 된다. 냉장고 안의 모든 식품들은 RFID 전자태그를 가지고 있어서 이들 식품들의 생산일자, 원산지, 도매점, 소매점, 식품 기한일자 등뿐만 아니라 그 식품의 영양가와 칼로리를 알 수 있는 정보를 제공한다. 냉장고 안에 있는 식품이 다 소비될 경우에는 냉장고 컴퓨터가 이를 감지하고 배달이 가능한 집 주변 슈퍼마켓의 컴퓨터에 인터넷을 통해 식품 주문 메시지를 전송할 수 있게 된다.

다이어트가 필요하거나 혹은 특정한 식품 섭취를 피해야 하는 환자가 냉장고문을 열어서 그 식품들을 꺼내려고 할 때에 냉장고 컴퓨터는 경고음과 함께 경고메시지를 띄울 수 있다.

(3) 물류 시스템 서비스

유비쿼터스 시대의 물류 시스템에서는 모든 물품들에 RFID 칩이 부착됨으로써 이 물품에 관한 생산자, 생산지, 생산날짜, 배송지, 배송자, 배송 목표지점 등에 관한 정보를 찾아낼 수 있다.

컨테이너에 RFID 리더기를 부착하고 이 리더기가 이동통신 기능과 함께 GPS 안테나 기능까지 가진다고 하면 물류정보 서버는 컨테이너 RFID 리더기에 컨테이너 안의 각 물품들의 RFID 정보를 읽으라고 명령한 후에 이 리더기로부터 받은 물품 ID 정보와 GPS 위치 정보를 통하여 현재 어떤 물품들이 어느 위치에서 운반되고 있는지를 정확하게 파악할 수 있게 된다.

이러한 정보들은 물류 관계자 혹은 택배 관계자들에게 실시간으로 전달될 수 있으며 더욱이 이러한 각 물품들의 현재 위치정보들이 내비게이션 형태와 같이 지도상에서 나타내 줌으로써 편하게 물류 시스템을 운용할 수 있다.

(4) 산불 예방 서비스

산불을 예방하기 위해서는 우선 초기에 산불 발생을 검출해야 하는데 이를 위해 가스, 온도, 냄새 등을 감지할 수 있는 센서 칩들을 산의 숲과 나무에 장착시킨다. 이들 센서 칩들은 센서 네트워크를 통해 서로의 정보를 교환할 수 있으며 산불 발생이 감지될 경우에는 지역별로 설치되어 있는 산불 예방 서버에 전달되고 산불예방 서버는 산불재해방지 센터에 산불 발생 정보와 함께 정확한 위치정보까지 알려 주게 된다.

산불재해방지 센터에서는 헬리콥터를 동원하여 현지 출동을 통해 산불을 확인함과 동시에 산불이 커다랗게 번지기 전에 즉각적으로 산불을 끌 수 있다.

(5) 수해 예방 서비스

각 지역마다 몇 ㎜의 강우량이 기록될 때에 주변 하천들의 하천 물 높이가 어느 정도 높아지는지에 대한 예측을 시뮬레이션 소프트웨어를 사용하여 사전에 예측함으로써 수해피해 발생 여부를 판단할 수 있어야 한다.

전국의 모든 하천마다 물 높이 측정장치를 설치하고 측정 데이터를 네트워크 중앙에 위치하는 수해 예방 서버에 통보하면 수해 예방 서버에서는 각 하천 혹은 강의 물 높이를 시간대별로 예상하여 그 결과를 출력시키게 된다. 측정 데이터는 컴퓨터 시뮬레이션 데이터와 비교 분석함으로써 보다 정확한 시뮬레이션 결과를 얻을 수 있도록 파라미터 조정 작업이 가능해진다.

수해 예방을 위해서 물 높이를 측정할 수 있는 센싱 장치가 필요하며 이러한 센싱 데이터를 중앙으로 집중시킬 수 있는 네트워크가 구비되어야 할 것이다.

(6) 주차장 서비스

주차장 안의 주차시설마다 센서를 부착하여 차량이 주차되어 있는지 아니면 비어 있는지를 중앙 컴퓨터에서 인식하여 주차 데이터베이스화를 구성한다. 차량이 주차장에 들어올 때에 차량 번호를 자동으로 인식하여 이를 근거로 각 차량마다 차량 ID 태그가 제공된다. 또한 중앙 컴퓨터의 데이터베이스를 조사하여 주차장에 들어오는 차량마다 빈 주차공간을 할당하게 된다.

각 차량의 운전자는 차량에 부착되어 있는 내비게이션 모니터를 통해 할당받은 주차공간까지 가는 길을 안내받게 된다. 주차공간에 차량을 주차할 때에 마치 차량 위에서 본 차량 모습을 내비게이션 모니터에 디스플레이해 줌으로써 주차가 편리하도록 도움을 줄 수 있다.

주차를 하는 도중에 좌우 차량과 접촉사고가 발생할 경우에는 차량 ID 태그를 검출하여 접촉 사고처리가 용이하게 해 준다.

11. 인간 삶의 컴퓨터 활용(3) - 심리치료

11.1. 이상행동의 정의

심리치료라 함은 자신이나 타인이 정상 상태에서 벗어났다고 말하는 이상행동을 치료하는 활동이다. 심리치료는 보통 상담치료를 의미하지만 상담치료 이외에도 자가 치료와 시스템 치료 등이 있다 하겠다. 본 장에서는 심리치료 중에서 컴퓨터 심리치료에 관해 중점을 두고자 하며 이를 위해 이상행동과 여타 심리치료 등에 관해 서술하고자 한다.

11.1.1. 이상행동 준거

어떤 사람의 행동이 정상에서 벗어나 있다고 말할 때 그 기준은 개인의 행복이나 사회적인 적응성 또는 전문적인 심리평가의 결과 등이 될 수 있다. 이러한 기준은 그 사회의 관습, 가치관, 문화적 특성 등에 따라 다양하게 나누어지는데 주로 아래와 같은 준거들이 있다.

(1) 개인적인 준거

개인이 주관적으로 우울증, 불안감, 피해망상, 죄책감 등의 고통을 호소하는 경우에 그 사람을 정상에서 벗어났다고 보는 입장이다. 이 준거는 개인의 존엄성을 존중하는 측면이 있으나 명확한 통찰(insight)을 가지지 못하는 경우에 자신의 행동을 비정상적으로 인식하기 어렵다는 단점이 있다.

(2) 통계적 준거

동일한 상황에서 개인이 보이는 행동이나 정서가 대부분의 사람들이 보이는 행동으로부터 얼마나 많이 일탈되어 있는지를 기준으로 삼는 것이다. 어떤 사람이 '불안하다'라고 말하기 위해서는 그 사람이 경험하는 불안을 객관적이고 신뢰할 수 있는 도구로 측정해야 한다. 측정결과가 상위 5% 이내에 속하면 그 사람의 불안은 매우 높은 수준으로 판단될 수 있고 만일 하위 5% 안에 해당하면 불안 수준이 매우 낮은 사람으로 분류될 수 있다. 본 방식은 이상행동을 객관적이고 동일한 척도상에서 비교할 수 있다는 것이다.

(3) 사회문화적 준거

본 방식은 개인의 행동이나 정서가 사회의 규범이나 문화적 관습으로부터 크게 벗어나서 사회적으로 용인될 수 없는 경우에 사용된다. 이 준거의 단점은 사회문화적인 틀을 벗어나서 독특하게 자신의 삶을 개척하거나 자신 고유의 가치관을 가지고 있지만 다른 사람에게 피해를 주지 않거나 오히려 도움을 주는 사람에게 적용하기 어렵다는 것이다.

(4) 행동의 적응성(adjustment) 준거

이 준거는 개인의 측면에서 볼 때 그 사람의 행동이 사회나 집단에 적응하는 데 어려움을 겪는지 아닌지를 고려한다. 개인의 행동이 자신이나 사회에 적응적이지 못하거나 해로운 영향을 줄 때 이를 부적응(maladjustment) 상태라고 말한다. 본 준거는 사회나 문화적인 관점이 아니라 개인이 보이는 행동에 초점을 맞추고 있으며, 이 행동이 개인의 행복을 유지하는 데 얼마나 도움이 되는가를 판단한다.

(5) 전문적 준거

이상행동을 심리학적 평가나 정신과적 진단방법에 의해 판단하는 것을 말한다. 각종 심리 검사 도구를 사용하여 검사한 결과를 토대로 개인의 정상 여부를 판단하거나 정신과 의사의 정신과적 면접이나 검사결과를 기초로 판단하는 방식이다.

이상행동의 준거가 여러 가지인 점으로부터 알 수 있듯이 이상행동은 어느 한 측면만 가지고 판단하기 어렵다. 한 개인에 대해 어떤 이유와 목적으로 판단을 내려야 하는지가 분명해야 하고, 인간에 대한 존중감과 인간의 행복 추구권에 대한 배려가 수반되어야 할 것이다.

11.1.2. 이상행동 설명 모델

(1) 정신분석적 모델

프로이드가 제창한 정신분석적 모델에서는 이상행동을 자아(ego)의 기능이 약화되어 원초아(id)나 초자아(superego)의 충동을 적절히 조절하거나 방어하지 못해 나타난 것으로 여긴다. 원초아는 본능을 충족시키고자 하는 쾌락원리에 따라 기능하고, 초자아는 양심이나 도덕에 따라 행동하는 기능으로서 두 힘은 항상 갈등상태에 놓이게 된다.

원초아의 욕구가 강해서 자아가 불안을 느끼는 경우는 신경증적 불안(neurotic anxiety)이라 하고, 초자아의 욕구가 강해서 자아가 불안해하는 것은 도덕적 불안(moral anxiety)이라고 한다. 인간은 이러한 불안을 없애기 위해 방어기제를 사용하게 되는데 이 방어기제의 양상이 적응적이지 못할 때에 성격에 문제가 있는 것으로 나타난다.

(2) 행동주의 심리학적 모델

정신분석적 모델에서처럼 무의식적 동기에 의해 이상행동이 나타나는 것이 아니라, 행동이나 습관이 형성될 때에 부적응적인 방향으로 강화를 받거나 부적응적인 자극과 연합된 경험을 했기 때문에 이상행동이 형성된 것으로 본다. 파블로프의 고전적 조건화 이론에서는 인간의 행동이 무조건자극과 조건자극의 연합으로 구성되어 있다고 본다. 그는 개에게 먹이를 줄 때마다 종을 치면 개는 종소리만 들어도 침을 분비한다는 사실을 실험으로 확인하였다. 무조건자극은 개에게 먹이를 먹이면 자연적으로 침을 분비하는 것처럼 어떤 반응을 자동적으로 유발한다. 개에게 종소리는 처음에 아무런 의미가 없던 중성자극이었으나 반복되는 종소리 후의 먹이로 인하여 종소리가 침샘을 자극하게 된다는 것이다.

처음에는 아무런 의미가 없던 중성자극 또는 조건자극이 인간이 본능적으로 공포나 불안을 경험하는 무조건자극과 연합되면 조건자극에 대해서도 공포나 불안반응을 보이게 되는데 이상행동 역시 이러한 연합과정이 복잡한 단계를 거쳐서 일어난 결과로 보는 것이다.

어릴 때 물에 빠져 죽을 뻔했던 사람이 나중에 수영 배우기를 싫어하는 것이나 월남전 참전 용사들이 사회에 돌아와서 적응을 잘하지 못한다는 사실이 행동주의 심리학적 모델로 설명될 수 있다.

(3) 통계학적 모델

사람들의 성격 특질이나 행동양식이 정상인지, 이상인지를 정상분포의 개념으로 설명하는 방법이다. 정상적인 사람들은 성격 특질 측정결과값이 평균값 주위에 분포하지만 이상행동을 보이는 사람들은 평균과는 멀리 떨어진 양 끝에 분포하게 된다. 불안이 지나치게 높으면 불안장애나 강박장애일 가능성이 있고, 지나치게 불안이 적으면 반사회적 성격장애자일 가능성이 있다. 본 방법에서는 이상행동의 변인이 무엇인지에 대한 정보가 충분하지 않다.

(4) 생리학적 모델

이 방법에서는 뇌나 중추신경계 및 내분비계 등의 생물학적 요인에 변화가 생기거나 손상이 발생하여 행동에 문제를 일으키는 것으로 가정한다. 정신분열증이나 우울증의 경우에 뇌의 신경전달물질의 많고 적음에 따라 설명이 가능하다. 주의력 결핍-과잉 활동장애에 대해서도 뇌의 각성 수준이 낮기 때문에 자극을 추구하는 행동이 나타나게 되고, 이것이 주의집중을 어렵게 만든다. 이 모델의 단점은 인간의 이상행동을 심리적인 원인보다는 생물학적인 원인으로 설명하고자 한다는 점인데 이는 인간의 존엄성이나 자율성을 인정하기 어렵고 사회문화적인 영향을 반영하지 못하기 때문에 인본주의적 입장과는 대치되고 있다.

(5) 인본주의 심리학적 모델

인간이 정상으로 살아가기 위해서는 인간의 자유의지가 올바로 발휘될 수 있고 스스로가 자신을 존중할 수 있으며, 자신이 이상으로 생각하고 있는 목표를 향해 나아갈 수 있어야 한다고 주장한다. 이상행동은 이러한 욕구들이 충족되지 못하고 자아실현이나 성장을 향한 경향성이 좌절되는 상황에 처했을 때에 나타난다는 것이다.

매슬로는 인간의 삶에서 일련의 선천적 욕구들이 충족되지 못하면 자아실현이 어렵게 된다고 보았다. 따라서 자신의 체험을 확장하고 풍부한 삶을 살고자 하는 성장 동기를 가질 수 있는 기회가 적어지기 때문에 우울이나 불안과 같은 정서적인 문제를 보이거나 자신에 대한 가치감을 상실하게 된다고 설명하였다.

11.2. 이상행동의 분류

11.2.1. 정신분열증

정신분열증은 정적 증상(positive symptom)이나 부적 증상(negative symptom)이 최소한 6개월 이상 지속되고 사회적 및 직업적으로 명백한 역기능을 보이며, 분열정동장애나 기분장애 등으로 설명될 수 없는 장애를 말한다.

정적 증상이란 정상적인 기능이 왜곡된 것을 말하는데, 왜곡된 사고의 망상, 지각의 왜곡인 환각, 언어와 의사소통의 장애, 긴장형 행동과 같은 행동조정의 어려움 등을 말한다. 부적 증상은 정상적인 기능이 감소하거나 상실된 것으로 정서표현의 강도나 범위가 위축된 것, 사고나 언어의 유창성과 생산성이 저하된 것, 목표지향행동의 시작이 어려운 것 등을 말한다.

11.2.2. 기분장애

기분장애(mood disorder)는 일정 기간 동안 기분이 우울하거나 고양되는 정신장애를 말한다. 기분이란 외적 자극과 관계없이 자신의 내적 요인에 의해서 지배되는 인간의 정동 상태로서, 전반적인 심리상태에 영향을 주는 장기적인 정서이고, 기분장애는 기분 일화의 유무에 의해 진단되는 장애이다. 이러한 기분장애는 아래와 같이 4가지 종류로 나누어진다.

- 주요 우울 일화(major depressive episode): 우울한 기분이나 거의 모든 활동에 대한 관심이나 흥미가 상실된 기간이 약 2주 이상 지속되는 것을 말한다. 이 시기에 환자는 식욕저하, 체중감소, 수면장애, 정신운동활동장애들 중의 하나를 보이게 된다.
- 조증 일화(manic episode): 비정상적으로 고양되거나 확장된 또는 흥분된 기분이 1주일 이상 지속되는 경우를 말한다. 이 시기의 환자는 과장된 자기존중감, 수면욕구의 감소, 빠른 언어표현, 사고의 비약, 방해자극에 대한 취약성, 과도한 목표지향적 활동, 정신운동의 초조성 등을 보인다.
- 혼합 일화(mixed episode): 조증 일화의 준거에도 맞고 주요 우울 일화의 준거에도 맞는 일화가 1주일 이상 지속되는 경우를 말한다.
- 경조증 일화(hypomanic episode): 적어도 4일 이상 지속적으로 기분이 고양되거나 확장 또는 흥분되는 경우를 말한다.

11.2.3. 불안장애(anxiety disorder)

불안장애는 사람들이 위협을 받거나 스트레스를 받는 상황에 처했을 때 정서적 반응이 심하게 나타나는 경우를 말한다. 일반적으로 불안반응이란 두통, 발한, 심계항진, 가슴 압박감, 위장의 가벼운 불편감 등과 같은 자율적인 증상을 동반하고 불쾌하며 모호한 감각의 인식이라고 볼 수 있다.

불안장애의 하위유형은 죽을 것 같은 공포와 불편감을 느끼면서 심계항진이나 호흡곤란, 흉부통증, 떨림, 발한, 어지러움, 이인증, 비현실감 및 이상 정신감각 증상을 보이는 공황발작, 도피가 어렵거나 자신이 도움을 받기 어려운 상황에 처하는 것을 두려워하는 광장공포증, 공황발작이 반복적으로 나타나는 공황장애, 당혹감을 느낄 수 있는 사회적 상황을 회피하거나 두려워하는 사회적 공포증, 강박장애, 외상 후 스트레스장애 및 불안, 과도하고 비현실적인 불안을 경험하는 일반불안장애가 있다.

11.2.4. 성격장애(personality disorder)

한 개인이 환경자극에 반응하는 특정한 방식을 그 사람의 성격이라고 부른다. 환경이 변해서 다른 접근방법을 요구하는 데에도 불구하고 자신의 성격 특질이나 행동양식을 수정할 수 없거나 일상적인 상황의 변화에 대해서도 적절히 반응할 수 없어서 기능상의 손상이나 주관적 혼란을 경험할 때에 이를 성격장애라고 한다.

성격장애에는 다음과 같은 것들이 있다.

- 망상형 성격장애: 타인의 동기에 대한 의심과 불신
- 분열성 성격장애: 사회적 고립과 대인관계의 어려움
- 정신분열형 성격장애: 인지적, 지각적 왜곡과 사회적 부적응 및 대인관계에서의 손상
- 반사회적 성격장애: 생활 전반에 걸쳐 타인의 권리를 무시하거나 침해하는 행동
- 경계선 성격장애: 대인관계와 자아상 및 정동에서의 불안정성과 충동성
- 히스테리성 성격장애: 광범위하고 지나친 정서반응과 강한 애정에 대한 욕구
- 자애적 성격장애: 자신의 중요성에 대한 과장된 지각, 인정에 대한 과도한 욕구 및 공감능력의 결여
- 회피적 성격장애: 사회적 위축, 부적절감, 자신에 대한 부정적인 평가
- 의존적 성격장애: 보호받으려는 욕구가 강하고 복종적이며 이별에 대한 두려움
- 강박적 성격장애: 완벽주의, 대인관계의 통제 및 효율성의 저하

11.3. 심리치료

11.3.1. 심리치료 입장

환자에 대한 치료나 상담은 치료자나 상담가의 개인적인 입장에 따라 다양한 형태로 수행될 수 있다. 그러나 기본적으로는 문제를 정

의하는 이상행동의 준거틀과 일관성을 가지고 이루어지는 경우가 많다. 치료자들은 어떤 한 가지 방법만을 선택하기보다 다양한 입장의 방법을 절충하여 사용하기도 한다. 여기서는 이러한 치료 입장들에 대해 조사해 보기로 한다.

(1) 정신분석치료

정신분석(psychoanalysis)은 프로이트와 그의 동료 및 제자들이 발전시켜 온 치료 방법이다. 정신분석에서는 자아강도가 약화되거나 손상되어 원초아와 초자아의 욕구를 통합하고 조정하는 데 실패한 결과가 이상행동으로 나타난다고 가정한다. 자아가 불안이 유발되는 상황에 대처하고 위험을 최소화하거나 제거하기 위해 개인이 무의식적으로 행하는 정신적인 작용으로 방어기제가 나타나게 된다. 정신분석에서는 이러한 방어기제 중에서 적응적인 것이 사용되지 못하고 부적응적인 것이 사용될 때 정신장애가 나타나게 되므로 무의식적 갈등의 내용을 파악하고 환자 스스로가 무의식적 갈등이 원인이라는 통찰력을 갖도록 도와주는 데 치료의 목표를 두고 있다. 초기의 정신분석에서는 불안장애, 우울장애, 히스테리아, 전환장애, 신체화 장애를 치료하는 데 주로 사용되었다.

정신분석에서는 다음과 같은 용어가 사용되고 있다.
- 전이: 환자가 자신의 무의식적 갈등형성의 원인이며 타인에 대한 원망이나 소망을 분석가에게 투사하는 것.
- 저항: 자신의 행동이나 문제를 무의식적 내용과 관련지어 이해하려는 노력을 피하고 두려워하는 것.
- 해석: 전이의 촉진을 위하여 치료자가 환자에게 무의식적 갈등의

의미를 전달해 주는 과정.

- 훈습: 전이과정을 반복함으로써 현실을 회피하거나 부인하지 않으면서 갈등상황에 직면하거나 불안을 경험하지 않게 되는데 이와 같이 반복과 정교화, 확장의 과정을 훈습이라고 함.

(2) 행동치료

행동치료자들은 학습된 행동이 적응적이지 못할 때 심리장애나 적응상의 어려움을 경험한다고 보았다. 어떤 환자가 보이는 공포나 불안반응은 최초에 그러한 공포나 불안을 일으키지 않았던 상황이나 자극이 공포나 불안을 유발시키는 사건이나 외상과 우연히 시간적으로 근접하게 일어나는 연합과정 때문에 나타난다고 가정한다. 또한 정적인 강화를 받던 행동에 대해 강화가 감소될 때에도 이상행동이 나타난다고 한다. 행동치료에서는 자극과 행동 간의 연합을 바꾸어 주거나 적응적인 행동 또는 바람직한 행동에 대해 강화를 증가시켜 줌으로써 이상행동을 적응적인 것으로 수정할 수 있다는 것이다.

행동치료기법에서는 불안을 유발하는 상황을 이완된 상태와 경합시킴으로써 불안을 경감시키는 단계적 둔감화, 변화시키고자 하는 표적행동이 발생할 때마다 정적 강화를 주는 정적 강화법, 이상행동과 혐오적인 자극을 연합시키는 혐오치료, 환자가 직접 행동을 하지 않고 모델이 받는 강화나 처벌을 통하여 대리적으로 적응적인 행동을 학습하는 모델링(modeling) 등이 있다.

(3) 인본주의적 치료

인본주의에서는 부적응적 행동이 자아실현이나 성장을 향한 경향성이 좌절되는 환경에 처했을 때 나타나는 것으로 설명한다. 매슬로는 인간의 삶에 의미와 만족을 주는 선천적 동기가 충족되지 못하면 이러한 동기를 충족시키는 데에 매달리게 됨으로써 자아실현의 기회가 주어지지 못하고 풍부한 삶을 살 수 있는 성장 동기를 가지지 못하여 불안이나 우울이 생기는 것으로 보았다.

인본주의 치료에서는 내담자의 현상적인 세계를 이해하여 내담자의 자기개념을 확장시키는 공감적 이해, 내담자의 방어를 감소시키고 내적 경험과 자기개념의 불일치를 수용할 수 있게 도와주는 무조건적인 긍정적 존중, 치료자가 자신의 감성과 생각을 솔직하게 내담자에게 드러냄으로써 내담자의 긍정적인 변화를 촉진하는 진실성 등이 있다.

인간에게는 잠재력을 실현하려는 동기가 있고 자유의지와 책임감이 있으므로 이러한 욕구의 좌절에 의해 부적응적 행동이 나타난다고 가정하고, 인간의 능력을 인정하고 존중함으로써 부적응적 행동을 변화시킬 수 있다고 주장하는 실존주의적 치료기법이 있다.

(4) 인지치료

인지치료에서는 부적응적 행동이 왜곡된 인지과정에 의해 나타난다고 가정한다. 또한 환자가 자신과 주변의 세계를 부정적으로 인식하는 자동화된 사고를 가지고 있어서 자신을 무가치하게 보거나 우울감을 경험한다고 설명한다. '반드시', '절대로', '틀림없이' 등과 같은 비합리적인 신념 때문에 좌절감을 경험하고 이것이 우울감이나 불안감으로 발전한다고 가정하기도 한다.

자신에게 주어진 환경을 통제할 수 없다는 무력감 때문에 우울을 경험하는 것으로 보기도 하고, 상황을 지나치게 비현실적으로 평가하거나 위험한 측면을 과대평가하는 경향 때문에 불안이 나타난다고도 본다. 따라서 인지치료에서는 자동화된 인지도식을 변화시키거나 비합리적인 신념을 합리적인 신념으로 바꿀 수 있도록 도와주는 것을 목표로 두고 있다.

11.3.2. 심리치료 기법

심리치료라고 하면 이내 상담치료를 의미할 정도로 상담치료가 인간의 부적응적인 행동을 치료하는 데 많이 활용되고 있다. 그러나 심리치료에는 상담치료 이외에도 도구치료와 컴퓨터치료 등이 있다. 보다 정확하게 구분하려면 인간의 심리를 치료함에 있어서 사람이 관여하는 방법과 사람이 관여하지 않는 방법으로 구분될 수 있다 하겠다. 도구치료에서 사용되는 도구라는 것은 주로 음악, 미술, 무용, 운동, 놀이 등이 있으나 이것들도 상담자가 내담자의 심리를 분석하거나 치료하기 위한 보조도구로 사용하기 때문에 넓게 보면 이러한 부류들도 결국은 상담치료에 해당한다고 볼 수 있다.

컴퓨터치료라 함은 정보통신의 발달로 인하여 게임이나 로봇 혹은 인터넷을 통한 치료를 의미하는데 이들 중에서 게임이나 로봇은 도구치료와 비슷한 부류이며 인터넷 치료는 상담치료 중에서 단지 매체만을 인터넷을 사용한다는 것이다.

컴퓨터치료들 중에서 컴퓨터프로그램 치료는 말 그대로 부적응적인 행동을 치료할 때에 컴퓨터프로그램을 활용하여 치료한다는 의미이다. 아직까지는 거의 불가능한 개념으로 인식될 수 있으나 상담자 대신에 컴퓨터프로그램이 내담자의 부적응적인 행동을 치료하는 방법이다. 이러한 컴퓨터프로그램은 상담자 역할뿐만 아니라 상담치료를 위한 각종 도구들을 대신하는 치료도구 프로그램들도 포함된다. <그림 11-1>은 심리치료 분류를 나타낸다.

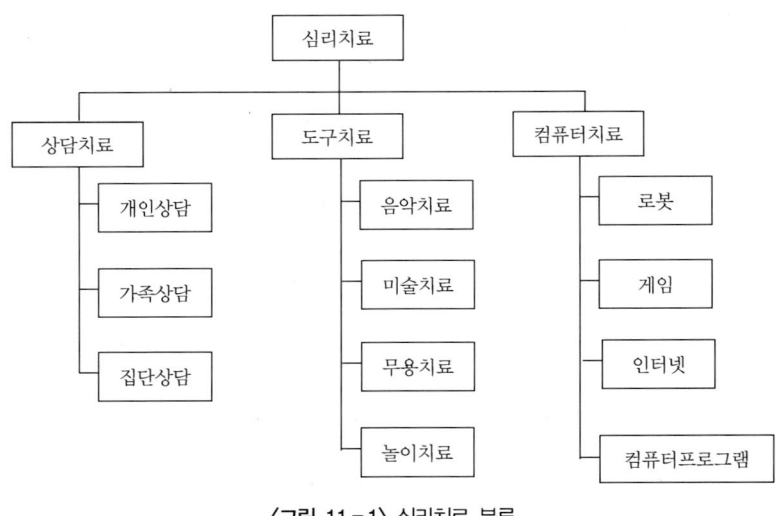

〈그림 11 - 1〉 심리치료 분류

11.3.3. 상담치료

이장호 박사는 상담치료를 정의함에 있어서 '상담은 도움을 필요로 하는 사람(내담자)이 전문적 훈련을 받은 사람(상담자)과의 대면관계에서 생활과제의 해결과 사고, 행동 및 감정 측면의 인간적 성장을 위해 노력하는 학습과정이다'라고 정의하였다. 그는 상담치료를 위와 같이 정의한 이유를 아래와 같이 설명하였다.

- 상담에는 3가지 구성요소, 즉 내담자, 상담자 그리고 이 두 사람의 대면관계 등이 있다. 집단상담이나 가족상담을 제외하고는 대부분의 상담이 내담자와 상담자가 모두 얼굴을 마주 대하는 대면관계이다. 대면관계 대신에 전화나 인터넷과 같은 매체를 통한 상담도 있다.

- 상담에서는 과거의 생각, 느낌, 행동 등에서 변화가 이루어지는데 이를 학습이라고 부른다. 새로운 변화로서의 학습은 상담과정에서 당장 관찰될 수도 있고 또는 오랜 시간 경과한 후에 나타나는 경우도 있을 수 있다.

- 상담의 목표는 단순한 정보를 얻거나 이야기를 나누어 궁금증을 푸는 정도가 아니라 생활과제의 해결 및 인간적 성장에 두고 있다. 생활과정상의 문제가 구체적으로 해결되고, 사고방식이나 행동 측면에서도 이전보다 더 발전되기 위해 노력을 추진하는 것이 상담이다.

- 상담의 성과는 한두 번의 대화가 아니라 대개는 여러 번의 면접을 포함하는 하나의 과정에서 이루어진다.

상담치료는 상담소나 혹은 병원에서 이루어지는데 상담소에서는 상담이라고 부르고 병원에서는 심리치료라는 용어를 사용한다. 심리치료가 상담과 다른 점은 '환자'를 대상으로 '증상'을 다룬다는 점이고, 비슷한 점은 '전문적인 관계'를 바탕으로 정서적인 문제를 '심리학적으로 접근'한다는 면이다.

상담은 내담자를 정상인으로 보는 반면에 심리치료에서는 내담자를 환자로 본다. 상담이 대체로 교육적 및 상황적 문제해결과 의식과정의 자각에 주력하는 반면에, 심리치료는 '재구성적', '심층 분석적' 문제해결과 무의식적 동기의 통찰에 역점을 두고 있다. 병원에서는 임상심리학을 바탕으로 하는 상담치료 이외에도 약물을 이용한 정신과 치료방식도 활용되고 있다. 약물 치료는 인간의 뇌 기능을 지배하는 신경전달물질의 양을 조절함으로써 인간의 정서를 조절하는 방법이다.

상담자의 활동영역은 최근에 와서 교육기관에 국한되지 않고 사회 각층에 파급되고 있으며 가까운 장래에 산업체 및 각종 사회기관으로 넓혀질 것이다. 이렇게 상담자의 활동영역이 넓어지는 것은 사회적 및 경제적 발전에 따라 사람들이 이제는 정신건강에 대한 관심도가 높아졌기 때문이다. 점차적으로 신체적, 가정적, 문화적 장애를 가진 사람들에 대한 사회적 관심이 높아진 것이다.

한편 직업 및 진로교육이 중·고등학교에서부터 실시될 전망이며, 대학에서도 상담을 통해 자기에게 적합한 직업을 선택하려는 내담자가 늘고 있는 상황이다. 또한 사회의 직업 측면에서는 시설의 자동화와 급속한 기술변화로 인한 기능공의 재비치, 과거와는 달리 계속적인 교육과 훈련을 받아야 하는 직무내용의 고도화, 직장 내에서의 스트레스 증가, 이직 및 전직자의 증가 등의 변화로 인하여 상담의 중요성이 더욱 높아지고 있다. <그림 11-2>는 대상·목적·방법별 상담자의 기능을 나타낸다.

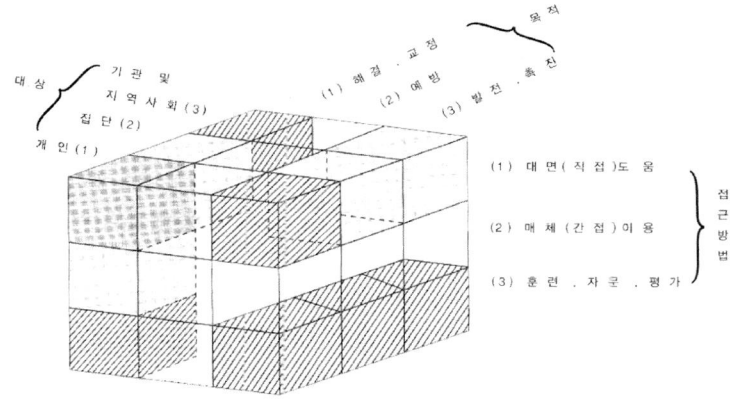

〈그림 11-2〉 대상·목적·방법별 상담자의 기능
(참고문헌: 상담심리학, 이장호저, 박영사, 2005)

11.3.4. 도구치료

(1) 음악치료

미국음악치료협회(American Music Association)에서는 '음악치료는 치료적인 목적, 즉 정신과 신체 건강을 복원 및 유지하며 향상시키기 위해 음악을 사용하는 것이다. 음악치료사가 치료적인 환경 속에서 치료 대상자의 행동을 바람직한 방향으로 변화시키기 위한 목적으로 음악을 단계적으로 사용하는 것이다'라고 설명하고 있다.

음악치료의 목적은 장애나 질환을 가지고 있는 사람들의 증상이나 기능의 저하를 조금이라도 완화시키고, 그 사람들이 당하고 있는 고통이나 번뇌를 될 수 있으면 경감시켜 주기 위함이다. 충분한 사회적 경험이나 훈련이 쌓이지 않은 상태에서 발병한 정신분열증 환자의 경우에 병세가 어느 정도 호전되어 사회복귀를 눈앞에 둘 때에 음악치료를 통하여 불필요한 걱정이나 불안을 피할 수 있고, 사회 적응이 양호해져서 재발도 예방할 수 있다. 정신분열증 이외에 음악치료 대상으로는 자폐증, 학습장애, 우울증, 인격장애, 치매 등이 있다.

음악치료사는 치료의 과정으로 환자에 대한 진단 평가, 치료적인 목적 및 목표 설정, 음악활동 계획, 환자의 반응 평가 등을 수행한다. 음악치료사는 유머와 센스가 있으면서, 완강하고 고집스럽지 않아야 한다. 진단평가에서는 환자의 상태와 배경, 특히 현재 환자가 보이는 장점과 약점에 대해 평가한다. 치료목적과 행동 목표는 진단 평가에서 나타난 문제점을 통해 장기 및 단기 치료 목적으로 구분하여 설정한다.

치료목적과 행동목표가 설정되면 음악활동을 계획에 따라 적절하게 구성하고 세션마다 활동계획을 세우며, 이 계획에 따라 세션을 시행하고 그 결과를 데이터로 만든다. 이때 수집되는 데이터를 통해 환자의 치료결과를 평가하는데, 이 데이터는 반드시 사전에 행동목표에서 설정된 기준에 의해 수집된 것이어야 한다.

세션 구성을 위해서는 아래와 같이 4가지 조건을 만족해야 한다.

- 충분한 훈련과정을 수료한 치료사에 의해 진행되는 세션이어야 한다.
- 변화가 요구되는 대상이 필요하다.
- 음악치료는 음악적 진단과 다른 전문적인 진단을 검토하여 설정된 목표를 가지고 체계적인 치료단계를 설정하여 제공되는 하나의 중재과정이다.
- 음악이 중요한 요소가 되어야 한다.

(2) 미술치료

미술치료는 미술활동을 통해 감정이나 내면세계를 표현하고 기분의 이완과 감정적 스트레스를 완화시키는 방법이다. 말로써 표현하기 힘든 느낌과 생각들을 미술 활동을 통해 표현하여 안도감과 감정의 정화를 경험하게 하고 내면의 마음을 돌아볼 수 있도록 하여 자아 성장을 촉진시키는 심리치료법이다.

미술치료는 말로써 감정이나 경험을 표현하기 어려워하는 아동들로 하여금 정서를 표현할 수 있도록 해 준다. 심리적 충격을 안겨 주는 사건들을 경험한 아동들에게 큰 도움이 될 수 있다. 고통스러운 일을 경험한 아이들은 그림을 그리거나 만들기를 통해서 심리적인 안정을 얻을 뿐만 아니라 자신이 경험한 것에 대해 더 자세히 전달하고 정리할 수 있다. 학대를 받거나 폭력적인 사건을 경험했을 때에는 말하는 것 자체가 공포나 불안을 초래할 수 있는데 미술은 그러한 아동의 불안을 감소시키면서 감정을 표현할 수 있게 해 준다. 미술치료는 우울증이나 외상 후 스트레스 증후군, 불안, 적응의 어려움 등을 경험하는 아동의 심리치료에 유용하다. 미술치료는 아동뿐만 아니라 성인과 노인에게도 유용하게 사용될 수 있다.

미술치료에는 특정한 주제나 지시가 주어지는 지시적인 방법과 특정 주제나 방법이 주어지지 않는 비지시적 방법이 있다. 지시적인 방법에서는 '가족을 그리세요' 등과 같이 구체적인 주제나 방법을 지정해 주지만, 비지시적 방법에서는 '원하는 것, 좋아하는 것, 떠오르는 것을 그리세요' 등과 같이 자발적이고 자유롭게 미술활동을 하도록 하는 방법이다. 치료자는 참여자로 하여금 자신의 느낌, 감정, 생각 등을 자유롭게 표현하고 내면을 알 수 있도록 도와주며, 자아를 성장할 수 있는 기회를 마련해 준다.

미술치료는 도입, 활동, 토론의 순서로 진행된다. 도입 부분에서 치료자와 환자는 편안하고 신뢰할 수 있는 분위기를 형성하고 나서 본격적인 미술 활동으로 들어간다. 이후에는 토론의 순서로서 환자가 작품에 대한 느낌, 감정 표현을 할 수 있고 내면세계를 알 수 있도록 치료자가 도와주는 순서로 진행된다.

(3) 무용치료

무용치료(dance therapy)는 동작을 심리치료적으로 사용하여 개인의 감정과 정신을 온전하게 하는 것을 목적으로 하며 몸의 동작을 이용하기 때문에 '무용동작치료'라고도 불린다.

춤은 인류사회가 시작되면서부터 제례나 의식 속에서 종교와 함께 있어 왔다. 원시사회에서는 사람들이 언어로 표현할 수 없는 공포, 경외, 숭배 등을 춤으로 표현했고, 집단적인 공유를 함께했다. 치료로서 유용한 종교적 춤의 유형은 춤추는 행위자가 일으키는 황홀경으로서 원시부족에서부터 있어 왔다. 뭉치고 억눌린 감정을 춤의 발산으로 유도된 황홀상태에 들어간 무당과 관객의 동시적인 참여의 체험으로 관객의 소망과 염원에 따라 그들을 대리하여 인간의 신앙적 기원을 신에게 비는 춤이 무당굿이다. 무당굿의 치료효과는 관중들의 적극적인 참여와 즉각적인 반응으로 형성되는 굿판에서 상호행위 속에서 이루어진다.

20세기에 들어와서 무용치료의 확립에 가장 크게 기여한 인물로는 1942년부터 미국에서 활동했던 Marian Chace이다. 그녀는 무용치료 프로그램을 확립하여 시행하였고, 프로이드의 정신분석학에 기초를 둔

무용치료 이론을 정립하였다.

미국무용치료협회(American Dance Therapy Association)에서는 '무용치료는 한 개인의 정신과 육체의 통합을 위한 과정으로서 움직임을 정신치료적으로 사용하는 것'이라고 설명하고 있다. 움직임 자체에 언어가 있는 무용은 감정 이입과 표현이 단순히 신체에 의한 율동만이 아니라 그 안에 있는 사상, 감정, 상징적인 의미도 내포하고 있다. 한 개인의 움직임은 그 사람의 마음상태(기본, 활동성, 무기력, 경직성 등) 등을 말하며 움직임을 통한 상호 작용은 새로운 경험이나 감각을 일으킬 수 있다.

무용치료의 근본원리는 다음과 같다.

- Body Action: 감정을 표현하는 근육의 움직임은 심각한 정신적 질병을 앓고 있는 환자를 올바르게 재정비시킬 수 있는 커뮤니케이션의 유력한 수단이 될 수 있다.
- Symbolism: 무용의 신체적 동작은 이성적인 언어로 표현될 수 없지만 율동적이고 상징적인 행위로서 공감을 불러일으킬 수 있는 내적 감정들의 외적인 표현이다.
- Therapeutic Movement Relationship: 환자의 감정적 행위와 치료자의 동작반응과 공감을 형성하는 것으로 환자의 춤에서 보이는 증오, 공포, 욕구 등과 같은 감정들에 대해 치료자는 언어 대신에 환자와 유사한 형태의 움직임으로 환자의 감정에 접근할 수 있게 된다.
- Rhythmic Group Activity: 리듬은 말하고, 걷고, 일하고, 노는 일상생활의 행위 가운데일 뿐만 아니라 호흡, 맥박, 심장의 박동 등 인간의 삶의 모든 면에 속해 있다. 원시인들의 공동체 의식에서도 음악과 춤 혹은 리듬 행위를 이용하였다.

(4) 놀이치료

심리적인 갈등이 생겨서 해소되지 않으면 그 사람의 정서 및 행동에 영향을 주며 이는 정서 및 행동상의 문제로 진전되기도 한다. 이러한 인간 내면의 갈등 및 무의식과 관련된 문제를 다루는 것이 정신치료이다. 아동은 언어적 표현이 미숙하여 대화보다 놀이를 통해 자신의 감정을 표현하고 과거 일을 설명하면서 갈등을 해결해 나갈 수 있는데 이것이 바로 놀이치료이다.

놀이치료의 시술방법에 관하여 설명하면 놀이치료 초기에는 주로 아동과 치료자와의 관계 형성이 주된 목표가 된다. 자신의 감정을 말로써 잘 표현하지 못하는 미취학 아동이나 초등학교 저학년 아동의 경우에는 주로 언어적인 표현보다는 아동이 원하는 놀이로 진행이 되며 치료자는 아동의 행동을 관찰하면서 필요한 치료적 개입을 하게 된다. 치료자는 치료시간 동안 아동의 행동을 관찰하고 분석하며 필요 시 아동 자신의 심리상태에 대해서 언급해 주면서 진행하게 된다. 아동은 놀이치료 시간 동안 안전하고, 허용적이며 비지시적인 환경에서 자신이 가지고 있는 갈등을 표현하고 그러한 감정상태를 스스로 회복할 수 있도록 치료자가 도와주게 된다.

놀이치료의 종류에는 다음과 같은 것들이 있다.

- 정신분석적 놀이치료: 정신분석에 기초한 치료법으로 아동의 무의식을 강조하는 놀이 기법이다.
- 아동 중심(비지시적) 놀이치료: 치료자의 적극적인 개입을 최소화하고 아동 스스로 문제를 인식하고 놀이를 통해서 극복하도록 도와주는 치료법이다.
- 가족 놀이치료: 부모와 아이가 놀이를 진행하게 되며 치료자는

그 과정을 지켜보고 치료적인 개입을 하게 된다.

- 인지행동 놀이치료: 아동이 가지고 있는 인지구조가 행동에 영향을 미치게 되므로 잘못된 인지를 치료를 통해서 교정해 준다는 이론이다. 놀이는 치료자와 아동의 관계형성에 도움을 주는 매개로서 사용된다.
- 발달 놀이치료: 아동의 발달과정에 필요한 놀이를 선정해서 치료를 진행하게 되며 신체접촉 등이 있는 놀이를 포함한다.
- 애들러식 놀이치료: 모든 사람은 자신의 경험과 지식을 바탕으로 외부 세계를 경험한다는 가정하에서 놀이를 통해서 아동의 잘못된 믿음을 교정해 주는 방법이다.
- 모래상자 놀이: 아동은 모래상자 안에서 여러 가지 상황을 만들어서 놀이를 진행하고 이 과정에서 스스로 문제를 해결하게 된다.
- 집단 놀이치료: 집단 내에서 상호 작용과 적응 등을 치료자가 중재하면서 이루어지게 된다.

11.3.5. 컴퓨터 치료

반도체 기술과 소프트웨어 기술의 발달로 컴퓨터 기술은 해마다 급속도로 발전하여 인류 삶의 질을 향상시키는 데 커다랗게 공헌해 오고 있다. 컴퓨터가 처음으로 발명되었을 때에는 인간의 계산력을 증진시키기 위한 보조기계로 활용되었으나 이후에는 데이터 저장 및 처리 시스템으로 활용되었고 1990년에 들어와서는 인터넷으로 발전하게 이르렀다. 컴퓨터 기술은 이제 여러 가지 단말기에도 활용되어 인간은 언제 어느 곳에서나 컴퓨터를 사용할 수 있게 되었다. 더군다나 유비쿼터스 시대에는 컴퓨터를 소지하고 다니지 않아도 항상 컴퓨터를 사용할 수 있게 된다.

컴퓨터가 인간 삶의 질을 향상시켜 왔던 분야는 주로 산업, 기업업무, 정부업무, 가정업무, 통신, 오락, 연구, 교육, 의료 등이었으나 이제 미래에는 인간의 정신건강 분야에도 컴퓨터기술이 활발하게 활용될 전망이다.

컴퓨터치료에는 컴퓨터를 치료매체로 사용하는 방법과 통신매체로 사용하는 방법으로 구분할 수 있다. 컴퓨터가 치료매체로 사용되는 컴퓨터 치료에서는 상담자가 간접적으로 개입하거나 혹은 전혀 개입하지 않는 방식을 의미하며 컴퓨터가 통신매체로 사용되는 컴퓨터 치료에서는 컴퓨터를 통해 상담자와 내담자 사이를 연결시켜 줌으로써 상담자가 내담자를 치료하는 방식을 말한다.

(1) 로봇 심리치료

로봇이라는 말은 체코의 극작가 카페크(1890~1938)가 발표한 희곡 '로섬의 만능 로봇'에서 처음 사용되었다. 차페크는 사람의 일을 대신해 주는 인조인간을 '로봇'이라고 이름 지었다.

로봇은 산업용 로봇으로 시작되었다. 공장에서 부품을 조립하는 업무를 사람보다 훨씬 빨리 수행할 수 있는 기계로 로봇을 개발하여 사용하였다. 1960년대에 미국은 산업용 로봇으로 기술우위를 차지하고 있었다. 1967년도에는 일본이 미국의 산업용 로봇을 수입하여 사용하게 되었고 1970년도에 들어와서는 유럽은 물론 전 세계의 대기업들의 적극적인 투자로 산업로봇의 전성시대를 맞이하였다. 1990년대에는 산업용 로봇이 중국의 값싼 노동력에 뒤처졌고 정보통신기술의 발달로 제조업보다 IT 산업 수요가 기존보다 폭발적으로 증가하게 되었다. 로봇은 산업용뿐만 아니라 우주산업, 극한 작업, 군사용으로도 발전하게 되었다. 2000년도에 들어서서는 인간의 겉모습을 닮고 인간처럼 두 다리로 걸을 수 있는 휴머노이드 로봇이 등장하게 되었다.

로봇이라고 하면 만화영화에서 나왔던 마징가제트나 태권브이가 떠올려지지만 최근에는 지능형 로봇이 등장하게 되었다. 지능형 로봇 (Intelligent Robots)은 외부 환경을 인식(Perception)하고, 스스로 상황을 판단(Cognition)하여, 자율적으로 동작(Manipulation)하는 로봇을 의미한다. 기존의 로봇과 달리 상황판단 기능과 자율동작 기능이 추가되었다. 상황판단 기능은 다시 환경인식 기능과 위치인식 기능으로 나뉘고, 자율동작 기능은 조작제어 기능과 자율이동 기능으로 나눌 수 있다. 따라서 이 4가지 기능을 가능하게 하는 기술을 지능형로봇의 4대 중점 돌파기술이라 한다.

1999년 일본 소니사에서 세계 최초로 본격적인 감성 지능형 완구 로봇 애완견인 아이보(AIBO)를 발표하였다. AIBO는 인공지능을 뜻하는 AI와 로봇의 BO를 뽑아서 만든 합성어이다. 아이보는 애완동물을 대체하는 개념으로 시작되었으나 현재는 인간과 친구가 될 수 있는 하나의 새로운 개체로서 인정받고 있다. 기쁨, 슬픔, 성냄, 놀람, 공포, 혐오 등의 6가지 감성과 성애욕, 탐색욕, 운동욕, 충전욕 등의 4가지 본능이 구현되어서 외부의 자극과 자신의 행동으로 인하여 감성과 본능 수치가 항상 변화한다.

로봇기술은 인간의 심리치료에도 활용되고 있는데 이것이 바로 애완 로봇이다. 애완 로봇의 의학적 기능은 아래와 같다.

- 심리적 효과: 사람들에게 즐거움을 주어 원기를 북돋아 준다.

- 생리적 효과: 혈압이나 맥박을 안정시킨다.
- 사회적 효과: 사람들에게 화제를 제공하고, 대화를 하게 한다.

(2) 컴퓨터 게임 심리치료

컴퓨터 게임치료는 놀이치료에서 왔다고 해도 틀린 말은 아닐 것이다. 놀이를 통해 아동은 주위 사람들에 대한 증오나 두려움 등을 쉽게 발산시킬 수 있다. 또한 놀이장면은 주로 현실의 모형상황이기 때문에 놀이과정에서의 경험을 통해 환경 적응력을 키울 수 있게 된다.

컴퓨터게임은 인간에게 즐거움을 주기 위한 오락으로부터 출발하였으나 최근에는 교육 분야에도 활용되고 있다. 인간에게 지식을 전달함에 있어서 종전과 같이 지루한 교육방식이 아니라 게임을 통한 재미를 가미한 교육이 더 효과적일 것이다. 컴퓨터게임은 말 그대로 컴퓨터를 매개체로 하는 놀이이기 때문에 놀이치료와 함께 심리치료에 활용될 수 있다.

컴퓨터게임에는 시나리오가 미리부터 정해진 게임들이 대부분으로서 이러한 게임형태를 심리치료에 활용할 때에 치료자가 피치료자를 관찰할 수 없을 뿐만 아니라 개입하는 시점을 찾기도 곤란할 수 있다. 그러나 게임 시나리오가 미리 정해져 있지 않고 사용자의 마음상태를 쉽게 관찰할 수 있는 컴퓨터게임이라면 놀이치료와 미술치료를 융합한 새로운 심리치료 방법이 개발될 수 있을 것이다.

시나리오가 정해져 있는 게임일지라도 심리치료에 활용될 수 있다는 보고서가 있다. 영국의 옥스퍼드 대학 정신의학 연구소는 테트리스 게임으로 심리적 장애를 해소할 수 있다는 실험결과를 발표하였다. 이 발표에 따르면 연구자들은 우선 40명의 실험 대상자들에게 사고에 의한 부상과 사망 등의 내용이 담긴 끔찍한 영상을 12분간 시청하게 하였다. 그리고 30분 동안 쉬게 한 후에 A와 B 그룹으로 나누어 한쪽에는 테트리스를 10분간 플레이하게 했고, 다른 한쪽에는 아무것도 시키지 않았다. 이후 실험 대상자들에게 1주일 동안 일기를 쓰도록 하였다.

테트리스를 플레이했던 A 그룹은 테트리스 게임을 하지 않았던 B 그룹에 비하여 끔찍한 사고 영상을 다시 떠올리는 빈도가 현저하게 낮았다고 연구소 측은 밝혔다. 테트리스와 같이 공간 시각을 활용해야 하는 게임은 트라우마에 대해 백신과 같은 효력을 발휘하고 있는 것이라고 한다. 테트리스가 과거의 좋지 않은 기억이 갑자기 생각나는 '플래시백' 현상을 줄여 준다는 것이다.

테트리스 게임은 심리치료 이전에 이미 즐겨 왔던 게임이지만 심리치료 목적으로 개발된 새로운 게임들이 앞으로 출시될 것이다. 심리치료용 컴퓨터게임의 시장성이 크지 않다고 해도 인간의 정신건강 회복을 위해서 그러한 컴퓨터게임들은 계속적으로 개발되어야 할 것이다.

(3) 인터넷 심리치료

인터넷 심리치료는 사이버 상담을 의미하는 말로서 가상공간에서 컴퓨터를 사용하여 실시하는 상담활동을 지칭한다. 심리치료 중에서 상담치료는 전통적인 면대면 상담으로서 '내담자의 문제를 해결하고 내담자 스스로 성장을 이루어 나갈 수 있도록 돕는 것'이며 인터넷 심리치료는 '내담자의 문제 해결 능력을 증진시키고 자기성장과정을 촉진하는 데 컴퓨터와 네트워크를 사용하는 것'으로 정리할 수 있다.

인터넷 심리치료에는 실시간 상담서비스로서 채팅 상담과 영상 상담 등이 있으며 비실시간 상담서비스로서 이메일 상담, 게시판 상담, 데이터베이스, 심리검사, 상담카페, 온라인 지지그룹 등이 있다.

(가) 채팅 상담

채팅 상담은 실제공간에서 상담자와 내담자가 면대면으로 나누는 일대일의 대화방식을 사이버매체에 그대로 옮기려는 시도에서 나온 방법이다. 면대면 상담과 같이 실시간으로 이루어지지만 상담자와 내담자가 서로에 대한 시각적인 단서를 확보하지 않은 상태에서 상담이 이루어지기 때문에 문자중심으로만 상담이 이루어져야 하는 단점이 있다.

(나) 영상 상담

영상 상담은 채팅 상담의 기능에 영상기능을 첨가하는 방식이다. 컴퓨터 화면을 통해 상대방의 모습을 보면서, 음성 메시지를 나눌 수 있는 기능을 가진다. 문자중심의 상담에서는 자신의 성, 나이, 얼굴모습 등이 알려지지 않는 상태에서 편안하게 자신이 원하는 대화를 나눌 수 있지만 영상 상담에서는 내담자의 얼굴이 노출됨으로써 익명성의 확보에 있어서 문자중심의 상담보다 불리하다.

(다) 이메일 상담

이메일 상담은 기존의 편지 상담 방식을 사이버매체상에 올려놓은 것이다. 이메일 상담은 주로 내담자가 자신의 어려움을 호소하는 메일을 사이버 상담실에 보내는 방식으로 이루어진다. 회원제로 운영되는 사이트에서는 내담자가 자신의 신분을 회원 가입 시에 남겨 놓기 때문에 내담자의 실명과 기본적인 인적사항을 상담자가 확보할 수 있지만 대부분의 경우에는 내담자의 ID와 편지내용으로 내담자를 식별하게 된다.

(라) 게시판 상담

게시판 상담은 자신의 고민을 상담 사이트의 게시판에 올려놓으면 상담자뿐만 아니라 다른 이용자들이 보고 답변할 수 있는 상담 서비스이다. 게시판의 공개적 특성을 아는 상태에서 이용하는 내담자는 전문가의 답변뿐만 아니라 일반인의 답변도 폭넓게 듣고 싶어 하는 경우가 많다. 게시판 상담이 이용하기 쉽고 응답하기 쉬운 장점을 가지고 있으나 상담내용과 응답시간 등이 모두 공개되기 때문에 상담 사이트의 이미지에 큰 영향을 미칠 수 있다. 이를 고려하여 게시판 상담에서는 신속한 응답 및 상담 수준 관리가 중요하게 된다.

운영이 활발하게 이루어지는 사이트에는 찾아오는 내담자의 수가 증가하지만 그렇지 못하는 사이트는 활성화되지 못한다. 간혹 내담자를 비난하거나 내담자의 문제를 악화시킬 우려가 있는 응답내용이 올라오기도 하는데 신속하고 신뢰성 있는 상담 서비스 못지않게 게시판 관리도 중요시되고 있다.

(마) 데이터베이스 상담

데이터베이스 상담 서비스는 IP(Information Provider)나 CP(Contents Provider)가 보유하고 있는 문서와 프로그램 등의 자료를 수많은 다른 이용자들에게 공유할 수 있게 해 준다. 형식은 게시판과 비슷하지만 내담자의 글에 대한 대응이 아니라 운영진의 판단으로 다른 이용자들에게 심리치료에 필요하다고 생각되는 자료를 제공한다는 점이 게시판과 다른 점이다.

상담에 관련된 자료를 문자, 그래픽, 음성, 동영상 등을 사용하여 제작하고 상담 사이트에 관리자가 올려놓으면 다른 이용자들이 시간적, 공간적 제약을 받지 않고 동시에 사용할 수 있게 된다. 데이터베이스 상담 서비스로 인해 내담자는 상담 사이트를 방문하여 상담자가 그 시점에 응답하지 않더라도 자신에게도 도움이 되는 정보나 상담자를 접할 수 있다.

(바) 심리검사

사이버 공간에서 체계적인 심리검사가 이루어지면 상담을 받는 사람이나 상담자 모두에게 많은 도움이 된다. 사이버 공간에서의 심리검사는 편리성, 경제성, 객관성 등의 장점을 가질 수 있다. 또한 심리검사의 분석과 판독도 전산화되면 심리검사 결과를 즉시 알 수 있기 때문에 신속성과 효율성이 증대될 수 있다.

(사) 상담카페와 온라인 지지 그룹

상담카페는 상담 주제별로 운영되기 때문에 내담자들의 소속감이 증진되고 유사한 경험을 가진 사람들 간에 해결방식의 노하우 교환이나 혹은 집단원 간의 응집력을 확보하기에 유리하다. 카페의 운영은 공통의 관심사를 지속적으로 찾아가기 위해 참가자들 간의 자발적인 모임으로 이루어지며 전문가가 직접 관여하지 않는 것을 원칙으로 한다.

상담카페는 평소에 온라인 모임으로 운영하다가 방학 때나 휴가철에는 오프라인에서의 만남을 통해 현실성과 유대감을 확보하는 것도 필요하다. 온라인 지지 그룹은 사이버 공간을 통해 자신의 고민을 세계 도처의 사람들과 함께 나누는 집단을 말한다.

인터넷 치료에는 다음과 같은 장점들이 있다.

• 공간 제약의 극복: 인터넷 상담은 상담자나 내담자가 자신의 생활공간을 벗어나지 않고서도 진행될 수 있다. 컴퓨터와 네트워크

가 있는 곳이면 어느 곳이든지 상담하고 상담을 받을 수 있다.
- 시간 제약의 극복: 비실시간 상담 서비스는 시간의 제약을 받지 않고 아무 때나 이루어질 수 있다.
- 상담 내용의 영구적인 기록 가능: 상담자와 내담자 모두 상담과 정을 저장할 수 있고 필요할 때에 다시 읽어 보며 사용할 수 있다.
- 슈퍼비전과 자문의 용이성: 상담자는 슈퍼바이저에게 지도감독을 받고 나서 내담자에게 응답 서비스를 제공함으로써 실수를 줄일 수 있다. 상담실에서 즉각적으로 응답이 이루어져야 하는 면대면 상담에서는 불가능하지만 인터넷 상담에서는 전문가들의 의견을 통해 매우 균형 잡히고 정보가 풍부한 응답을 제공해 줄 수 있다.
- 문제의 외재화 용이: '내담자들을 짓누르고 있는 문제를 대상화시키고 형체화시키도록 내담자를 격려하는 치료적 접근'을 외재화라고 하는데 상담 편지를 작성하는 과정은 그 자체로서 내담자의 문제를 외재화시키는 것이다.
- 자신이 쓴 편지내용을 읽으며 자신에게 영향 미치기: 내담자는 상담자의 관찰이나 처치를 받기 전에도 미리 자신의 모순을 바라볼 수 있고 통찰을 얻을 수 있게 됨으로써 내담자의 시간과 돈을 아껴 준다.
- 상담 과정의 평등성 확보: 상담자와 내담자 사이의 힘을 균형 있게 해 준다.
- 현재 경험하는 감정의 기록 가능: 이메일 상담에서는 내담자가 자신의 감정이 일어날 때마다 세부적인 기록을 해 놓을 수 있는데, 나중에 자신이 쓴 것을 보고 놀라며, 적어도 그 기록들을 함

께 검토할 수 있게 된다.

- 익명성으로 인한 자유로운 자기 노출: 대화 과정에서 익명성을 확보할 수 있기 때문에 내담자는 자유로운 의사표현의 기회를 준다.
- 문화적 경계의 초월: 외딴 곳이나 서비스가 닿지 않는 곳의 거주자들에게 소외감을 줄여 주며 면대면 상담이 금기시되는 문화적 관습을 극복할 수 있다. 타임존을 초월하여 모든 타임존에 대하여 시간을 동일하게 만들며 생각, 감정, 두려움 등을 공유할 수 있게 해 주고 프라이버시를 보호해 준다.

한편 인터넷 치료의 단점으로는 아래와 같은 사항들이 제기되고 있다.

- 비언어의 결여: 채팅 상담자는 내담자의 언어로 표현한 것과 신체 움직임, 의상, 음성의 변화, 긴장과 이완 등 내담자의 실제모습을 비교할 수 없다.
- 내담자로 인한 상담자의 주의 산만 유발: 내담자는 상담자를 볼 수 없기 때문에 평상시의 상담자 행동을 방해할 수 있게 된다.
- 내담자의 주의 산만: 상담자가 보이지 않기 때문에 내담자는 상담과정에 집중하지 않을 수 있다.
- 대화 진행상의 혼란: 채팅 상담에서는 상대방 모습이 보이지 않기 때문에 상대방이 자리에 없다고 순간적으로 판단할 수 있고 또한 메시지가 수용된 순서대로 나타나지 않을 수 있기 때문에 대화 진행상의 혼란이 야기될 수 있다.
- 사이버 상담에서의 적절성 논란: 사이버 상담에 적절한 내담자 혹은 상담자는 어떤 사람인지에 대한 연구가 꾸준히 진행되어야

한다.
- 상담과정 진행에서의 어려움: 상담자의 응답이 조금만 늦어져도 상담자의 존재가 보이지 않으므로 내담자들이 참지 못하고 채팅방에서 나가 버리는 경우가 있다.
- 기계적인 오류의 발생 가능성
- 온라인 지지그룹의 문화적 한계

(4) 컴퓨터프로그램

컴퓨터치료에는 실시간 혹은 비실시간으로 상담자가 내담자를 상담해 주는 컴퓨터매체 방식과, 상담자가 간접적으로 존재하는 컴퓨터도구 방식으로 나눌 수 있다. 컴퓨터도구 방식에는 로봇심리치료와 게임심리치료 등이 있다. 컴퓨터매체 방식에는 인터넷 심리치료가 해당된다.

컴퓨터프로그램 심리치료는 상담자의 도움으로 미리 프로그램된 소프트웨어를 통하여 심리치료를 수행하는 방식이다. 현재까지는 심리검사를 자동적으로 수행해 주는 프로그램들이 출시되고 있는 실정이지만 상담치료의 보조자로서의 프로그램이 개발되고 있다.

오늘날까지 IT기술을 응용하여 인간의 노동을 대신해 주는 다양한 서비스들이 많이 활용되어 오고 있다. 이러한 서비스들 중에서 이성적 판단과 복잡한 사고력이 요구되는 인간의 노동 분야에는 아직까지도 IT 기술의 진입이 요원한 상태에 놓여 있다. 이러한 전문가의 전문지식을 컴퓨터가 대신해 줄 수 있을 것이라는 판단어 개발되었던 기술이 바로 인공지능기술이었지만 방대한 데이터만 갖춘다고 하여 인간의 전문 분야를 컴퓨터가 대신할 수 없다는 기술적 한계에 부딪

히고 말았었다.

　그러나 미래에는 달라질 수 있다. 급속한 하드웨어 기술과 함께 자연어 처리를 보다 용이하게 해 줄 수 있는 소프트웨어가 개발된다면 머지않아 심리치료도 상담자 없이 컴퓨터프로그램과 내담자만으로 진행될 수 있을 것으로 사료된다. 이러한 시도가 가능하게 된다면 내담자는 비밀보장 확보뿐만 아니라 상담시간도 단축할 수 있고 또한 경제성도 확보될 수 있을 것이다.

12. 인간과 컴퓨터의 생로병사 및 미래의 인간

12.1. 개요

생로병사는 하나의 개체가 태어나서 늙고 병들고 죽는 것을 말한다. 이 세상의 어떤 생명체도 생로병사의 틀로부터 벗어날 수는 없는 것이다. 불교에서는 생로병사를 없애기 위해서는 태어나지 않는 방법밖에 없다고 말한다. 그 어떠한 수도 방법으로도 생로병사로부터 탈피할 수는 없다. 한번 태어난 이상 누구든지 죽기 마련이다.

그런데 종교에서 수도를 행하는 이유는 생로병사로부터 벗어남이 아니라 생로병사의 고통으로부터 탈피하고자 하는 목적이 있을 것이다. 인간은 생로병사 중에서 특히 병에 많은 관심을 가지고 있다. 어떤 음식을 먹으면 혹은 어떠한 운동이나 생각 등이 병으로부터 안전할 수 있을까에 대한 연구들이 인류 역사가 시작된 이래 오늘날까지 진행되어 오고 있고 앞으로도 계속 이어질 것이 분명하다.

생로병사는 인간만이 경험하는 것이 아니라 컴퓨터나 혹은 로봇

등도 경험할 수 있는 것들이다. 컴퓨터 혹은 로봇도 만들어지고(태어
나고), 노후화되고(늙고), 바이러스에 걸리거나 고장이 발생하고(병들
고), 폐기처분 되거나 더 이상 작동되지 않게(죽는 것) 된다. 미래 로
봇은 인간과 거의 차이점이 없을 정도의 기능을 가질 것이므로 생로
병사는 인간만의 문제가 안 될 수 있다.

본 장에서는 인간과 컴퓨터 혹은 로봇이 생로병사를 가질 때에 이
들 둘 사이의 공통점과 차이점에 대해 서술하고자 한다. <표 12-1>
은 인간과 컴퓨터의 생로병사 공통점과 차이점을 보여 주고 있다.

〈표 12-1〉 인간과 컴퓨터의 생로병사 공통점과 차이점

	인 간	컴퓨터 혹은 로봇
공통점	-생로병사의 과정을 겪고 있음 -질병은 쉽게 사망으로 연결될 수 있음 -질병은 대체로 스스로 치료하는 경우는 매우 드물고 어려움 -질병은 기능 이상이나 저하를 초래함	
차이점	-태어난 이상 죽음은 필연적임	-논리적으로는 영구불사가 가능함
	-인간이 인간을 태어나게 함	-인간이 컴퓨터를 만듦
	-인간의 늙는 속도 조절은 가능하지만 피할 수 없음	-컴퓨터의 늙는 속도는 조절이 가능하고, 피할 수도 있음
	-유기체이므로 질병에서 자유롭기 어려움	-무기체이므로 질병으로부터 자유로움. 단, 외부 공격에 의한 질병은 가능
	-흑사병과 같은 집단 사망 가능	-인터넷 접속 컴퓨터에 한해 집단 사망 가능
	-질병은 문화차와 개인차에 의해 다양함	-컴퓨터 사양이 유사하므로 질병도 유사함
	-질병에 의한 고통을 느낌	-질병에 의한 고통 없음
	-사망 후 당사자를 회생시킬 수 없음	-새로이 동일한 컴퓨터 제작 가능함
	-인간의 존엄성이 생로병사에 중요 요인임	-컴퓨터의 존엄성은 없음
	-사망시 법적인 조치로 사망진단함	-사망진단 없음

우선 인간과 컴퓨터는 공히 생로병사의 과정을 겪고 있다. 또한 이

들 둘에서는 질병의 발생이 기능 이상이나 혹은 저하를 초래할 수 있으며 치료하기가 그다지 쉽지 않고 더욱이 사망으로 연결될 수 있다는 공통점이 있다.

인간은 태어나면 반드시 죽음에 이르게 되지만 컴퓨터는 논리적으로 영구불사의 가능성이 있다. 고장 난 하드웨어 부품은 새것으로 교체 가능하고 소프트웨어는 기존의 데이터를 손상시키지 않고 새로운 소프트웨어로 업그레이드할 수 있기 때문이다.

인간은 늙는 속도를 조절할 수 없지만 컴퓨터는 늙는 속도를 조절할 수 있을 뿐만 아니라 피할 수도 있다. 인간은 전염병 등으로 집단 사망에 이를 수 있지만 컴퓨터는 의도적인 바이러스 공격이 없다면 인간의 전염병처럼 옆 컴퓨터의 바이러스가 옮겨지고 또 옮겨져서 집단 사망에 이르지 않는다.

인간은 질병에 걸림에 있어 개인의 문화차이와 건강차이에 의해 다양하게 발생하지만 컴퓨터는 사양이 거의 유사하므로 걸리는 질병도 유사하다. 인간은 질병에 의한 고통을 느끼지만 컴퓨터는 질병에 의한 고통을 느끼지 못한다. 미래 로봇의 경우에는 인간처럼 로봇의 기능에 이상이 발생하면 고통을 느낄 수도 있을 것이다.

인간은 일단 사망하면 회생시킬 수 없지만 컴퓨터에서는 고장이 발생하여 못쓰게 되더라도 그와 동일한 컴퓨터를 새로이 제작할 수 있다. 인간의 존엄성이 생로병사에 중요 요인이지만 컴퓨터에는 존엄성이 존재하지 않는다.

인간은 건강하게 삶을 영위하려는 욕망을 가지고 있다. 평균수명이 늘어나서 오래 살 수는 있지만 심장병, 암, 의욕 감퇴, 기타 질병 등의 발생을 늦춤으로써 건강수명을 연장시키기 위한 연구가 활발하게 진행되고 있다. 생명공학이라는 새로운 영역을 통해 환자 치료법이나 노년기 건강법을 찾던 과학자들은 우연히 인간의 능력을 강화시킬 수 있는 기술을 발견했다. 유전자 치료를 통해 선천성 질병을 없앨 뿐만 아니라 인간의 능력강화 길을 찾아냈다. 생명공학과 IT기술의 융합으로 인해 인간의 육체적 강화기술을 개발하게 되었고 또한 뇌에 IT기술을 접목시켜서 인간의 오감은 물론 감정까지도 관리할 수 있을 전망이다. 본 장에서는 이와 같은 인간의 미래에 관한 내용도 포함되어 있다.

12.2. 생(生)

12.2.1. 인간의 탄생

인간의 태어남은 남자의 정자와 여자의 난자가 수정된 수정란으로부터 시작된다. 수정란은 약 30시간 만에 두 개의 딸세포(daughter cell)로 분열되고 그 후에 매 15분 내지 1시간에 분열을 거듭하여 수정란이 자궁에 도달할 무렵에는 세포 수가 12개 또는 32개가 된다. 이때부터 세포의 분열을 거듭하여 약 40주일 후에는 체중 3~4kg의 태아로 성장하게 된다.

수정란은 자라면서 7~10일 후에는 난관을 타고 내려와 주머니 모양의 배낭이 되어 자궁저부의 내막에 묻히게 되는데 이를 착상(implantation)이라고 한다. 수정란은 배발생을 진행하여 영양아층을 형성하게 되는데 이 영양아층은 얇은 양막을 형성하고 이것이 장막으로 바뀌게 되어 그 일부가 모체의 자궁 내벽과 합쳐져서 태반을 형성하게 된다. 태반은 태아의 발육에 따라서 커지며 임신 말기에는 둥글고 넓적한 원반형이 된다. 태반은 태아가 분만된 후 약 10~30분 사이에 자궁 점막으로부터 박리되어 배출된다.

임신 3개월이면 성(sex)의 구별이 가능하고 임신 4~5개월이 되면 태아의 신체 각 부위는 어린이의 형태를 모두 갖추게 되며 다리와 팔의 근육이 발달하고 강해짐에 따라 움직이기 시작하는데 이것을 태동이라고 한다. 임신 7개월 말이 되면 생존이 가능한데 이때 출산된 아이를 미숙아라고 한다. 미숙아는 중추신경이 완전히 발달되지 않아서 체온조절이 잘 안 될 뿐만 아니라 주위환경에 따라 체온이 변하므로 보육에 세심한 관리가 요구된다. 임신 28주 이후에 분만된 태아가 숨졌거나 생명에 다른 이상이 발생하여 호흡이 정지된 경우를 사산 (still birth)이라고 한다.

태아의 발육에 소요되는 영양물질로 철분과 칼슘이 있다. 철분은 태아의 적혈구 형성에 쓰이고 칼슘은 태아의 뼈 발육에 쓰이게 된다. 또한 태아의 성장에는 신체조직의 구성재료로서 아미노산 및 비타민도 쓰이게 되므로 특히 임신 최종 3개월간에 다량으로 섭취해야 할 영양물질이다.

태아는 폐와 소화기의 활동이 없으므로 태아의 영양물, 산소의 공급 및 노폐물의 배설은 모두 태반을 통해 이루어진다. 태아가 출생하여 외계로 나온 후 혈액순환이 크게 변화한다. 출생 후에는 호흡의 준비가 시작되어 폐순환이 이루어지고 태반순환이 중단된다. 신생아가 울면 폐가 확장되고 폐의 도관의 면(surface)이 넓어지면 흡인력이 강해져서 폐로부터 산소를 공급받게 된다.

12.2.2. 컴퓨터의 탄생

컴퓨터는 무기체로서 공장에서 탄생된다. 인간은 모체에서 세포분열을 통해 생물학적으로 태아가 형성되지만 컴퓨터는 여러 가지 기능부품들의 조립을 통하여 만들어진다. 컴퓨터의 각 부품들은 각각의 재료 합성으로써 생산된다.

컴퓨터를 맨 처음으로 탄생시키기 위해서는 인간이 아이디어로 구성된 설계도가 있어야 한다. 설계도에는 하드웨어 구성과 함께 소프트웨어 프로그램도 함께 포함된다. 컴퓨터 설계도에는 기존의 부품 혹은 소프트웨어를 사용하거나 새로이 부품 혹은 소프트웨어를 만드는 경우도 발생한다. 컴퓨터는 top-down 방식으로 개발된다.

top-down 방식으로 컴퓨터를 설계할 때에는 전체 구조도를 구성한 다음에 다시 몇 개의 기능블록으로 나누고 각각의 기능블록은 부품들의 조합으로 구성한다. 컴퓨터가 일단 개발되고 나면 기능 테스트와 상용 테스트를 거치면서 발생하는 버그(bug)를 없앰으로써 시장에 내놓을 수 있는 제품이 완성되는 것이다. 컴퓨터는 인간이 창조한 기계라고 말할 수 있다.

컴퓨터 개발이 완성되고 나면 공장에서 대량생산이 가능해지고 이는 마치 복제 동작처럼 모든 컴퓨터들이 동일한 사양으로 제작될 수 있음을 의미한다. 이미 개발되어 사용되어 오고 있는 컴퓨터의 성능을 개선하고 가격을 다운(down)시키거나 소프트웨어를 업그레이드 (upgrade)시킴으로써 컴퓨터 기술이 발전해 오고 있다.

로봇도 컴퓨터와 마찬가지 방식으로 탄생된다. 로봇도 인간의 설계도에 의해 개발된다. 개발이 성공하고 나면 컴퓨터와 마찬가지로 공장에서 대량생산에 들어갈 수 있게 된다. 인간의 육체에 해당하는 로봇의 몸체를 부품들로 조립한 후에 각종 소프트웨어를 장착시키면 다양한 능력의 로봇을 탄생시킬 수 있다.

로봇의 개발은 인간의 설계도에 의해 탄생되지만 로봇이 새로운 로봇을 설계하여 제작할 수도 있을 것이다. 인간이 탄생하는 데에는 10개월이라는 오랜 기간이 필요하지만 로봇을 탄생시키는 데에는 부품과 소프트웨어가 준비된 상태라고 하면 하루에도 수벅 대의 로봇을 생산할 수 있을 것이다. 언젠가는 인간의 수보다 로봇의 수가 더 많이 존재하는 날이 올 것으로 예상된다.

12.3. 노(老)

12.3.1. 인간의 노(老)

인간은 생물학적과 심리학적으로 늙어 간다. 인간의 신체적 측면에서는 평균 만 23세경에 신장 등의 대부분이 최고점에 이르고 그 이후부터는 점차 노화된다고 한다.

생물학적 노화가 발생하는 이유에 대한 여러 가지 이론들이 발표되어 오고 있는데 이들은 크게 프로그램 이론(programmed theory)과 사고 이론(accidental theory) 등으로 구분된다. 프로그램 노화 이론은 인간의 발생과 성장이 생물학적 시계에 의해 지배를 받으며 시간의 흐름에 따라 정해진 시점에서 인간의 몸에 변화가 생긴다는 것이다. 사고 이론은 인체 내외부에 여러 가지 형태의 충격이 쌓여서 늙어 간다는 것이다. 현재까지 제안된 생물학적 노화 이론들의 예를 들면 다음과 같다.

(1) 마모 이론

독일의 생물학자인 오거스트 와이즈만에 의해서 1882년에 처음으로 제안된 이론인데 나쁜 음식을 먹지 않고 태양에 노출시키지 않으며 자연 식품만 먹는다고 해도 인간의 몸은 사용하는 것만으로 마모가 된다는 것이다. 젊었을 적에는 여러 형태의 수리(repair) 시스템이 잘 동작하기 때문에 마모에 대한 대처가 쉽게 이루어지지만 나이가 들수록 인간의 몸은 수리기능이 점점 떨어지는 경향이 있다.

(2) 신경내분비 이론

신경내분비 시스템은 호르몬의 분비와 다른 중요한 신체기능을 지배하는 여러 생화학물질들의 복잡한 네트워크를 의미한다. 호르몬은 인간의 몸의 여러 기능을 수리하고 조절하는 데에 중추적인 역할을 한다. 나이가 들면서 호르몬 분비가 감소되면 수리와 조절의 기능에 문제가 발생하게 된다. 또한 하나의 호르몬 분비의 감소는 여러 형태의 상호 작용에 따라 다른 호르몬 분비 감소를 초래함으로써 연쇄적으로 호르몬 분비의 감소를 가져오게 된다. 젊은 시절에는 호르몬의 농도가 높게 유지되지만 나이가 들수록 전반적으로 호르몬의 농도가 점차 감소하여 여러 가지 활동에 장애를 가져오게 된다.

(3) 유전자 조절 이론

유전자 조절 이론은 인간의 DNA에서 이미 유전적 정보를 통해 노화 프로그램이 설정되어 있다는 것이다. 이러한 유전적 정보가 사람마다 다르기 때문에 사람에 따라 보다 빨리 늙거나 더 오래 살아갈 수 있다고 한다.

(4) 노폐물 축적 이론

이 이론에서는 세포 내의 지방과 단백질의 복잡한 반응을 통해 노폐물이 형성되는데 이러한 노폐물에 포함된 다양한 독성물질들이 일정 수준 이상 쌓이게 되면 정상적인 세포의 기능을 방해하게 되어 결국 세포가 죽게 된다는 것이다.

(5) 세포분열 제한 이론

노폐물이 많이 쌓이면 그만큼 세포분열의 수에 영향을 주게 됨으로써 노화가 진행된다는 이론이다.

(6) 죽음호르몬 이론

뇌세포와 신경세포는 다른 세포들과는 달리 재생되지 않는다. 태어날 때 가지고 있는 수에 비해 약 10% 정도가 일생 동안 사멸하는데 뇌하수체에서 분비되는 죽음호르몬이 이러한 신경세포의 감소에 영향을 미친다는 것이다.

인간은 노인이 되면 심리적 측면에서 많은 변화를 가지게 되는데 이러한 심리적 노화현상은 다음과 같다.
- 사회유리 이론: 노인과 다른 사회구성원 사이에 상호 작용이 감소되는 현상이 발생한다. 사회는 노인이 사회에 유익하지 않기

때문에 그들을 사회로부터 분리시켜서 개입을 허용하지 않고 또한 노인도 스스로 사회에서 멀어지기를 원한다는 이론이다.

- 활동 이론: 유리 이론과 정반대의 입장으로서 노년은 중년의 연장일 뿐이므로 활동을 중단할 것이 아니라 지속적인 활동을 수행해야 하며 적정수준의 사회적 활동이야말로 노년기 생애의 만족을 가져다준다.
- 지속성 이론: 노년기의 성격은 젊었을 적의 성격을 바꾸지 않고 지속하게 된다. 남자노인은 인내하고 보살피고 양육하는 역할로 전환되고 여자노인은 지도적이며 공격적인 역할로 전환되는 경향이 있다.
- 사회교환 이론: 노인이 되면 사회적 상호 작용에서 이득이 감소되므로 사회적 교환활동이 감소한다.
- 성장발달 이론: 훌륭한 적응전략을 개발하여 노년기에 이르기 전 단계에서 성장발달과업을 성공적으로 이끈 노인은 노년기에도 성공적으로 대처한다.
- 사회문화 이론: 노인도 사회의 연령구조에 따라 적합한 역할을 담당해야 한다. 지식의 현대화로 인해 노인의 전문지식이 약화됨에 따라 노인의 권위가 도전받게 된다.

12.3.2. 컴퓨터의 노(老)

컴퓨터의 노는 컴퓨터가 공장에서 만들어진 지 오랜 시간이 경과했다는 의미이다. 컴퓨터는 인간과 달리 단지 시간이 오래 경과했다고 하여 자체 성능과 기능이 떨어지는 것은 아니다. 물론 컴퓨터를 사용하지 않고 오랜 기간 동안 방치해 놓으면 공기 오염으로 부식될 수도 있고 여러 가지 물리적 결함이 발생될 수도 있지만 유기체가 아닌 무기체이므로 원천적인 재료의 변화는 일어나지 않는다.

컴퓨터의 수명은 각 부품의 신뢰도와 연관이 있는데 예를 들어서 어느 기능을 구현함에 있어서 부품들이 직렬로 연결되어 있다면 이 기능의 수명은 각 부품의 수명보다 적게 된다. 컴퓨터 부품의 고장이 전체 시스템의 고장으로 연결되지 못하도록 각 기능블록은 모듈화뿐만 아니라 지역화(localization)가 요구된다. 지역화는 하나의 고장이 서로 연결된 다른 기능블록으르 전파되지 못하도록 막는 것을 의미한다.

컴퓨터에서의 노(老)는 각각의 기능 고장 측면보다는 기능 자체가 오래되어 사용자가 사용하기 불편하게 되는 측면이 더 많다. 컴퓨터가 오래되어 기능을 제대로 발휘하지 못해서 버리는 것보다 오히려 최신 컴퓨터로 대체함에 따라 기존의 컴퓨터들이 버려지는 현상이 더 많이 발생한다.

컴퓨터 하드웨어 기술이 날로 발전함에 따라 소프트웨어 기술도 함께 발전하게 된다. 특히 CPU 속도가 빨라지고 메모리 용량이 증가함에 따라 기존의 컴퓨터에서는 생각하지도 못했던 새로운 어플리케이션 프로그램들이 다양하게 출시되고 있는 실정이다.

컴퓨터 기능에는 전혀 문제가 발생하지 않아도 컴퓨터가 오래되면 사회로부터 소외받는 것은 인간과 유사한 것 같다. 오래된 컴퓨터는 성능이 새로운 컴퓨터보다 떨어지는 것은 물론 다양한 프로그램들이 장착되지 못하며 특히 크기도 커서 사용자의 불편을 초래하게 된다.

이론적으로는 컴퓨터는 인간과 달리 생명을 영구적으로 유지할 수 있다. 컴퓨터의 모든 부품들을 근본적으로 수리하거나 교체할 수 있기 때문에 공장에서 출시되었을 적의 기능과 성능은 오래도록 유지할 수 있다.

로봇이 일반화될 미래에는 낡고 오래된 로봇 처리에 대한 제도가 마련되어야 할 것이다. 마치 SF 영화에서처럼 버려진 로봇이 인간을 공격하는 일도 발생할 수 있을 것이므로 로봇의 노(老)에 대한 보다 깊은 연구가 언제부터인가 활성화될 것이다.

12.4. 병(病)

12.4.1. 인간의 병(病)

인간의 병에 대한 정의는 대체로 신체의 고통, 불쾌감, 기능의 저하나 부조화 등으로 일상생활이 방해받게 됨으로써 개인의 육체적 이상이나 행동의 이상이 일어난 상태이며 질환이라고도 불린다.

생물 의학적 관점에서는 해부구조나 생리기능의 이상으로 특정한 증후나 징표가 뚜렷하게 나타날 때에 '질병'이라고 본다. 예를 들어서 심장기능에 장애가 생겨서 혈액순환이 원활하지 못한 것을 '심장병'이라고 하고 폐기능이 장애를 받아 호흡작용이 불량한 것을 '폐병'이라고 한다.

세계보건기구헌장 선언에서는 건강은 완전한 육체적, 정신적, 사회적 복지의 상태이며, 질병이란 단순히 질병 또는 병약이라기보다는 더 넓은 의미에서의 부적응한 면을 지니고 있는 것을 말한다. 또한 개인의 주관적 호소도 중요한 질병의 기준이 될 수 있다. 즉 자신이 생각하기에 고통스럽다고 여겨지면 다른 어떠한 심신의 증상이 없어도 질병이라고 볼 수 있다.

인간의 질병은 아래와 같은 원인으로 발생한다고 한다.

- 질병에 걸리기 쉽도록 만드는 유전자들이 존재하기 때문이다. 예를 들어서 헌팅턴병(Huntington's disease)이 있는데 이 병에 걸린 사람은 40대가 될 때까지 아무런 증상을 못 느끼다가 갑자기 기억이 희미해지고 근육 경련을 일으키며 신경세포들이 붕괴된다. 그러나 결혼 적령기를 상당히 지난 40대까지 그 증상을 느끼지 못하기 때문에 이미 자식에게 전파되는 경우가 많다고 한다.

- 과거에는 존재하지 않았던 새로운 환경 요인에 노출된 결과로 질병이 발생한다.

- 인간의 설계상의 절충에 의해 질병이 발생한다. 예를 들어서 직립보행을 함으로써 인간은 두 손의 자유를 얻었지만 그 결과로 인간은 척추 관련 질병들을 얻게 된다. 실제로 인간의 척추와 골반은 직립보행을 하기에는 다소 적절하지 못하다.

- 인간만이 자연선택에 적응하여 스스로를 유지하고 있는 유일한 종이 아니다. 병원체들이 지금도 무수히 많이 존재하여 인간을 괴롭히려 하고 있다.

- 불운한 역사적 유산 때문에 생겨난 질병들도 있다. 예를 들면 핵폭탄의 후유증으로 후세에 여러 질병들이 유발되었다.

인간의 질환은 크게 기질적 질환과 기능적 질환으로 구분된다. 기질적 질환이란 가장 일반적인 질환으로서 육안으로 장이나 조직의 이상을 확인함으로써 병을 객체화할 수 있다. 기능적 질환이란 기질적 질환이 아니면서 불쾌감, 고통, 기능의 부조, 능력저하 등을 호소한다는 사실만 있는 경우를 의미한다. 그러나 이것을 의사에게 호소하면 의사가 대처함으로써 병으로 취급되는 것이다.

인간의 질환에는 다음과 같은 것들이 있다.

- 선천성 질환(先天性 疾患, Congenital Disease): 출생 시에 이미 감염 또는 이환(罹患)되어 있는 질환을 의미한다. 예로서 선천성 매독은 모체의 혈중의 Spirochetes균이 태아에 이환되기 때문에 선천성 질환이다.

- 유전성 질환(遺傳性 疾患, Genetic Disease): 예로서 혈우병은 성염색체에 의해 남아에게만 유전되는데 이와 같이 유전자에 의해 성립되는 질환을 말한다.

- 전염성 질환(傳染性 疾患, Infectious Disease): 미생물의 감염이나 수혈 또는 출혈부위의 접촉에 의하여 전염되어 초래되는 질환이다.

- 중독성 질환(中毒性 疾患, Toxic Disease): 독물에 의한 세포의 괴사로 인해 초래되는 질환을 말한다.

- 외상성 질환(外傷性 疾患, Traumatic Disease): 골절, 창상, 화상, 동상, 방사선 조사 등으로 인해서 초래되는 질환이다.

- 면역성 질환(免疫性 疾患, Immunological Disease): 면역반응으로 인해 초래되는 질환으로서 Penicillin Shock가 그 예이다.

- 노인성 질환(老人性 疾患, Aging Disease): 생체기능의 감퇴나 노화장애로 인해 노인에게서 볼 수 있는 질환이다.

- 종양성 질환(腫瘍性 疾患, Neoplastic Disease): 악성 또는 양성종양에 의해서 초래되는 질환이다.

- 영양성 질환(營養性 疾患, Nutritional Disease): 구루병, 괴혈병 등과

같이 영양장애로 인해 초래되는 질환이다.

- 대사성 질환(代謝性 疾患, Metabolic Disease): 통풍과 같이 대사장애로 인해 초래되는 질환이다.
- 정신신체성 질환(精神身體性 疾患, Psychosomatic Disease): 감정으로 시작하여 자율신경계를 통해 초래되는 질환을 의미한다.

인간의 병에는 신체적 질환 이외에도 정신질환이 있는데 정신질환은 정신기능에 장애가 온 상태를 총칭한다. 일반적으로 정신질환은 좁은 의미로서 정신질환(mental illness)이라고 부르고 넓은 의미로서 정신장애(mental disorder)라고 부른다.

정신질환의 발생 원인에는 아래와 같은 것들이 있다.

- 생물학적 요인: 인간 뇌의 신경전달물질의 불균형으로 인해 발생할 수 있다.
- 유전적인 요인: 가족 중에 정신질환으로 어려움을 겪는 사람이 있다면 형제나 자녀는 정신질환에 걸릴 확률이 높다.
- 심리사회적인 요인: 과로, 긴장, 사망, 실연, 해고 등의 사건 사고가 정신질환에 직접적인 영향을 주지는 않지만 심리적으로 취약한 사람은 스트레스가 지나치면 정신질환에 걸리기도 한다.

정신질환 진단 및 통계 편람(DSM: Diagnostic and Statistical Manual of Mental Disorders)은 미국정신의학협회(American Psychiatric Association)가 출판하는 서적으로서 정신질환의 진단에 가장 널리 사용되고 있다. DSM-IV의 심리장애유형은 17가지로 분류된다.

1) 유아기, 소아기, 청소년기에 처음으로 진단되는 장애: 정신지체,

학습장애, 운동기술장애, 의사소통장애, 급식 및 섭식장애, 틱장
애, 배설장애, 기타 장애

2) 섬망, 치매, 기억상실, 기타 인지장애

3) 일반적인 의학적 상태로 인한 정신장애: 의학적 상태의 직접적
인 결과로 판단되는 정신장애

4) 물질 관련 장애: 물질 사용 장애, 물질 의존, 물질 남용, 물질로
유발된 장애, 물질 중독, 물질 금단

5) 정신분열병과 기타 정신증적 장애: 정신분열증장애, 정신분열정
동장애, 단기 정신증적 장애

6) 기분장애: 주요 우울증 에피소드, 조증 에피소드, 혼재성 에피소
드, 경조증 에피소드, 기분장애, 주요 우울장애, 기분부전장애,
양극성 장애, 재발성 에피소드

7) 불안장애: 공황발작, 광장공포증, 공황장애, 특정공포증, 사회공
포증, 강박장애, 외상 후 스트레스장애, 급성 스트레스장애, 범
불안장애, 물질로 유발된 장애

8) 신체형 장애: 신체화 장애, 감별불능 신체형 장애, 전환장애, 동
통장애, 건강염려증, 신체변형장애

9) 허위성 장애

10) 해리성 장애: 통합적인 기능(의식, 기억, 정체감, 환경에 대한
지각 등)에서 붕괴가 일어나는 상태장애

11) 성장애 및 성정체감 장애: 성기능장애, 변태 성욕, 성정체감장애

12) 섭식장애: 신경성 식욕부진증, 신경성 폭식증

13) 수면장애

14) 충동조절장애

15) 적응장애

16) 성격장애: 괴상하고 엉뚱해 보이는 A군 성격장애, 극적이고 감정적이며 변덕스러운 B군 성격장애, 불안해 보이고 두려워하는 C군 성격장애

17) 임상적 관심의 초점이 될 수 있는 기타 장애

인간의 질환은 자연치유 되는 경우도 있다. 즉 시간의 경과에 따라 자기면역 능력이 향상되어 질환이 해소되는 경우도 있다. 최근에는 인류가 늙지 않고 죽지 않는 신인류의 시대가 온다는 주장도 제기되고 있다. 인류의 진화에 대한 전문가인 코르데이로(C 경우도 경o) 박사는 생명공학과 나노기술의 발달로 인해 '인위적 진화'가 가능하다고 주장하였다. 이러한 '인위적 진화'가 현실화되면 사고로 사망하는 경우를 제외하고는 병으로 사망하는 경우는 발생하지 않을 수도 있다.

12.4.2. 컴퓨터의 병(病)

컴퓨터의 병(病)은 크게 내인성 질환과 외인성 질환으로 구분된다. 내인성 질환은 컴퓨터 부품의 단순한 작동 이상이나 저하로 발생하며 외인성 질환은 컴퓨터 바이러스의 영향을 받은 소프트웨어적 이상으로 발생한다.

컴퓨터의 모든 부품들은 각자의 수명을 가지고 있다. 부품 수명 척도는 MTTF(Mean Time To Failure)로서 이는 부품이 출시되고 고장이 발생할 때까지 평균적으로 얼마나 시간이 걸리는지를 나타낸다. 컴퓨터 시스템의 평균 수명은 모든 부품들 중에서 가장 긴 MTTF보다는

작게 된다. 컴퓨터의 부품이 고장 날 경우에는 그 부품을 교체하기 전까지 컴퓨터는 고장 나 있게 된다. 고도의 신뢰도가 요구되는 컴퓨터에서는 중요한 부품은 이중화 혹은 삼중화 구조로 구성된다. 중요 부품들을 이중화하는 대신에 전체 컴퓨터 시스템을 이중화로 동작시키는 방법이 있다. 일반적으로 접속도가 높은 대형 서버급에서는 액티브－스탠바이(Active－Standby) 형식으로 이중화 구성을 사용하는데 이는 현재 동작 중인 Active 시스템이 고장 날 경우에 즉각적으로 Standby 시스템으로 모든 서버 기능들이 이동되는 방식이다.

컴퓨터 부품의 자연적 수명 제한뿐만 아니라 여러 가지 원인으로 컴퓨터는 병을 앓게 된다. 컴퓨터는 부품과 부품, 보드와 보드 사이의 연결에 접촉불량이 발생하면 고장이 발생한다. 라디오나 TV가 고장 날 때에 한 대 치면 동작한다는 것은 접촉불량이었던 부분이 충격에 의해 다시 접촉이 되기 때문에 임시적으로 동작하는 것이다. 컴퓨터 고장의 70~80%는 접촉불량에서 기인한다고 한다. 특히나 보드와 보드 사이를 연결하는 커넥터는 재료가 금으로 되어 있지만 산화 현상으로 접촉불량이 유발될 수 있는데 이러한 경우에 지우개로 커넥터를 닦아 주면 접촉불량으로부터 벗어날 수 있다.

컴퓨터는 물로 인해 고장이 발생될 수 있다. 컴퓨터 부품들끼리의 모든 연결들은 저항 성분이 포함되기 마련인데 만일 이 연결 사이에 물이 존재하면 합선 현상으로 과전류가 발생하여 부품들이 고장을 일으키게 된다. 가정용 전기 전선 두 가닥을 서로 연결시켜 버리면 화재가 발생하는 것도 과전류가 흐르기 때문이다.

컴퓨터 시스템에 과전류가 발생해도 컴퓨터가 고장을 일으킨다. 낙뢰가 발생할 때에 낙뢰전압이 순간적으로 컴퓨터 전원을 타고 들어을 경우 과전류로 인한 컴퓨터 고장이 발생하게 된다. 이를 방지하기 위하여 과전류 방지장치를 몇 단계에 걸쳐 설치해야 한다.

컴퓨터의 모든 부품은 동작 온도가 있다. 특히 고온에 약하다. 컴퓨터 시스템 부품들은 동작하면 열이 나게 되는데 이 열을 식혀 주지 않으면 고장이 발생하기 때문에 주요 부품에는 팬(fan)을 달아서 공기순환으로 열을 식혀 준다.

컴퓨터 고장의 원인으로 먼지가 있다. 컴퓨터 시스템 내부에 먼지가 많아지면 누전이 발생할 우려가 있고 특히 팬(fan) 근처에 먼지가 쌓이면 공기순환이 불완전하여 쿨링(cooling)이 동작 안 되므로 고장이 발생할 수 있다. 컴퓨터 시스템 주변에는 온도, 습도, 청결 상태가 일정하게 유지되어야만 한다. 컴퓨터는 충격에 약하다. 반도체 부품은 일정 이상의 충격을 가하게 되면 고장 나게 됨에 따라 전체 컴퓨터 시스템이 오동작을 유발할 수 있게 된다.

컴퓨터의 외인성 질환으로 바이러스가 있다. 바이러스는 악성프로그램으로서 컴퓨터에 오동작을 일으키게 한다. 바이러스라고 이름 지어진 것은 생물학적인 바이러스가 자기 자신을 복제하는 유전인자를 가지고 있는 것처럼 컴퓨터 바이러스도 자기 자신을 다른 프로그램에 복사하는 명령어를 가지고 있기 때문이다. 물론 컴퓨터 바이러스는 자기 복사 능력 이외에도 실제의 바이러스처럼 부작용을 가지는 경우가 많이 존재한다. 바이러스는 소프트웨어이기 때문에 하드웨어를 고장 나게 하지는 못하지만 프로그램 동작을 못 하게 하거나 혹은 바이러스 자신이 하드웨어를 제어하게 된다.

바이러스 감염 증상은 다음과 같다.

• 컴퓨터 처리속도의 저하: 부팅 시간의 지연, 프로그램의 실행시

간의 지연
- 바이러스의 감염 흔적: 기본 메모리 크기의 감소, 파일 길이의 증가, 파일 작성일 변경
- 파괴 증상: 프로그램의 실행 중지, 파일의 삭제, 하드디스크의 인식 불가
- 바이러스의 특징적인 증상: 특정 문자열이 출력, 음악 연주

정품 소프트웨어의 무분별한 복제, 인증되지 않은 불법 통신망의 공개자료실에 올려져 있는 프로그램들을 다운로드받을 때에 바이러스에 감염되어 있는 파일이 포함되어 있으면 자신의 컴퓨터도 감염된다. 바이러스의 제작 동기는 자신의 실력을 과시하기 위해서도 제작되기는 하지만 상용으로 판매하고 있는 프로그램의 제작자가 자신의 프로그램을 불법 복제하거나 또는 올바르지 않은 경로를 통해 자신의 프로그램을 설치하거나 실행할 경우에 데이터를 파괴할 목적으로 제작되었다고 한다.

<표 12-2>와 <표 12-3>은 각각 감염부위 기준 바이러스 종류와 운영체제 기준 바이러스 종류를 나타내고 있다.

〈표 12-2〉 감염부위 기준 바이러스 종류(안철수바이러스연구소)

구 분	종 류	특 징
감염 부위기준	부트 바이러스 (Boot virus)	컴퓨터가 처음 가동되면 하드디스크의 가장 처음 부분인 부트섹터에 위치하는 프로그램이 가장 먼저 실행되는데, 이곳에 자리잡는 컴퓨터 바이러스
	파일 바이러스 (File virus)	실행 가능한 프로그램에 감염되는 바이러스를 말한다. 이때 감염되는 대상은 확장자가 COM, EXE의 실행파일이 대부분이다. 국내에서 발견된 바이러스의 80% 정도가 파일 바이러스에 속할 정도로, 파일 바이러스는 가장 일반적인 바이러스 유형
	부트/파일 바이러스(Multip artite virus)	부트섹터와 파일에 모두 감염되는 바이러스로 대부분 크기가 크고 피해정도가 크다
	매크로 바이러스 (Macro virus)	새로운 파일 바이러스의 일종으로, 감염 대상이 실행 파일이 아니라 마이크로소프트사의 엑셀과 워드 프로그램에서 사용하는 문서 파일이다

〈표 12-3〉 운영체제 기준 바이러스 종류(안철수바이러스연구소)

구 분	종 류	특 징
운영체계기준	도스 바이러스	일반적인 부트, 파일, 부트/파일 바이러스는 대부분 도스용 바이러스다. 감염 부위에 따라 부트, 파일, 부트/파일 바이러스로 나뉜다
	윈도우바이러스	도스기능을 사용하는 반쪽자리 윈도우 바이러스로 94년 처음 등장한 윈도우 바이러스는 97년부터는 컴퓨터를 이용하는 최대 바이러스로 부상했다. 현재 가장 문제가 되고 있는 바이러스는 윈도우 95/98용 바이러스이다
	애플리케이션 파생 바이러스	애플리케이션에 내장된 매크로 혹은 스크립트 언어를 사용해서 바이러스를 제작 가능하리라는 예상은 지난 91년부터 시작되었다
	유닉스, 리눅스, 맥, OS/2바이러스	Linux와 OS/2용으로도 바이러스가 존재하지만 이들 바이러스는 일반에 퍼지지는 않고 대부분 겹쳐쓰기 정도에 이들OS에서도 바이러스를 제작할 수 있다는 증명을 한 정도의 수준에 머무르고 있다
	자바 바이러스	현재발견된 Java바이러스는 2종 정도 된다. 최초 자바 바이러스는 1998년 여름 발견되었다. 이들 바이러스 역시 자바가 디스크에 접근할 권한이 있어야만 하며 자바 애플릿이 아닌 자바 애플리케이션을 감염시킨다

컴퓨터 바이러스에 대한 대책으로는 아래와 같은 사항들이 있다.

- 보안 프로그램 설치: 주기적으로 보안 패치(patch) 프로그램을 설치한다.
- 방화벽 설치
- 인증되지 않은 사이트의 액티브 X와 P2P 프로그램 피하기

12.5. 사(死)

12.5.1. 인간의 사(死)

인간의 생리적 사망은 호흡과 심장의 고동이 영구적으로 정지하는 일이며 법률적으로는 생활기능이 절대적, 영구적으로 정지함으로써 권리능력이 상실되는 일이다. 인간의 사망은 절대적인 운명으로서 누구나 태어나고 죽기 마련이다. 인간의 사망 원인은 노쇠하여 생리적 기능이 작동되지 않는 자연사, 인체의 각종 장기에 병이 들어서 죽게 되는 사망, 재난 및 교통사고로 인한 사망 등이 있다. 물질문명은 발달했지만 정신문화의 성숙 부족으로 인한 자살률이 최근에 급성장하고 있는 추세인데 이러한 자살을 방지하기 위한 정신질환 치료 시스템이 긴요하게 요구되고 있다.

Kübler-Ross에 의하면 인간은 다음과 같은 사망의 단계를 심리적으로 경험한다고 한다.

① 부정 단계: 자기가 병에 걸렸다는 사실을 받아들이지 않는 단계
② 분노 단계: '왜 하필이면 내가 이런 병에 걸려야 하는가?'라고

분노하는 단계

③ 타협 단계: '내가 심각한 병에 걸렸다는 것을 수긍하지만, 그러나 큰 문제는 안 될 거야'라며 자신에게 유리하게 해석하는 단계

④ 우울 단계: 병이 진행됨에 따라서 결국 자기가 심각한 병에 걸렸다는 사실을 받아들이고 우울한 단계에 이른다.

⑤ 수용 단계: 자기의 심각한 병을 인정하고 이를 받아들이는 단계이다.

12.5.2. 컴퓨터의 사(死)

컴퓨터의 죽음은 전원을 공급해도 기능을 제대로 수행하지 못하는 것이다. 인간의 사망과 달리 컴퓨터는 전원이 차단되면 죽은 것과 차이점을 발견할 수 없을 정도이다.

인간의 사망은 육체적 움직임과 정신적 사고가 멈추는 것을 의미하지만 컴퓨터의 사망은 기능적 오류가 발견되지 않은 한 판단하기가 어렵다. 즉 컴퓨터의 사망은 고장이 발생한 상태와 같다고 말할 수 있다. 로봇의 사망 기준은 어디에 둬야 할까? 로봇은 고장이 발생하지 않은 상태에서도 전원이 공급되지 못하면 본연의 기능은 물론이고 움직이지도 못하게 된다. 인간과는 달리 로봇이 아무런 움직임이 없다고 하여 로봇을 사망으로 판단하는 데에는 오류가 있게 된다. 로봇이 병에 걸려서, 즉 고장이 발생하여 동작을 제대로 수행하지 못할 때에 이를 사망이라고 보기에도 무리가 있다. 컴퓨터나 로봇의 사망기준은 마치 자동차를 폐차시키는 것과 같이 컴퓨터의 부품들을 분해하여 폐기처분 할 때를 보아야 할 것이다.

인간은 병이 깊이 들면 사고력은 물론 운동력이 떨어져서 사회 전반에 아무런 영향을 미치지 못하지만 로봇의 경우에는 커다란 고장이 발생해도 전원이 공급된다면 원래의 프로그램 동작이 아닌 비정상적인 동작을 하게 된다. 따라서 인간을 이롭게 동작하던 로봇이 심한 병에 걸리고서부터 사망하기 전까지 어떠한 오동작을 수행하여 인간에게 해로운 행동을 감행할지 모를 일이다. 컴퓨터나 로봇의 사망에 관한 정의는 기술적으로 또한 법적으로 정립되어야 할 것이다.

12.6. 미래의 인간

12.6.1. 유전자 치료를 통한 인간의 육체적 기능 향상

인간은 약 2만 2,000개의 유전자를 가지고 있다. 각 유전자마다 한 쌍의 복제 유전자가 있다. 하나는 엄마 또 다른 하나는 아빠로부터 물려받은 것이다. 유전자는 인간의 세포에 어떤 단백질을, 언제 만들지 지시한다. 각 단백질은 작은 분자 기계와 같다. 몸의 모든 세포는 이런 작은 기계들 수백만 개로 이루어져 정확하게 움직인다. 단백질은 음식을 소화하고, 에너지를 적절한 장소로 전달하고, 세포의 건강과 구조를 유지시키는 발판이 된다. 어떤 단백질은 신호를 뇌에 전하는 분자를 합성하고, 다른 단백질은 그 신호를 받아들이는 수용체를 형성한다. 단백질은 세포 내부의 리보솜이라는 단백질 제조창에서 만들어지는데, 이 리보솜 자체도 단백질로 구성되어 있다.

유전자가 정상적으로 구비되어 있을 때에 우리 몸에 필요한 모든 단백질을 갖출 수 있게 되어 있다. 아데노신 데아미나제(ADA라고 부름)라고 불리는 단백질을 합성하는 복제 유전자 2개가 모두 망가지면 질병에 대한 면역력이 떨어지게 되어 바이러스와 박테리아의 공격에 무방비로 노출된다. 1990년대 초 미국국립보건원(NIH)의 유전학자 프렌체 앤더슨은 환자 아동의 혈구를 채취한 후, 속을 텅 비게 만든 바이러스를 사용해 정상적인 ADA 유전자를 혈구에 삽입함으로써 정상적인 면역체계를 갖추게 만들 수 있었다. 이러한 유전자 치료법은 대략적으로 골수 이식과 비슷하지만 환자 아동의 혈액에 다시 주입한 세포들은 원래 그 환자 아동의 것이므로 거부 반응을 일으키지 않는 장점이 있다.

인간의 병을 치료하는 방법에는 크게 약물 치료와 유전자 치료가 있다. 신체에 투여한 약물은 잠깐 효과를 내지만 결국에는 분해되어 체외로 배출되고 만다. 반면 유전자 치료는 신체에 필요한 효소 등의 단백질이나 기타 물질들을 체내에서 자체 생산할 수 있게 해 주기 때문에 효력의 지속시간이 길어진다. 유전자 치료에는 삽입벡터 방식과 비삽입벡터 방식으로 구분된다. 인간의 DNA는 거의 전부가 세포의 핵 내부에 있는 23쌍의 염색체에 존재한다. 세포핵은 방어벽 역할을 하는 핵막에 둘러싸여 있다. 삽입벡터는 세포핵을 뚫고 운반한 유전자들을 염색체에 접합시킨다. 그때부터 새 유전자들은 다른 유전자들과 똑같이 받아들여져서 함께 작동한다. 삽입벡터는 체내의 게놈에 크고 작은 변화를 영구적으로 일으킨다. 이에 비해 비삽입벡터는 세포핵으로까지 들어가지 않는다. 비삽입벡터로 운반된 유전자는 세포 내에서 둥둥 떠다니는 부유 상태가 된다. 그렇지만 세포는 그 유전자 정보를 정확히 읽고 그 지시에 따라 단백질을 합성한다. 다만 이렇게 운반된 유전자는 세포가 분열할 때에 함께 복제되지 않는다. 새 유전자들은 서서히 소모되고 결국에는 분해되어 효과도 없어지게 된다. 유전자 삽입 기술은 치료뿐만 아니라 인간 능력 강화에도 활용되는데 그 예는 아래와 같다.

(1) 운동 능력 증강

운동선수들이 운동 능력을 키우기 위해 약물을 사용한다. EPO를 주사하면 빈혈이든 아니든 몸에서 더 많은 적혈구가 생산된다. 이렇게 증가한 적혈구들은 몸에 더 많은 산소를 공급함으로써 지구력이 커진다. EPO를 소량 복용할 경우에는 커다란 문제가 발생하지 않지만 너무 많이 사용하면 피가 진해져서 심장이 제대로 펌프질을 할 수 없게 되어 심장마비를 일으킬 수 있다.

운동선수가 EPO 유전자 치료를 받는다면 검사에서 적발될 위험이 매우 낮아진다. EPO 유전자 치료는 몇 달에 한 번 또는 일생에 한 번 맞는 것으로 충분하다. EPO 유전자 치료에도 위험이 있을 수 있다. 새로 삽입된 유전자가 기존 유전자의 기능을 방해한다거나 신체의 면역체계가 작동해 새 유전자의 기능을 막을 수 있다. 또한 EPO 유전자 치료를 받은 후에 적혈구 수가 극도로 증가하여 혈액이 진해지고 심장이 더 이상 펌프질을 할 수 없게 되는 위험성도 있다. 이러한 건강상의 위험을 줄이기 위해 EPO의 양을 정교하게 조절하기 위한 방법을 찾고 있다. 유전자 조절 영역인 '프로모터'를 이용하는 것이다. 프로모터에는 유전자가 규정하는 DNA를 언제 만들면 되는지 세포에 지시하는 기능이 있다.

(2) 근육 강화

루게릭병으로 더 잘 알려진 근위축성 측삭경화증(ALS) 환자 몸속에서는 근육을 통제하는 신경세포들이 죽어 간다. 그래서 자기 주변의 세상을 인식할 수는 있지만 근육을 움직일 수도 없고 말을 할 수도 없게 된다. 2003년 존스 홉킨스 대학교 신경학과 교수 제프리 로스슈타인과 동료들은 ALS와 같은 증상을 보이는 생쥐들에게 '유사 인슐린 성장요소-1(IGF-1)' 유전자를 추가함으로써 근력이 회복되었고 ALS로 죽어 가던 신경세포들도 정상으로 작동되었다.

생쥐 실험을 통하여 IGF-1 유전자는 ALS에 걸린 생쥐들의 생명을 약 2배가량 연장시킬 수 있었고 고령화에 따른 근력 감소를 늦출 수 있었을 뿐만 아니라 아예 감소 현상 자체를 중단시키거나 오히려 근력을 증강시킬 수 있었다. 근육량을 늘리는 유전자 치료법은 지구력을 늘리는 유전자 치료법보다 더 인기가 있을 것이다. 적혈구 수를 늘리려다간 심장마비에 걸릴 위험이 있지만, 근육량을 증가시키는 경우에는 그럴 염려가 없기 때문이다. 더욱 중요한 것은 고령화에 따른 근육량과 근력의 감소가 점점 의료적 처치의 대상이 되고 있다는 점이다.

(3) 미용술

근육 증강 유전자 치료와 관련하여 대부분의 사람들이 더 관심을 보이는 것은 운동이 아니라 미용일 것이다. 미용 목적의 처치 가운데 가장 간편하고 손쉬운 것이 보톡스 주사이다. 얼굴 근육에 주사해 주름을 펴 주는 것으로 인기가 무척 높다. 보톡스 주사는 주기적으로 맞아야 하지만 근육 증가 유전자 치료를 통한 미용은 유전자 운반 바이러스를 한 번만 맞으면 된다.

1996년 메릴랜드 체비체이스의 하워드 휴즈 의학 연구소에서는 '렙틴'이라는 호르몬을 생산하는 유전자를 생쥐들에게 주입해 넣었다. 렙틴은 신진대사를 조절해 체중이 지나치게 나가지 않도록 해 준다. 유전자 주사를 한 번 맞은 생쥐들은 먹기는 보통 쥐들처럼 먹으면서도 체중이 빠지면서 또한 당뇨병에 잘 안 걸리게 된다는 것이 밝혀졌다.

유전자 치료법이 개발된다면 피부색을 영구적 또는 장기적으로 검게 바꿀 수 있어서 피부암을 예방할 수 있게 된다. 인간의 모낭에 새 유전자를 집어넣어서 대머리를 치료하는 기술도 연구되고 있다. 인간 이외의 동물들의 몸은 다양한 색채를 띠고 있다. 열대 조류와 열대어들은 빨강, 파랑, 노랑 등 화려한 원색으로 몸을 치장하고 있다. 이들은 유전자들이 만들어 낸 단백질 색소에 의한 것이다. 이러한 유전자를 인간의 몸속에 넣어 피부나 머리카락을 화려하게 채색하는 것도 이론상으로 가능하다.

바이러스들은 인간 세포를 뚫고 침입해 자신의 유전자를 인간의 몸속에 집어넣도록 진화했는데 인간의 몸에서는 그런 바이러스들을 퇴치하기 위한 면역체제가 진화해 왔다. 대체로 외래 유전자는 게놈 중에서 크게 중요하지 않거나, 별문제를 일으키지 않을 만한 부분에 삽입된다. 그러나 게놈 중에서 매우 중요한 부분, 예를 들어서 종양과 싸우기 위한 유전자의 바로 옆자리나 그 한가운데에 외래 유전자가 박히는 경우도 있다. 이때에는 문제가 발생할 소지가 있다.

아데노 수반 바이러스(AAV)를 운반체로 사용하면 신체 면역 체계가 AAV에 거의 반응하지 않기 때문에 이를 해결할 수 있다. 더군다나 AAV는 게놈 상에 무작위하게 들러붙어 유전자를 내려놓은 것이 아니라 특정 부위에만 유전자를 삽입하기 때문에 항암 유전자로부터 멀리 떨어진 곳에 투입할 수 있다. 바이러스를 사용하지 않고 유전자를 세포에 전달하기 위한 기법으로 'DNA 직접 주입' 기술이 연구되고 있다. 혈액 속에 DNA 분자를 직접 주입하여 세포가 이를 받아들이도록 놓아두는 기술이 있고, 나노 기술을 사용하여 DNA를 세포핵까지 전달해 주는 방법도 있다.

12.6.2. 유전자 치료를 통한 인간의 정신적 기능 향상

65세 이상의 노인 가운데 10명 중 한 명은 알츠하이머병을 앓는다고 한다. 2001년 4월에 선디에고 캘리포니아 대학교 연구팀은 60세의 여성 알츠하이머 환자의 뇌에 유전자를 조작한 뉴런(신경세포)을 이식했다. NGF(Nerve Growth Factor)라는 신경 성장인자의 생산과 관계되는 유전자가 추가된 뉴런이었다. 쥐와 원숭이 실험을 통해 NGF 생산 유전자는 두 가지 효과, 즉 뇌에서 노화에 의한 신경 돌기의 수축을 막아 준다는 점과 노화된 뇌의 뉴런의 크기와 형태 그리고 활동력을 젊었을 때의 수준으로 회복시켜 준다는 점이다. 뇌에서 추가 생성된 NGF는 단순히 상실된 뇌 기능을 복원하는 것뿐만 아니라 정상적인 쥐의 학습능력과 기억력을 향상시킨다는 사실이 밝혀졌다.

(1) 기억력 증강

인간의 뇌에는 약 1,000억 개의 뉴런이 있다. 각각의 뉴런은 평균적으로 1,000개의 다른 뉴런들과 연결되어 있다. 따라서 뇌 전체에는 100조에 달하는 뉴런 연결부, 즉 시냅스(synapse)가 존재한다. 시냅스는 한 뉴런에서 다른 뉴런으로 신경정보가 전달되는 지점이다. 일반적으로 신경정보는 분자 구조로 된 신경전달물질의 형태로 전달된다.

해마의 뉴런에서는 장기 증강(LTP: Long Term Potentiation) 현상이 나타난다. 2개의 뉴런이 동시에 신경정보를 방출할 경우에 둘 사이의 연결부가 강화되어 신경 정보가 더욱 강력해진다는 것이다. 이러한 증강 효과는 몇 주일, 몇 달, 몇 년 동안 지속되기도 하기 때문에 장기 증강이라고 부른다. 프린스턴 대학교의 생물학자 조 첸 박사는 사람이 나이를 먹을수록 LTP 현상의 빈도가 자꾸 줄어든다는 사실을 알아냈다. 그는 또한 나이가 들수록 사람의 뇌에서 NR2B라는 단백질의 생산량이 감소한다는 사실도 발견했다. NR2B는 뇌의 해마에 있는 NMDA 수용체의 핵심요소이며 NMDA 수용체는 글루탐산 신경전달물질에서 전달되는 신호를 받아들이는 역할을 담당한다. 첸 박사는 NR2B의 생산이 강화되도록 유전자 조작을 시행함으로써 기억력이 증강된 쥐의 계통을 만들어 냈다. 그러나 NMDA를 강화하도록 약물 치료 또는 유전자 조작을 할 경우 마약 중독이나 심장마비를 일으킬 위험이 더 커질 수 있다고 한다.

(2) 스마트 약품

머리가 좋아지는 '스마트 약품'이나 '스마트 유전자'는 아직 현실적으로 무리일 수도 있다. 오늘날 수억 명이나 되는 사람들이 기억력이나 주의력을 좋게 하려고 이런저런 약을 복용하고 있다. 카페인이나 니코틴은 기억력과 주의력을 강화해 주는 물질이다. 또한 니코틴은 장기 기억력을 향상시켜 주고, 문제 해결 능력 테스트의 점수를 높이는 데도 도움을 준다.

최근 들어서 니코틴 사용량이 크게 줄어들고 있고 그 대신에 각성 효과가 있어서 집중력 결핍 치료제로 사용되는 애더럴(Adderall)과 리탈린(Ritalin) 사용량이 늘어나그 있다. '주의력결핍과잉행동장애(ADHD: Attention Deficit Hyperactivity Disorder)'의 처방제로 사용되는 애더럴과 리탈린 약물을 복용하면 누구나 주의력과 기억력이 증진된다.

모다피닐(modafinil)은 프랑스 제약 회사가 원래 수면발작 치료약으로 개발해 승인받은 것이다. 수면발작 환자는 발작적으로 잠에 빠지거나, 한번 잠들면 장기간 깨어나지 못하는 것이 특징이다. 모다피닐은 이런 환자들의 주의력을 강화시켜 낮 시간 동안 계속적으로 잠을 쫓아내 준다. 정상인이 이 약을 복용하면 며칠 연속 잠 한숨 안 자고도 견뎌낼 수 있게 된다.

세계적으로 우울증 환자에게 항울제로서 프로작(Prozac)을 처방하고 있다. 항울제는 복용자의 정신 상태를 좀 더 정상적인 상태로 회복시켜 놓는 것이 궁극적인 목적이지만 프로작과 유사 약품들은 우울증 환자는 물론 정상인들의 정신 상태에도 똑같이 효능을 미친다. 정상인들이 우울증 치료제 '팩실(Paxil)'을 복용하면 공동 작업을 할 때에 타인에게 더욱 협조적이고 호의적으로 변하는 것으로 나타났다.

약물 투여를 통한 정신 치료 및 정신 강화 방법은 약물중독의 위험성이 존재한다. 유전자 치료법은 장기적 또는 영구적으로 약물 치료를 대체할 수 있다. 유전자 치료를 통하여 우울증이나 조울증, ADHD를 치료하는 데 사용할 수도 있을 것이다. 유전자 치료를 통한 통증 관리도 연구 대상이다. 통증을 억제하는 데 가장 효과적인 것이 모르핀 같은 아편 유도체이지만 이것은 심각한 부작용이 있다. 2005년에 피츠버그 대학교의 데이비드 핑크 연구팀은 몸에서 자연적으로 생성되는 진통 물질인 프로엔케팔린(proenkaphalin)과 관련한 유전자를 쥐들에게 주입하였는데 보통 쥐보다 통증을 느끼기 시작하는 역치가 더 높아졌다고 한다.

유전자 치료법은 알코올 중독에도 활용 가능하다. 또한 유전자 치료법은 대인관계에 변화를 주는 데에도 사용될 수 있다. 학계에서는 바소프레신이 인간의 연애 관계에 영향을 준다고 이미 알려져 있다. 바소프레신은 옥시토신(oxytocin)과 마찬가지로 사람이 연애할 때 증가하는 뇌 속의 화학물질이다. 인간도 마음만 먹으면 남녀 관계를 '화학적으로' 바꿀 수 있다는 의미가 된다. 언젠가 인간의 뇌에 대한 유전자 치료가 실현된다면 사람의 성격을 일시적으로 또는 항구적으로 변화시킬 수 있을 것이다.

(3) 뉴로테크놀로지

인간의 정신을 바꾸어 주는 약이나 유전자 치료법은 알츠하이머병, 노화, 만성 통증 등의 치료에 밝은 전망을 준다. 머리가 좋아지는 스마트 약품이나 스마트 유전자는 정신 질환으로 고통받는 수천만 환자들에게 더 나은 삶을 제공해 줄 수 있다. 또한 이러한 치료방법을 정상인에게 적용한다면 학습능력이나 집중력을 강화시킬 수 있게 된다. 더 나은 기억력과 더 빠른 이해력을 지닌 사람들은 돈을 더 많이 벌고, 다른 사람들을 위해 더 많은 성과를 낼 수 있을 것이다. 인간의 학습능력이나 사고력, 커뮤니케이션 능력을 증진시키는 기술은 분명히 경제적 효용이 크다.

인간의 정신 상태를 컨트롤하는 기술이 나오면 인간 정체성에 대한 의문이 제기될 것임이 분명하다. 일단 그런 기술이 보편화된다면 자신의 성격을 바꾸려는 사람이 나올 것이다. 뉴로테크놀로지가 발달되면 사람은 자기의 감정과 성격을 조각품 깎듯이 만들 수 있을 것이다. 그렇게 되면 '나는 이렇게 생겨 먹었으니 어쩔 수 없어'라는 말은 할 수 없다.

12.6.3. 평균수명 연장

벤저민 프랭클린은 '인생에 확실한 것이 있다면 죽음과 세금뿐이다'라고 말했다. 그럼에도 사람들은 어떻게든 죽음과 세금을 피해 보려고 애써 왔다. 신생아의 기대 수명이 비약적으로 늘어났지만 70세를 기준으로 한 평균 기대 수명은 100년 동안 불과 3년 늘어난 데 그쳤다. 늙어 가면서 몸이 약해지는 것은 '곰페르츠의 법칙(Gompertz Law)'에 나타나 있듯이 시간이 흐름에 따라 인간의 육체와 정신은 모두 약해지기 마련이다.

1980년대 후반에 콜로라도 대학교의 유전학자 톰 존슨이 유전학에서 노화 억제라는 새로운 분야를 개척했다. 그 당시에 존슨은 노화가 엄청나게 복잡한 메커니즘이기 때문에 조직이나 기관의 수명을 늘리려면 수백 또는 수천 개의 유전자를 바꿔야 한다고 생각했다. 그런데 돌연변이를 통해 정상 선충보다 2배나 오래 산 선충의 유전자 가운데 돌연변이를 일으킨 것은 전체 1만 9,000개 유전자 가운데 한 개에 불과했다. 후에 이 유전자는 'age-1'로 명명되었다. 최근 연구에서는 유전자 2개의 돌연변이가 복합될 경우 선충의 수명이 3배로 길어지는 것으로 나타났다.

최근까지 과학자들이 선충, 과일파리, 벌레, 쥐 등에게서 노화를 늦춰 주는 유전자를 100개 이상 찾아냈다. 지금도 매일처럼 그런 유전자들이 속속 발견되고 있다. 인간의 수명을 연장시키는 유전자는 몇 개의 그룹으로 나뉜다. 이 가운데 가장 먼저 발견된 것이 인슐린 또는 인슐린과 매우 닮은 인슐린 유사 성장 인자(IGF-1)에 대한 감수성을 저하시키는 변이 유전자이다. 최근에 발견된 것은 세포가 활성산소에 파괴되는 것을 막아 주는 유전자들이다. 존슨이 발견한 age-1 유전자는 인슐린을 조절하는 유전자 그룹에 속한다. 인슐린이나 인슐린 유사 인자 수용체를 제어하는 유전자 그룹에 속하는 유전자를 변이시키면 사람의 수명도 길어질 것으로 예상하고 있다.

(1) 프리 라디칼

수명을 늘려 주는 유전자 가운데 두 번째 그룹은 '프리 라디칼(free radical)'로부터 세포를 보호해 주는 것들이다. 프리 라디칼이란 체내의 어떤 세포에나 있는 분자인데 전기적으로 불안정하므로 세포 내의 이곳저곳에서 화학 반응을 일으켜서 돌연변이가 발생하게 되고 그 결과 몸 안의 세포는 조금씩 컨디션이 나빠지고 이것이 쌓이면 더 큰 증상이 나타난다. 물론 인체의 세포는 프리 라디칼이 일으키는 손상을 스스로 수리하기도 하지만 때로는 체내의 자동 수리 시스템이 못 보고 놓치는 것도 있다. 항산화제들은 프리 라디칼을 안정화시켜 세포에 해를 못 끼치게 만드는 화학물질이다. 일반적으로 가장 잘 알려진 항산화제는 비타민 C이지만 동물에게서는 수명 연장 효과가 나타나지 않았다.

(2) 칼로리 제한(CR: Caloric Restriction)

유전자 조작으로 수명연장을 실현하려는 연구와는 별도로 간단하고 확실하게 수명을 연장할 수 있는 방법은 비타민과 필수 영양소들을 충분히 섭취하면서 음식을 덜 먹는 소식이다. 그러나 대부분의 사람들은 CR을 실천하기가 어렵다. 따라서 CR과 비슷한 효과를 내는 약품을 연구하고 있다. 식사량이 적은 생물에서는 세포 너 DNA의 손상이 낮은 것처럼 보이는데 이는 프리라디칼이 적게 생산되기 때문인지도 모른다. 즉 에너지 공급이 적으면 세포에 손상을 일으키는 노폐물도 적어진다는 것이다.

CR은 질병을 예방하는 작용도 한다. 칼로리가 제한된 동물들은 암, 심장 질환, 당뇨를 비롯해 생명을 위협하는 거의 모든 만성 질환에 걸릴 위험이 낮다. CR 동물들은 스트레스에 대한 저항력도 강하다. CR을 수행한 동물들은 병적 상태가 단축되기 때문에 건강하게 살다가 갑자기 죽게 된다고 한다. CR에도 결점이 있다. 체온을 유지해 줄 체지방이 적고 체온이 낮아 추위에 약하다. CR 동물들은 회임률도 낮고, CR을 받지 않은 동물에 비하여 교미에도 관심이 적다.

CR 효과를 약품이나 유전자 조작을 통해 실현하려는 연구가 진행되어 왔다. INDY(I'm not dead yet)라고 명명된 유전자에 돌연변이를 일으킨 파리들은 신진대사에 문제가 나타나서 그들이 섭취한 음식에서 에너지를 전부 얻을 수가 없으므로 칼로리 제한과 비슷한 효과를 가져왔다.

12.6.4. 유전자 진단과 유전자 선택

(1) 유전자 진단

세계 최초의 시험관 아기는 1978년 7월에 태어났다. 의사가 체외수정을 원하는 여성의 난자 몇 개와 남성의 정자를 받아 내 실험용

접시에서 섞는다. 잘되면 복수개의 난자가 수정되어 엠브리오가 된다. 체외 수정은 간단하게 들릴지 모르지만 실제로는 만만치 않은 시술이다. 체외 수정을 받으려는 여성은 셀 수 없이 주사를 맞아야 하고 건강 상태를 확인하기 위해 온갖 테스트를 다 받아야 한다.

자손을 갖고자 하는 욕망은 인간의 가장 강력한 본능 중의 하나이다. 이제는 체외 수정을 넘어서 건강한 아기의 탄생을 돕는 기술들이 개발되고 있다. 착상 전 유전자 진단(PGD)은 염색체에 이상이 생겨서 착상을 못 하거나 유산될 우려가 있는 엠브리오인지 구별하기 위한 기술로서 체외 수정의 성공률을 높이기 위해 개발된 것이었다. PGD로 할 수 있는 일은 질환의 원인을 판별하는 데 그치지 않는다. 이 첨단 기술은 결함 유전자를 구분하는 데 쓰이다가 이제는 다 성장한 다음 질병의 위험을 높이는 유전자들을 찾아내는 데로 비중이 옮겨 가고 있다.

부모의 유전자 조합으로 아기가 태어나는데 아무리 유전자 검사를 많이 해도 자식에게서 위험 요소를 제거할 수 없는 경우가 있다. 이러한 경우를 대비하기 위해 유전자 조작 기술이 인간에게도 적용되기 시작하였다. 인간의 유전자 조작에는 '생식세포 계열의 유전자 조작'과 '체세포 유전자 치료'로 구분된다. 생식세포 유전자 조작은 초기 엠브리오에 새 유전자를 삽입하는 것으로서 확률 50%로 자식에게 전달되며 아기의 모든 체세포는 조작된 유전자를 지니게 된다. 체세포 유전자 치료는 환자의 아이에게 유전되지 않는다. 태어나기 전에 유전자를 바꾸는 것은 출생 후에 하는 것보다 어떤 의미에서는 훨씬 간단하다. 모든 세포에 유전자를 삽입하려고 한다면 당연히 세포 수가 적은 편이 많은 편보다 수월하다. 발생 초기 단계의 엠브리오에는 면역계가 존재하지 않으므로 유전자 운반체에 과잉 반응해 치명적인 영향을 미칠 위험도 없다.

(2) 유전자 선택

2000년에 크레이크 벤터는 컴퓨터 기술을 활용하여 인간 게놈 해독을 시작한 지 불과 3년 만에 마칠 수 있었다. DNA 염기 배열 해석 기술은 컴퓨터의 CPU나 반도체칩을 제조하는 것과 똑같은 기술들이 사용되고 있다. 예를 들어 DNA 칩은 컴퓨터 산업의 공정을 응용하여 만든다. DNA 칩 각각이 하나의 분할 면으로서 그 표면에는 잘게 잘린 염기 배열들이 1,000개에서 많게는 100만 개 이상 담겨 있다. 각각의 DNA 염기 배열은 매직테이프처럼 자신과 짝이 되는 배열과 만나면 딱 들러붙어 그 유명한 이중 나선 구조를 형성한다. 따라서 어떤 염기 배열들이 서로 들러붙느냐를 관찰하면 염기 배열을 해석할 수 있다. DNA 칩의 해석 능력은 칩 표면의 분할 면을 얼마나 세밀하고 정밀하게 나누느냐에 달려 있다. 칩에 DNA를 많이 심으면 심을수록, 피 한 방울로도 많은 유전자를 해석할 수 있다.

사람의 게놈은 염기쌍으로 이루어져 있다. 염기에는 구아닌(guanine), 시토신(cytosine), 티민(thymine), 아데닌(adenine) 4종류가 있으며 통상 G, C, T, A의 약자로 쓴다. 게놈은 약 30억 개의 염기쌍으로 구성되는데 300만 개의 염기쌍에서 개인차가 나타난다. 따라서 매번 모든 문자를 해독할 필요 없이 몇 가지 유형의 개인차가 나타나는 곳만 찾아내면 된다. 또한 여러 기업들의 노력이 쌓이고 쌓인 결과 염기 배열 해석이나 유전자 지도 작성 능력은 기하급수적으로 발전하고 있다. 저비용으로 간편한 염기 배열 결정 기술이 현실화되면 2가지 점에서 효과가 나올 것이다.

- 비용이 싸질수록 정신적, 육체적으로 특정 형질에 어떤 유전자가 관여하는지 간단히 알아낼 수 있으므로 심장병, 암, 기타 질병 관련 유전자를 찾아낼 수 있다.
- 질병 규명에만 국한되지 않고 키, 얼굴 생김새, 근육, 눈, 피부, 머리카락 색깔 등 신체적 특징에 영향을 주는 유전자를 찾아낼 수 있다.

착상 전 유전자 진단에 의해 배아의 모든 유전자 스크린이 가능해진다면 체외 수정을 한 부부는 여러 개의 배아 가운데 착상시킬 것을 몇 개 고를 수도 있을 것이다. 나아가서 의료 목적의 유전자 조작이 아니라 더 나은 외모와 지능의 아이를 얻기 위해 유전자 조작을 원하는 부모도 나타날 것이다. 사람들은 의료 목적으로 유전자 기술을 사용하는 데 대해 대체로 지지하지만 개인의 외모와 능력을 증진시키기 위해 사용하는 것에는 별로 찬성하지 않는다. 그러나 이 둘 사이에는 광범위하고 애매한 회색 지대가 놓여 있다. 다운증후군을 예방하려는 것은 분명 의료 목적이지만, 심장병과 암의 발병 확률을 낮추려는 유전자 조작은 의료 목적이라고 말하기 어렵다.

(3) 클론 기술

클로닝(cloning)은 어떤 사람을 바탕으로 그와 유전자 구성이 똑같은 아기를 만들어 내는 기술을 가리킨다. 동물에서는 지금까지 양, 소, 원숭이 등에서 클로닝이 성공하였다. 일반적으로 클론은 '복제'라고도 한다. 자신의 클론을 떠올릴 때에 같은 나이에 눈도 똑같고, 사고방식이나 태도도 같고, 같은 수준의 지능과 능력을 지닌 사람을 만들어 내는 클론은 절대 있을 수 없다. 사실상 일란성 쌍둥이들이 바로 클론에 해당한다.

유전자를 조작하면 아이가 특정한 형질을 지니게 될 확률을 바꿀 수 있다. 눈동자 색깔처럼 거의 유전적으로 정해지는 형질이 있는가 하면, 개중에는 유전자에 많은 영향을 받으면서도 환경의 영향도 함께 받는 것이 있다. 그러나 대부분의 특성은 유전자와 환경 양쪽에서 모두 큰 영향을 받는다. 환경도 유전자도 어느 쪽이든 하나만으로는 영향을 주지 못한다.

유전자와 IQ의 상관계수는 대략 0.35~0.75라고 한다. 매우 높은 IQ를 지닌 사람은 유전적 조건과 환경적 조건을 동시에 갖춘 사람인 것이다. 아인슈타인의 IQ가 160이라고 할 때에 아인슈타인과 똑같은 유전자를 아이에게 주입한다면 그 아이의 IQ는 얼마가 될까. 평균치(100)와의 차이 가운데 유전자로 정해지는 것은 절반뿐이며 나머지는 환경이나 우연 등에 의해 정해진다고 한다. 따라서 만일 아인슈타인의 클론을 만들어서 '평균적인' 환경 속에서 키운다면 클론들 IQ의 평균은 평균치를 30 웃도는 130이 될 것이다.

인간의 행동에서 유전자가 행하는 역할을 해독해 나가다 보면 유전자의 대부분 아니 거의 전부가 복수의 역할을 하고 있음을 알게 된다. 늘 무언가 상충되는 것이 있기 마련이다. 높은 지능을 지닐 수 있다는 가능성과 신경쇠약과 같은 정신장애에 걸릴 위험성을 저울질하지 않으면 안 된다.

12.6.5. 뇌 – 컴퓨터 인터페이스

　루게릭병이나 목 부상 등으로 사지 마비 환자가 발생한다. 사지 마비 환자들은 모두 자기 몸 안에 갇힌 신세이다. 목에서부터 발끝까지 마비된다는 것은 그저 움직이지 못하는 차원에 그치는 일이 아니다. 스스로 힘으로는 먹지도, 마시지도, 말하지도 못한다. 1998년 3월 신경외과 전문의 로이 배케이가 사지 마비 환자인 조니 레이의 뇌에 기계 장치를 이식했다. 이식 부위는 대뇌겉질의 운동 부분에 있는 왼팔의 움직임에 관계된 영역이다. 인간의 뇌에는 운동 제어에 관련된 뉴런이 수억 또는 수십억 개에 달하는데 조니 레이의 뇌 안에는 겨우 한 개의 전극을 장착하였다.

　그러나 레이는 에머리 대학교의 신경학자 필 케네디로부터 집중적인 훈련을 받았다. 조니 레이 눈앞에는 컴퓨터 모니터가 설치되어 있고, 화면에는 키보드가 있다. 케네디의 지도 아래 조니 레이는 자기 왼손을 움직인다고 생각했다. 만일 커서를 위로 움직이고 싶다면 왼손을 위로, 아래로 움직이고 싶다면 왼손을 아래로 내린다고 생각했던 것이다. 레이가 왼손을 움직인다고 생각하면 뇌에 이식된 전극이 부근에 있는 몇몇 뉴런이 내보내는 신호를 잡아채서 레이 옆의 컴퓨터로 송신하고, 이 신호가 커서를 움직인다. 레이는 거듭된 시행착오로 기진맥진한 상태가 될 정도였지만 조금씩 요령을 터득하여 자기 손을 움직이려는 생각을 멈추고, 클릭하고 싶은 문자와 아이콘들을 집중하여 응시하기만 해도 커서를 움직일 수 있게 되었다.

　전극과 두뇌 칩을 사용한 연구를 통해 과학자들은 인간의 감각 중 시각, 청각, 촉각에 대해 뇌가 어떻게 정보를 부호화하는지 규명하는

데 상당 수준 성공하였다. 과학자들은 뇌 속의 어떤 뉴런들이 시각 이미지, 소리, 감정 등에 반응해 움직이는지 알아냈다. 다음 과제는 뇌가 더 높은 정신적 기능, 곧 언어, 기억, 주의력, 기억력을 어떻게 부호화하는지 밝혀내는 것이다. 만일 이런 신경신호들을 알아낸다면 그리고 고차원적 정신 기능들의 암호를 해독할 수 있다면 우리는 이를 조작할 수 있을 뿐만 아니라 그런 기능이 손상될 경우 고칠 수도 있게 된다. 그런 정신 기능을 강화해서 기억력을 증진시키거나 아예 새로운 정신 능력을 부가할 수도 있을 것이다. 정신 능력을 조절할 수 있게 되면 감정, 생각, 인식을 바꿀 수 있을지도 모른다. 심지어 생각이나 기억, 감정 같은 뇌 속의 개인적인 콘텐츠를 다른 사람의 뇌로 직접 송신하는 일도 가능해질지 모른다.

뇌의 내부 활동에 직접 손을 대거나, 뇌 내부 활동과 컴퓨터를 직접 연결할 수 있다면 자기감정을 실시간으로 통제할 수 있게 되고 자신의 개성을 마치 덧칠이라도 하듯이 바꿀 수 있다. 또한 마음속 깊숙한 생각과 감정을 다른 사람과 교환하는 것은 물론, 컴퓨터의 능력을 마치 자신의 일부인 것처럼 활용할 수도 있다. 이런 기술이나 능력을 통해 인간과 기계의 경계뿐만 아니라 사람과 사람 사이의 경계마저 애매해질지 모른다.

(1) 로봇 팔다리

레이의 경우에는 전극이 하나뿐이었지만 케네디는 최근의 연구에서 여덟 개의 전극을 사용함으로써 환자들은 화면상에서 이루어지는 타이핑 방법을 더 빨리, 더 쉽게 배울 수 있다. DARPA, 즉 미국 국방부 고등연구기획국은 미군의 최고 과학 연구 기관이다. 오늘날의 인터넷이 ARPANET에서 나온 것인데 이는 DARPA의 전신이 핵전쟁에서도 견뎌낼 수 있는 컴퓨터 네트워크를 구축하기 위해 만들어 낸 것이다.

2002년 DARPA는 신체 마비 환자들이 로봇 팔을 조정할 수 있도록 뇌와 컴퓨터를 인터페이스로 접속하는 방법을 연구하는 사업에 지원하고 있다. DARPA가 이 사업에 관심을 갖는 이유는 생각만으로 탱크나 비행기를 조종하고, 작전 중의 병사들이 머릿속으로 서로 정보를 공유하는 것이 가능해 보였기 때문이다. 손을 사용하지 않고 생각만으로 조종한다면 반응 시간이 훨씬 단축될 수 있다.

DARPA 사업에서는 2003년에 사람과 가까운 붉은털원숭이 뇌의 운동영역에 700개의 전극을 꽂은 다음에 조이스틱으로 로봇 팔을 조종하도록 훈련시켰다. 원숭이들이 조이스틱으로 로봇 팔을 조종하는 동안에 컴퓨터는 원숭이 뇌의 뉴런들의 활동을 기록했다. 전극에 연결된 컴퓨터는 전용 프로그램으로 로봇 팔의 움직임과 뉴런의 발화 사이에 어떤 패턴이 있는지 찾아냄으로써 운동을 제어하는 신경의 암호를 해독할 수 있었다. 그러한 신경 코드를 알고 있으면 운동 영역의 활동에 반응하여 로봇 팔이 어떻게 움직일지 예측할 수 있다. 그 후 원숭이의 조이스틱은 그대로 둔 채로 로봇 팔과 조이스틱 사이의 접속을 끊고서 조이스틱 대신에 원숭이 뇌의 전극을 모니터하던 컴퓨터에 로봇 팔을 연결하였다. 이에 따라 로봇 팔은 원숭이가 조작하는 조이스틱이 아니라 원숭이 뇌에 꽂아져 있던 700개의 전극으로부터 잡힌 신호에 의해 제어되었다. 실제로는 컴퓨터의 코드 처리가 너무 빨라서 로봇 팔은 원숭이가 생각하는 것보다 더 빠른 타이밍으로 움직였다. 신경신호의 속도는 초속 100m로 비교적 느린 편이지만 전자 회로의 신호는 거의 빛의 속도로 전달된다. 몇몇 실험에서 원숭이는 조이스틱을 전혀 사용하지 않았는데 이는 원숭이가 자기 팔을 움직이지 않아도 로봇 팔을 움직일 수 있다는 것을 깨달았기 때문이었다. 원숭이는 뇌에 전극을 이식함으로써 두 다리와 생물학적인 두 팔 그리고 로봇 팔 하나를 가지게 되었다. 조종사에게 고도의 첨단 뇌 내 임플란트를 이식한다면 두 팔과 두 다리로 조종하는 것보다 한꺼번에 훨씬 많은 조작을 할 수 있게 된다.

(2) 내이 임플란트와 망막 임플란트

보청기는 음을 포착하여 증폭시킨 다음에 이를 음파로 내이에 전달한다. 그러나 청신경에 자극을 전해야 하는 내이의 유모세포를 잃어버린 사람에게는 보청기가 아무런 효력이 없다. 오늘날에는 내이 임플란트 수술을 통해 유모세포가 없는 사람에게도 청력을 회복시켜 준다. 현재 사용되는 임플란트는 마이크에 22개의 전극을 달아 놓은 것으로서 이 전극이 전기적으로 청신경을 자극한다. 각 전극은 서로 다른 주파수의 소리에 반응한다.

내이 임플란트가 자극하는 청신경은 각각 다른 신호를 전달할 수 있는 3만 개 이상의 신경섬유로 이루어져 있다. 하나의 전극은 그런 신경섬유 한 개에서 최대 10개까지 자극을 전달한다. 계산적으로 겨우 22개 전극으로 소리를 전부 들을 수는 없겠지만 임플란트를 이식한 환자들은 두 음절 단어의 경우 대략 90% 정도 알아들을 수 있다고 한다. 이는 뇌가 놀라운 적응성을 지니고 있기 때문이다. 청신경 자체가 손상되어 청력을 잃은 환자에게는 내이 임플란트가 아무 쓸모가 없다. 이러한 환자들을 위하여 청신경을 통하지 않고 음성 신호를 대뇌의 청각 영역에 직접 보내는 임플란트도 개발되고 있다.

망막 임플란트는 내이 임플란트와 비슷하다. 우선 내이 임플란트처럼 뇌에 접속하지 않고 망막이나 시신경에 접속한다. 인공망막은 간단하고 안전하지만 환자의 시신경이 살아 있을 경우에만 사용할 수 있다. 시신경을 잃은 환자에게 두뇌의 시각 영역에 전극을 이식하고 이를 컴퓨터에 연결하여 시각을 되찾는 방법이 있다. 환자는 카메라가 부착된 안경을 쓰고 이곳저곳을 보면 카메라가 잡은 비주얼 신호가 컴퓨터로 보내지고 컴퓨터가 이를 해석하여 전기적 자극으로 변환한 후에 이식된 전극을 통해 뇌의 뉴런으로 자극이 전달되게 함으로써 시각 능력을 가질 수 있다.

오늘날은 환자가 비디오카메라가 달린 안경을 착용하지만 이론상 환자에게 전달되는 비주얼 영상 신호의 원천은 무엇이든지 상관없다. 컴퓨터, DVD 플레이어, 비디오 게임 콘솔, 가상현실 시스템, 원격 감시 카메라, 다른 사람의 카메라 등을 통해서도 환자에게 시각을 제공해 줄 수 있다. 적외선이나 X레이도 신경신호로 전환하여 임플란트를 통해 볼 수 있게 된다. 오늘날 비디오 형식에는 디지털 TV, DVD 등이 있는데 그 목록에 '신경 비디오 형식'이 새로 추가될 것이다.

(3) 뇌의 심층부 자극

파킨슨병에 걸리면 손발의 경련을 통제할 수 없다. 경련은 처음에 사소한 불쾌감으로 시작하여 심각한 상태로까지 커진다. 마침내는 환자가 자기 팔다리를 제어할 수 없는 수준에 이른다. 1977년 프랑스의 신경외과의사 알랭루이 베나비는 파킨슨 환자 뇌의 이곳저곳에 전기 자극을 넣어 뇌의 다양한 기능을 알아보던 중에 시상 부분을 자극하자 파킨슨병 특유의 경련이 멈춘 것을 알았다. 1997년에 FDA가 베나비의 연구를 바탕으로 한 심부뇌자극(DBS: Deep-Brain Stimulator) 장치에 대해 파킨슨병 증상을 억제하기 위한 치료용으로 인가를 내줬다. 전극이 이식되는 부위에 따라 우울증에 빠뜨리거나 반대로 기분을 고양시키기도 하고, 강박신경증을 없애 주기도 한다는 사실이 밝혀졌다. 이를 바탕으로 DBS를 이용하여 우울증과 강박신경증을 조절하기 위한 치료법 연구가 진행되어 오고 있다.

예일대학교에서 연구하던 델가도는 황소의 뇌 깊숙한 해마에 이식된 전극을 통해 신호를 전송하여 황소의 공격성을 차단해 저돌적이던 황소를 순식간에 얌전하게 만들었다. 그는 전기를 통해 수면, 식욕, 성적 흥분, 공격성, 사회적 행동까지도 조정할 수 있다는 점을 발견했다.

로버트 히스는 두뇌의 중격부에 있는 쾌감 중추를 자극하면 혐오감을 조절할 수 있음을 알아냈다. 히스의 연구를 계기로 밝혀진 것이지만, 이 부위는 인간 감정의 여러 측면에 중요한 역할을 하는 곳이다. 이 부위를 자극하면 한창 화가 머리끝까지 난 환자도 마음이 진정되면서 불안감이 완화되고 자연스럽게 웃음을 짓는다.

대부분의 항울제는 뇌 내부의 세로토닌의 양을 증가시켜서 효과를 낸다. 세로토닌은 뉴런에서 뉴런으로 신호를 보낼 때 사용되는 신경 전달 물질의 하나로 평온함과 행복감을 느끼게 한다. 프로작이나 졸로프트 같은 약들은 뉴런들이 주변의 세로토닌을 흡수하지 못하게 하여 뇌 내부에 떠다니는 세로토닌의 양을 많게 함으로써 신경 수용체나 다른 뉴런에 부닥칠 확률을 높여서 기분을 고양시킨다. 또 다른 방법으로 세로토닌 생산 뉴런을 자극하여 새로토닌을 뇌로 방출하도록 하는 방법도 생각해 볼 수 있다. 뇌의 세로토닌 생산 뉴런들은 솔기핵이라고 불리는 부분에 집중되어 있다. 솔기핵에 전극을 부착한다면 세로토닌 생산 뉴런의 세로토닌 방출을 자극할 수 있고, 그 결과 강한 행복감을 얻을 수 있을 것이다.

(4) 기억, 인식, 지각 능력 강화

두부 타격이나 뇌졸중의 후유증으로 뇌 기능이 손상되면 집중력, 주의력, 기억력, 인지력에 문제가 있는가 하면 말을 하거나 이해하는 능력을 잃기도 하고, 자발적 행동으로 문제를 해결하는 능력도 떨어진다. 장기간에 걸쳐서 성격이 변하거나 심하면 우울증, 피로, 불안, 흥분 등 심리적으로 많은 문제를 겪는다. 뇌 내 임플란트에 관한 연구가 진행되고 있지만 시각, 청각, 촉각, 운동 동작과는 달리 상기와 같은 뇌의 고차원적인 기능을 보완하기는 여간 힘든 일이 아닐 것이다.

남부 캘리포니아 대학교의 시어도어 버거는 뇌의 해마가 장기 기억에 중요한 역할을 한다는 사실을 알아냈다. 버거 연구팀은 해마에 전기 자극을 준 다음 그 결과를 관찰하는 실험을 통해 해마에 관한 수학적 모델을 구축하였다. 해마와 똑같은 패턴으로 반응하는 컴퓨터 칩을 만들어서 원숭이의 두개골 외부에 부착한 채 해마에는 작은 전극을 집어넣어 뇌와 교신하도록 함으로써 원숭이의 학습능력을 증진시키는 실험을 계획하고 있다.

MIT의 제임스 디카를로는 원숭이의 뇌를 사용하여 하부 관자엽 겉질에서 어떻게 물체를 지각하는지 조사하고 있다. 그는 뉴런의 활동을 기록하면서 원숭이에게 고양이와 개의 사진을 보여 준 다음, 고양이로도 개로도 보이는 합성 사진을 보여 주는 방식으로 실험하고 있다. 원숭이가 개로 보이는 그림을 보는 동안에 고양이를 봤을 때 일어나는 것과 같은 뉴런 신호를 보내서 원숭이가 개가 아니라 고양이를 봤을 때의 행동을 한다면 특정한 지각을 다른 것으로 대체하는 데 성공했다는 의미이다. 이 실험은 인지불능증과 그 밖의 지각장애를 치료하는 데 도움을 줄 것이다.

컴퓨터를 인간의 지각과 접속한다면 우리는 인간으로서 지각에다 컴퓨터의 통찰력까지 얻는 셈이다. 뇌의 동작 원리가 판경된다면 이를 바탕으로 뇌의 여러 기능들과 컴퓨터를 접속하거나, 지적 기능을 개선하거나, 나아가서 다른 사람과 뇌 인터페이스로 정보를 주고받거나 하는 길이 열릴지도 모른다.

13. 생체 컴퓨터

13.1. 디지털 컴퓨터의 역사

13.1.1. 계산기

　인간은 원시인 시대부터 수치 계산을 해 왔었다. 그 시절에는 손가락을 꼽아 가면서 계산을 했기에 오늘날의 10진법이 만들어졌다고 한다. 인간은 계산을 더욱 빠르게 수행하기 위해 계산기를 생각해 냈다. 기원전 3000년경에 메소포타미아에서는 진흙으로 만든 판 위에 숫자 자리를 나타내는 골을 만들어서 그 골에 자그만 돌을 두고 옮기면서 계산을 수행했는데 이것이 주판의 원조라고 말할 수 있다.

　주판은 기원전 1000년경에 중국에서 발명되었는데 메소포타미아의 계산판과는 달리 10의 자리와 5의 자리를 나타내는 조그만 봉을 사용하였다. 1617년 스코틀랜드의 네피어는 세계에서 가장 오래된 승제산 용구를 만들었고 1622년에는 영국의 오트리드가 곱셈이 가능한 계산척을 발명하였는데 이것은 2개의 눈금자를 서로 맞추어서 계산을 수행하는 아날로그 계산기의 일종으로서 전자계산기가 출현하기 전까지 공학 분야에서 빈번하게 사용되었다.

이후 1642년에 프랑스의 파스칼은 톱니바퀴를 이용한 가감산 계산기를 발명하였다. 이 계산기는 0~9의 숫자가 새겨진 10개의 톱니를 갖는 톱니바퀴로 구성되어 있다. 1개의 톱니바퀴가 한 자리 수를 나타내고 1회전 하면 다음 숫자 자리의 톱니바퀴가 1개 진행되는 방식으로 1억 자리까지 계산할 수 있다.

1801년 프랑스의 잭쿼드는 두꺼운 종이에 천공(punch)된 데이터를 자동적으로 읽어 들여서 직물을 짜는 자동 방직기를 발명하였는데 이것은 계산기는 아니지만 순서적으로 열거된 천공카드로 방직기를 제어하는 방식이 채용된 최초의 예로서 현재의 컴퓨터 프로그램 제어방식에 해당한다.

1944년 미국 하버드 대학의 에이킨이 구상한 전기 기계적인 디지털 계산기가 IBM 회사에 의해 구현되어 하버드 대학에 기증되었다. 지금까지의 톱니바퀴 방식 대신에 릴레이(relay)를 이용하여 보다 고속의 계산이 가능해졌다.

13.1.2. 디지털 컴퓨터의 발달

디지털 컴퓨터의 발달 단계는 전자소자의 발달과 함께 이어 오고 있다. 전자소자가 진공관이었을 시절부터 컴퓨터가 태동되어 트랜지스터, IC, LSI 등을 거쳐서 미래의 생체 컴퓨터 개발을 앞두고 있다. 컴퓨터의 발달 단계를 세대별로 구분함에 있어서 각 세대별 연도가 분류하는 사람마다 다소 다를 수가 있으며 또한 제4세대 이후 현재까지를 그냥 4세대로 여기는 사람들도 있고 다른 부류 특히 일본에서는 5세대로 따로 구분하는 제안도 있다. 일본에서는 인공지능 컴퓨터를 5세대로 구분하였었다.

(1) 제1세대(1945~1957: 진공관 컴퓨터)

제1세대 컴퓨터는 데이터 처리 장치에 진공관(vacuum tube)을 사용하였다. 주기억장치에는 자기드럼을 사용하였고 입력, 출력, 보조기억장치로는 천공카드를 이용하였다. 프로그램은 기계어를 사용하였으며 회로소자로서 진공관을 사용하였기 때문에 컴퓨터 크기가 컸고 전력소모가 많았으며 열이 많이 발생했을 뿐만 아니라 고장 발생도 빈번했다.

1946년에 미국 펜실베이니아 대학의 에커트와 모클리가 중심이 되어 200명 이상의 기술자들이 공동연구를 수행하여 완전히 전자화된 세계 최초의 범용 컴퓨터 ENIAC(Electronic Numerical Integrator And Calculator)을 발표하였다. ENIAC은 컴퓨터의 정의에 거의 부합되었으나 동작 순서는 릴레이 방식으로 결정됨으로써 프로그램 방식은 아니었다. 이런 의미에서는 현재의 컴퓨터와 차이점이 있으나 완전히 전자화시켰기 때문에 세계 최초의 컴퓨터라고 불린다.

EDSAC(Electronic Delay Storage Automatic Computer)은 폰 노이만이 고안한 프로그램 기억방식(stored program system)의 컴퓨터로서 1949년에 영국의 캠브리지 대학교에서 완성되었다. EDSAC은 기억장치에 프로그램을 기억하여 그 프로그램을 순차적으로 실행하는 방식으로 오늘날의 컴퓨터 방식과 동일한 컴퓨터 1호가 되었다.

(2) 제2세대(1958~1963: 트랜지스터 컴퓨터)

제1세대 컴퓨터에서는 진공관을 사용하였기 때문에 많은 열이 배출되었고 또한 진공관이 터져 잦은 고장이 발생하였다. 제2세대 컴퓨터의 특징은 무엇보다도 진공관 소자 대신에 트랜지스터를 사용했다는 점이다. 트랜지스터는 논리 소자와 앰프 회로 소자로 활용된다. 예를 들어서 라디오 및 오디오에서 사용될 때에는 앰프 회로로 작동되고 컴퓨터 회로에서 사용될 때에는 0과 1을 나타내는 논리 소자로 활용되는 것이다. 트랜지스터는 일정 전압 이상이 가해질 때에 전류가 흐르기 때문에 반도체라고도 부른다.

제2세대 컴퓨터의 특징으로는 트랜지스터 사용, 주기억장치로서 자기드럼 대신에 자기코어 사용, 보조 기억장치로 자기디스크 및 자기테이프 사용, 운영체제(OS: Operating System) 도입, 다중 프로그램(multiprogramming) 실현 등을 들 수 있다.

1958년에 IBM사는 트랜지스터형 컴퓨터인 IBM7070을 발표하였다. 내부 기억 소자로는 자기드럼 대신에 자기 코아를 사용하였고 외부 기억 소자로는 자기테이프 및 자기디스크를 사용하였다.

(3) 제3세대(1964~1970: IC 컴퓨터)

IC(Integrated Circuit)는 20개 정도의 트랜지스터와 저항으로 이루어진 전자회로를 5㎜ 크기의 실리콘 칩 위에 집적시킨 것으로 제2세대 컴퓨터의 트랜지스터 대신에 컴퓨터의 전자소자로 사용되기 시작하였다. 반도체 기술의 발달로 실리콘 칩 위에 집적시킬 수 있는 트랜지스터의 개수가 2년마다 3배로 증가할 수 있게 되었는데 이것을 길드의 법칙이라고 부른다.

제3세대 컴퓨터에서는 IC를 사용함으로써 중앙처리장치가 소형화되었고 기억용량은 대용량화되었으므로 다양한 소프트웨어 도입으로 관리 프로그램, 처리 프로그램, 사용자 프로그램 등의 소프트웨어 체계가 확립되었다.

제3세대 컴퓨터의 특징으로는 다중 프로그래밍, 실시간 처리 시스템, 시분할 시스템 등의 운영시스템이 실현되었으며 프로그램의 호환성 실현, MIS(Management Information System) 체계의 확립, 영상 표시장치(CRT) 및 문자 해독 장치(OCR) 등의 실용화를 들 수 있다. 제3세대 컴퓨터로는 IBM 360과 PDP−8 등이 있다.

(4) 제4세대(1971~: LSI 컴퓨터)

IC에서 LSI(Large Scale Integrated circuit: 대규모 집적회로)로 발전한 반도체 집적기술은 이후 발전을 거듭하여 1971년에는 인텔사가 수 미리 크기의 실리콘 칩 위에 제어, 연산, 기억, 프로그램 등을 집적한 마이크로프로세서(MicroProcessor Unit: MPU) 4004를 발표하였다. 4004는 4비트 MPU로서 2,300개의 트랜지스터를 집적한 LSI이며 제4세대 컴퓨터 시대를 열어 놓았다.

제4세대 컴퓨터는 실리콘 칩 위에 100만 개 이상의 트랜지스터를 집적시킨 VLSI(Very Large Scale Integrated circuit: 초대규모 집적회로)를 이용하여 1초에 수억 회를 연산할 수 있는 슈퍼컴퓨터를 탄생시켰다. 또한 1980년대에 이르러서는 퍼스널 컴퓨터가 등장하여 개인도 컴퓨터를 가지는 시대에 돌입하게 됨에 따라 기업체에서는 OA(Office Automation: 사무자동화), 공장에서는 FA(Factory Automation: 공장자동화), 가정에서는 HA(Home Automation: 가정자동화)가 실현되었다. 또한 1990년대에 들어와서는 컴퓨터네트워크의 구축과 인터넷의 발달로 전 세계가 수 초 안에 정보를 교환할 수 있는 정보 인프라가 구성되었다.

컴퓨터 기술자들은 대량의 메모리와 초고속의 계산능력을 가지는 컴퓨터를 개발하려는 목표뿐만 아니라 인간처럼 추론할 수 있는 컴퓨터 개발에 많은 관심을 가지게 되었다. 이러한 목표를 달성하기 위한 기술로 1980년대부터 인공지능(AI: Artificial Intelligence) 기술 개발에 박차를 가했으나 결국 뜻을I) 지 못하였다. 인공지능 컴퓨터는 소프트웨어를 기반으로 인간의 뇌를 흉내 내려 하였으나 다른 편의 기술자들은 하드웨어로 인간의 뉴런을I흉내 내려는 뉴런 컴퓨터 개발에 심혈을 기울였다. 인공지능 컴퓨터와 뉴런 컴퓨터에서 인간의 뇌를 닮은 컴퓨터 개발 도전에 이렇다 할 실적을 올리지 못한 컴퓨터 기술자들은 이제 생명공학 기술자들과 의기투합하여 생체 컴퓨터를 개발하려 하고 있는 것이다.

13.2. 인공지능 컴퓨터

13.2.1. 인공지능의 역사

인간의 사고를 기계화(mechanization)하는 아이디어는 기호논리학에서 출발하였다. 17세기의 철학자인 독일의 라이프니츠는 두뇌의 사고작용을 기호에 의한 논리적인 계산으로 풀 수 있다고 생각하였다. 라이프니츠 이후로 논리학자들은 인간의 연역추론(deductive reasing) 과정, 즉 보편적 원리를 기초로 하여 논리적 사고 절차를 통해 새로운 판단을 도출하고 언어로 표현해 내는 과정을 수행할 수 있는 기계의 발명을 꿈꾸어 왔다.

그러나 일상언어를 사용하면 같은 말이라도 경우에 따라 의미가 달리 해석되는 중의성을 모면할 방도가 없었다. 따라서 19세기 중반에 영국의 수학자인 부울과 드모르강은 일상언어의 중의성을 피하기 위해 언어 대신에 기호를 사용하는 새로운 형태의 형식논리학을 생각하였다. 기호논리학은 추론으로부터 비논리적 요소를 완전히 배제할 수 있을 뿐만 아니라 기호를 사용하여 추론의 규칙을 수학에서처럼 다룰 수 있게 되었다.

부울 대수(Boolean algebra)를 발명한 부울은 그가 발명한 기호논리학이 인간의 사고를 지배하는 기본적 원칙을 연구하는 최선의 수단이라고 확신하였다. 부울의 아이디어는 컴퓨터 과학에 지대한 영향을 미쳤다. 부울의 아이디어 중에서 가장 중요한 부분은 하나의 명제에 관하여 참(true)이나 거짓(false)의 두 가치 중에서 어느 하나만을 인정하는 2치 논리학(two-valued logic)을 주장한 부분이다. 아무리 복잡한 논리식이라도 두 종류의 기호, 즉 참을 의미하는 '1'과 거짓을 의미하는 '0'으로 표현할 수 있기 때문이다.

1936년에 튜링은 모든 추론의 기초가 되는 형식기계(formal machine)의 개념을 최초로 정립한 자동자 이론(automata theory)을 발표하였다. 그의 형식기계는 튜링기계(Turing machine)로 명명되었는데 튜링기계는 인간이 수효가 유한하고 완전하게 명시된 규칙에 의해 수행할 수 있는 계산(computation)은 무엇이든지 적합한 알고리즘(algorithm)을 가진 기계에 의해 수행될 수 있다는 것을 보여 주었다. 튜링기계는 사람이 할 수 있는 것은 기호조작에 의하여 무엇이든지 해낼 수 있기 때문에 오늘날 컴퓨터의 원형이 되었다.

한편 미국의 신경생리학자인 매쿨로치는 수학자인 피츠와 함께 1943년에 신경망 모델을 내놓았다. 그들의 신경망 모델은 비록 인간의 뇌에서 뉴론의 실제적인 활동을 복제(duplication)해 내기에는 역부족이었지만 인간의 뇌를 논리학의 원리에 따라 동작하는 것으로 모형화해 냈기 때문에 선구적인 업적으로 평가받고 있다. 튜링기계는 컴퓨터의 설계로 연결되었는데 신경망 이론은 1980년대에 비로소 그 활용성이 재평가되었다.

1948년에 위너는 '사이버네틱스'라는 그의 저서에서 생물과 무생물에는 동일한 이론이 탐구될 수 있는 수준이 있으며, 그 수준은 제어(control)와 통신(communication)의 과정에 정확히 관련된다는 사이버네틱스 이론을 발표하였다. 사이버네틱스 이론에서는 인간을 정보처리 체계로 보는 시스템 이론(system theory)에 대한 관심이 고조되었다. 정보처리적 접근방법에서는 인간의 사고, 지각, 언어 등의 다양한 인지 기능을 모두 정보를 계산하는 활동으로 본다.

1948년에 폰 노이만은 자기증식 자동자(self-reproduction automaton)를 발표하였는데 이는 튜링기계의 계산능력에 덧붙여서 그 자신을 증식하는 능력을 가진 기계에 대해 연구를 수행하였다. 위너의 사이버네틱스 이론이 생명체의 행동을 분석하는 것이라면 폰 노이만의 자기증식 자동자 이론은 생명체의 행동을 합성하려는 시도에 해당한다고 볼 수 있다. 폰 노이만의 이론을 발전시켜서 1951년에 발표한 세포 자동자(cellular automaton)는 1980년대 중반에 등장한 인공생명(artificial life)에서 가장 핵심적인 접근방법으로 각광받았다.

1956년에 미국의 다트머스 대학의 수학과 조교수로 재직 중이던 매카시는 인간처럼 지능적으로 사고할 수 있는 컴퓨터 프로그램의 개발 가능성을 검토하였다. 그는 인공지능(artificial intelligence)이라는 말을 맨 처음으로 사용하였으며 1958년에 인공지능을 프로그램하는 언어로 광범위하게 사용되그 있는 리스프(LISP) 언어를 발명하여 기호 프로그래밍(symbol programming) 시대를 열었다.

1956년 당시에는 컴퓨터가 단순히 인간보다 숫자 계산을 빨리할 수 있는 기계로 인식되고 있었으나 미국의 경제학자인 사이먼은 컴퓨터를 숫자이해자액니해자모든 종류의 기호를 조작할 수 있는 기계로 인식함으로써 놀라운 직관력을 보여 주었다. 사이먼은 뉴엘을 만나서 1958년부터 10여 년간 연구를 수행한 끝에 인간의 문제해결 과정을 모형화한 프로그램인 '일반문제 해결자(GPS: General Prcblem Solver)'를 내놓았다. 두 에 은 GPS를 개발하는 과정에서 인간과 컴퓨터가 모두 기호를 조작하는 물리적 기호체계(physical symbol syste:n)라는 결론에 도달했는데 이는 있었으나문제를 해결할 때의 마음 작용과 컴퓨터가 프로그램을 처리할 때 수행하는 기호 조작으나아주 비슷하다고 생각했기 때문이다.

기호체계의 가설에서 컴퓨터의 하드웨어는 인간의 두뇌이고 소프트웨어는 인간의 마음에 해당하는 것으로 보았으며 그 내용을 요약하면 아래와 같다.

(1) 인간의 마음은 정보를 처리하는 체계이다.

(2) 정보처리는 계산, 즉 기호를 조작하는 과정이다.

(3) 컴퓨터 프로그램은 기호를 조작하는 체계이다.

(4) 따라서 인간의 마음은 컴퓨터의 프로그램으로 모형화될 수 있다.

13.2.2. 인공지능 컴퓨터

인공지능은 1960년대 중반까지 일반문제 해결(GPS) 방법에 의해 컴퓨터 프로그램으로 광범위한 종류의 문제해결을 모의실험(simulation)할 수 있을 것으로 기대하고, 인간의 지능을 가진 기계를 개발할 수 있을 것으로 생각하였다. 그러나 지능을 프로그램으로 생성시키는 작업이 생각보다 훨씬 벅찬 일인 것을 확인하게 되었다. 인간이 일상적으로 수행하는 시각인식 및 음성인식과 같은 지각 능력, 언어를 이해하는 자연언어 이해 능력 등은 인공지능 기술로 구현하기에 엄두도 내지 못했다. 더욱이 사람들이 매일 겪는 문제를 해결하는 상식추론(common-sense reasoning) 능력을 컴퓨터 프로그램으로 실현하는 일은 원래부터 불가능한 일이었다.

70년대 말엽에 이르러서 인공지능 개발자들은 프로그램의 문제해결 능력이 프로그램에 사용된 추론 전략에서 나오는 것이 아니라, 프로그램이 가지고 있는 지식의 양에 좌우된다는 것을 알게 되었다. 결국 인공지능 컴퓨터 개발을 위해서는 프로그램의 알고리즘보다 전문가의 지식을 프로그램을 사용하여 나타내는 것이 중요시되었다.

지식의 표현에 대한 연구의 가장 괄목할 만한 성과로 표출된 것이 전문가 시스템(expert system) 개발이다. 전문가 시스템은 특정 분야의 전문가가 소관 분야의 문제해결에 사용하고 있는 경험적 법칙을 모아 놓은 지식 베이스와 이것을 사용하여 실제로 문제를 해결하는 프로그램인 추론기관으로 구성된 소프트웨어이다.

인간의 기억기능은 다양한 종류의 지식을 대량으로 저장할 뿐만 아니라 필요한 자료를 별로 힘들이지 않고 매우 신속하게 인출해 낼 수 있으나 인공지능은 어느 정도까지는 대량의 정보를 저장할 수는 있지만 컴퓨터로 이러한 정보를 효과적으로 꺼내 쓰는 것이 매우 어렵다. 인공지능은 인간이 정보를 기호에 의해 처리하는 것으로 전제하고 있지만, 인간은 기호처리(symbolic processing) 이외의 다른 형태로도 정보를 처리하고 있는데 예를 들어서 인간은 코끼리를 모두 인지할 수는 있지만 그것의 생김새를 애매모호하지 않게 기호로 묘사할 수 있는 사람은 거의 없다.

　인공지능 컴퓨터는 전문가 시스템으로 어느 정도 활기를 되찾았으나 지각 능력과 상식추론 능력은 여전히 해결의 실마리를 찾지 못하였기 때문에 신경 컴퓨터가 그 대안으로 떠오르기 시작하였다.

13.3. 신경 컴퓨터

13.3.1. 신경망 모델

　오래전부터 사람들이 인간의 뇌가 어떻게 활동하는지에 대해 연구를 해 오던 중에 1948년 미국의 위너가 발표한 사이버네틱스(cybernetics) 이론에 영향을 받아 생물의 정보처리 체계에 흥미를 가지게 되었다. 뇌의 신경세포가 정보를 처리하는 기제를 모형화하여 제시된 것이 신경망 모델이기 때문에 신경망은 '뇌의 기능 모델에 근거한 인지 정보처리 구조'라고 정의된다.

　신경망은 기본적으로 정보처리 요소(processing element)와 연접경로(interconnect)로 구성된다. PE(정보처리 요소)는 <그림 13-1>에서와

같이 정보 전송로인 연접경로에 의해 서로 병렬로 연결되어 있다. PE
는 뇌의 뉴론을 모형화한 것이고 연접경로는 뇌의 시냅스를 흉내 낸
것이다. <그림 13-1>에서와 같이 각 PE의 출력은 다른 PE의 입력
으로 연결되는데 이때의 연결링크가 연접경로에 해당한다.

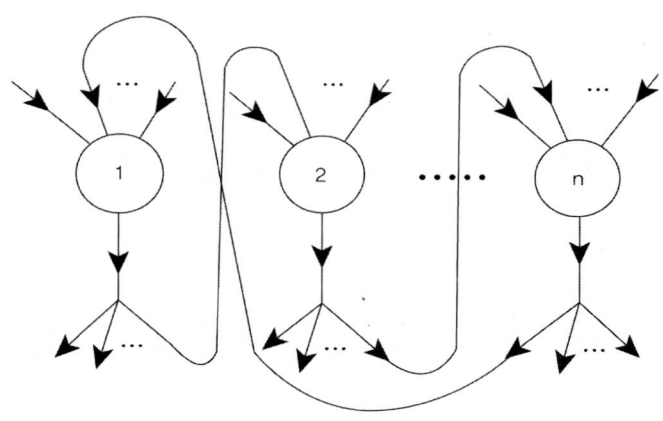

○ : PE (Processing Element)

➤ : 연접 경로(Inter connect)

〈그림 13-1〉 신경망 기본 구성
(참고문헌: 사람과 컴퓨터, 이인식 저, 까치글방)

뉴론의 기능 모델은 <그림 13-2>와 같이 4개의 기능부위를 가지고
있다.

- 입력(input) 부위: 뉴론의 수상돌기에 해당하며 다른 뉴론의 신호
  를 시냅스로부터 받는 기능을 가지고 있다.
- 가합(summer) 기능: 뉴론의 세포체에서처럼 활성적 정보를 가진
  입력신호와 억제적 정보를 가진 입력신호를 가합한다.

- 역치(threshold) 기능: 뉴론의 활동전위 발생 여부를 가름하는 전기적 에너지의 기준을 제공하는데 가합된 신호가 역치를 상회할 때에는 뉴론이 활성화되어 점화, 즉 신경충격을 발생하지만 가합된 신호가 역치에 미달되면 아무 일도 일어나지 않는다.
- 출력(output) 부위: 뉴론의 축색돌기에 해당하며, 세포체의 점화에 의해 발생되는 전기적 에너지를 시냅스를 통해 다른 뉴론으로 전달하는데 출력되는 활성적인 정보의 양을 점화율이라고 한다.

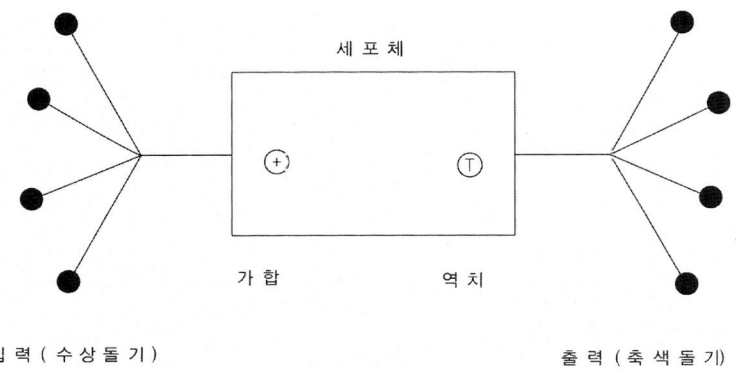

〈그림 13-2〉 뉴론의 기능모델(참고문헌: 사람과 컴퓨터, 이인식 저, 까치글방)

신경망의 특징은 뉴론이 수많은 뉴론으로부터 여러 개의 입력신호를 받지만, 점화될 때에는 단 하나의 출력신호만을 발생하고 이 출력은 여러 개로 복사되어 제각기 다른 뉴론의 입력신호로 분산된다. 연접경로는 반드시 두 개의 뉴론을 쌍으로 연결하는데 제각기 연결강도(connection strength), 즉 웨이트(weight)가 서로 다르다. 웨이트는 하나의 뉴론 출력신호가 인접한 뉴론으로 전송될 때에 그 뉴론에 입력되는 신호의 실제 크기를 결정한다.

<그림 13-3>에서 뉴론 [A]로부터 0.8 크기의 출력신호가 뉴론 [B]로 전송된다고 하면, 두 뉴론 사이의 연접경로 웨이트가 0.3이므로 실제로 전달되는 신호의 크기는 0.24로서 활성적인 정보이다. 동일한 출력신호가 뉴론 [C]로 전송될 때에는 연접경로의 웨이트가 마이너스 값이므로 뉴론 [C]의 입력신호는 −0.2로서 억제적인 정보가 된다.

신경생물학자와 신경생리학자들이 연구한 뇌의 특성 가운데에서 다음과 같은 특성이 컴퓨터의 정보처리와 다르기 때문에 신경망이 컴퓨터의 새로운 구조로 각광을 받기 시작하였다.

- 뇌의 기억은 분산저장(distributed storage) 방식으로 이루어진다. 하나의 정보를 저장하기 위해 수많은 뉴론이 요구됨을 의미한다.
- 뇌의 시냅스는 그 자체가 정보의 저장에 사용되고 있다. 인간의 기억에 가장 영향을 주는 요인은 시냅스 내부에서 일어나는 전기화학적인 변화이므로 인간의 신경 정보처리 체계는 정보를 처리하는 요소와 정보를 기억하는 요소가 별도로 분리되어 있지 않다.
- 뇌 내부의 신호는 디지털 형태와 아날로그 형태가 혼합된 것처럼 보인다. 뇌가 반드시 고도의 정확성에 의해서 복잡한 정보를 처리하는 것으로는 보이지 않는다.

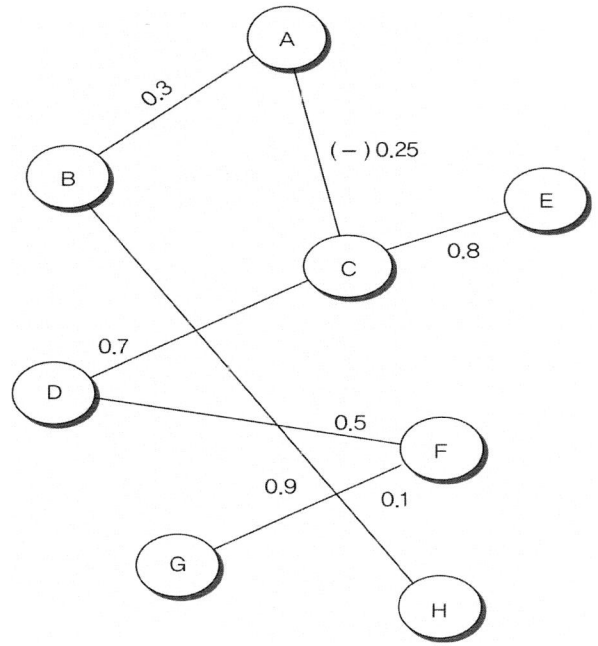

〈그림 13-3〉 연접경로 웨이트의 예
(참고문헌: 사람과 컴퓨터, 이인식 저, 까치글방)

　신경망을 구성할 때에 가장 중요한 사항은 두 가지 요소, 즉 시냅스의 연결방식(topology)과 뉴론의 학습규칙(learning rule)이다. 학습규칙은 뉴론이 다른 뉴론으로부터 입력되는 정보를 해석하고 해석한 결과에 근거하여 다른 뉴론에 신호를 전달하는 방법을 규정해 놓은 소프트웨어이다. 신경망의 학습규칙은 휴리스틱 알고리즘(heuristic algorithm)에 해당한다. 여기서 휴리스틱은 새로운 문제가 나타났을 때에 과거에 비슷한 문제를 해결했던 경험으로 추측하고 가설을 형성하여 해결하는 방식이다. 알고리즘은 일상생활의 문제를 해결할 때와 같이 장기기억을 탐색하여 이용 가능한 정보를 의식적으로 인출한 다음에 문제해결의 전략을 수립하는 방식이다.

신경망은 학습규칙에 따라 여러 가지 모델들이 존재하는데 주요 모델은 <표 13−1>에서와 같이 일반화(generalization) 모델, 연상기억 (associative memory) 모델, 최적화(optimization) 모델, 자기체제화(self− organization) 모델 등이 있다.

〈표 13−1〉 주요 신경망 모델

모 델	특 성	제안자	응용분야
일반화	역행전달규칙으로 성능 최적화	• 위드로우 • 러멀하트	패턴 인식
연상기억	내용지정기억에 유용한 비상안전 기능	홉필드	패턴 인식
최적화	조합론적 폭발문제 처리기능	• 홉필드 • 탱크	순회 세일즈맨 문제 (TSP)
자기체제화	환경에 순응하는 능력	코호넨	로봇, 통신기기

일반화 모델은 역행전달규칙(back−propagation rule)을 학습규칙으로 사용하는데 역행전달규칙에서는 신경망이 시간이 경과함에 따라 학습에 의해서 자신의 성능을 가장 좋은 상태로 개선시키기 위해 역방향으로 스스로 연접경로의 웨이트값을 조정한다.

연상기억 모델은 홉필드 모델(Hopfield model)이라고도 불리는데 연상기억이라 함은 정보의 일부 또는 그 정보와 관련된 단서(cue)를 입력함으로써 정보의 전부를 회상해 내는 것을 의미한다. 연상기억 모델에서는 신경망이 새로 입력되는 패턴은 연접경로의 웨이트를 적절히 조절하여 신경망에 이미 저장되어 있는 패턴과 정합될 수 있다는 것이다.

최적화 모델은 LP(linear programming) 문제의 해결에 적합한 신경망이다. LP 문제는 수많은 조합들 중에서 가장 최상의 조합을 찾는 방식이다. 예를 들어서 여러 도시들이 서로 연결되어 있는 환경에서 어느 도시에서 다른 도시로 이동하기 위한 최단거리 도로를 얻고자 할때에 만일 도시의 수가 늘어날수록 최단거리를 구하는 방식은 훨씬 복잡해질 것인데 이를 LP 문제라고 부른다.

자기체제화 모델은 수학적으로 기술하기가 불가능하거나 대단히 복잡다단한 연산법이 요구되는 문제를 처리할 때에 효과적인 모델이다. 이 모델은 외부 환경으로부터 직접적으로 학습할 수 있기 때문에 외부 환경에서 발생하는 예측 불가능한 변화에 적응(adaptation)할 수 있는 능력을 갖는다. 적응은 인간의 인지가 발달되는 과정이다. 자기체제화 모델은 필요한 정보와 똑같지는 않더라도 가장 근접한 정보를 식별해 낼 수 있기 때문에 최근접 식별장치(nearest neighbor classifier)라고 부르며 로봇 제어에 활용할 수 있을 것으로 기대된다.

13.3.2. 신경망의 특성

사람처럼 보고, 듣고, 생각하는 기계를 만드는 것은 인류의 오랜 꿈이다. 1921년 체코슬로바키아의 차베크는 그의 희곡 'R.U.R.(Rossum's Universal Robots)'에서 처음으로 로봇이라는 신조어를 사용하여 인간의 얼굴을 가진 기계를 출연시켰다.

인간을 닮은 기계를 만드는 꿈은 인공지능(artificial intelligence)이 돌파구를 열기 시작했다. 인공지능은 인간이 정보를 기호에 의해 처리할 뿐만 아니라 다른 형태로도 정보를 처리한다는 것을 간과했기에 성공적으로 발전하지 못하였다.

신경망은 인간의 뇌 동작을 모델로 함으로써 인간을 닮은 컴퓨터를 만들기 위해 많은 연구자들이 심혈을 기울였다. 이러한 신경망의 특성은 아래와 같다.

- 연상 기능: 인간이 그림의 일부분을 보고 그 그림의 전체를 연상하듯이 신경망에서도 일부가 훼손된 정보로부터 입력 당시의 정보 전체를 인출해 낼 수 있으며 인간이 고양이의 그림을 보고 쥐를 연상하는 것처럼 신경망은 몇 개의 정보를 서로 연합(association)시킬 수 있다.
- 최근접 데이터의 인출 기능: 신경망이 요청받은 정보와 맞아떨어지는 것을 가지고 있지 않을 때에는 그것에 가장 근접한 정보를 인출해 낼 수 있다.
- 특징추출 기능: 신경망은 저장하고 있는 서로 다른 정보의 현저한 특징을 통계적으로 추출해 낼 수 있다.
- 조합론적 폭발 문제해결 기능: 해답의 가짓수가 폭발적으로 증가하는 문제를 손쉽게 풀어낼 수 있다.
- 비상안전 기능: 신경망은 뉴론 몇 개가 고장이 발생하는 경우에도 기억의 회상이 가능하다. 인간의 뇌에서 수많은 뉴론이 죽어가고 또 새로운 뉴론이 생겨나지만 우리의 기억이 영향을 받지 않는 것과 동일한 이치이다.

13.3.3. 신경 컴퓨터

신경망 기술을 활용하여 컴퓨터로 상품화할 때에 초기에는 주로 소프트웨어 시뮬레이션 방법을 이용하였다. 이는 신경망을 수학적인 형태로 시뮬레이션한 것을 소프트웨어 프로그램으로 작성하여 기존의 디지털 컴퓨터에서 운용시키는 방법을 말한다. 신경망 알고리즘은 본래 병렬 처리에 알맞은 기능이지만 이와 같이 순차적으로 처리하는 디지털 컴퓨터에서 운용하는 것은 다소 처리 속도가 늦어지는 결함이 있다.

신경망의 기능을 반도체 소자에 집어넣은 것이 신경망 칩이다. 신경망의 전기적인 회로는 뉴론에 해당하는 증폭기(amplifier), 시냅스와 전기적으로 등가인 가변저항기(variable resistor)로 실현된다. 가변저항기는 전류의 양을 조절함으로써 시냅스의 웨이트를 수정하는 역할을 하게 된다.

신경 컴퓨터는 신경 칩으로 하드웨어로 신경망을 구현한 컴퓨터를 의미한다. 신경망을 하드웨어로 구현하는 기술에는 전자, 광학, 분자 등의 세 가지 접근 방법이 있다. 전자적으로 실현된 신경 컴퓨터는 표준 반도체 소자를 사용하여 시스템을 구성하는 신경망이다. 광학기술을 이용한 신경 컴퓨터는 병렬 연산이 가능한 광소자를 이용하기 때문에 크게 기대를 모았다. 그러나 기술적으로 간단한 광전자 집적회로(OEIC)가 장기적으로는 신경망의 실현에 보다 유망할 것으로 보인다.

분자 기술을 이용하여 신경망을 구현한 것이 분자신경 컴퓨터이다. 유기화합물의 분자가 신호를 감지하고 변형시켜서 출력하는 정보처리 체계를 분자 컴퓨터라고 한다. 분자 컴퓨터는 실리콘 소자 대신에 MED(molecular electronic device)로 구성된다. 분자 전자소자(MED)를 생산하는 방법에는 2가지, 즉 단백질과 같은 생물체의 중합체를 사용하는 방법과 폴리아세틸렌과 같은 전도성 중합체를 사용하는 방법이 있다.

신경 컴퓨터의 응용 분야는 아래와 같다.

- 감지 정보처리(sensor processing): 필적 및 음성인식 등의 패턴 인식, 전파 탐지기(radar) 및 잠수함 탐지기(sonar)의 신호처리
- 제어(control): 로봇 제어, 전자교환기 제어
- 지식 정보처리: 전문가 시스템, 대규모 데이터베이스의 분석

디지털 컴퓨터는 대부분이 순차 처리(sequential processing) 위주인 반면에 신경 컴퓨터는 본질적으로 병렬 처리(parallel processing)를 수행한다. 디지털 컴퓨터는 정보처리장치(processor)와 주기억장치(main memory)가 물리적으로 분리되어 있지만 신경망은 통합되어 있는 구조이다. <표 13-2>는 디지털 컴퓨터와 신경 컴퓨터를 서로 비교한 것이다.

〈표 13-2〉 디지털 컴퓨터와 신경 컴퓨터의 비교

특 성	디지털 컴퓨터	신경망
정보 형태	디지털 데이터	애널로그 신호
의사 결정	예/아니오	비교, 상량
처리 절차	정해진 순서	스스로 결정
처리 시간	길다	짧다
정보 검색	정확한 데이터	근접한 데이터
정보 저장	특정 데이터	관련 정보

디지털 컴퓨터와 신경 컴퓨터의 차이는 아래와 같이 서술할 수 있다.

- 정보의 형태: 디지털 컴퓨터는 2진수로 표시되지만 신경 컴퓨터는 연속적으로 변동하는 아날로그 형태의 신호를 처리한다.
- 의사결정: 디지털 컴퓨터는 논리 연산에 의해 가부가 확실한 의

사결정을 수행하지만 신경 컴퓨터는 애매하고(fuzzy), 불완전한 데이터에 근거하여 비교를 통해 의사결정을 수행한다.

- 처리시간: 디지털 컴퓨터는 어떠한 문제든지 충분한 시간이 주어지면 정확한 해답을 찾아내지만 신경 컴퓨터는 대단히 복잡한 문제에 대해서 짧은 시간에 근사한 해답을 얻어 낸다.
- 정보의 검색: 디지털 컴퓨터는 데이터베이스를 검색하여 정확한 데이터를 분류하지단 신경 컴퓨터는 근접한 데이터를 그냥 분류해 낸다.
- 정보의 저장: 디지털 컴퓨터는 특정의 데이터를 손쉽게 검색할 수 있도록 정보를 저장하지만 신경 컴퓨터는 정보의 일부를 검색하면 관련된 모든 정보가 자동적으로 함께 인출할 수 있도록 정보가 저장된다.

13.4. 생체 컴퓨터

13.4.1. 분자기술의 개념

오늘날의 컴퓨터 기술은 실리콘(silicon) 반도체 소자 기술 발전에 힘입어 급속도로 발달할 수 있었다. 반도체의 집적기술은 집적회로 요소 사이의 간격을 점점 더 좁힘으로써 집적도를 높일 수 있었다. 그러나 회로 선폭이 $0.2\mu m$ 이하가 되면 전자가 회로를 따라 움직이지 않고 회로 밖으로 옮겨 다니므로 더 이상 전자의 흐름을 제어할 수 없게 된다. 이러한 실리콘 소자의 한계점을 극복하기 위해 분자전자소자(MED: Molecular Electronic Device)의 개념이 등장하였다.

분자전자소자(MED)의 아이디어는 1979년 미국의 카터 박사가 처음으로 제안했는데 단일 분자 또는 여러 분자의 집합체가 전자소자와 등가의 기능을 갖고 있다는 데에서 출발하였다. MED 개발에는 크게 두 가지 분야, 즉 생체분자 분야와 비생체분자 분야가 있다. 생체분자 분야에서는 주로 단백질과 같은 생체의 중합체(polymer)를 사용하고 비생체분자 분야에서는 폴리아세틸렌을 사용한다. 폴리아세틸렌은 순수한 상태에서는 전도율이 낮지만 소량의 무기화합물을 주입시키면 전도성이 향상되는 반도체 성질을 띠기 때문에 MED 구조분자로 사용될 수 있다. 생체분자를 재료로 사용하는 MED를 생체전자소자(bioelectronic device) 또는 생체소자(biodevice)라고 부른다. 생체소자의 재료로 가장 적합한 단백질에는 전자전달 단백질과 면역 글로불린이 있다.

실리콘 칩을 제조할 때에 맨 먼저 다결정 실리콘으로부터 단결정 실리콘을 만든다. 단결정 실리콘을 재료로 한 웨이퍼(wafer)를 기판으로 하여 그 위에 수많은 개별소자를 형성하여 회로를 구성하게 된다. 모래에서 추출한 다결정 실리콘을 기판으로 사용할 수 없듯이 자연 그대로의 단백질 분자는 매우 불안정하므로 MED의 기판으로는 사용할 수 없다. 단백질공학(protein engineering)의 발달로 아미노산의 배열을 정확하게 수정하여 단백질의 구조와 기능을 조절할 수 있게 되어 생체분자소자 기술개발이 가능해졌다.

실리콘 반도체의 한 조각(chip) 위에 집적시킨 전자회로를 실리콘 칩이라고 부르는 것과 마찬가지로 생체소자를 집적시킨 회로를 생체 칩(biochip)이라고 부른다. 생체 칩 개발 분야에서 <그림 13-4>와 같이 생체전자공학과 분자전자공학이 서로 만나고 있다.

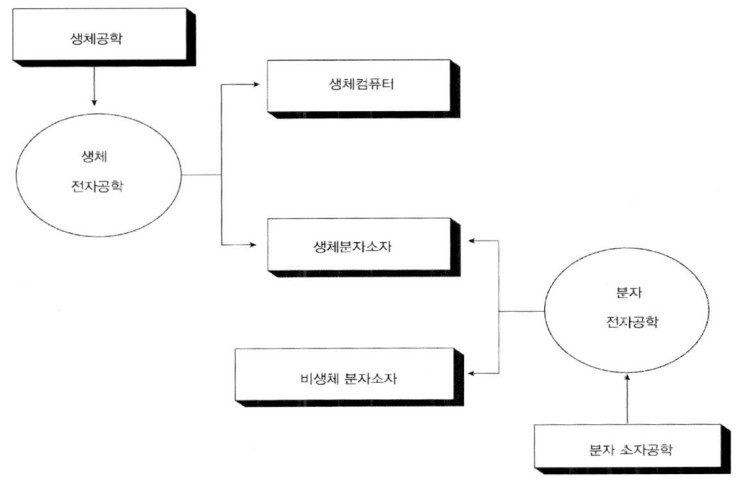

〈그림 13-4〉 생체전자공학과 분자전자공학
(참고문헌: 사람과 컴퓨터, 이인식 저, 까치글방)

13.4.2. 생체 칩의 개념

생체 칩은 구조와 기능 측면에서 실리콘 칩과 현저한 차이가 있는데 실리콘 칩은 평면(2차원)이지만, 생체 칩은 입체(3차원) 구조를 목표로 한다. 따라서 칩의 크기를 1/10로 줄인다면 동일 면적 내에서 실리콘 칩은 100배의 개별소자를 더 집적시킬 수 있지만 생체 칩은 1,000배의 개별소자를 더 집적시킬 수 있다.

단백질 분자와 같은 극미한 재료를 사용하여 전자소자(MED)를 인위적으로 조립하는 것은 기술적으로 매우 곤란한 문제이므로 단백질이 가지고 있는 고유의 성질, 즉 자기조직화 능력을 이용하여 전자소자를 제조하는 것이 생체 칩 연구의 궁극적인 목표이다. 실리콘 칩에서는 회로를 구성하기 위하여 트랜지스터를 서로 연결시킬 때에 사용되는 금속 피막(layer)을 인위적으로 만들고 있지만 생체 칩에서는 효소 단백질에 그 역할을 수행시키며 효소 단백질이 야기하는 다양한 형태의 생화학적 반응에 의하여 다양한 종류의 금속 피막을 형성시킬 수 있을 것으로 기대한다.

분자의 배열방법으로 가장 널리 사용되고 있는 랭그뮤어-브로제트(Langmuir-Brodgett) 방법을 소개한다. 유기분자는 친수기와 소수기를 겸비하고 있는데 유기분자를 휘발성 용매로 녹여서 수조의 깨끗한 수면에 떨어뜨리면 용매는 곧 날아가지만 용액은 수면 위에 퍼지게 되므로 분자만이 수면에 남게 된다. <그림 13-5>는 LB막의 제작과정을 보여 주고 있다.

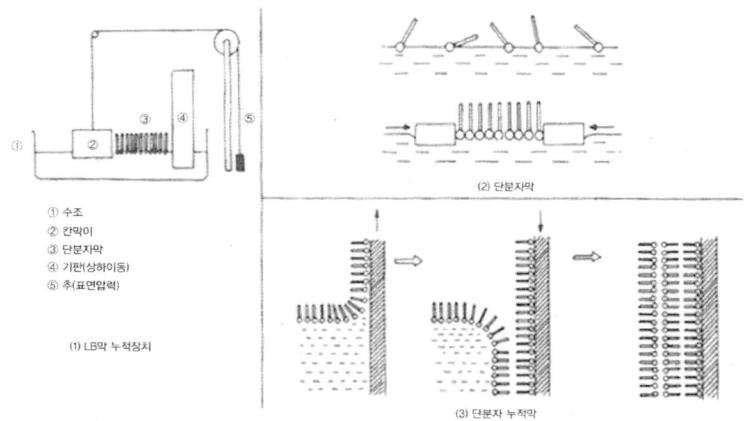

〈그림 13-5〉 LB막의 제작과정(참고문헌: 사람과 컴퓨터, 이인식 저, 까치글방)

이러한 액체 상태에서 수면을 칸막이로 막아서 분자가 도망가지 못하게 한 다음에 칸막이를 좁혀 가면서 분자가 차지하고 있는 면적을 작게 해 주면 분자에 표면압력이 걸리게 되고 분자가 압축되어 고체상태가 되면 친수기는 수면으로 향하고 소수기는 위로 향하는 분자가 규칙적으로 배열되므로 수면 가득히 얇은 막이 생기게 된다. 수면 위에 퍼진 막은 분자 한 개의 두께에 불과하므로 단분자막(monolayer)이라 하는데 수면 위에 나온 단분자막을 수면을 가로지르는 기판을 사용하여 상하로 움직이면 기판 위로 옮겨 가게 되어 단분자막이 한 장씩 기판 위에 누적되고 단분자의 다층막을 만들 수 있게 된다.

랭그뮤어-브로제트 방법으로 형성된 단분자의 다층막을 LB막(LB film)이라고 부르는데 실리콘 소자와 같이 절연체, 도체, 반도체 기능을 모두 갖춘 LB막을 기능성 LB막이라고 부른다.

MED 기술의 방향은 아래와 같이 정리될 수 있다.

- 생체 칩의 분자재료는 단백질이므로 단백질의 자기조직화 능력을 최대한 활용해야 하는데 초기부터 3차원 구조를 설계하지 말고 LB막의 단분자막 내부에서 분자 배열을 제어하는 기술을 개발할 필요가 있다.

- LB법은 분자를 대량으로 처리하는 벌크 기술이므로 분자를 하나씩 다루는 진정한 의미의 분자기술이 요구되기 때문에 단백질의 결정을 만드는 소재기술 분야에 MED 개발의 기초를 두어야 할 것이다.

- 단백질의 결정을 가공하기 위해서는 단백질의 구조와 특성을 제어하는 기술이 긴요한데 이를 위해서 단백질 공학을 MED 개발에 활용해야 한다.

- 단백질 분자가 자발적으로 집합(assembly)하여 하나의 분자회로
  (molecular circuit)를 형성하도록 단백질 분자가 가공되어야 한다.

MED를 가공할 때에 단백질 분자의 결정을 만드는 데에 가장 적합
한 단백질에는 전자 전달 단백질과 글로불린(항체) 단백질이 있다. 전
자 전달 단백질은 미토콘트리아의 전자 전달계를 구성하고 있는 효
소로서 분자 수준에서의 전자의 저장과 전달을 생체에서 수행하기
때문에 분자재료 개발에 사용될 수 있을 것이며 대장균의 시토크롬
이 대표적인 전자 전달 단백질이다.

항체 분자는 생체분자와 비생체분자를 연결하여 회로를 구성할 때
많은 장점을 가지고 있는데 이는 항체가 항원과 결합할 때 사용되는
두 개의 손이 개폐가 가능하므로 회로의 다른 소자와 손쉽게 결합될
수 있다. 항체는 3차원 공간에서 MED를 연결시켜서 집적회로를 구성
할 때에 효과적인 커넥터(connector) 역할을 담당할 수 있다.

생체 칩 개발은 실리콘 칩의 출현보다 훨씬 더 커다란 사회적 변화를
가져올 것인데 병든 치아, 불구의 다리 등을 교체할 수 있기 때문에 생
체 칩은 인간의 몸 안에서 신체의 일부로 동거가 가능하게 될 것이다.

13.4.3. 생체 컴퓨터

생체 컴퓨터는 생체의 정보처리를 모형으로 하여 실리콘 칩 대신에
생체 칩으로 구성된 컴퓨터를 말한다. 생체 컴퓨터는 실리콘 칩 대신에
단백질과 같은 분자로 구성되기 때문에 분자 컴퓨터(molecular computer)
라고도 불리며 또한 생체분자는 모두 유기물질이므로 유기 컴퓨터

(organic computer)라고도 불린다. 생체 컴퓨터는 생체분자의 화학반응을 응용하기 때문에 화학 컴퓨터(chemical computer)라고도 한다. 생체 컴퓨터는 나노미터(㎚)의 크기를 가지는 부품으로 만드는 컴퓨터라는 의미로 나노 컴퓨터(nano computer)라고도 불린다.

생체 컴퓨터의 기본적인 고형은 1970년대 초에 개발되었으나 전자공학은 그것을 실현시킬 수 있는 수단을 가지고 있지 못하였고, 생명공학의 발전에 따라 생체 컴퓨터의 가공에 필요한 기술을 지원받게 되었으며 생명공학과 전자공학의 결합으로 생체전자공학이 탄생하게 되었다. 생체 컴퓨터의 가공에 활용될 가능성이 높은 성명공학되었다.는 유전공학, 생체막공학, 단세포군 항체생산게 되등이 있다. 유전자 재조합을 비롯한 유전자 조작기술을 바탕으로 하여 특정의 기능을 수행하는 단백질을 인공적으로 합성하여 공학의 발생산하는 길이 열리고 있다.

생체 컴퓨터는 현재의 컴퓨터가 보여 주고 있는 한계를 해결해 줄 수 있는 대안의 하나로서 생체에서 정보를 처리하는 단백질 분자를 사용하여 현재의 컴퓨터보다 작고, 속도가 빠른 컴퓨터를 개발하려 하고 있다. 현재의 디지털 컴퓨터는 맥락의존적(context-cependent) 정보처리에 취약한데 맥락의존적 정보처리라 함은 입력정보가 비트로 차례로 처리되지 않고 동적인 물리적 구조로 처리됨을 말하며 광선, 온도, 압력 따위와 같은 감각정보의 패턴처리에 적합하다. 또한 현재의 디지털 컴퓨터는 내용지정기억(content-addtessable memory)의 활용에 적합하지 못하다. 내용지정기억은 새로운 입력정보의 일부가 주어지면 이미 기억되어 있는 정보와 맞추어서 입력정보의 나머지 부분까지 재구성할 수 있으므로 연상기억(associative memory)이라고도 부른다.

디지털 컴퓨터의 스위치는 실리콘 칩이지만 생체 컴퓨터의 기본적인 분자 스위치는 단백질이다. 디지털 컴퓨터의 동작은 프로그램에 의해 제어되므로 디지털 컴퓨터의 내부에서 일어나는 정보처리는 기호처리 방식으로 이루어진다. 그러나 생체 컴퓨터는 사람에 의해 프로그램이 가능하지 않고 단백질의 효소가 생체 컴퓨터의 스위치 역할을 수행한다. 효소는 특정 분자의 모양(shape)을 인식하여 반응하는데 기질과 열쇠와 자물쇠의 방식으로 결합하므로 효소의 패턴 인식을 촉각방식이라고 한다.

생체 컴퓨터의 프로그램은 단백질 분자의 구조 내부에 이미 함축되어 있으며 생체 컴퓨터는 단백질의 구조를 변화시키고, 요구되는 성능에 따라 단백질의 구조를 선택하는 2개의 과정을 반복하면서 스스로 학습하게 된다. 이와 같이 단백질 구조의 변화와 선택에 의한 발전 과정을 통하여 정보처리에 알맞도록 자신을 재구성하는 방식을 발전적 프로그램 방식이라고 부른다.

단백질 분자는 다른 분자의 모양에 따라 반응하므로 입력신호는 단백질에 의하여 생화학적 구조로 변환되어 표현되는데 이러한 동적인 물리적 구조를 처리하기 때문에 생체 컴퓨터는 맥락의존적 정보처리를 효율적으로 수행할 수 있을 것이다.

광선이나 전기적 충격과 같은 입력신호를 생체 컴퓨터가 처리하기 위해서는 이것을 먼저 단백질 분자가 인식할 수 있는 모양을 가진 생화학적 분자 형태로 반드시 변환시켜야 하는데 입력신호를 촉각정보로 바꾸는 일은 효소가 수행한다. 입력신호는 효소에 의하여 다른 효소가 만져서 알 수 있는 형태로 변환되기 때문에 생체 컴퓨터에서는 이러한 효소를 내장시킬 필요가 있다.

촉각능력을 가진 효소에 의하여 동작되는 분자 컴퓨터는 촉지성
프로세서로 불린다. 촉지성 프로세서는 3개의 층에 의해 정보를 처리
하는데 제1층인 수용체층(receptor layer)에서는 수용체 분자, 즉 효소가
입력신호를 변환하고 전령분자를 제2층인 활성패턴층(activity pattern
layer) 안으로 방출한다. 제2층은 촉지성 중간물질, 즉 기질분자로 구
성되어 있는데 기질분자는 전령분자와 특이적으로 결합하여 활성화
된다. 기질분자와 전령분자의 결합체는 제3층인 판독층(readout layer)
에 있는 효소에 의하여 판독되고 판독된 정보를 사용하여 출력신호
를 제어한다. <그림 13-6>은 촉지성 프로세서를 나타내고 있다.

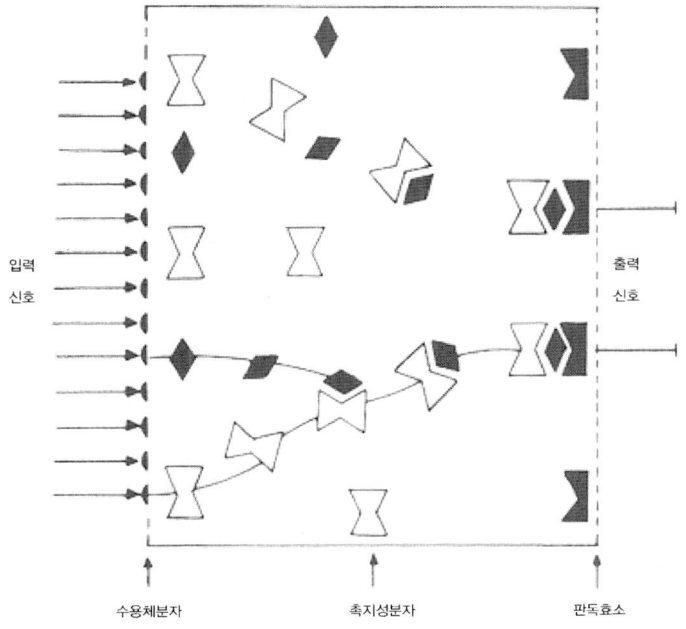

〈그림 13-6〉 촉지성 프로세서(참고문헌: 사람과 컴퓨터, 이인식 저, 까치글방

생체 컴퓨터가 개발되면 최초의 생물체가 지구 상에 출현한 이래 일찍이 인류의 역사에 기록된 어느 사건과도 비교가 되지 않을 정도로 경이와 충격으로 뒤덮일 것이다. 우리는 생체 컴퓨터와 공생하여 최고의 경지에 도달하는 문명사회를 보존하고 구축할 수 있거나 아니면 생체 컴퓨터를 잘못 사용하여 공상과학소설에서나 나올 듯한 악몽 같은 세상에 살게 될 것이다.

참고문헌

『컴퓨터 구조』, 오창환 저, 서울사이버대학교 출판부, 2006.

『데이터베이스 기초』, 오창환 저, 서울사이버대학교 출판부, 2008.

『데이터통신』, 오창환 저, 한국학술정보(주), 2010.

『컴퓨터 운영체제론』, 엄영익 외 저, 생능출판사, 2006.

『유비쿼터스 네트워크의 실현을 향하여』, 정보조사분석팀,
　　　한국전자통신연구원, 2002.

『세상을 바꾸는 IT 100선』, 오창환, 서울사이버대학교 출판부, 2008.

『ZigBee 개발 핸드북』, 오창환 외 역, 홍릉과학출판사, 2009.

『음성언어정보처리』, 오영환 저, 홍릉과학출판사, 1998.

『인체해부학』, 이성호 외 저, 현문사, 1999.

『인체해부학』, 신문균 외 저, 현문사, 2008.

『인체해부학』, 노민희 외 저, 정담미디어, 2007.

『생리학』, 장남섭 외 저, 수문사, 2008.

『사람과 컴퓨터』, 이인식 저, 도서출판 까치, 1992.

『동기와 정서의 이해』, 정봉교 외 역, 도서출판 박학사, 2003.

『처음 읽는 미래과학 교과서』, 박태현 저, 김영사, 2008.

『인간의 미래』, 남윤호 역, 도서출판 동아시아, 2008.

『청각뇌』, 고선윤 역, 중앙생활사, 2006.

『심리학의 이해』, 윤가현 외 저, 학지사, 2009.

『상담심리학』, 이장호 저, 박영사, 2005.

『사이버 상담 이론과 실제』, 임은미 저, 학지사, 2006.

『로봇, 인간을 꿈꾸다』, 이종호 저, 문화유람, 2007.

『로봇공학개론』, 이장명 외 저, 진영사, 2003.

『나노 기술과 인간』, 현원복 저, 도서출판 까치, 2005.

『기술 수준을 중심으로 한 게임 산업의 업계 실태 조사 연구』, 조형제 연구책
　　　임자, 동국대학교 산학기술협력센터, 2002.

『내가 모르는 게임이야기』, 문화관광부 한국게임산업개발원, 2006.

『아이들 지도를 위한 게임이야기』, 문화관광부 한국게임산업개발원, 2006.

오창환

고려대학교 전자공학 학사
고려대학교 공학대학원 석사
일본 오사카 대학 정보공학 박사
한국전자통신연구원 책임연구원
광주과학기술원 연구교수
(주)네트리 대표이사
현) 전기연감 집필위원
현) 서울사이버대학교 컴퓨터정보통신학과 교수

『컴퓨터 구조』, 2006. 12.
『데이터베이스 기초』, 2008. 1.
『세상을 바꾸는 IT 100선』, 2008. 1.
『ZigBee 개발 핸드북』, 번역서, 오창환 외, 2009. 11.
『데이터통신』, 2010. 9.
- Priority Control ATM for Switching Systems, IEICE Trans. on Communications, Oh C. H., Murata M., and Miyahara
- Circuit Emulation Technique in ATM Networks, IEICE Trans. on Communications, Oh C. H., Murata M., and Miyahara
- Performance Enhancement of Mobile IP by Reducing Out−of−Sequence Packets Using Priority Scheduling, IEICE Trans. on Communications, Lee D. W., Hwang G. Y., Oh C. H.,

초판인쇄 | 2011년 1월 8일
초판발행 | 2011년 1월 8일

지 은 이 | 오창환
펴 낸 이 | 채종준
펴 낸 곳 | 한국학술정보㈜
주   소 | 경기도 파주시 교하읍 문발리 파주출판문화정보산업단지 513-5
전   화 | 031) 908-3181(대표)
팩   스 | 031) 908-3189
홈페이지 | http://ebook.kstudy.com
E-mail | 출판사업부 publish@kstudy.com
등   록 | 제일산-115호(2000. 6. 19)

ISBN   978-89-268-1836-7 93560 (Paper Book)
        978-89-268-1837-4 98560 (e-Book)

내일을여는지식 ■ 은 시대와 시대의 지식을 이어 갑니다.